中国国家标准汇编

2011年修订-35

中国标准出版社　编

中国标准出版社
北　京

图书在版编目(CIP)数据

中国国家标准汇编:2011年修订.35/中国标准出版社编.—北京:中国标准出版社,2012

ISBN 978-7-5066-6951-1

Ⅰ.①中… Ⅱ.①中… Ⅲ.①国家标准-汇编-中国-2011 Ⅳ.①T-652.1

中国版本图书馆CIP数据核字(2012)第197858号

中国标准出版社出版发行
北京市朝阳区和平里西街甲2号(100013)
北京市西城区三里河北街16号(100045)

网址 www.spc.net.cn
总编室:(010)64275323 发行中心:(010)51780235
读者服务部:(010)68523946

中国标准出版社秦皇岛印刷厂印刷
各地新华书店经销

*

开本 880×1230 1/16 印张 34.25 字数 935 千字
2012年9月第一版 2012年9月第一次印刷

*

定价 220.00 元

出 版 说 明

1.《中国国家标准汇编》是一部大型综合性国家标准全集。自1983年起，按国家标准顺序号以精装本、平装本两种装帧形式陆续分册汇编出版。它在一定程度上反映了我国建国以来标准化事业发展的基本情况和主要成就，是各级标准化管理机构，工矿企事业单位，农林牧副渔系统，科研、设计、教学等部门必不可少的工具书。

2.《中国国家标准汇编》收入我国每年正式发布的全部国家标准，分为"制定"卷和"修订"卷两种编辑版本。

"制定"卷收入上一年度我国发布的、新制定的国家标准，顺延前年度标准编号分成若干分册，封面和书脊上注明"20××年制定"字样及分册号，分册号一直连续。各分册中的标准是按照标准编号顺序连续排列的，如有标准顺序号缺号的，除特殊情况注明外，暂为空号。

"修订"卷收入上一年度我国发布的、被修订的国家标准，视篇幅分设若干分册，但与"制定"卷分册号无关联，仅在封面和书脊上注明"20××年修订-1,-2,-3,……"字样。"修订"卷各分册中的标准，仍按标准编号顺序排列(但不连续)；如有遗漏的，均在当年最后一分册中补齐。需提请读者注意的是，个别非顺延前年度标准编号的新制定的国家标准没有收入在"制定"卷中，而是收入在"修订"卷中。

读者配套购买《中国国家标准汇编》"制定"卷和"修订"卷则可收齐由我社出版的上一年度我国制定和修订的全部国家标准。

3. 由于读者需求的变化，自1996年起，《中国国家标准汇编》仅出版精装本。

4. 2011年我国制修订国家标准共1 989项。本分册为"2011年修订-35"，收入新制修订的国家标准32项。

中国标准出版社

2012年8月

目　　录

ICS 25.220.99
G 51

中华人民共和国国家标准

GB/T 26825—2011

FJ 抗静电防腐胶

Static-resistance FJ anticorrosive glues

2011-07-29 发布　　2011-12-01 实施

中华人民共和国国家质量监督检验检疫总局
中国国家标准化管理委员会　发布

前言

本标准按照 GB/T 1.1—2009 给出的规则起草。

本标准由中国科学院提出。

本标准由全国纳米技术标准化技术委员会(SAC/TC 279)归口。

本标准起草单位:上海正臣防腐科技有限公司、纳米技术与应用国家工程研究中心、复旦大学、中国钢铁研究院、上海大学纳米科学与技术研究中心。

本标准主要起草人:刘冬梅、刘文慧、程振炎、何丹农、卢红斌、施利毅、张冰。

FJ 抗静电防腐胶

1 范围

本标准规定了FJ抗静电防腐胶的产品分类、技术要求、试验方法、检验规则、标志、包装、贮存和运输等。

本标准适用于石油、化工贮运设备、地坪等对静电和侵蚀有要求的抗静电防腐胶。

2 规范性引用文件

下列文件对于本文件的应用是必不可少的。凡是注日期的引用文件，仅注日期的版本适用于本文件。凡是不注日期的引用文件，其最新版本(包括所有的修改单)适用于本文件。

GB/T 1410—2006 固体绝缘材料体积电阻率和表面电阻率试验方法(IEC 60093:1980,IDT)

GB/T 1727—1992 漆膜一般制备法

GB/T 1728—1979 漆膜、腻子膜干燥时间测定法

GB/T 1731—1993 漆膜柔韧性测定法

GB/T 1732—1993 漆膜耐冲击测定法

GB/T 1733—1993 漆膜耐水性测定法

GB/T 1735—2009 色漆和清漆 耐热性的测定

GB/T 1768—2006 色漆和清漆 耐磨性的测定 旋转橡胶砂轮法(ISO 7784-2:1997,IDT)

GB/T 2408—2008 塑料 燃烧性能的测定 水平法和垂直法(IEC 60695-11-10:1999,IDT)

GB/T 2567—2008 树脂浇铸体性能试验方法

GB/T 3186—2006 色漆、清漆和色漆与清漆用原材料 取样(ISO 15528:2000,IDT)

GB/T 6739—2006 色漆和清漆 铅笔法测定漆膜硬度(ISO 15184:1998,IDT)

GB/T 7124—2008 胶粘剂 拉伸剪切强度的测定(刚性材料对刚性材料)(ISO 4587:2003,IDT)

GB/T 8923—1988 涂装前钢材表面锈蚀等级和除锈等级

GB/T 9271—2008 色漆和清漆 标准试板(ISO 1514:2004,MOD)

GB/T 9274—1988 色漆和清漆 耐液体介质的测定(eqv ISO 2812:1974)

GB/T 9278—2008 涂料试样状态调节和试验的温湿度(ISO 3270:1984,IDT)

GB/T 9750—1998 涂料产品包装标志

GB/T 16906—1997 石油罐导静电涂料电阻率测定法

GB 18581—2009 室内装饰装修材料溶剂型木器涂料中有害物质限量

HG/T 3829—2006 地坪涂料

3 术语和定义

下列术语和定义适用于本文件。

3.1

粘结强度 bonding strength

在室温下刚性材料对刚性材料搭接的拉伸剪切强度，单位：MPa。

3.2

耐磨性　abrasive resistance

试板在750 g质量下、经过500转数的摩擦后的质量损耗，单位：g。

3.3

重金属　heavy metal

可溶性铅、镉、铬、汞。

3.4

FJ抗静电防腐胶　static-resistance FJ anticorrosive glues

涂覆于石油、化工贮运设备或建筑物室内地面上，能够防止静电积累并疏导静电快速释放的防腐蚀材料。

4　产品分类

产品分为Ⅰ、Ⅱ两种类型，其中Ⅰ型用于钢质石油、化工贮运设备；Ⅱ型用于半导体工厂、电脑房、印刷及纺织等行业的防静电地坪。

5　技术要求

FJ抗静电防腐胶产品的技术性能应符合表1的规定。

表1　FJ抗静电防腐胶技术指标

项目		指标		
		Ⅰ型	Ⅱ型	
			面	底
容器中状态		搅拌混合后呈均匀状态	搅拌混合后呈均匀状态	搅拌混合后呈均匀状态
干燥时间（25 ℃±2 ℃）/h	表干	≤4	≤4	≤4
	实干	≤24	≤24	≤24
硬度（铅笔）		—	≥2H	—
粘结强度/MPa		≥3	≥3	≥4
抗压强度/MPa		—	—	≥40.0
柔韧性/mm		≤1	≤1	—
耐冲击性/（kg·cm）		≥50	≥50	涂膜无裂纹、剥落及明显变形
耐磨性（750 g/500 r）/g		—	≤0.02	—
表面电阻率/Ω		$1.0\times10^{5}\sim1.0\times10^{9}$	—	—
表面电阻/Ω		—	$1\times10^{6}\sim1\times10^{9}$	$1\times10^{4}\sim1\times10^{6}$
体积电阻/Ω		—	$1\times10^{6}\sim1\times10^{9}$	$1\times10^{4}\sim1\times10^{6}$
耐热性（120 ℃±2 ℃）		24 h涂膜完整	—	—
耐汽油性		21 d涂膜完整	7 d涂膜完整	—
耐原油性		21 d涂膜完整	—	—

表 1（续）

项目	指标		
	Ⅰ型	Ⅱ型	
		面	底
耐航空煤油(52 ℃±2 ℃)	21 d 涂膜完整	—	—
耐水性	—	7 d 涂膜完整	—
耐酸性(10% H_2SO_4)	30 d 无起泡、脱落	7 d 涂膜完整	—
耐碱性(10% NaOH)	30 d 无起泡、脱落	7 d 涂膜完整	—
耐盐水性(10% NaCl)	30 d 无起泡、脱落	7 d 涂膜完整	—
阻燃性(水平燃烧法)	—	HB	—
重金属/(mg/kg)	—	见 GB 18581—2009	—
注：表中 HB 表示按照水平法测试燃烧性能的级别。			

6 试验方法

6.1 取样

按 GB/T 3186—2006 规定进行，也可按照商定的方法取样。

6.2 试验环境

试件的状态调节和试验环境应符合 GB/T 9278—2008 规定。

6.3 试验试件的制备

6.3.1 底材及底材处理

Ⅰ型和Ⅱ型材料的检验项目中的干燥时间、耐冲击性、柔韧性、耐水性和硬度的底材采用厚度为 0.2 mm～0.3 mm 的马口铁板，但其中Ⅱ型底材料的耐冲击性采用(430 mm×150 mm×4 mm)石棉水泥平板；粘结强度采用铝合金板(型号为 LY12-CZ)、1Cr18Ni9Ti 不锈钢、45 碳钢、T2 铜等刚性材料板；耐磨性和重金属的底材采用玻璃板；表面电阻率的底材采用聚酯膜；表面电阻的底材采用绝缘的聚酯膜或硅酸钙板；体积电阻的底材采用金属材料板；耐热性的底材采用 0.45 mm～0.55 mm 的薄钢板；耐航空煤油的底材采用 3 mm 钢板；耐汽油性、耐原油性、耐酸性、耐碱性、耐盐水性的底材采用钢棒；阻燃性的底材采用 4 mm 厚水泥板。铝板、玻璃板、钢板、钢棒、石棉水泥板的要求及处理应符合 GB/T 9271—2008、GB/T 9274—1988 中的规定。

6.3.2 试验准备

按产品规定的组分配比混合均匀，并放置规定的熟化时间后制板。

6.3.3 制板要求

Ⅰ型和Ⅱ型面材料，如没有特别规定，制板按 GB/T 1727—1992 的规定进行。以上项目如没有特别规定，试板均在养护 7 d 后测试。Ⅱ型底材料，除另有规定外，干燥时间、耐冲击性施涂一道，干膜厚度为 0.5 mm～1.0 mm。Ⅱ型底材料的抗压强度采用直径 10 mm±0.2 mm，高 25 mm±0.5 mm 的试件。

6.4 容器中状态

打开容器，观察试样状态，用调刀搅动试样，若易于将其搅拌均匀且无硬块，即为“无硬块，搅拌后呈均匀状态”。

6.5 干燥时间

表干时间按 GB/T 1728—1979 中“2.表面干燥时间测定法”的甲法，实干时间按 GB/T 1728—1979 中“3.实际干燥时间测定法”的乙法进行。

6.6 硬度(铅笔)

按 GB/T 6739—2006 规定进行。

6.7 粘结强度

按 GB/T 7124—2008 规定进行。试件在 23 ℃±2 ℃放置 3 d，在 80 ℃烘 2 h，取出，并在 23 ℃±2 ℃平衡 16 h 后检测。

6.8 抗压强度

按 GB/T 2567—2008 规定进行。该试件脱模后，在 23 ℃±2 ℃放置 3 d，在 140 ℃烘 2 h，取出，并在 23 ℃±2 ℃平衡 16 h 后检测。

6.9 柔韧性

按 GB/T 1731—1993 规定进行。

6.10 耐冲击性

Ⅰ型和Ⅱ型面材料按 GB/T 1732—1993 规定进行。Ⅱ型底材料：按 HG/T 3829—2006 中的 6.4.6 的厚型地坪涂料面漆的方法测试。

6.11 耐磨性

按 GB/T 1768—2006 规定进行，试板养护时间为 14 d。

6.12 表面电阻率

按 GB/T 16906—1997 规定进行。

6.13 表面电阻

按 GB/T 1410—2006 规定进行，采用绝缘底材，底涂测试电压用 10 V，面涂测试电压用 100 V。

6.14 体积电阻

按 GB/T 1410—2006 规定进行，采用导电良好的金属底材，底涂测试电压用 10 V，面涂测试电压用 100 V。

6.15 耐热性

按 GB/T 1735—2009 的规定进行制板，将三块试板放置于试验温度设置为 120 ℃±2 ℃的鼓风恒温烘箱中，待达到 24 h 后，取出试板，冷却至 25 ℃±2 ℃，观察试板，如不少于两块满足无起层、起皱、鼓泡、开裂等现象时，即可判定为合格。

6.16 耐汽油性

按 GB/T 9274—1988 中第 5 章的规定，将制备的试棒浸泡于 120 溶剂油中，待达到 21 d，取出，用自来水冲洗，用滤纸将水吸干后，观察涂膜表面，如无起泡、起皱、脱落、生锈等现象，即可判定为合格。

6.17 耐原油性

按 GB/T 9274—1988 中第 5 章的规定，将制备的试棒浸泡于原油中，待达到 21 d，取出，用自来水冲洗，用滤纸将水吸干后，观察涂膜表面，如无起泡、起皱、脱落、生锈等现象，即可判定为合格。

6.18 耐航空煤油

将每组不少于四块的尺寸为 150 mm×76 mm×3 mm 钢板，分别用溶剂除去表面的油污，经喷砂处理，表面处理质量控制应达到 GB/T 8923—1988 规定的 Sa2.5 级。将底涂的各组分混合，喷涂到样板上，干膜厚度为 75 μm～150 μm，在空气中干燥 24 h，将面涂的各组分均匀混合，同样喷涂至干膜厚度为 75 μm～150 μm。总涂膜厚度为 150 μm～300 μm，用同样的方法喷涂样板的背面和边缘，样板在室温下干燥 7 d～14 d 以上。将三块样板分别浸泡在三个装有 500 m 航空煤油的广口瓶中。将瓶封口后置于 50 ℃～54 ℃的水浴锅中 21 d，取出样板观察涂膜，如涂膜不发软，且无皱皮、剥落等现象；允许涂膜有一定的变色；整块样板不超过三个小气泡(样板边缘 6.5 mm 处的气泡忽略不记)时，即可判定为合格。

6.19 耐水性

按 GB/T 1733—1993 中的甲法规定进行。待达到 7 d 时取出，目视检查三块试板，至少有两块试板无起泡、起皱、脱落、生锈等现象时，即可定为合格。

6.20 耐酸性

按 GB/T 9274—1988 中第 5 章的规定，将制备的试棒浸泡于 10% H_2SO_4 的溶液中，待达到 7 d 和 30 d，取出，用自来水冲洗，用滤纸将水吸干后，观察涂膜表面，如无起泡、起皱、脱落、生锈等现象，即可判定为合格。

6.21 耐碱性

按 GB/T 9274—1988 中第 5 章的规定，将制备的试棒浸泡于 10% NaOH 的溶液中，待达到 7 d 和 30 d，取出，用自来水冲洗，用滤纸将水吸干后，观察涂膜表面，如无起泡、起皱、脱落、生锈等现象，即可判定为合格。

6.22 耐盐水性

按 GB/T 9274—1988 中第 5 章的规定，将制备的试棒浸泡于 10% NaCl 的溶液中，待达到规定时间，取出，用自来水冲洗，用滤纸将水吸干后，观察涂膜表面，如无起泡、起皱、脱落、生锈等现象，即可判定为合格。

6.23 阻燃性

按 GB/T 2408—2008 水平法规定进行测试，测试基材采用 4 mm 厚水泥基板。

6.24 重金属含量

涂膜在标准环境下(温度为23 ℃±2 ℃,湿度为50%±5%)固化7 d后,其重金属含量按GB 18581—2009规定进行测试。

7 检验规则

7.1 本标准中所列的全部技术要求为型式检验项目,每年进行一次型式检验;容器中状态、干燥时间、表面电阻率、表面电阻、体积电阻等5项为出厂检验项目。

7.2 产品按GB/T 3186—2006规定进行取样,取两份样品,一份密封贮存,存查时间为一年;另一份作检验用样品。

7.3 所有项目的检验结果均达到本标准技术要求时,判定该批产品合格。如有一项检验结果未达到本标准技术要求时,应对保存样品进行复检,如复检结果仍未达到本标准要求时,判定该批产品不合格。

8 标志

按GB/T 9750—1998进行。

9 包装、贮存和运输

9.1 产品应贮存于清洁、干燥、密封的容器中,装量不大于容积的95%。

9.2 产品存放时,应保持通风、干燥、防止日光直接照射,并应隔绝火源;宜常温保存。

9.3 产品在运输时,应防止雨淋,日光曝晒。

9.4 产品在符合9.1、9.2、9.3的存放条件下,有效期为一年。

10 安全、卫生

该产品具有一定的挥发性,施工现场应加强通风,遵守涂装作业、安全操作规程的规定。

ICS 59.100.20
G 13

中华人民共和国国家标准

GB/T 26826—2011

碳纳米管直径的测量方法

Measurement for diameter of carbon nanotubes

2011-07-29 发布　　　　2011-12-01 实施

中华人民共和国国家质量监督检验检疫总局
中国国家标准化管理委员会　发布

前　言

本标准按照 GB/T 1.1—2009 给出的规则起草。

请注意本文件的某些内容可能涉及专利。本文件的发布机构不承担识别这些专利的责任。

本标准由全国纳米技术标准化委员会纳米材料分技术委员会(SAC/TC 279/SC 1)提出并归口。

本标准起草单位:清华大学、天奈科技有限公司、冶金工业信息标准研究院。

本标准主要起草人:王垚、宁国庆、魏飞、栾燕、温倩、黄佳琦。

碳纳米管直径的测量方法

1 范围

本标准规定了测量碳纳米管(CNTs)直径的原理、仪器、样品的制备和保存、测量方法、图像分析、结果计算、典型样品的测量示例等。

本标准适用于采用透射电子显微镜(TEM)及TEM图像分析技术测量碳纳米管的直径。

本标准不适用于竹节状等直径变化显著的碳纳米管样品。

2 规范性引用文件

下列文件对于本文件的应用是必不可少的。凡是注日期的引用文件,仅注日期的版本适用于本文件。凡是不注日期的引用文件,其最新版本(包括所有的修改单)适用于本文件。

GB/T 5314 粉末冶金用粉末的取样方法(ISO 3954:1977,EQV)

3 术语和定义

下列术语和定义适用于本文件。

3.1

碳纳米管 carbon nanotubes,CNTs

具有管状结构的纳米碳材料,依据管壁碳原子的层数可以分为单壁碳纳米管(管壁为单层碳原子)、双壁碳纳米管(管壁为两层碳原子)和多壁碳纳米管(管壁为三层或三层以上碳原子)。

注:本标准所述的碳纳米管包括单壁碳纳米管、双壁碳纳米管和多壁碳纳米管。

3.2

碳纳米管直径 diameter of carbon nanotubes

碳纳米管垂直于轴向方向的截面圆直径,包括内径与外径。内径指内层石墨层形成的截面圆直径;外径指外层石墨层形成的截面圆直径。

3.3

有效视场 valid visual field

规定的TEM视场中可识别直径的碳纳米管根数比例超过80%视场。

4 方法

4.1 总则

本方法利用透射电子显微镜定量测量碳纳米管直径。透射电子显微镜能将碳纳米管样品图像放大到几十万倍,甚至上百万倍,点分辨率优于0.3 nm,能够清楚反映碳纳米管样品的形貌和微观结构,以便利用其图像测量统计碳纳米管直径。

本方法的基本操作步骤是:首先,将碳纳米管样品分散后置于透射电子显微镜专用的微栅上并正确保存;其次,利用透射电子显微镜观察碳纳米管的中空结构,获取一定数量的TEM有效视场图像;然后,通过对同一碳纳米管样品的所有有效视场图像分析,测量并统计该碳纳米管样品直径;最后,绘制碳纳米管样品直径分布图，计算平均直径及标准差。

4.2 仪器

a) 透射电子显微镜：点分辨率高于 0.3 nm，工作电压 80 kV～200 kV；

b) 超声波清洗器：超声功率 30 W～150 W，超声频率 30 kHz～70 kHz；

c) 玻璃干燥器：内置硅胶干燥剂。

4.3 样品的制备和保存

利用透射电子显微镜观测碳纳米管样品，需要制备有一定分散度和浓度适宜的待观测 TEM 样品。该样品可以通过如下步骤制备并保存：

a) 选取具有代表性的样品 2 mg。为了确保取样具有代表性，要求按照 GB/T 5314 规定的取样方法采样；

b) 将 2 mg 样品研磨至粉状后投入 3 mL 乙醇(分析纯)中，用手摇匀后超声分散 10 min，获得宏观分散均匀的悬浊液。短时间、高强度的超声分散是比较合理有效的，如透射电镜观察发现无法获得分散良好的视野，则可延长超声分散的时间；

c) 超声分散后立即采用洁净的滴管，将得到的悬浊液滴加 1 滴～2 滴于透射电镜专用的微栅表面。取样及制样过程中应尽可能避免样品偏析，不能待悬浊液静置发生明显沉降后再吸取上层液体滴至微栅表面；

d) 待溶剂挥发后，将制好的样品放入透射电镜微栅专用的样品盒，保存在干燥器里待用。

4.4 透射电子显微镜(TEM)测量

利用透射电子显微镜按下列步骤测量碳纳米管样品：

a) 将含有碳纳米管样品的微栅装入透射电子显微镜的样品杆并放入电镜。

b) 在低倍(5 万倍左右)下观察纤维状物的分布情况，如发现绝大多数碳纳米管样品以聚团形式紧密堆积，则需重新对样品进行分散及微栅制样。

c) 依据样品情况选择适宜的放大倍数，以能清楚观察碳纳米管内径和外径为准。推荐 TEM 观测倍数为：单壁碳纳米管和双壁碳纳米管 100 K～400 K，多壁碳纳米管 20 K～200 K。

d) 选择具有代表性的有效视场拍摄不少于 10 张 TEM 图像，要求其中可测量直径的碳纳米管总数满足测量碳纳米管根数要求。对于不同直径分布的碳纳米管样品，规定测量的碳纳米管根数应符合表 1 的要求。如不能获得满足要求的有效视场数，或不能达到测量碳纳米管的根数要求，则需重新对样品进行分散及微栅制样。如三次分散及微栅制样后仍不能获得满足要求的有效视场数，则判定本标准不适用于该碳纳米管样品的直径测量。

表 1 测量碳纳米管的数量要求

直径标准差 σ[a]/nm	$0\leqslant\sigma<4$	$4\leqslant\sigma<8$	$\sigma\geqslant8$
测量碳纳米管根数/根	≥100	≥150	≥200
[a] 标准差计算方法见式(2)。			

4.5 图像分析

对同一碳纳米管样品的全部 TEM 图像进行测量分析，测量图像中可识别直径的全部碳纳米管的直径数据并记录。具体测量方法为：在垂直于碳纳米管轴向的方向做直线，分别测量内径及外径，见

图 1a)。测量结果需要根据 TEM 图像标尺换算为碳纳米管直径的实际尺寸。由于 TEM 图像中的碳纳米管管壁所对应的灰度值较低，如有条件可以结合 TEM 图像的灰度图峰位置(负峰)确定测量边界，从而更为准确地测量碳纳米管直径，见图 1b)。

对于同一根碳纳米管的不同部分直径发生变化的情况，至少选取 3 个有代表性的测量点(测量位置间距大于 10 nm)测量直径，取算术平均值作为该碳纳米管的直径。

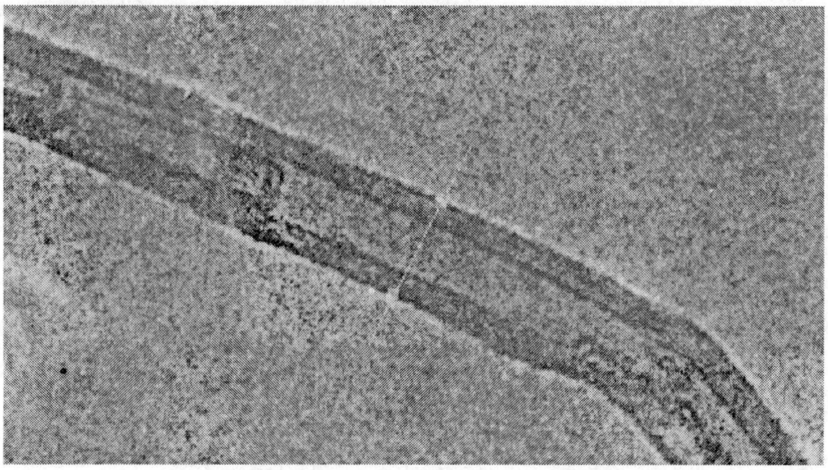

a） TEM 图像中碳纳米管内径及外径测量

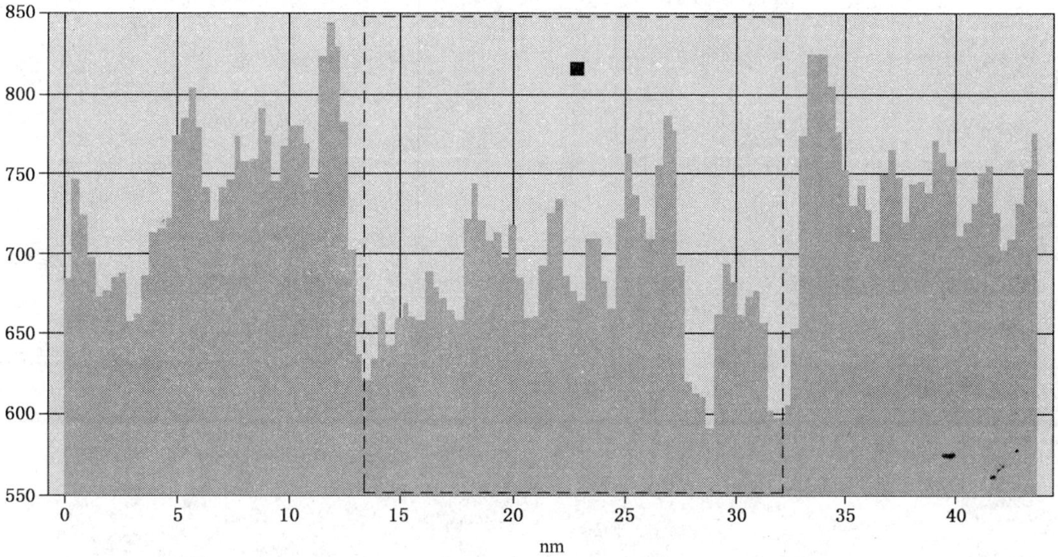

b） 根据 TEM 图像局部灰度确定测量边界

图 1 TEM 图像的测量方法

4.6 结果计算

对一份碳纳米管样品，统计其直径分布，表达为碳纳米管根数分率柱状直方图形式。柱状图中的一个柱形表示分布在该区间内的碳纳米管根数分率，即直径在某一范围内的碳纳米管根数在所统计的碳纳米管总根数中所占的百分比；柱状图区间宽度为相邻柱中心的间距，其数值可根据用户要求确定。为了尽可能准确地反映碳纳米管直径分布情况，建议在柱状直方图中采用不少于 8 个区间表达碳纳米管直径分布。

根据碳纳米管直径的测量数据，可列出直径范围，并按式(1)和式(2)分别计算碳纳米管样品的平均

直径 $\overline{d}$ 及标准差 σ。

$$\overline{d}=\frac{\sum_{i=1}^{n}d_i}{n} \quad \cdots\cdots(1)$$

$$\sigma=\sqrt{\frac{\sum_{i=1}^{n}(d_i-\overline{d})^2}{n-1}} \quad \cdots\cdots(2)$$

式中：

n ——该样品所测碳纳米管总根数，单位为根；

d_i——任意一根碳纳米管的内径或外径，单位为纳米(nm)。

5 典型样品的测量示例

一个典型的多壁碳纳米管样品的测量示例见附录A。

附 录 A
（资料性附录）
典型样品的测量示例

图 A.1 为一个典型的多壁碳纳米管样品的 TEM 图像。对该样品的 10 幅 TEM 图像中的 102 根碳纳米管进行测量，将碳纳米管直径（内径和外径）的统计结果绘制于图 A.2 中。该样品直径的统计计算结果见表 A.1。

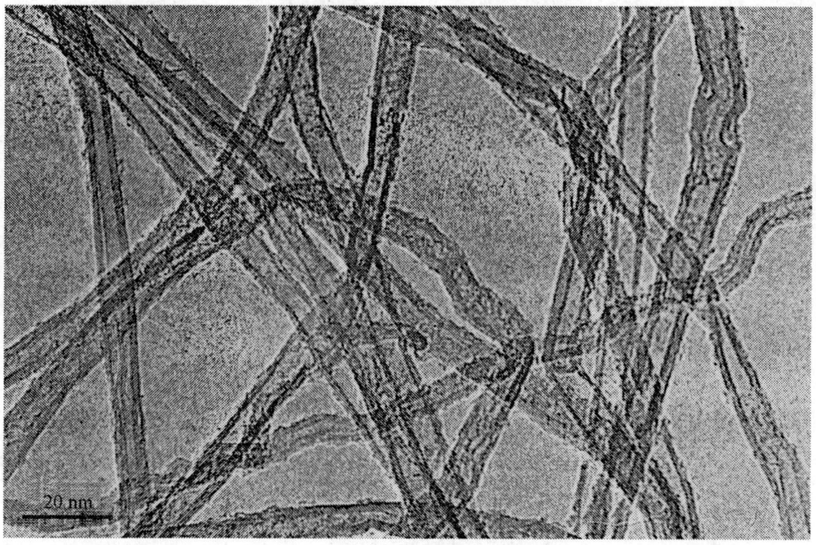

图 A.1 典型多壁碳纳米管样品的 TEM 图像

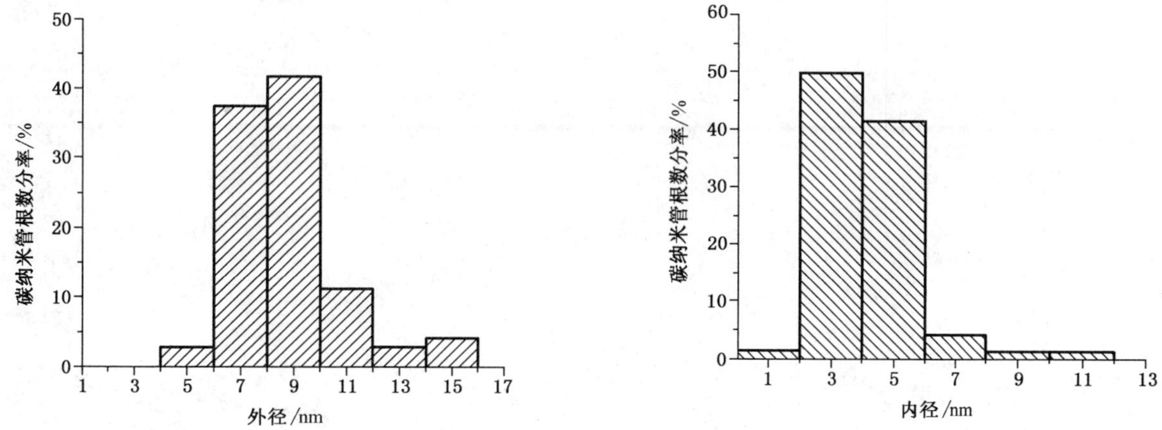

a） 外径分布　　　　b） 内径分布

图 A.2 典型碳纳米管样品的直径分布

表 A.1 典型碳纳米管样品的直径统计结果

单位为纳米

项　　目	外　　径	内　　径
最大值	13.68	10.53
最小值	4.64	1.00
平均值	7.79	3.20
标准差	1.90	1.38

ICS 37.020
N 30

中华人民共和国国家标准

GB/T 26827—2011

波片相位延迟测量装置的校准方法

Calibration method for measurement equipment of wave plate phase retardation

2011-07-29 发布 2011-12-01 实施

中华人民共和国国家质量监督检验检疫总局
中国国家标准化管理委员会 发布

前　言

本标准的附录 A 为资料性附录。

本标准由中国机械工业联合会提出。

本标准由全国光学和光子学标准化技术委员会(SAC/TC 103)归口。

本标准主要起草单位：清华大学。

本标准主要起草人：张书练、刘维新、丁铭。

波片相位延迟测量装置的校准方法

1 范围

本标准规定了对波片相位延迟测量装置进行校准的术语和定义、测量原理、校准方法和校准。

本标准适用于对各种原理的波片相位延迟测量装置的精度进行校准。

2 规范性引用文件

下列文件中的条款通过本标准的引用而成为本标准的条款。凡是注日期的引用文件，其随后所有的修改单(不包括勘误的内容)或修订版均不适用于本标准。然而，鼓励根据本标准达成协议的各方研究是否可使用这些文件的最新版本。凡是不注日期的引用文件，其最新版本适用于本标准。

GB/T 13962 光学仪器术语

GB/T 15313 激光术语

3 术语和定义

GB/T 13962、GB/T 15313 中确立的以及下列术语和定义适用于本标准。

3.1

波片相位延迟测量装置 measurement equipment of wave plate phase retardation

采用各种原理对波片的相位延迟进行在线或非在线测量的光学系统。

3.2

波片相位延迟基准测量装置 benchmark measurement equipment of wave plate phase retardation

采用激光频率分裂原理对波片相位延迟进行测量的装置，用来标定波片的相位延迟，其测量结果是可以溯源到激光波长的基准值。波片相位延迟基准测量装置的详细说明参见 A.1。

3.3

波片相位延迟标准测量装置 standard measurement equipment of wave plate phase retardation

由波片相位延迟基准测量装置校准过的波片相位延迟测量装置，其对波片相位延迟的测量结果可以用来校准其他的波片相位延迟测量装置。

3.4

标准波片 standard wave plate

由波片相位延迟基准测量装置测定的波片。标准波片的详细说明参见 A.2。

3.5

激光频率分裂 laser frequency splitting

单模驻波氦氖激光器中，由于谐振腔内双折射的存在，一个激光纵模分裂成频率不同的两个模式同时振荡的现象。

3.6

模式跳变 mode jumping

当激光器两振荡模式之间存在较强的模式竞争，调节激光器的谐振腔长时，振荡的模式转为熄灭，熄灭的模式转为振荡的变化。

3.7

频差调谐 frequency difference tuning

调节激光器谐振腔长，激光器频率分裂产生的两正交偏振模式之间的频率差出现的周期性变化。

4 测量原理

根据激光原理，驻波激光器的纵模频率 ν_q 按式(1)计算：

$$\nu_q = \frac{c}{2nL} q \qquad \cdots\cdots(1)$$

式中：

c ——真空中光速，单位为毫米每秒(mm/s)；

n ——谐振腔内光路上平均折射率；

L ——谐振腔长，单位为毫米(mm)；

q ——纵模级数，为数值很大的正整数。

而相邻级纵模 ν_q、ν_{q+1} 的频差即纵模间隔 Δ 按式(2)计算：

$$\Delta = \frac{c}{2nL} \qquad \cdots\cdots(2)$$

如图 1 所示，当在谐振腔内放入双折射元件时，激光器会形成长度不相等的两个物理腔长 nL。对应的振荡纵模将发生分裂，原来每一个纵模变成偏振方向相互正交、频率不相等的两个纵模(频率)。同时，两个分裂模的偏振方向和双折射元件的两个本征方向一致。如图 2 所示，一个纵模分裂成的两个模 ν_q 和 ν'_q 称为同级分裂模，其频差为 $\Delta\nu$；而 ν'_{q-1} 和 ν_q 为相邻两个纵模都分裂后的两个相邻的分裂模，称为相邻级分裂模，其频差为 $\Delta\nu'$。并且相邻级分裂模的偏振态相互垂直，在图 2 中用实线和虚线表示，G 为激光增益曲线。

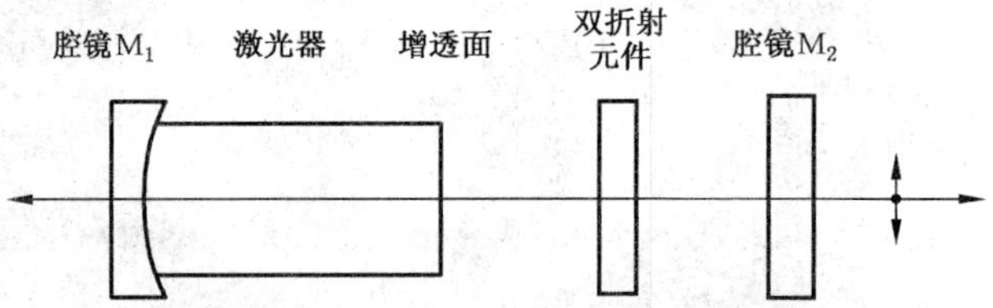

图 1 激光谐振腔内放入双折射元件产生频率分裂示意图

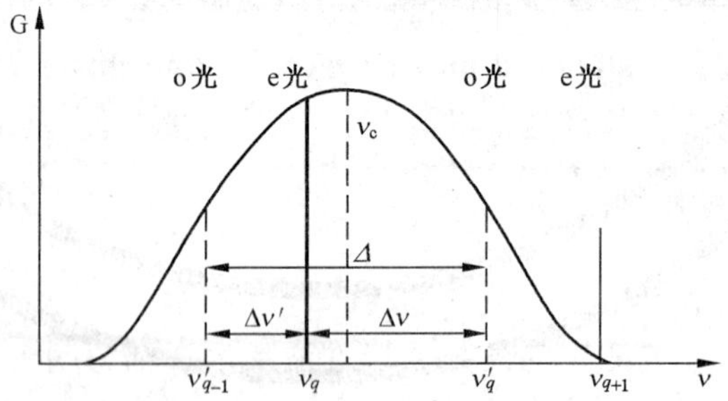

图 2 双折射元件引起的激光频率分裂和调谐激光腔长测量分裂频差大小

设放入腔内的双折射元件引起 o 光和 e 光的光程差为 δ，则分裂模的频差 $\Delta\nu$ 按式(3)计算：

$$\Delta\nu = \frac{\nu}{L}\delta = \nu'_q - \nu_q \qquad \cdots\cdots(3)$$

式中：

ν ——激光频率，单位为赫兹(Hz)。

若放入腔内的双折射元件是波片，则将式(3)与激光纵模间隔式(2)相比，并根据波长频率关系 $c=\lambda\cdot\nu$，而波片的相位延迟与光程差满足 $\Phi=2\pi\cdot\delta/\lambda$($\lambda$ 为波片工作波长)，则得到波片的相位延迟表示为弧度值或角度值按式(4)计算：

$$\Phi = \frac{\Delta\nu}{\Delta}\pi = \frac{\Delta\nu}{\Delta} \times 180^\circ \qquad \cdots\cdots(4)$$

并且，波片相位延迟式的等同量——光程差 δ 按式(5)计算：

$$\delta=\frac{\Delta\nu}{\Delta}\frac{\lambda}{2} \qquad \cdots\cdots(5)$$

从式(4)和式(5)可以看出由频率分裂原理测量得到的波片相位延迟与激光器的谐振腔长无显式关系，只要测得分裂出的频差 $\Delta\nu$ 及纵模间隔 Δ，即可得到波片的相位延迟量 Φ。其中 $\Delta\nu$ 和 Δ 可以通过测量两正交模式形成的光拍的频率得到。基于频率分裂原理测量波片相位延迟的装置是基准测量装置。

5 校准方法

5.1 概述

校准方法可以分为绝对校准法和比较校准法，这两种方法都是静态校准。

5.1.1 绝对校准法

用波片相位延迟基准测量装置测量一组标准波片的相位延迟，测量结果作为该标准波片的基准值。将同一组标准波片放入待校准的波片相位延迟测量装置，以标准波片的基准值为基准，按技术要求和操作步骤对待校准装置的输出值进行校准。

5.1.2 比较校准法

将一组不同相位延迟的波片放入波片相位延迟标准测量装置进行测量，然后将同一组波片依次放入待校准波片相位延迟测量装置中，对待校准波片相位延迟测量装置进行校准。

5.2 校准装置

校准装置主要包括波片相位延迟基准测量装置和标准波片。

6 校准

6.1 绝对校准法

6.1.1 环境条件

应在下列条件下进行校准：

a) 温度：20 ℃±1 ℃；

b) 相对湿度：小于 60%。

6.1.2 测量装置

波片相位延迟基准测量装置，一组标准波片。

6.1.3 校准步骤

6.1.3.1 准备工作

开启波片相位延迟基准测量装置和待校准波片相位延迟测量装置，预热时间不少于 30 min。

清洗好标准波片，并在实验室恒定温度下平衡 1 h 以上。

6.1.3.2 测量标准波片基准值

6.1.3.2.1 点通光标准波片测量

将待测标准波片放入波片相位延迟基准测量装置中，使其通光口径位于光路中，并按要求调整波片的快慢轴方向。

按操作步骤测量标准波片的相位延迟，反复测量五次，取算术平均值，作为该标准波片相位延迟基准值。最后记录每个标准波片的基准值。

6.1.3.2.2 面通光标准波片测量

面通光标准波片需要给出整个通光面上的相位延迟平均值作为实际值。测量时选择通光口径范围内五个测量点，其分布如图 3 所示。移动波片相位延迟基准测量装置中波片架的导轨，使五个测量点依次位于激光路径上，按 6.1.3.2.1 给出的测量标准波片步骤，对每个测量点测量五次，取算术平均值作为该测量点的相位延迟。重复上述过程，直到五个测量点测量完毕。求五个测量点的算术平均值，作为该面通光标准波片相位延迟的实际值。最后记录每个标准波片的测量值。

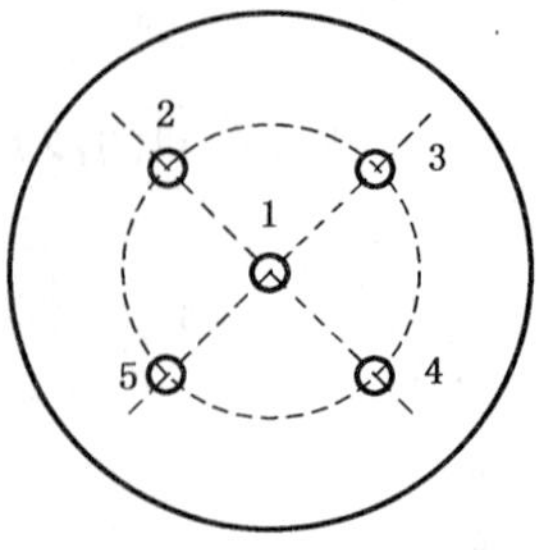

图3　面通光波片的五个测量点示意图

6.1.3.3　不同波长下标准波片相位延迟折算

如果待校准的波片相位延迟测量装置工作波长同样为632.8 nm，则不需要进行不同波长下波片相位延迟转换；否则查晶体石英材料在待校准波片测量装置工作波长下和同样温度条件下的最大双折射率，按式(6)将标准波片的相位延迟基准值转换成待校准波片测量装置工作波长下的相位延迟量：

$$N_c+\frac{\Phi_c}{2\pi}=\frac{n'_e-n'_o}{n_e-n_o}\frac{\lambda}{\lambda'}\left(N_s+\frac{\Phi_s}{2\pi}\right)=\frac{\Delta n'\lambda}{\Delta n\lambda'}\left(N_s+\frac{\Phi_s}{2\pi}\right) \quad \cdots\cdots(6)$$

式中：

N_s——标准波片级次；

Φ_s——标准波片的相位延迟，单位为弧度；

λ——632.8 nm工作波长，单位为纳米(nm)；

λ'——待校准波片测量装置工作工作波长，单位为纳米(nm)；

n_e、n_o、Δn——632.8 nm波长下晶体石英的主折射率和最大双折射率；

n'_e、n'_o、$\Delta n'$——待校准波片测量装置工作工作波长下晶体石英的主折射率和最大双折射率。

得到N_c为折算后波片级次，对应于计算值整数部分，Φ_c为折算后相位延迟，对应于计算值的小数部分。对于查波片的最大双折射率时波长或温度值不一致的情况，可以采用线性插值法求得新波长下的最大双折射率。晶体石英在不同波长下的最大双折射率Δn_λ见A.3。

6.1.3.4　用待校准波片装置测量标准波片相位延迟

将校准后的一组标准波片依次放入待校准波片相位延迟测量装置中测量，其操作流程按照测量装置说明书进行。每个标准波片测量五次，取算术平均值作为测量结果Φ_m，并记录。

6.1.3.5　数据处理

将待校准波片相位延迟测量装置测得的标准波片相位延迟Φ_m同波片相位延迟基准测量装置测量得到折算后的相位延迟Φ_c相减，其差值为待校准波片测量装置的示值误差。记录一组校准波片(分别编号为1,2,...,j,...n)校准时得到的$\Phi_{m(j)}$和$\Phi_{c(j)}$值，并以$\Phi_{c(j)}$为横坐标，以$\Phi_{m(j)}$为纵坐标，依次计算区间[$\Phi_{c(j-1)}$，　$\Phi_{c(j)}$]内的三次样条插值函数，可以得到整个测量区间上的拟合公式，即作为待校准波片装置的校准公式。校准过的波片测量装置测量的波片相位延迟处于校准点区间内时，可以将测量值代入校准公式得到实际值。对于响应曲线为线性的测量装置，还可以由校准公式计算其线性度。

6.2　比较校准法

将上述绝对校准法校准过的波片相位延迟标准测量装置作为传递标准，可以对一般的工业用波片相位延迟测量装置进行比较法校准。

比较校准法试验条件和校准步骤见6.1，其中作为测量值传递的波片可以选用一组相位延迟各不相同的普通波片。将待测波片放入波片相位延迟标准测量装置，按使用说明测量其相位延迟，得到五次测量结果取算术平均值作为基准值。然后将波片放入待校准波片相位延迟测量装置测量，取五次测量结果的平均值。如果波片相位延迟标准测量装置的工作波长和待校准波片相位延迟测量装置工作波长不一致，需要采用6.1.3.3所述方法，对传递波片的延迟量进行折算后再进行比较。所得的结果可以采用 6.1.3.5 的方法进行数据处理。

6.3 校准结果形式

校准过程中，波片相位延迟基准测量装置和待校准波片相位延迟测量装置对单个波片的测量结果可以按表 1 记录。

表 1

波片相位延迟测量装置	系统不确定度	单个波片相位延迟多次测量值/(°)（测量次序）					测量平均值	标准差（1σ）	测量温度/℃
		1	2	3	4	5			
波片相位延迟基准测量装置									
待校准波片相位延迟测量装置									

对于测量一组标准波片，对待校准波片相位延迟测量装置的多个测量值进行校准的情况，可以按表 2 记录。

表 2

波片相位延迟测量装置	测量时温度/℃	不同标准波片测量结果的平均值/(°)（波片编号）									
		1	2	3	4	5	6	7	8	9	10
波片相位延迟基准测量装置											
待校准波片相位延迟测量装置											

附 录 A
（资料性附录）
校准装置的说明

A.1 基于激光频率分裂原理的波片相位延迟基准测量装置

A.1.1 系统组成

波片相位延迟基准测量装置基于激光频率分裂原理，主要包括以下部分（见图 A.1）：

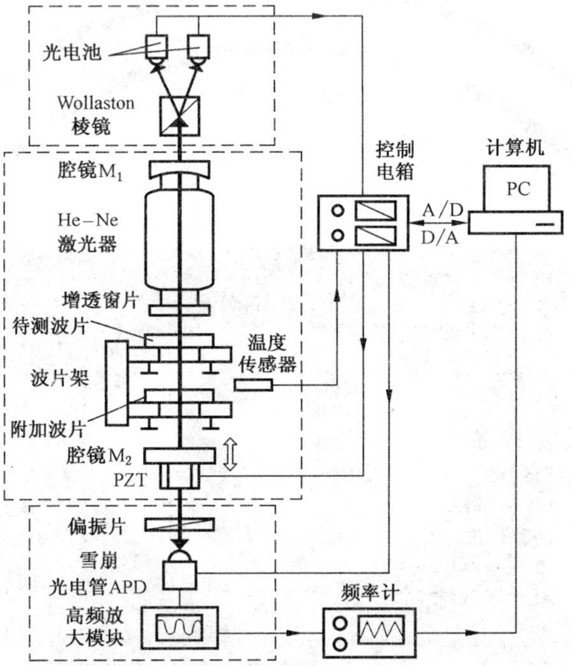

图 A.1 波片相位延迟基准测量装置示意图

a) 光学测量单元

由激光增益管和一个独立反射镜组成的半外腔氦氖激光器构成。其中独立反射镜由压电陶瓷驱动。放置待测波片和附加波片的两个波片架安装在 X、Y 两维导轨上，置于增益管和独立反射镜之间。波片架工作表面与光束垂直，并以激光器一个偏振方向为轴，沿另一个与之正交的偏振方向旋转至使其面法线与光线成夹角 θ 约为 15′。

b) 光强探测单元

包括一个渥拉斯顿棱镜和两个光电探测器。激光器一端输出光经渥拉斯顿棱镜后按正交偏振态分成两束，分别由两个光电探测器接收其光强信号。

c) 频差测量单元

主要由一个偏振片，光电探测器和高频放大模块组成。激光另一端输出光经过通光方向与波片快慢轴方向成 45°角放置的偏振片后产生光拍，由光电探测器接收拍频信号，并输入高频放大模块中进行处理，放大后的信号输入频率计读出频差值。

d) 数据采集和程序控制部分

包括控制电箱和计算机。控制电箱接收光强探测信号，并将计算机给出的电压信号放大后驱动压电陶瓷；计算机通过数据采集端口记录激光光强，给出压电陶瓷控制信号，并控制整个波片测量流程，实现自动测量。为检测波片测量时的温度，在波片架附近安装有温度传感器（PT100）测量环境温度。

A.1.2　基本方法

调节激光器腔长，根据波片产生频差大小不同，会出现三种情况，采用不同的计算：

频率分裂直接法：如果放入谐振腔内的波片产生频率分裂量约大于 40 MHz，调谐激光腔长时在出光带宽内始终有两个模式振荡。此时，首先测量同级分裂模 ν_q 和 ν_q' 形成的拍频 $\Delta\nu$；然后沿腔长缩短方向改变腔长，测量相邻级分裂模 ν_q 和 ν_{q-1}' 形成的拍频 $\Delta\nu'$。则根据 $\Delta=\Delta\nu+\Delta\nu'$，代入式 $\Phi=\frac{\Delta\nu}{\Delta}\pi$ 得到的波片相位延迟 Φ 按式(A.1)计算：

$$\Phi=\frac{\Delta\nu}{\Delta\nu+\Delta\nu'}\pi=\frac{\Delta\nu}{\Delta\nu+\Delta\nu'}\times 180^\circ \qquad \cdots\cdots\cdots\cdots(\text{A.1})$$

附加波片偏置法：如果放入谐振腔的半/全波片产生频率分裂量约为 20 MHz ～40 MHz，激光腔长调谐过程中激光会出现模式跳变现象，处于模式竞争状态的两分裂模没有共存区。可以首先在谐振腔内放入已知快轴方向的附加波片（非半/全波片，如可以是四分之一波片），采用频率分裂直测法测量其相位延迟 Φ_o；再将待测半/全波片放入腔内并使其快轴方向与附加波片的快轴方向平行，测得共同作用下的相位延迟 Φ_t；最后，共同作用下的相位延迟减去附加波片的相位延迟可以得到待测波片的相位延迟 Φ 按式(A.2)计算：

$$\Phi=\Phi_t-\Phi_o+\pi=\Phi_t-\Phi_o+180^\circ \qquad \cdots\cdots\cdots\cdots(\text{A.2})$$

纵模间隔比较法：如果半/全波片产生的频率分裂量小于 20 MHz，则调谐激光腔长时两分裂模中会只有一个模式始终振荡。但激光器在双纵模状态时，相邻三个纵模形成的两个模间隔并不等于空腔时的纵模间隔 Δ，而是其中一个为 $\Delta_1=\Delta+\Delta\nu$，另一个为 $\Delta_2=\Delta-\Delta\nu$。代入式 $\Phi=\frac{\Delta\nu}{\Delta}\pi$，可以得到波片的相位延迟 Φ 按式(A.3)计算：

$$\Phi=\frac{2\Delta_1}{\Delta_1+\Delta_2}\pi=\frac{2\Delta_1}{\Delta_1+\Delta_2}\times 180^\circ \qquad \cdots\cdots\cdots\cdots(\text{A.3})$$

A.1.3　测量步骤

测量过程由计算机程序自动控制，步骤如下：

a) 首先采用纵模间隔比较法测量未放入待测波片时由激光腔内自身的残余应力等双折射造成的相位延迟，并作为波片相位延迟基准测量装置零点误差 $\Delta\Phi_r$ 记录。

b) 将待测波片放入波片相位延迟基准测量装置的波片架上，其通光口径位于光路中，且快慢轴平行于激光偏振方向。

c) 调谐激光器腔长，并记录 o 光和 e 光的光强调谐曲线。如果没有出现模式跳变现象，则测量先后两个等光强点上两振荡模式的频差 ν_1 和 ν_2，相加后按以下两种情况进行判断：

第一种情况：若相加结果约为一倍纵模间隔大小，则用频率分裂直测法代入式(A.1)计算波片的相位延迟 Φ；

第二种情况：若相加结果约为两倍纵模间隔大小，则用纵模间隔比较法代入式(A.3)计算波片相位延迟。

d) 如果步骤 c)中出现模式跳变现象，则将附加波片按步骤 b)的方法放入激光谐振腔，使附加波片的快轴平行于待测波片的快轴方向，采用附加波片偏置法代入式(A.2)计算波片相位延迟 Φ。

e) 测量控制程序自动判定得到的波片测量值 Φ，并补偿系统误差。

A.1.4　误差分析和系统性能指标

对规定置信度的不确定度 X_{CL} 按式(A.4)计算：

$$X_{CL}=t\sqrt{e_r^2+e_a^2+e_\lambda^2+e_f^2+e_i^2} \qquad \cdots\cdots\cdots\cdots(\text{A.4})$$

式中：

e_r——补偿系统零点误差后的残差；

e_a——补偿波片面法线绕波片快轴旋转后的残差；

e_λ——激光波长偏离中心波长引起的不确定系统误差；

e_f——激光频差调谐引入的随机误差；

e_i——附加波片偏置法测量时两波片快轴夹角造成的不确定系统误差，其他测量方法时为零；

t——对于规定置信度与测量次数 n 按学生分布的置信系数；

n——测量次数。

为满足校准其他波片相位延迟测量装置的要求，波片相位延迟基准测量装置需要满足如下要求：

a） 开机后系统稳定时间不少于 30 min；

b） 单次测量时间不超过 30 s；

c） 激光器残余应力等造成的零输出相位误差小于 0.05°；

d） 测量分辨率达到 10″以上；

e） 测量不确定度：对多级波片优于 λ/10 000，对零级波片优于 λ/20 000。

A.2 标准波片

标准波片由晶体石英制成，石英材料制作采用 GB 7895—2008 规定的质量要求检验。加工波片时应保证晶体光轴平行于波片表面，偏差小于 0.1°。

标准石英波片的加工满足：直径为 $15_{-0.1}^{\ 0}$ mm，厚度为 d 约为 1 mm 的多级波片，厚度不同对应相位延迟不同；两表面平行度容限＜2″；表面平面度的容限＜λ/16（波长为 λ＝632.8 nm），且表面镀 632.8 nm 波长下的减反膜，透过率优于 99.5%。

为避免装夹时产生应力，标准波片采用与其尺寸相匹配的金属盒封装。金属盒内表面贴弹性塑料膜片将波片和金属隔离，以减小封装产生的附加应力并防止波片滑动。按通光口径的大小，标准波片分为点通光标准波片和面通光标准波片，其中点通光标准波片的金属盒开直径为 2 mm 的圆形通光孔，以确定校准时前后两次测量对应标准波片同一个点；面通光标准波片在金属盒表面开直径为 10 mm 的通光孔，适用于宽光束波片测量装置的校准。同时根据晶体生长取向和波片加工时切割方向给出波片快轴方向，用竖线标记于标准波片金属盒外侧。

校准时标准波片应给出测量结果，其各项指标包括：

a） 标称波长 λ：采用波片相位延迟基准测量装置测量标准波片，标称波长为 632.8 nm；

b） 多级波片级数 N_s：一般采用螺旋测微器测出的波片厚度可以折算出，并可以保证精确到 0.5 级；

c） 波片相位延迟基准值 Φ_s：采用波片相位延迟基准测量装置测得的标准波片精度应优于 λ/10 000（对应于多级波片）；

d） 校准时波片温度值 T_e：在标准波片测量结果中同时给出附近环境温度值，其测量精度优于0.04 ℃。

A.3 晶体石英最大双折射率 Δn_λ 计算用表（$\Delta n_\lambda = n_e - n_o$ 为 24.8 ℃ 下由分析式得到的计算值）

晶体石英最大双折射率 Δn_λ 计算见表 A.1。

表 A.1

波长/μm	0.15	0.20	0.25	0.30	0.35	0.40	0.45
Δn_λ	0.021 4	0.013 0	0.011 1	0.010 3	0.009 8	0.009 6	0.009 4
波长/μm	0.50	0.55	0.60	0.65	0.70	0.80	0.90
Δn_λ	0.009 2	0.009 2	0.009 1	0.009 0	0.009 0	0.008 9	0.008 8

表 A.1（续）

波长/μm	1.00	1.10	1.20	1.30	1.40	1.50	1.60
Δn_λ	0.008 8	0.008 7	0.008 7	0.008 6	0.008 5	0.008 5	0.008 4
波长/μm	1.70	1.80	1.90	2.00	2.10	2.20	2.30
Δn_λ	0.008 4	0.008 3	0.008 2	0.008 1	0.008 1	0.008 0	0.007 9
波长/μm	2.40	2.50	2.60				
Δn_λ	0.007 8	0.007 7	0.007 6				

ICS 17.180.01
N 30

中华人民共和国国家标准

GB/T 26828—2011

多光谱减反射膜规范

Specification for multispectral antireflection coatings

2011-07-29 发布 2011-12-01 实施

中华人民共和国国家质量监督检验检疫总局
中国国家标准化管理委员会 发布

前　言

本标准由中国机械工业联合会提出。

本标准由全国光学和光子学标准化技术委员会(SAC/TC 103)归口。

本标准起草单位:中国船舶重工集团公司第七一七研究所。

本标准主要起草人:杨林峰、熊长新、刘水心。

多光谱减反射膜规范

1 范围

本标准规定了应用在光学系统内的多光谱减反射膜膜层的分类、要求、试验方法及检验规则。

本标准适用于在硒化锌、硫化锌等红外晶体上镀制多光谱减反射膜。

2 规范性引用文件

下列文件中的条款通过本标准的引用而成为本标准的条款。凡是注日期的引用文件，其随后所有的修改单(不包含勘误的内容)或修订版均不适用于本标准，然而，鼓励根据本标准达成协议的各方研究是否可使用这些文件的最新版本。凡是不注日期的引用文件，其最新版本适用于本标准。

GB/T 1185 光学零件表面疵病

GB/T 2423.1 电工电子产品环境试验 第2部分:试验方法 试验A:低温

GB/T 2423.3 电工电子产品环境试验 第2部分:试验方法 试验Cab:恒定湿热试验

GB/T 2423.17 电工电子产品环境试验 第2部分:试验方法 试验Ka:盐雾

GB/T 2828.1 计数抽样检验程序 第1部分:按接收质量限(AQL)检索的逐批检验抽样计划(GB/T 2828.1—2003,ISO 2859-1:1999,IDT)

GB/T 2829 周期检验计数抽样程序及表(适用于对过程稳定性的检验)

3 分类

3.1 近红外/红外双波段减反射膜。

3.2 可见光/近红外/红外三波段减反射膜。

4 要求

4.1 总则

膜层应符合本标准和相关图样的要求。若本标准的要求与相关图样要求不一致，应以相关图样要求为准。

4.2 镀膜面积

光学零件的通光孔径应符合图样要求，应在整个通光孔径面上镀膜。通光孔径没有规定时，可非镀膜面的数据见表1。

表1

光学零件的直径 或最大对角尺寸 cm	非镀膜面的 最大宽度
≤5	1 mm
>5	1 mm+附加宽度，直径每增加1 cm，附加宽度增加0.15 mm

4.3 镀膜后零件的光学性能

双面镀制多光谱减反射膜的光学性能见表2。

表 2

膜系	平均透过率[a]			
	可见光	近红外(1.064 μm 或 1.57 μm)	中波红外	长波红外
双波段(近红外+红外)减反射膜	—	≥96%	≥96%	—
	—	≥96%	—	≥96%
三波段(可见光+近红外+红外)减反射膜	≥88%	≥95%	≥95%	—
	≥88%	≥95%	—	≥95%

注 1:若零件在耐环境性能方面有更高的要求,可以降低对透过率的要求。

注 2:测试用的可见光、近红外分光光度计或红外光谱仪波长准确度应优于±0.5%,测量波段范围内,绝对透射比准确度应优于±0.5%。

注 3:透过率测试用样品厚度应小于 1 mm。

[a] 可见光、中波红外和长波红外波段的透过率为指定波段平均透过率;近红外波段透过率为单点透过率。

4.4 镀膜后零件表面质量

4.4.1 外观

膜层表面不允许有起皮、脱膜、裂纹、起泡和灰雾等缺陷。

4.4.2 膜层表面疵病

膜层表面麻点、擦痕等疵病应符合 GB/T 1185 的要求。

4.5 膜层牢固性

4.5.1 附着力

用专用透明胶带纸粘在膜层表面上,垂直迅速拉起后,应无脱膜现象。

4.5.2 摩擦

膜层能经受压力为 4.9 N 外裹脱脂布的橡皮摩擦头摩擦 50 次(25 个来回),应无擦痕等损伤迹象。

4.6 环境适应性

4.6.1 低温

无包装情况下,在−40 ℃±2 ℃的环境中保持 2 h,样品透过率损失应小于 1%,膜层表面质量应符合 4.4.1 和 4.4.2 的要求。

4.6.2 湿热

无包装情况下,在温度为 40 ℃±2 ℃,相对湿度为 90%~95%的条件下保持时间 24 h,样品透过率损失应小于 1%,膜层表面质量应符合 4.4.1 和 4.4.2 的要求。

4.6.3 盐雾

无包装情况下,在温度为 35 ℃±2 ℃的盐雾箱内,经浓度为 4.9%~5.1%,pH 为 6.5~7.2 的氯化钠溶液连续喷雾 8 h,样品透过率损失应小于 1%,膜层表面质量应符合 4.4.1 和 4.4.2 的要求。

5 试验方法

5.1 镀膜面积

5.1.1 试验工具

长度量具。

5.1.2 试验程序

用长度量具测量镀膜面积。

5.2 镀膜后零件的光学性能

5.2.1 试验工具

分光光度计、红外光谱仪，准确度优于1%。

5.2.2 试验程序

按照使用的光谱范围，在零件有效区域内任意位置测量光学性能指标，测量时入射角取零度。当被检零件不宜测量时，用光学性能相同的平面试验片代替。检验结果应满足表2的要求。

5.3 镀膜后零件表面质量

5.3.1 外观

5.3.1.1 试验工具

60 W～100 W的磨砂白炽灯或两根15 W的冷白荧光灯。

5.3.1.2 试验程序

用60 W～100 W的磨砂白炽灯或两根15 W的冷白荧光灯照射光学零件镀膜表面，眼睛到镀膜件的观察距离不超过450 mm，在黑色背景下借助反射光进行目视检查。

5.3.2 膜层表面疵病

5.3.2.1 试验工具

同5.3.1.1。

5.3.2.2 试验程序

膜层表面麻点、擦痕等疵病用60 W～100 W的磨砂白炽灯或两根15 W的冷白荧光灯照射光学零件镀膜表面，眼睛到镀膜件的观察距离不超过450 mm，在黑色背景下借助反射光进行目视检查。如有规定时，可使用4倍～10倍放大镜进行检验。

5.4 膜层牢固性

5.4.1 附着力

5.4.1.1 试验工具

2 cm宽、剥离强度不小于2.74 N/cm的透明胶带纸。

5.4.1.2 试验程序

用2 cm宽、剥离强度不小于2.74 N/cm的透明胶带纸粘在膜层表面上，然后以垂直于膜层表面方向的力迅速拉起，清洁其表面后检验。

注：胶带纸不应粘到膜层边缘。

5.4.2 摩擦

5.4.2.1 试验工具

浮石-橡皮摩擦头（摩擦头是由优质橡皮加浮石填料组成，洛氏硬度为75度±5度，橡胶重量是填料重量的45%～55%）。

5.4.2.2 试验程序

摩擦试验机应采用浮石-橡皮摩擦头。摩擦头直径6 mm，外裹至少6层清洁干燥脱脂布，保持与膜层垂直的压力4.9 N，对膜层进行摩擦，行程约为摩擦头的2倍，沿同一轨迹摩擦50次（往返25次），清洁其表面后检验。

注：低温、恒定湿热、盐雾、摩擦等破坏试验不对同只零件进行。

5.5 环境适应性

5.5.1 低温

按GB/T 2423.1的规定。

5.5.2 湿热

按 GB/T 2423.3 的规定。

5.5.3 盐雾

按 GB/T 2423.17 的规定。

6 检验规则

6.1 检验分类

产品的检验分为出厂检验和型式检验。

6.2 出厂检验

6.2.1 检验方法

出厂检验抽样检查应按 GB/T 2828.1 的一次抽样检查。

6.2.2 检验内容及判定

出厂检验的项目为 4.3 和 4.4，规定检查水平为Ⅱ，合格质量水平为 4.0。

6.3 型式检验

6.3.1 型式检验时机

型式检验一般定为每年进行一次，产品在下列情况之一时亦进行型式检验：

a) 新产品或老产品转厂生产的试制定型鉴定；

b) 正式生产后，如结构、材料、工艺有较大改变，可能影响产品性能时；

c) 正常生产时，定期或积累到一定产量后，应周期性进行一次检验；

d) 产品长期停产后，恢复生产时；

e) 出厂检验结果与上次型式检验有较大差异时；

f) 国家质量监督机构提出进行型式检验的要求时。

6.3.2 型式检验内容

型式检验应包括本标准中所规定的全部试验项目，型式检验的样品应从出厂检验合格的产品中随机抽取。

6.3.3 型式检验方法

型式检验的抽样采用 GB/T 2829 中一次抽样检查，规定判别水平为Ⅰ，不合格质量水平 3.0（Ac=2，Re=3）。

ICS 17.180.01
N 30

中华人民共和国国家标准

GB/T 26829—2011

脉冲激光测距仪测距参数的室内测试方法

Indoor method for testing measurement Range of pulse laser rangefinders

2011-07-29 发布　　2011-12-01 实施

中华人民共和国国家质量监督检验检疫总局
中国国家标准化管理委员会　发布

前　言

本标准的附录 A 为规范性附录。

本标准由中国机械工业联合会提出。

本标准由全国光学和光子学标准化技术委员会(SAC/TC 103)归口。

本标准起草单位:中国船舶重工集团公司七一七研究所。

本标准主要起草人:殷祖焘、叶艾、刘水心。

脉冲激光测距仪
测距参数的室内测试方法

1 范围

本标准规定了采用光纤模拟手段检测脉冲激光测距仪测距参数的室内测试方法。

本标准适用于脉冲激光测距仪测距参数的测定和验收。

2 术语和定义

下列术语和定义适用于本标准。

2.1

脉冲激光测距仪 laser rangefinder

用脉冲激光作光源的光电测距仪。

2.2

测距参数 ranging parameter

对激光测距仪最大测程、最小测程和测距精度等参数的统称。

2.3

最大测程 maximum range

脉冲激光测距仪在规定的环境和条件下，对规定的目标测距时能够测到的最远距离。

2.4

最小测程 minimum range

脉冲激光测距仪的测程指示范围。

2.5

测距精度 ranging precision

脉冲激光测距仪进行测距时能达到的最小分辨距离。

2.6

光纤消光比测试 testing extinction-ratio by fiber

采用光纤模拟标准距离靶标测试脉冲激光测距仪的消光比参数，以达到检测最大测程的目的。

3 一般测试要求

3.1 被测激光测距仪的光轴一致性应满足技术条件的要求。

3.2 被测激光测距仪预先装定的工作参数，在试验过程中不允许改变。

3.3 测试试验人员应熟悉被测激光测距仪的操作特性和激光安全防护规定。

4 测试方法

4.1 最大测程测试方法

4.1.1 测试原理

最大测程的测试原理如图1所示，检测装置通过望远接收系统接收到被测脉冲激光测距仪发射的激光信号，经光纤耦合器将激光信号耦合进消光比测试光纤，再由准直发射系统对激光进行扩束准直，最后经衰减器衰减后返回被测脉冲激光测距仪的接收系统。通过调整衰减器的衰减量，可以检测出表征脉冲激光测距仪最大测程能力的消光比参数。

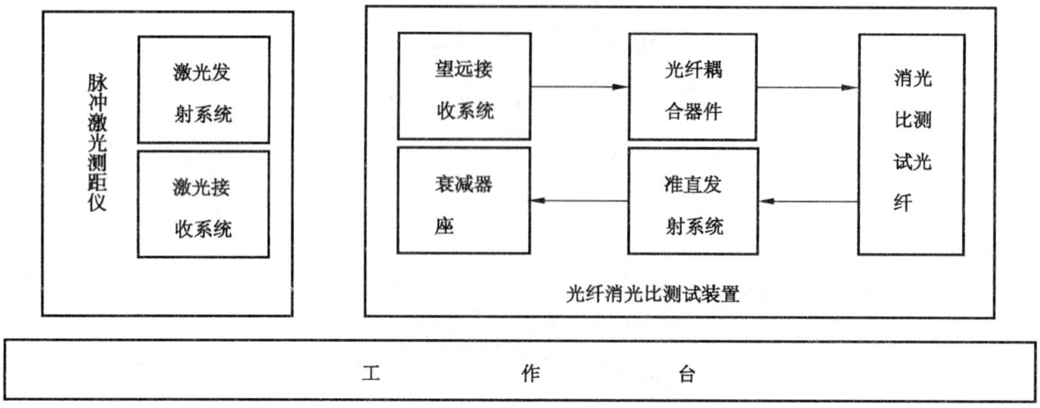

图 1 最大测程测试原理

4.1.2 测试准备

将被测激光测距仪和光纤消光比测试装置放置好，并通过调节工作台使测试装置与被测设备的光轴相一致，脉冲激光测距仪的接收器应处于最大增益状态。

4.1.3 测试步骤

将衰减片逐个按从大到小的顺序加到衰减器座中，直至脉冲激光测距仪达到临界稳定测距状态，记录和统计测试数据。

4.1.4 数据处理

脉冲激光测距仪最大测程消光比按式(1)计算，$F(\theta)$为修正因子，由式(2)给出：

$$S=10\lg\{(\pi L_{\max}^{2}/\rho A_{\mathrm{r}})[G_{\max}/G(L_{\max})][1/F(\theta)]\exp(2\alpha L_{\max})\exp(-\alpha_{1}L_{1})\} \qquad \cdots\cdots\cdots(1)$$

$$F(\theta)=\begin{cases}1(\text{当 }\theta_{\mathrm{r}}\geqslant\theta_{\mathrm{t}}\text{ 且 }A\geqslant(\pi\theta_{\mathrm{r}}^{2}/4)L_{\max}^{2}\text{ 时})\\ A/(\pi\theta_{\mathrm{r}}^{2}L_{\max}^{2}/4)(\text{当 }A<\pi\theta_{\mathrm{r}}^{2}L_{\max}^{2}/4\text{ 且 }\theta_{\mathrm{t}}^{2}L_{\max}^{2}/4>A\text{ 时})\\ \theta_{\mathrm{r}}^{2}/\theta_{\mathrm{t}}^{2}(\text{当 }A>\pi\theta_{\mathrm{r}}^{2}L_{\max}^{2}/4\text{ 且 }\theta_{\mathrm{r}}<\theta_{\mathrm{t}}\text{ 时})\end{cases} \qquad \cdots\cdots\cdots(2)$$

式中：

L_1——激光测距仪到最大测程检测装置的大气距离总长，单位为米(m)；

$L_{\max}$——激光测距仪的最大测程，单位为米(m)；

ρ——战术目标的漫反射系数；

θ_{t}——束散角，单位为弧度(rad)；

θ_{r}——接收视场角，单位为弧度(rad)；

α——战术技术指标规定的大气衰减系数，对 1.06 μm 波长激光可近似用 $\alpha=2.7/V$ 计算；

α_1——最大测程测试时的大气衰减系数，对 1.06 μm 波长激光可近似用 $\alpha_1=2.7/V_1$ 计算；

A——战术技术指标规定的实测目标面积，单位为平方米(m^2)；

A_{r}——激光测距仪接收视场面积，单位为平方米(m^2)；

V——战术技术指标规定的能见度；

V_1——最大测程测试时的能见度；

S——激光测距仪最大测程消光比；

$G(L_{\max})$——接收放大器在距离 $L_{\max}$ 处的增益；

$G_{\max}$——接收放大器的最大增益。

4.1.5 测试结果记录和判断

测试结果记录见附录 A。

当 S_1 和 S_2 之和不小于 S 时，判脉冲激光测距仪最大测程指标达到指标要求，S_1 和 S_2 分别为最大测程测试时衰减片的消光比和光纤模拟器的消光比。

4.2 测距精度测试方法

4.2.1 测试原理

测试原理如图2所示，检测装置通过望远接收系统接收到被测脉冲激光测距仪发射的激光信号，经光纤耦合器将激光信号耦合进测距精度测试光纤，再由准直发射系统进行准直扩束，返回给被测脉冲激光测距仪的接收系统，显示测距距离值。测距精度测试光纤模拟标准的距离量，脉冲激光测距仪的测距结果与标准量的偏差为测距精度检测结果。

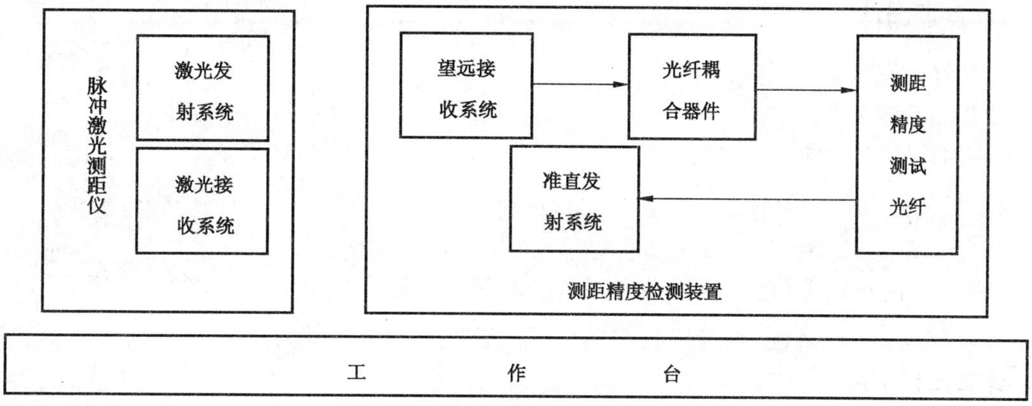

图2 测距精度测试原理

4.2.2 测试准备

将脉冲激光测距仪和测距精度测试装置放置好，并通过调节工作台使脉冲激光测距仪的光轴与测试装置的光轴相一致。

4.2.3 测试步骤

对脉冲激光测距仪进行测距操作。

按操作程序连续测距40 s～60 s或按产品详细规范进行，并打印记录。

4.2.4 数据处理

4.2.4.1 错数和漏数判断

当$|r_i-L|>CT$时，第i次判为错数，r为测距仪测距结果，L为标准距离量，C为光在大气中传播速度，T为测距仪的钟频脉冲周期。

当r_j为无回波显示时，第i次判为漏数。

4.2.4.2 计算错数率

错数率P_C的计算按式(3)：

$$P_C=\frac{N_C}{N}\times 100\% \qquad (3)$$

式中：

N_C——错数次数；

N——总有效测距次数。

4.2.4.3 计算漏数率

漏数率P_L的计算按式(4)：

$$P_L=\frac{N_L}{N}\times 100\% \qquad (4)$$

式中：

N_L——漏数次数。

4.2.4.4 计算准测率

准测率P_Z的计算按式(5)：

$$P_Z = \frac{N_Z}{N} \times 100\% \qquad \cdots\cdots(5)$$

式中：

N_Z——误差不大于规定允许值的测距次数。

4.2.4.5 **计算回波率**

回波率 P_H的计算按式(6)：

$$P_H = \frac{N_H}{N} \times 100\% \qquad \cdots\cdots(6)$$

式中：

N_H——有效回波次数。

4.2.4.6 **计算测距误差**

测距误差的计算按式(7)：

$$\Delta r_i = \tilde{r}_i - L \qquad \cdots\cdots(7)$$

式中：

Δr_i——第 i 次测距误差(已判为错数和漏数的测距次数除外)；

$\tilde{r}_i$——第 i 次测距结果(已判为错数和漏数的测距次数除外)。

4.2.4.7 **计算测距精度**

测距精度 M 的计算按式(8)：

$$M = |\Delta r_i|_{max} \qquad \cdots\cdots(8)$$

4.2.5 **测试结果记录及判断**

试验结果记录在附录 A 中。

当准测率、回波率和测距精度测试结果均满足要求时，判断测距精度合格。

4.3 **测试最小测程**

4.3.1 **测试准备**

测试原理如图 3 所示，将脉冲激光测距仪和最小测程检测装置放置好，通过调节工作台使脉冲激光测距仪的光轴与测试装置的光轴相一致。

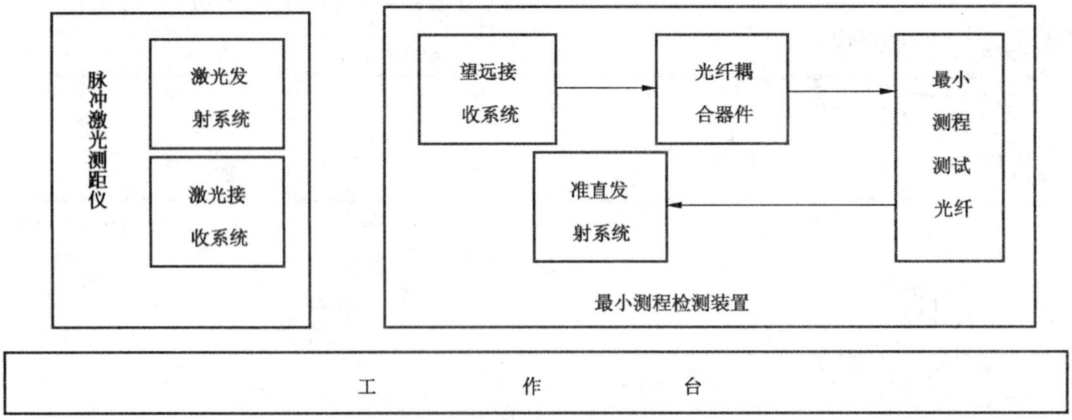

图 3 最小测程测试原理

4.3.2 **测试步骤**

对脉冲激光测距仪进行测距操作，并记录下脉冲激光测距仪的最小测程测试试验数据。

4.3.3 **数据处理**

4.3.3.1 **错数和漏数判断**

当 $|r_i - L|_{min} > \frac{1}{2}CT$ 时，判第 i 次的最小测程测试记录 r_i 为错数；

当 r_i 为无回波显示时，判第 i 次的最小测程测试记录 r_i 为漏数。

4.3.3.2 **错数率、漏数率、准测率**

计算方式同 4.2.4。

4.3.4 **测试结果记录及判断**

测试结果记录在附录 A 中。

当计算得到的错数率和漏数率小于或等于指标规定值，且准测率大于或等于指标规定值时，则判最小测程合格。

附　录　A
（规范性附录）
测试记录及数据处理结果

测试记录及数据处理结果见表A.1。

表A.1

<table>
<tr><td>被测产品名称</td><td colspan="5"></td></tr>
<tr><td>型号和编号</td><td colspan="5"></td></tr>
<tr><td>测试地点</td><td colspan="3"></td><td>测试时间</td><td></td></tr>
<tr><td rowspan="2">气象条件</td><td>温度/℃</td><td colspan="2">相对湿度/%</td><td>气压/kPa</td><td>能见度/m</td></tr>
<tr><td></td><td colspan="2"></td><td></td><td></td></tr>
<tr><td rowspan="2">最大测程检测数据</td><td colspan="2">衰减片消光比(S_1)/dB</td><td colspan="3"></td></tr>
<tr><td colspan="2">光纤模拟器消光比(S_2)/dB</td><td colspan="3"></td></tr>
<tr><td rowspan="6">测距精度检测数据</td><td colspan="2">错数率(P_C)/%</td><td colspan="3"></td></tr>
<tr><td colspan="2">漏数率(P_L)/%</td><td colspan="3"></td></tr>
<tr><td colspan="2">准测率(P_Z)/%</td><td colspan="3"></td></tr>
<tr><td colspan="2">回波率(P_H)/%</td><td colspan="3"></td></tr>
<tr><td colspan="2">测距误差(Δr_i)/m</td><td colspan="3"></td></tr>
<tr><td colspan="2">测距精度(M)/m</td><td colspan="3"></td></tr>
<tr><td rowspan="3">最小测程检测数据</td><td colspan="2">错数率(P_C)/%</td><td colspan="3"></td></tr>
<tr><td colspan="2">漏数率(P_L)/%</td><td colspan="3"></td></tr>
<tr><td colspan="2">准测率(P_Z)/%</td><td colspan="3"></td></tr>
</table>

ICS 19.100
N 78

中华人民共和国国家标准

GB/T 26830—2011

无损检测仪器 高频恒电位工业X射线探伤机

Non-destructive testing instruments—High frequency constant potential X-ray equipment

2011-07-29 发布 2011-12-01 实施

中华人民共和国国家质量监督检验检疫总局
中国国家标准化管理委员会 发布

前　言

本标准的附录A为规范性附录。

本标准由中国机械工业联合会提出。

本标准由全国试验机标准化技术委员会(SAC/TC 122)归口。

本标准负责起草单位:辽宁仪表研究所、丹东通用电器有限公司、丹东华日电器有限公司。

本标准参加起草单位:丹东市无损检测设备有限公司、丹东市万全无损检测仪器厂、丹东市探伤仪器厂。

本标准主要起草人:武太峰、邵德峰、陈刚、董殿刚、张宏、林宝华、徐波。

无损检测仪器
高频恒电位工业 X 射线探伤机

1 范围

本标准规定了无损检测仪器高频恒电位工业 X 射线探伤机(以下简称高频机)的术语和定义、产品分类、技术要求、试验方法、检验规则、标志、包装运输、贮存的要求等。

本标准适用于施加在高压变压器上的电压频率不低于 40 kHz,作用到 X 射线管上的电压为恒定直流的高频恒电位工业 X 射线探伤机。

2 规范性引用文件

下列文件中的条款通过本标准的引用而成为本标准的条款。凡是注日期的引用文件,其随后所有的修改单(不包括勘误的内容)或修订版均不适用于本标准,然而,鼓励根据本标准达成协议的各方研究是否可使用这些文件的最新版本。凡是不注日期的引用文件,其最新版本适用于本标准。

GB/T 191 包装储运图示标志

GB/T 9582—1998 工业射线胶片 ISO 感光度和平均斜率的测定(用 X 和 γ 射线曝光)

GB/T 13384 机电产品包装通用技术条件

GB/T 17618 信息技术设备抗干扰度限制和测量方法

GB 18871 电离辐射防护与辐射源安全基本标准

GB 22448—2008 500 kV 以下工业 X 射线探伤机防护规则

JB/T 6220—2004 射线探伤用密度计

JB/T 7902 线型像质计

JB/T 7903 工业射线照相底片观片灯

JB/T 9329—1999 仪器仪表运输、运输贮存基本环境条件及试验方法

3 术语和定义

下列术语和定义适用于本标准。

3.1

高频恒电位工业 X 射线探伤机 high frequency constant potential X-ray equipment

高压变压器的工作电压频率不低于 40 kHz, X 射线管上的电压为恒定直流的 X 射线探伤机。

4 产品分类

4.1 高频机主要有移动式和便携式两种类型。

4.2 高频机产品型号命名由如下五部分构成:Ⅰ——类;Ⅱ——组;Ⅲ——型;Ⅳ——主参数;Ⅴ——改进序号。

例如:XYG225/10 A 表示移动式额定管电压 225 kV,额定管电流 10 mA,高频恒电位工业 X 射线探伤机;XXG320/6B 表示携带式额定管电压 320 kV,额定管电流 6 mA,高频恒电位工业 X 射线探伤机。

5 要求

5.1 使用条件

高频机应该在下列条件下按照额定规程正常工作：

a) 大气压力 76 kPa～106 kPa；

b) 环境温度固定式的为 2 ℃～40 ℃、携带式的为−10 ℃～50 ℃；

c) 空气相对湿度不大于 85%；

d) 电源电压波动不超过额定电源电压±10%；

e) 电源频率(50±1)Hz；

f) 电磁干扰：应符合 GB/T 17618 中的相关要求。

5.2 使用性能

5.2.1 高频机的穿透力指标，对固定式(移动式)高频机应符合表 1 中的要求；对携带式高频机应符合表 2 的要求。

表 1 固定式(移动式)高频机的穿透力指标

额定管电压 kV	穿透力(钢 Q235) mm	曝光量 mA・min
160	30	100
225	50	100
320	72	100
350	80	100
400	92	100
450	102	100
注：焦距 600 mm； 密度 2.0； 胶片 ISO 感光度 320 以上。		

表 2 携带式高频机的穿透力指标

额定管电压 kV	穿透力(钢 Q235) mm	曝光量 mA・min
200	34	30
225	42	30
300	63	30

5.2.2 高频机的 X 射线辐射角不应小于 X 射线管规定的辐射角，与规定值的偏差不大于+5°，X 射线辐射范围内不容许有缺圆。周向高频机辐射场强度应均匀，中心平面内密度差应不大于 0.5(当平均密度为 2.0 时)。

5.2.3 高频机应设置自动曝光时间计时器，计时误差应不大于所测点指示值的 2%。

5.2.4 高频机应具有管电压调节装置，起始电压应不大于额定管电压 20%。

5.2.5 高频机应设置有过电压保护装置，当管电压超过额定值 5 kV～10 kV 时，高压应断开。

5.2.6 高频机应设置有过电流保护装置，当管电流超过额定值 1 mA～3 mA 时，高压应断开。

5.2.7 高频机应设置有温度保护装置，当温度超过规定值 5 ℃时，自动启动保护装置。

5.2.8 高频机应设置压力指示及低气压保护装置，当发生器中绝缘气体 SF_6 气压低于 0.34 MPa 时，高压应断开。

5.3 **可靠性**

高频机按规定的工作规程连续工作10次,试验中应无异常现象,每次连续工作时间应不小于10 min。

5.4 **安全性**

5.4.1 高频机漏射线空气比释动能率应符合表3的规定。

表3 漏射线空气比释动能率

管电压 U kV	漏射线空气比释动能率 mGy/h	试验时间 min
$U \leqslant 150$	<1	15
$150 < U \leqslant 200$	<2.5	15
$200 < U \leqslant 300$	<5	15
$300 < U \leqslant 450$	<5	15

5.4.2 高频机低压回路绝缘电阻应不小于2 MΩ。

5.4.3 高频机的高压回路绝缘强度应符合表4的规定。

表4 高压回路绝缘强度试验

管电压 U kV	管电压升至额定管电压倍数	耐压时间 min
$U \geqslant 200$	1.05	2
$U < 200$	1.10	2
$U > 300$	1.02	2

5.4.4 高频机应具有接地保护装置,接地电阻应不大于4 Ω。

5.4.5 高频机管头、高压发生器、冷却装置等各密封部件应无渗漏现象。

5.4.6 高频机的电缆接头和接头连接拆卸方便并带有保护盖。

5.5 **稳定度**

5.5.1 管电压稳定度应达到0.1%。

5.5.2 管电流稳定度应达到0.2%。

5.6 **外观质量**

5.6.1 表面镀层应坚固,无脱落现象。

5.6.2 零件加工表面,不应有碰伤和划痕。

5.6.3 非加工和易锈面应有防锈措施。

6 试验方法

6.1 **试验条件**

按5.1的规定进行。

6.2 **试验用主要仪器仪表和器具**

6.2.1 最大允许误差为±0.006%的七位数字电压表和最大允许误差为±0.03%五位数字电流表。

6.2.2 1.0级1 000 V绝缘电阻表或相应的绝缘电阻测定仪。

6.2.3 秒表、温度计。

6.2.4 工业X射线胶片。

6.2.5 密度计或测微光度计。

6.2.6 高低温箱、湿热箱。

6.2.7 耐压测试仪(容量为被试验X射线机功率150%以上)。

6.2.8 校验试块,按附录A选定的试块及线型像质计。

6.2.9 X射线可靠度不大于10%的剂量仪。

6.3 高频机的穿透力和透照灵敏度试验

6.3.1 穿透力试验

符合附录A规定的标准试块、符合GB/T 9582—1998中表1列出的ISO感光度为320以上的工业胶片、符合JB/T 7903要求的观片灯、符合JB/T 6220—2004中4.2要求的密度计。

试验示意图如图1所示。

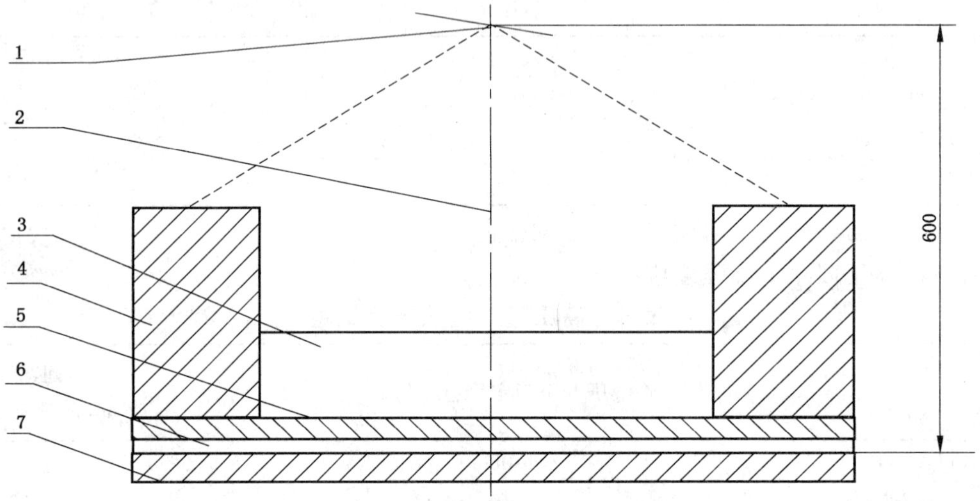

1——实际焦点;

2——X射线束中心轴线;

3——标准试块;

4——铅挡块;

5——前增感屏;

6——胶片;

7——后增感屏。

图1 穿透力试验示意图

6.3.1.1 试验程序

6.3.1.1.1 把胶片裁成100 mm×225 mm长方形,前增感屏(铅)0.03 mm,后增感屏(铅)厚度不限。标准试块放在前增感屏之上,并面向X射线机一侧,试块四周用铅挡块挡好,防止漏散射线影响。

6.3.1.1.2 调整X射线机位置使实际焦点与胶片中心处距离为600 mm。如测辐射场中心处穿透力,要使X射线束中心轴线通过胶片中心,如要测辐射场2/3处穿透力,则要根据计算把胶片中心置于辐射场2/3处。

6.3.1.1.3 使电源电压处于额定电压后,采用额定管电压、额定管电流进行曝光。携带式X射线探伤机曝光量宜为30 mA·min,固定式(移动式)X射线探伤机曝光量宜为100 mA·min。

6.3.1.1.4 将曝光后的胶片进行暗室处理:21 ℃±1 ℃,显影5 min。应使用ISO感光度在320以上的工业胶片。经冲洗干燥后在背景照度最低为215(lx)的观灯片下,用密度计或测微光度计进行密度测量。

6.3.1.1.5 密度计应仔细校正。可按标准密度片对照。在试块之外被铅块挡住部分的胶片测得的本底密度应在0.3以下,否则应重新进行试验。要在底片中央处多次测量,至少应测5次,记下密度值,并将底片装袋保存备查。

6.3.1.2 **结果处理**

按式(1)计算底片密度算术平均值$\overline{D}$：

$$\overline{D}=\frac{1}{n}\sum_{i=1}^{n}D_i \qquad (1)$$

式中：

i——测量顺序号；

n——测量次数；

D_i——第 i 次测量值。

当$\overline{D}\geqslant 2.0$时为合格。

6.3.2 **透照灵敏度试验**

试验仪器：

标准试块：按穿透力试验选用。

线型像质计：像质计材料应选用与试块类似的材料。试块应选用符合 JB/T 7902 中要求的钢线型像质计，铝试块应选用铝线型像质计。

6.3.2.1 **试验程序**

6.3.2.1.1 把像质计放置在试块上，细线朝外。试块应与 X 射线管轴线平行。

6.3.2.1.2 按 6.3.1 有关程序进行。

6.3.2.1.3 在观片灯下用目测底片，记下可分辨出来的像质计中最小线径。

6.3.2.1.4 结果处理

按式(2)计算透照灵敏度：

$$K=\left(\frac{d}{h}\right)\times 100\% \qquad (2)$$

式中：

d——底片上能分辨出来的最小线径；

h——试块厚度。

6.4 **高频机辐射角和辐射场均匀性试验**

6.4.1 **用胶片法进行辐射圆锥角及辐射场均匀性测定试验**

试验仪器：胶片、胶片支架、密度计或测微光度计。

6.4.1.1 **试验程序**

6.4.1.1.1 按图 2 将胶片放置在胶片支架上，使射线束中心对着胶片中心。如果已知实际焦点至胶片的距离，拍照一张辐射场照片。如果不知实际焦点至胶片的距离，那么在一次曝光中同时拍照两张不同距离的辐射场照片，两张胶片之间距离一般为 100 mm。选择适宜的曝光参数，使曝光后胶片最大密度在 1.1～1.5 左右。

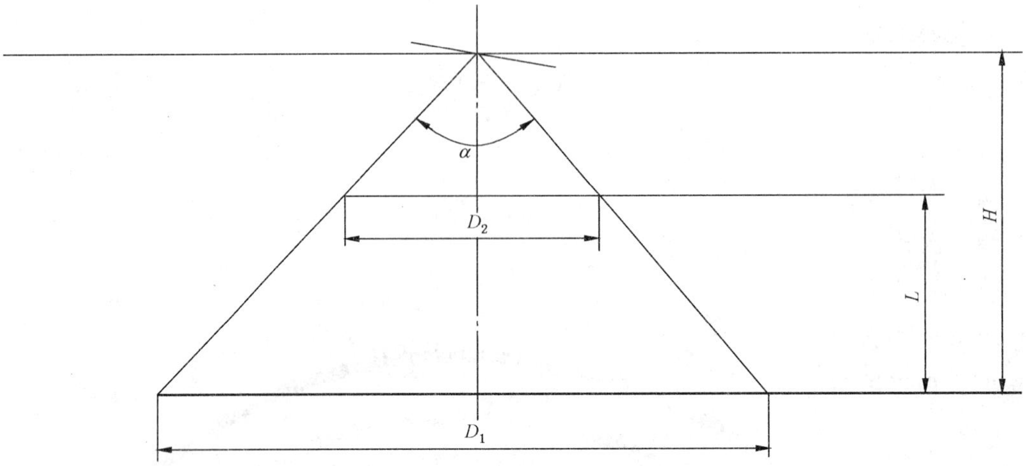

图 2 辐射圆锥角示意图

6.4.1.1.2 在观片灯下用密度计测量显影后底片上包括中心处和边缘处各点密度，以确定底片上最大密度值和辐射场边缘(辐射场边缘以最大密度的 50%为界)。进行辐射场直径测量。

6.4.1.1.3 结果处理

按图 3 指定位置测量，并将结果填入记录表中。

按式(3)确定辐射场圆锥角，当实际焦点至胶片的距离 H 已知

$$\left.\begin{aligned} \alpha &= 2\text{arctg}\,\frac{D_1}{2H} \\ \alpha &= 2\text{arctg}\,\frac{D_1 - D_2}{2L} \end{aligned}\right\} \qquad (3)$$

式中：

α——辐射场圆锥角；

D_1——远焦点处胶片上辐射场直径，mm；

D_2——近焦点处胶片上辐射场直径，mm；

L——胶片间距离，mm。

6.4.1.2 **说明**

试验方法仅适用于辐射圆锥角度小于 70°的辐射场；大于 70°的辐射场建议用辐射探测器法测量。测量点位置见图 3。

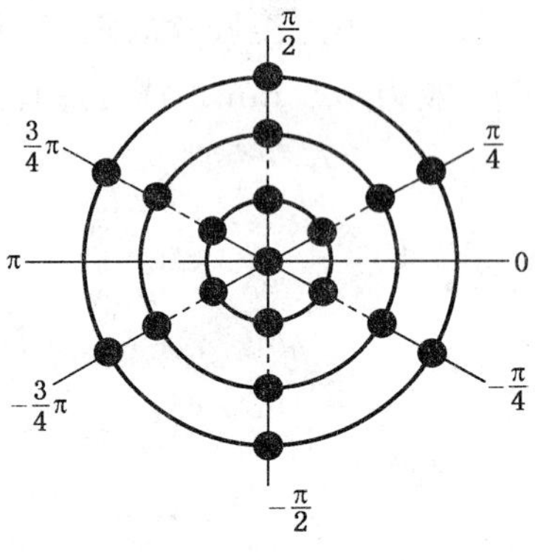

图 3 测量辐射场均匀性的测量点位置

6.4.2 用辐射探测器法进行辐射场圆锥角及辐射场均匀性测定试验

6.4.2.1 试验仪器

试验仪器应符合 GB/T 18871—2002 中 4.3 和附录 B 的要求。

应选用纪录 X 射线辐射能量具有线性的辐射探测器，其辐射输出量应在远距离显示和记录。

应备有安装辐射探测器的装置。该装置应保证探测器在所测量角度内转动并带有角度指示器，角度指示相对误差应在 ±2% 之内。探头元件最大线性尺寸应不大于辐射场最大尺寸的 50%，如图 4 所示。

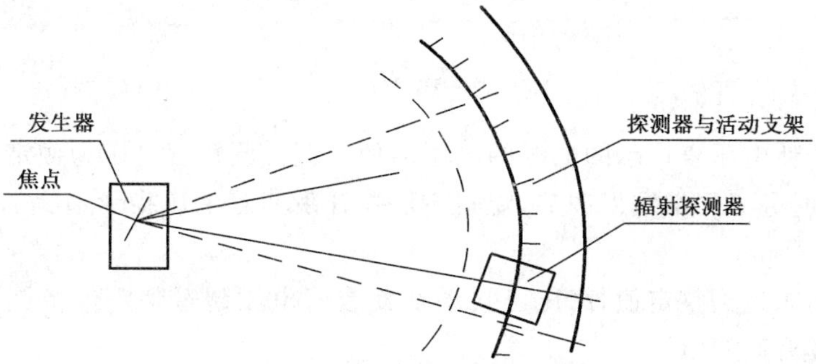

图 4 辐射探测器测量示意图

6.4.2.2 试验程序

6.4.2.2.1 按图 4 把 X 射线管发生器安放在固定位置上，使发生器窗口中心与探测器中心在同一水平轴线上，测量距离相对误差应在 ±1% 之内。探测器窗口中心垂直于 X 射线束轴线，中心轴线偏差在 1 m 距离上不应超过 10 mm。

6.4.2.2.2 管电压为 2/3 额定管电压，管电流为 2/3 额定管电流，X 射线管进入工作状态 1 min 后使探测器移动，记录角度位置和辐射空气比释动能率。

6.4.2.2.3 根据纪录确定射线辐射空气比释动能率最大值，最大值的 50% 所在位置为辐射场边缘。边缘之间夹角为辐射圆锥角 α_1。

6.4.2.2.4 发生器按顺序转动一定角度后，重复 6.4.2.2.2 和 6.4.2.2.3 测得 α_2、α_3……发生器转动角度步距和探测器移动步距应小于 15°。

6.4.2.2.5 结果处理

按式(4)计算辐射圆锥角算术平均值 $\bar{\alpha}$：

$$\bar{\alpha} = \frac{1}{n}\sum_{i=1}^{n}\alpha_i \qquad \cdots\cdots(4)$$

式中：

i——测量序号；

n——测量次数；

α_i——第 i 次测量值。

6.4.2.3 说明

a) 试验时宜采用探测器固定、转动发生器的方法进行。

b) 对小于 70°的辐射场一般宜采用方便的胶片法。

6.5 计时器计时误差测定方法

6.5.1 试验仪器

秒表或电子时间测量仪。

6.5.2 试验程序

将计时器分别调到 0.5 min、1 min、5 min 位置。在按动起动开关的同时按动秒表。在计时器停止同时按动秒表。在计时器每一位置上重复测量三次以上。

6.5.3 结果处理

根据记录结果，计算每一位置上测量值的算术平均值并与调定值进行比较。

6.5.4 说明

试验时可以不连接发生器。

6.6 管电压调节试验

操作控制器上千伏设定装置，将千伏值置于额定管电压的40%处启动高频机，应正常工作。

6.7 高频机过电压保护试验

6.7.1 试验仪器

同6.2。

6.7.2 试验程序

6.7.2.1 调整调压器使电压表指示的电源的电压为额定值。调整管电压为额定值，维持1 min后使管电压超过额定值。此时务必仔细缓慢调节，观察高压断开瞬间管电压指示值是否在规定的整定值的范围内，并做好记录。

6.7.2.2 如果管电压未达到整定值，高压已自动切断或管电压超过整定值范围，持续5 s后仍不能自动切断高压，停止继续升高管电压。

6.7.3 结果处理

在切断高压瞬间，管电压指示值不在规定的整定值范围内应认为过电压保护装置没调好或者失效。

6.7.4 说明

试验时可以不连发生器，单独对控制器进行试验。

6.8 高频机过电流保护试验

6.8.1 试验仪器

同6.2。

6.8.2 试验程序

6.8.2.1 调整管电压到额定值的40%，管电流为额定值，在至少模拟曝光1 min后，使管电流超过额定值。此时务必仔细缓慢调节，观察高压断开瞬间管电流指示值是否在规定的整定值范围内，并做好记录。

6.8.2.2 如果管电流未达到整定值，高压已自动切断或电流超过整定值范围，持续5 s后仍不能自动切断高压，停止继续增大管电流。

6.8.3 结果处理

在切断高压瞬间，管电流指示值不在规定的整定值范围内，应认为过电流保护装置没调好或者失效。

6.9 高频机温度保护装置试验

6.9.1 试验仪器

任何可使房间升温的热源；

酒精温度计或电子测温仪热电偶。

6.9.2 试验程序

6.9.2.1 将电子测温仪热电偶或酒精温度计浸入油绝缘发生器的上油面以下50 mm处，测量上层油温。在温度计的玻璃泡不能浸入时，要把它置于发生器的上油面以下50 mm处的外壳上，用粘胶毯垫覆盖。对气绝缘发生器也类似。

6.9.2.2 断开高频机冷却源(如冷却水、风扇等)，高频机按额定工作规程工作，当温度继电器动作使高压自定切断时，观察并记录温度计指示值。

6.9.2.3 为加速试验可以使用外热源提高试验室温度，但应使高频机高压发生器恒温2 h以上。

6.9.3 **结果处理**

温度计指示值与规定值比较，如超出整定值范围应认为保护装置失效或不合格。

6.9.4 **说明**

6.9.4.1 进行试验时，室内空气要相对平稳。

6.9.4.2 对于小型高压发生器允许在恒温箱里进行。

6.9.4.3 试验时也可采用其他形式的测温计测温。

6.10 **高频机低气压保护装置试验**

当发生器中绝缘气体气压低于0.34 MPa时(20 ℃)，观察高压是否断开。

6.11 **高频机连续工作可靠性试验**

按照规定的工作规程，连续工作10次，每次10 min，在工作时管电压或管电流达不到额定值，认为不合格。

6.12 **高频机漏射线空气比释动能率试验**

6.12.1 **试验仪器**

同6.4.2.1。

6.12.2 **试验程序**

6.12.2.1 将辐射探测器窗口与X射线管焦点间距离调到1 m，发生器窗口参照GB 22448—2008表1规定铅当量的铅罩屏蔽。

6.12.2.2 高频机调到额定管电压，额定管电流，观察并记录在该位置的漏射线空气比释动能率后停机。

6.12.2.3 转动X射线管或移动辐射探测器，记下方位，对好距离，重复进行6.12.2.2。如此测出距焦点1 m处所有方向(除掉主射线束方向)漏射线空气比释动能率，至少测出图5所列方位空气比释动能率。

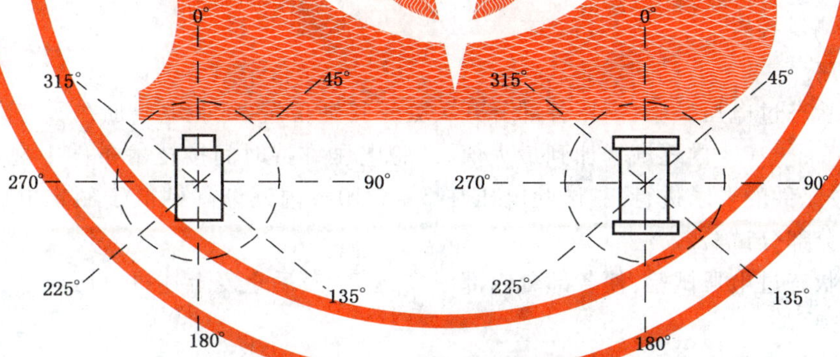

图 5 漏射线空气比释动能率测试位置示意图

6.12.3 **结果处理**

从记录表中取漏射线空气比释动能率最大值为X射线机的漏空气比释动能率。

6.12.4 **说明**

试验也可用手提式剂量仪进行。

6.13 **低压回路绝缘电阻、绝缘强度和接地试验**

6.13.1 **试验仪器**

a) 1.0级500 V绝缘电阻表或相应的绝缘电阻测定仪；

b) 功率不小于0.5 kW波形为近似正弦波的可调电源；

c) 接地电阻测量仪。

6.13.2 **试验程序**

6.13.2.1 绝缘电阻表连接在X射线机控制器的电源接头端子和外壳接地端之间。控制器各开关置于接通位置,但电源插头不接入电源。在施加测试电压1 min后读取绝缘电阻的阻值。测试时应保证接触点有可靠的接触。试验用引线间绝缘电阻应足够大,以保证读数正确。

6.13.2.2 控制器各部分开关置于接通位置,但电源插头不接入电源。用接地电阻测量仪测量控制器外壳任何可能带电部分和电源接地端子之间电阻。

6.13.2.3 控制器各部分开关置于接通位置,但电源插头不接入电源,分别接入试验回路与电源接地端子之间。试验电压按表5所示。

表5 低压回路绝缘强度试验电压

回路电压 U V	试验电压 V
$220<U\leqslant380$	1 500
$100<U\leqslant220$	1 000
$U\leqslant100$	500

试验电压在5 s~10 s内逐渐增加到最大值,试验电压维持1 min。试验后在5 s~10 s内逐渐降低到0后,断开试验电源。

6.13.3 **结果处理**

6.13.3.1 测量得到的绝缘电阻值应大于规定数值。

6.13.3.2 测量得到的接地电阻值应小于规定数值。

6.13.3.3 在绝缘强度试验时不得出现击穿、打火等异常现象。

6.14 高压回路绝缘强度试验

6.14.1 **试验仪器**

a) 功率不低于10 kW的高压试验变压器;

b) 高电压测量装置。

6.14.2 **试验程序**

6.14.2.1 冷机状态过电压试验:高压各部分开关处于接通位置,试验电压加在所有高压回路上。

试验电压在5 s~10 s内逐渐增加到最大值,试验电压维持时间按技术条件中规定(如果分等标准有特殊要求,可按元件的要求进行)。试验电压在5 s~10 s内逐渐降到低于额定电压的20%后,断开试验电源。允许分部分试验。

6.14.2.2 热机状态过电压试验:使各部分内部温度达50 ℃后重复上述过电压试验。

6.14.3 **结果处理**

试验时各部分均不得出现击穿、打火等异常现象。

6.14.4 **说明**

如果高频机的管电压指示仪表经过测量仪表标定(即做过管电压误差试验),也可用机器本身的高压发生器来馈给高压(拆除或调整过电压保护装置,调整过温度保护装置)。

6.15 高频机管头、高压发生器、冷却装置等密封部件的检漏试验

要求密封的部件在装机前,容器空着密封好,做空气加压密封检漏试验。

a) 气绝缘密封容器:试验压力为1.5倍工作压力,放在水中维持5 min应无气泡;

b) 油绝缘密封容器:试验压力为2倍工作压力,放在水中维持5 min,应无气泡;

c) 水冷密封部件:试验压力为1.5倍工作压力。

6.16 环境温度试验

在自然环境温度为−10 ℃±2 ℃时,40 ℃±2 ℃时,高频机在额定工作规程下能正常工作。用高低温箱试验时按极限温度恒温3 h~4 h后取出,待干燥后能正常工作。

6.17 **运输、贮存环境试验**

按 JB/T 9329—1999 第 3 章、第 4 章内容进行。高温+50 ℃,低温−40 ℃。

6.18 **包装试验**

按 GB/T 13384 进行试验方法进行。

6.19 **电源电压波动时正常工作试验**

6.19.1 **试验仪器**

a) 容量为被试高频机功率 150%以上的调压器;

b) 最大允许误差为 1.0 级的交流电压表。

6.19.2 **试验程序**

6.19.2.1 如图 1 所示连接好后使高频机的控制机上的电源电压调整钮处于正常位置,使电压表示值为电源额定值(如单相为 220 V),调整管电压为额定值,管电流为额定值,曝光时间为额定值,进行额定工作状态模拟曝光试验。

6.19.2.2 调整调压器使电压表指示值为电源额定值的 90%(如单相为 198 V),可调整高频机控制器上电源电压调整钮,重复进行额定工作状态模拟曝光试验。

6.19.2.3 调整调压器使电压表指示值为电源额定值的 110%(如单相为 242 V),可调整高频机控制器上电源电压调整钮,重复进行额定工作状态模拟曝光试验。

6.19.3 **结果处理**

试验期间不应出现试验中断现象,否则视为工作不正常。

6.19.4 **说明**

试验期间电源电压变化应小于 2.5%。试验可与穿透力试验、透照灵敏度试验等项目同时进行。试验中所谓额定工作状态模拟曝光试验是指管电压、管电流、曝光时间均为额定值,但不放胶片进行试验。

6.20 **管电压、管电流稳定度的测定**

6.20.1 **测量条件**

a) 环境温度:20 ℃±2 ℃;

b) 管电压为额定管电压,管电流为额定管电流。

6.20.2 **测量方法**

管电压为取样电阻两端的电压,管电流为取样电阻上通过的电流。

6.20.3 **计算方法**

按式(5)、式(6)计算:

$$\sigma=\sqrt{\frac{1}{n-1}\sum_{i=1}^{1}(X_i-\overline{X})^2} \qquad \cdots\cdots(5)$$

$$\varepsilon=\pm\frac{t\sigma}{\overline{\overline{X}}}\times 100\% \qquad \cdots\cdots(6)$$

式中:

σ——标准偏差;

n——测量次数;

$\overline{X}$——n 次测量平均值;

X_i——第 i 次测量值;

t——置备系数 $t=1$;

ε——相对偏差,即稳定度。

6.21 **外观质量检验**

外观质量检验用目测法,应在工厂的正常照明条件下和无辅助观察设备情况下进行。

7 检验规则

7.1 出厂检验

7.1.1 凡出厂的高频机必须经制造厂质量检验部门按出厂检验项目合格，签发合格证后方能出厂。

7.1.2 出厂检验项目：

按表6规定进行检验。

7.2 型式试验

7.2.1 凡属下列情况之一者应按本标准进行型式试验：

a) 新产品或老产品转厂生产的试制定型鉴定；
b) 正式生产后，如结构、材料、工艺有较大的改变，可能影响产品性能时；
c) 正式生产时每年进行一次检验；
d) 产品长期停产后恢复生产时；
e) 出厂检验结果与上次型式试验有较大差异时；
f) 国家质量监督机构提出进行型式检查要求时。

7.2.2 型式试验项目：

a) 全部出厂检查项目；
b) 按表6规定项目进行。

7.3 抽样和判定规则

7.3.1 型式检验的样品应从入库的样品中随机抽取一台，型式检验出现不合格项目时，应从入库的产品中再随机抽取样机一台对不合格项目试验，合格后再做余下的项目。

7.3.2 如在试验中仍发现该项目不合格时，则判定该批产品型式检验不合格。

8 标志、包装、运输和贮存

8.1 标志

8.1.1 发生器外表面明显位置应有警示标志。

8.1.2 在铭牌上应包括：

a) 型号规格、产品名称；
b) 主要技术参数；
c) 制造厂地址和商标；
d) 出厂日期和编号；
e) 认证合格标志。

8.1.3 周向高频机发生器上(在射线输出窗口处)应有不同色环标记。

表6 高频恒电位工业X射线探伤机出厂检验和型式检验项目

序号	项　目	对应条款	检验方法	出厂检验	型式检验
1	穿透力	5.2.1	6.3.1	√	√
2	透照灵敏度	5.2.1	6.3.2	√	√
3	X射线辐射角	5.2.2	6.4	√	√
4	辐射场强度均匀性	5.2.2	6.4	√	√
5	计时器误差	5.2.3	6.5	√	√
6	管电压调节	5.2.4	6.6	√	√
7	过电压保护	5.2.5	6.7	√	√

表 6（续）

序号	项　目	对应条款	检验方法	出厂检验	型式检验
8	过电流保护	5.2.6	6.8	√	√
9	过温度保护	5.2.7	6.9	√	√
10	低气压保护	5.2.8	6.10	—	√
11	可靠性	5.3	6.11	—	√
12	安全性	5.4	6.12,6.13,6.14,6.15	—	√
13	稳定度	5.5	6.20	—	√
14	外观质量	5.6	6.21	√	√
注：“√”为必检项“—”为不检项。					

8.2 包装

8.2.1 高频机应采用复合包装，按 GB/T 13384 有关规定进行。

8.2.2 包装箱外壁和标记应清晰整齐牢固，不应时间长久、搬运摩擦和雨淋而模糊不清，其内容至少包括：

a) 制造厂地址名称；

b) 产品名称与型号规格；

c) 收货单位名称、地址和邮政编码；

d) 发货单位名称、地址和邮政编码；

e) 包装箱体积(长×宽×高)；

f) 包装箱上应标有“易碎物品”、“向上”、“怕雨”、“禁止翻滚”等文字，应符合 GB/T 191 规定的包装、运输的文字或符号；

g) 产品执行标准、编号及名称。

8.2.3 包装箱内应附有下列随行文件：

a) 装箱单；

b) 产品合格证；

c) 产品说明书；

d) 装箱附件清单。

8.3 运输和贮存

8.3.1 运输和贮存环境及试验应符合 JB/T 9329 中的有关规定。

8.3.2 高频机运输时应防止震动和碰撞，并遵守包装箱外的标志要求。

8.3.3 高频机贮存地点周围不得有腐蚀性气体，环境温度在－25 ℃～＋40 ℃之间，空气相对湿度不得大于 85%，仓库空气应保持流通，地面应干燥。

附 录 A
（规范性附录）
高频恒电位X射线探伤机用标准试块

高频恒电位X射线探伤机用标准试块应符合表A.1的规定。

表A.1 检验X射线机穿透力用试块厚度

单位为毫米

管电压/kV	50	100	150	200	225	300	400
携带式	—	7	19	34	39	63	—
固定式(移动式)	25※	45※	33	53	45	80	100
注：材质：钢Q235。 规格：(长×宽)：100 mm×200 mm。 粗糙度：3.2 μm。 ※代表铝试块。							

ICS 17.220.20
N 22

中华人民共和国国家标准

GB/T 26831.1—2011

社区能源计量抄收系统规范
第1部分:数据交换

Society energy metering for reading system specification—
Part 1:Data exchange

2011-07-29 发布

2011-12-01 实施

中华人民共和国国家质量监督检验检疫总局
中国国家标准化管理委员会 发布

前　言

GB/T 26831《社区能源计量抄收系统规范》分为4个部分：

第1部分：数据交换；

第2部分：物理层和链路层；

第3部分：专用应用层；

第4部分：仪表的无线抄读。

本标准体系的制定参考了欧洲标准EN 13757。其中，第1部分、第2部分、第3部分参考采用了EN 13757-1、EN 13757-2、EN 13757-3对应部分，第4部分结合国内无线抄表的技术现状和国家无线通信相关标准作了较大的修改。

本部分为GB/T 26831.1—2011　社区能源计量抄收系统规范　第1部分：数据交换。

本部分附录A和附录C为规范性附录，附录B为资料性附录。

本部分由中国机械工业联合会提出。

本部分由全国电工仪器仪表标准化技术委员会(SAC/TC 104)归口。

本部分起草单位：哈尔滨电工仪表研究所、青岛东软电脑技术有限公司、西安旌旗电子有限公司、漳州科能电器有限公司、美国埃施朗股份有限公司、沈阳航发热计量技术有限公司、唐山汇中仪表有限公司、宁波东海集团有限公司、北京福星晓程电子科技有限公司、北京纳思电器有限公司、杭州鸿鹄电子有限公司、深圳浩宁达仪表股份有限公司、广东浩迪创新科技有限公司、长沙威胜信息技术有限公司、江苏林洋电子有限公司、深圳市泰瑞捷电子有限公司、哈尔滨华惠电气有限公司、深圳市龙电电气有限公司、杭州百富电子技术有限公司、天正集团有限公司。

本部分主要起草人：胡亚军、郭永林、刘永生、李万宏、侯学伟、倪志军、张立新、潘洪源、黄深喜、袁景、关文举、潘之凯、张志忠、黎洪、徐茂林、尹建丰、肖伟峰、姚礼本、张绍衡。

社区能源计量抄收系统规范
第1部分:数据交换

1 范围

本部分用一种通用方法规定了用于仪表和远程抄表的数据交换和通信。

本部分是社区能源计量抄收系统规范标准中的第1部分。

第1部分的主要用途是为仪表的应用层提供一种协议规范。

注:由于电能表的远程抄表标准是IEC/CENELEC的工作任务,因此,本部分不包含电能表。

2 规范性引用文件

下列文件中的条款通过GB/T 26831的本部分的引用而成为本部分的条款。凡是注日期的引用文件,其随后所有的修改单(不包括勘误的内容)或修订版均不适用于本部分,然而,鼓励根据本部分达成协议的各方研究是否可使用这些文件的最新版本。凡是不注日期的引用文件,其最新版本适用于本部分。

GB/T 7421—2008 信息技术 系统间远程通信和信息交换 高级数据链路控制(HDLC)规程(ISO/IEC 13239:2002,IDT)

GB/T 9387.1—1998 信息技术 开放式系统互连 基本参考模型 第1部分:基本模型(ISO/IEC 7498-1:1994,IDT)

GB/T 15629.2—2008 信息技术 系统间远程通信和信息交换 局域网和城域网 特殊要求 第2部分:逻辑链路控制(ISO/IEC 8802-2:1998,IDT)

GB/T 16262.1—2006 信息技术 抽象语法记法1(ASN.1) 第1部分:基本记法规范(ISO/IEC 8824-1:2002,IDT)

GB/T 16687.1—2008 信息技术 开放系统互连 面向连接的联系控制服务元素协议 第1部分:协议规范(ISO 8650-1:1996,IDT)

GB/T 16688—2008 信息技术 开放式系统互连 联系控制服务元素服务定义(ISO/IEC 8649:1996,IDT)

GB/T 16720.1—2005 工业自动化系统 制造报文规范 第1部分:服务定义(ISO 9506-1:2003,IDT)

GB/T 18657.2—2002 远动设备及系统 第5部分:传输规约 第2篇:链路传输规则(IEC 60870-5-2:1992,IDT)

GB/T 19882.31—2007 自动抄表系统 第3-1部分:应用层数据交换协议 对象标识系统(OBIS)(IEC 62056-61:2002,IDT)

GB/T 19882.32—2007 自动抄表系统 第3-2部分:应用层数据交换协议 接口类(IEC 62056-62:2002,IDT)

GB/T 19882.33—2007 自动抄表系统 第3-3部分:应用层数据交换协议 COSEM应用层(IEC 62056-53:2002,IDT)

GB/T 19897.1—2005 自动抄表系统 低层通信协议 第1部分:直接本地数据交换(IEC62056-21:2002,IDT)

GB/T 19897.2—2005 自动抄表系统 低层通信协议 第2部分:基于双绞线载波信号的局域网

使用(IEC 62056-31:1999,IDT)

GB/T 19897.3—2005 自动抄表系统 低层通信协议 第3部分:面向连接的异步数据交换的物理层服务进程(IEC 62056-42:2002,IDT)

GB/T 19897.4—2005 自动抄表系统 低层通信协议 第4部分:基于HDLC协议的链路层(IEC 62056-46:2002,IDT)

DL/T 790.41—2002 采用配电线载波的配电自动化 第4部分:数据通信协议 第1篇:通信系统参考模型(IEC 61334-4-1:1996,IDT)

DL/T 790.441—2004 采用配电线载波的配电自动化 第4-41部分:数据通信协议 应用层协议 配电线报文规范(IEC 61334-4-41:1996,IDT)

DL/Z 790.6—200X 采用配电线载波的配电自动化 第6部分:A-XDR编码规则(IEC 61334-6:2000,IDT)

ISO 1155 信息处理 用纵向奇偶校验检测信息电文中的差错

ISO 1177 信息处理 面向传输的起止和同步式字符的字符结构

ISO 1745 信息处理 数据通信系统的基本型控制规程

ISO/IEC 646 信息技术 信息交换用ISO 7位编码字符集

EN 834 确定室内散热器热消耗量的热分配表 适用于电能供应

EN 1434-1 热量表 第1部分:一般要求

EN 1434-2 热量表 第2部分:结构要求

EN 12405 燃气表 燃气体积电子转换设备

EN 13757-2:2002 Communication systems for and remote reading of meters—Part2:Physical and link layer,twisted pair baseband(M-Bus)

3 术语和定义

本附录C确立的术语和定义适用于本部分。

4 概述

本部分适用的环境,即使用非路由方法对一个网络中的计量单元进行远程读表。

4.1 基本词汇

所有通信都包含两类设备,该设备用术语呼叫方(Caller)系统和被叫方(Called)系统来表示。呼叫方是决定与称为被叫方的一个远程系统发起一次通信的系统。两个术语在通信持续过程中一直有效。

一次通信分为一定数量的事务,每一个事务是由发射机(Transmitter)到接收机(Receiver)的一次传输来表示。在连续的事务期间,呼叫方系统和被叫方系统轮流充当发射机和接收机。

术语客户机(Client)和服务器(Server)具有和DLMS模型DL/T 790.441的同样含义。服务器是一个系统(仪表),它充当提交所有特定服务请求的一个虚拟设备(VDE)。客户机是一个系统(采集系统),并为了一个特定目的而通过一个或多个服务请求来使用服务器。

呼叫客户机(Caller Client)和被叫服务器(Called Server)间的通信无疑是最频繁的事情,但是,基于呼叫服务器(Caller Server)和被叫客户机(Called Client)的通信也是可能的,特别是为了报告发生了一个紧急报警事件。

4.2 分层协议

应以总结的方式来解释由CEN/TC 294提出的分层方法。

为了实现自动抄表,CEN/TC 294采用了协议栈的方法。为了降低通信系统的复杂性,将协议栈按层划分,每层以下一层为基础向上一层提供服务。

由TC/294选择的分层模型是IEC三层模型DL/T 790.41,它衍生于ISO-OSI七层模型

GB/T 9387.1。IEC 的三层模型如图 1 所示：

第七层	应用层
第二层	数据链路层
第一层	物理层

图 1　IEC 三层模型

备注：层数参照 ISO-OSI 七层模型中的编号。

第一层和第二层依赖于使用的连接方式（电力线载波—低压（PLC - LV）、公共电话交换网（PSTN）、HF 射频、双绞线（TP））。对于所有类型的仪表，为了有一个统一的观察角度，TC/294 选择一种与使用的连接方式无关的应用层，因此，使用图 2 所示的协议结构：

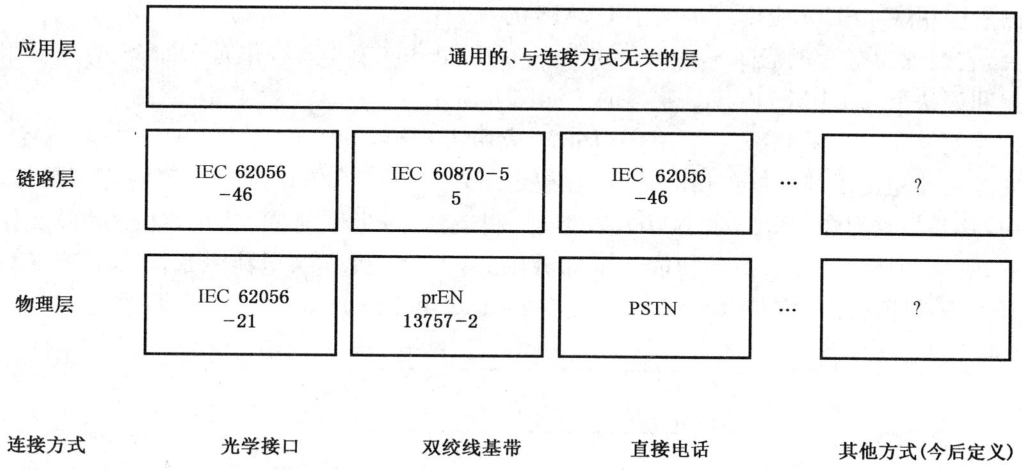

图 2　与连接方式无关的应用层

这种结构考虑到多种不同的连接方式，同时保持一种通用的与连接方式无关的应用层，由于不同的连接方式适用于不同的操作环境，因此，这是重要的。通用的应用层降低了远程抄表系统的总费用和复杂性。

4.3　适用于测量的应用层

应用层规范分为两个部分：DLMS 和 LLAC。如图 3 所示。

配电线报文规范 DLMS(Distribution Line Message Specification)DL/T 790.441 是一个应用层规范。DLMS 依据其功能，并用基于面向对象的方法对通信系统进行了正规描述。

DLMS
LLAC

图 3　应用层的划分

逻辑链路访问控制 LLAC(Logical Link Access Control)规定了通信系统与连接方式无关的剩余部分，规定了像安全管理、多应用处理和大数据分割成多个较低级报文的任务，它对应于 ISO-OSI 七层模型 GB/T 9387.1 中的传输层、会话层和表示层。

4.4　配套规范

配套规范(CS，Companion Specification)是对通用标准的一种扩充，它不仅包含对现有标准范围内操作规则的扩充，而且包含对现有标准的扩充。如图 4 所示。

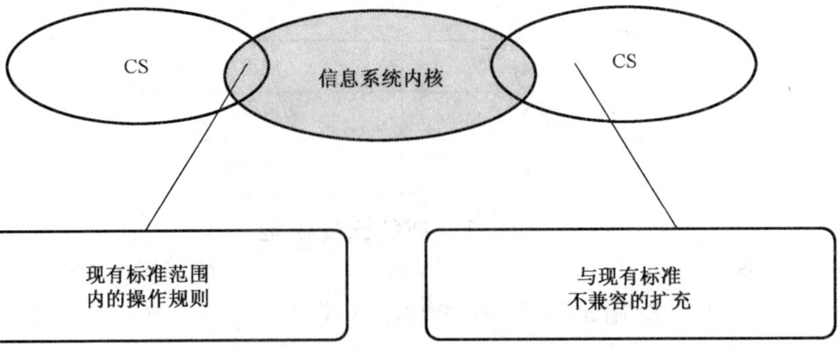

图 4 配套规范的范围

DLMS 是一个强大的信息系统，它衍生于 MMS，GB/T 16720.1(生产信息系统)。为了使 DLMS 完全适应测量应用，COSEM 应用层是基于 DLMS 的一种扩充版本。这些扩充与 DLMS 的当前版本没有任何冲突，它被视为配套规范(CS，Companion Specification)，CS 被看作是 DLMS 的一套附加规则，它在语义上和语法上与 DLMS 内核是兼容的。如图 5 所示。

这些扩充能够在 GB/T 19882.33 中(COSEM 应用层)查到。

配套规范可能超出了纯数据通信的范畴，它规定了一个通过通信系统所看到的应用功能。在当前的上下文中，这是根据对象(例如：索引、ID、表类型、制造商、日期和时间、速率，甚至通信实体，比如一个电话号码)定义的仪表或仪表组的功能。本部分以 GB/T 19882.32 电能测量配套规范(COSEM)和方法作为其通用功能应用的需量，COSEM 已经由 DLMS 用户协会编制。

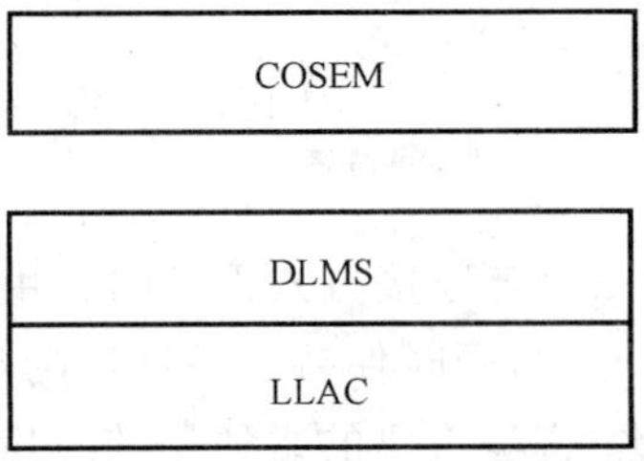

图 5 配套规范

4.5 COSEM 基本原理

本条描述了 COSEM 基本原理，并在此基础上建立 COSEM 接口类。同时，也给出了一个如何使用接口对象(接口类的实例化)用于通信目的的简述。遵循这些规范的仪表、支持工具和其他系统组件能够以互操作的方式进行相互通信。

对象建模：为了规范的目的，本标准使用对象建模技术。一个对象是属性和方法的集合。

对象信息用属性构成，利用属性值来表示对象的特征，属性值可能影响对象的行为。任何对象的第一个属性是“逻辑名”(logical_name)，它是对象标识的一部分。

一个对象提供了许多检查或修改属性值的方法，具有共同特性的对象被归纳为带有类标识(class_id)的一个接口类。在一个特定的类中，共同的特性(属性和方法)对所有对象只描述一次，接口类的实例化称为 COSEM 对象。

下面的图 6 通过一个例子来举例说明这些术语：

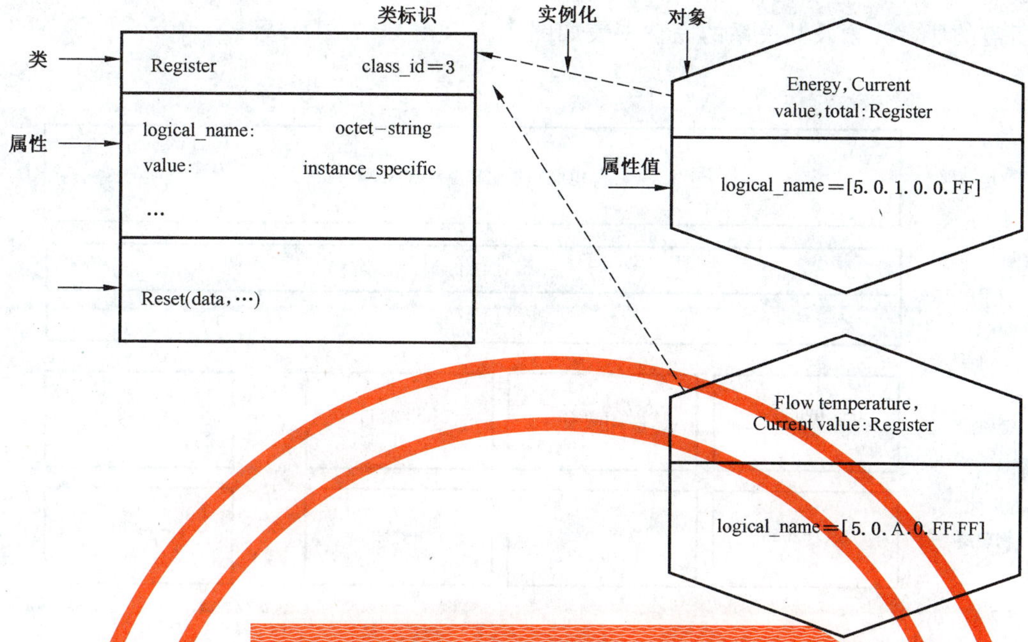

图 6　一个接口类和其实例化

就像从客户机(中心单元、手持终端)所看到的那样,接口类“Register”是通过将需要的特性结合通用寄存器(含有测量或“静态”信息)行为而形成的。Register 的内容由属性“逻辑名 logical_name”标识,逻辑名含有一个 OBIS 标识符(GB/T 19882.31)。Register 的实际(动态)内容通过它的“值 value”属性进行传递。

定义一个特定的仪表意味着定义几个 COSEM 接口对象的特定实例。在图 6 的例子中,该仪表包含 2 个寄存器,即实例化 2 个“Register”类的特定 COSEM 对象,这意味着将特定的值分配给不同的属性。通过实例化,一个 COSEM 对象变成一个“Energy, current value, total register”,而另一个 COSEM 对象变成一个“Flow temperature, current value register”。

注:这两个 COSEM 对象(接口类的实例)表示了从“外部”看到的仪表行为,因此,仅描述了外部属性值的初始改变(例如:复位寄存器的值),在这个模型中,没有描述内部属性初始改变(例如:更新寄存器的值)。用面向对象的方法为仪表的外部行为建模的事实并不意味着需要面向对象的设计或实际仪表的实现。

4.6　COSEM 设备的管理

一个物理单元可能包含或表示成多个测量单元或逻辑设备,这样的物理单元将有一个物理通信接口,但有多个测量应用。这就要求在执行通信管理的单元内有一个管理应用,这也是由 COSEM 控制的。

COSEM 逻辑设备是 COSEM 对象的一个集合,每一个物理设备都包含一个管理逻辑设备。管理逻辑设备的限定内容:

——COSEM 逻辑设备名;

——当前关联(LN 或 SN)对象。

管理逻辑设备对公共客户机将支持最低安全等级的应用关联。

对于 COSEM 逻辑设备的寻址,由使用的较底层协议的寻址方案提供。

4.7　较底层

较底层包含物理层和链路层。对多种通信方式的需要会引起对多种不同较底层的要求。所有的较底层均由物理层和链路层组成。对链路层的要求通常与特定的物理层紧密相关。

为了确定仪表具有互换性的完整协议栈,也必须规定/选择较底层。一些较底层已经选择/采用,随着技术的成熟，将增加一些新的作为修改的较底层。

具有所需的所有元素及其关系的完整图表如图 7 所示。

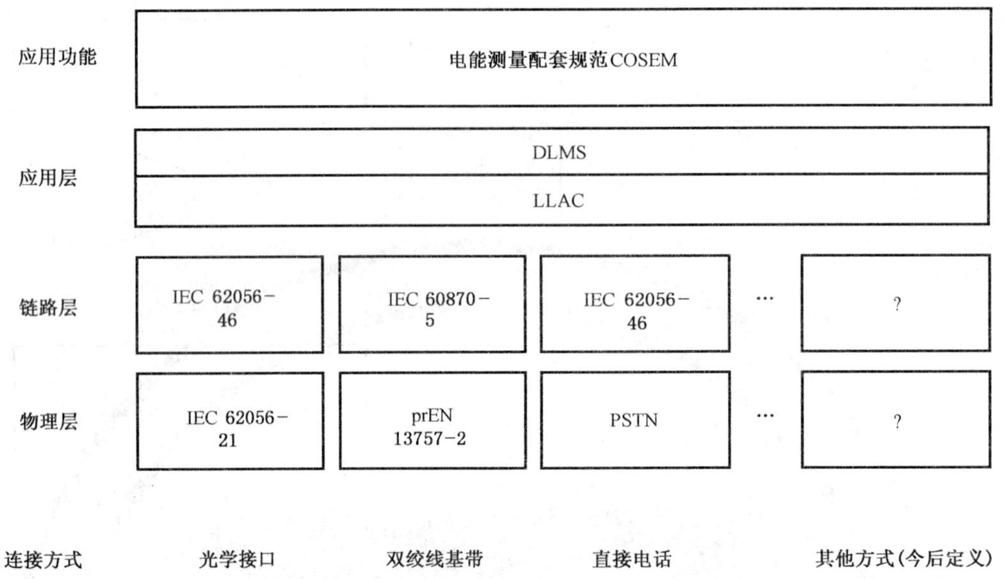

图 7　完整协议栈

从图 7 中可以看出，即使连接方式发生了改变，应用层和应用功能仍然保持不变。

5　网络结构

5.1　概述

本条提出了一个远程抄表的简单结构，仅涉及到基本的计量局域网(LAN)。

这个结构除了拥有此后扩充系统的能力外，还允许知识快速入门和通信仪表的安装，因此，给出一些规则。

本条提出的主要决定如下：

——计量局域网(LAN)中只有唯一的一个访问点；

——允许几个授权方使用这个唯一的访问点来访问系统；

——一个具有逻辑树型结构的计量局域网；

——一个不需要网络层的系统；

——一个自配置系统；

——允许使用手持单元(Hand Held Unit)；

——允许介质独立。

这个结构对于仪表的快速安装和运行，以及它们在一个计量局域网(LAN)上的相关通信都带来帮助。因而，主要需量是扩充这种结构的潜力。

物理结构的实现由使用的介质决定。

为了适应由 CEN/TC 294 系统要求的所有类型的物理介质，本文件只关注系统结构。

5.2　基本结构

图 8 显示了一个基于树型拓扑的典型基本结构和对应的物理结构。

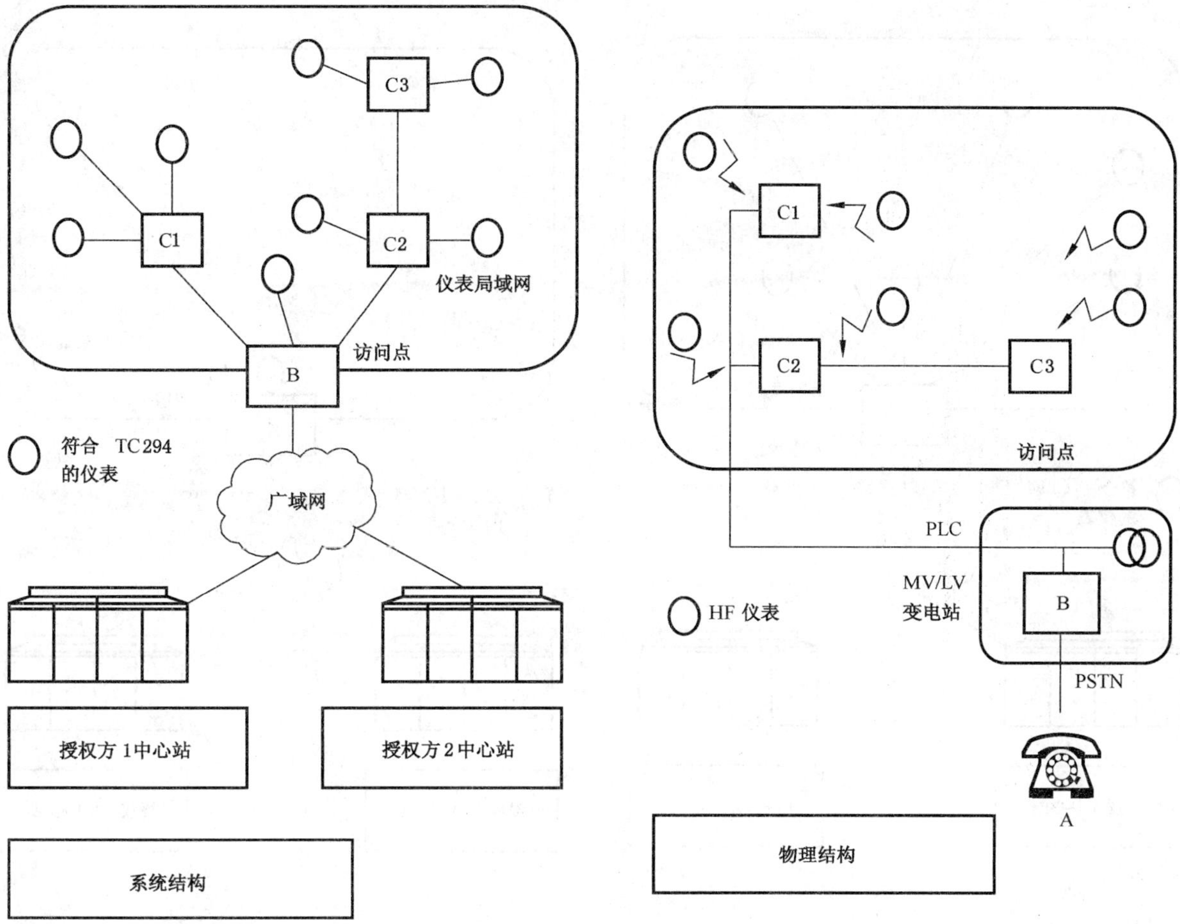

图 8 系统和物理结构

C1、C2 和 C3 是系统的可选节点(数据集中器),可以利用它帮助访问仪表。

访问点 B 是远程访问系统的唯一途径,如果利用访问点 B 与广域网(WAN)的连接,那么几个授权方可以使用访问点 B 来访问系统。

5.3 测量结构

测量结构可以根据系统结构和物理结构来分析,如图 8 所示。系统结构描述了测量网络的关键元素和数据流,并通过广域网提供从仪表到授权方中心站的连接。物理结构描述了系统的实际实现,在图 8 给出的例子中,仪表通过高频无线与集中器相连,然后,经低压电线到达中压/低压变电站(MV/LV Substation),最后,通过电话线到达中心站。虽然,在这个例子中使用了三种通信介质,但是,在整个系统中使用一种通信介质可能更经济。

由单一主站和许多连接在物理总线(图 9a))上的仪表构成的系统结构是集中器被集成在访问点的一个网络的示例。

由单一仪表且通过广域网连接到集成采集系统(图 9b))构成的系统是整个局域网集成到访问点(与表计结合)的一个系统的示例。

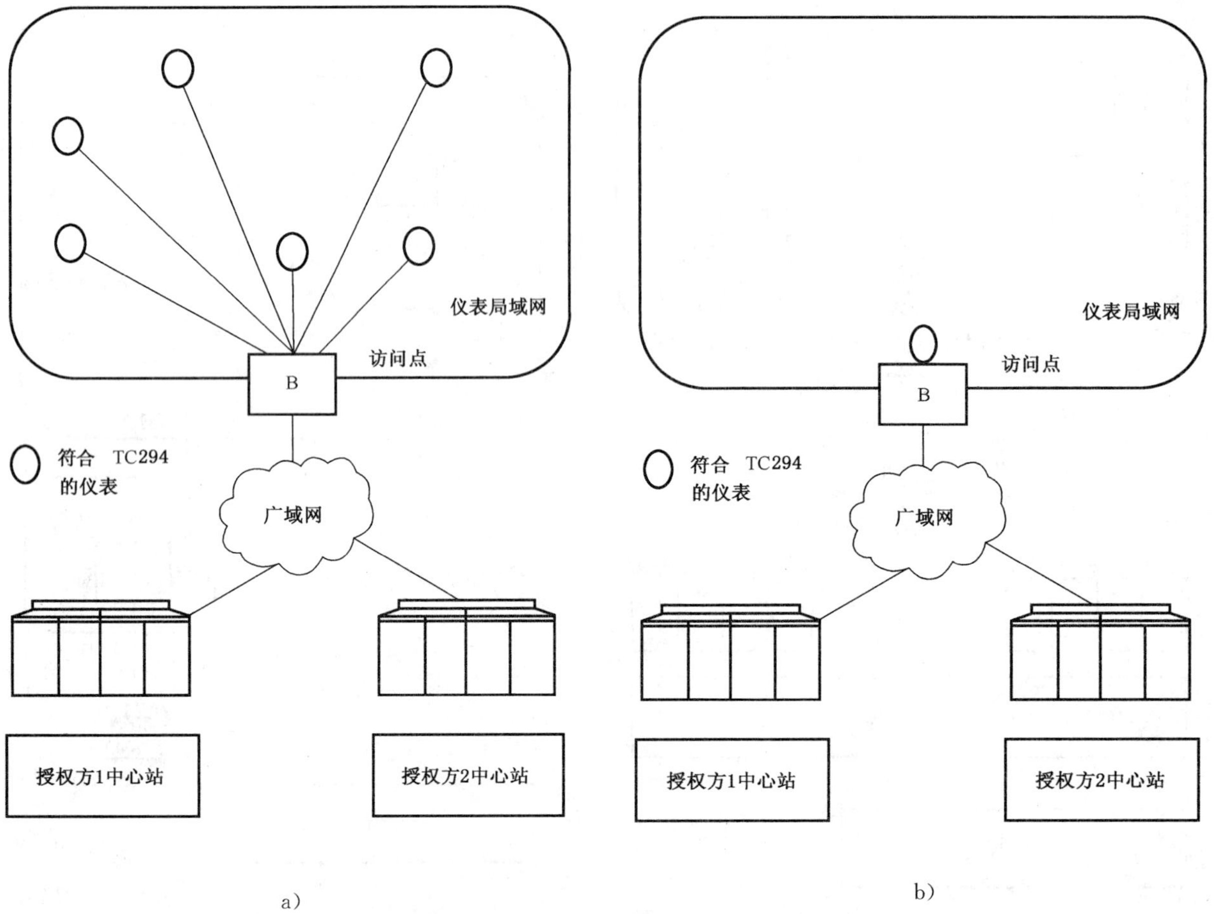

图 9 测量结构

这种结构将符合下面的规定：

——体系结构是一个树型结构；

——每个局域网只有一个访问点；

——唯一的访问点(B)可能连接零个或多个仪表；

——访问点(B)可以连接零个或多个"集中器"；

——一个"集中器"可以连接零个或多个仪表；

——一个"集中器"可以连接零个或多个"集中器"；

——CEN/TC 294 仪表不可以与另一个仪表通信；

——集中器除了拥有零个或多个可以使用访问点(B)采集数据的计算机外，它没有外部访问点。

5.4 任何时候只有唯一一个访问点：树型结构

通过唯一一个访问点可以完成一个经济和容易管理的系统。具有唯一一个访问点的树型结构系统是可行的，实际的物理结构依赖于实际使用的物理层，环形结构也能满足要求。

5.5 自配置网络

提出的层次结构允许在网络中自配置仪表，自配置是可控制的，因为每个装置(Device)都需要表明它的存在和不可分配的唯一性，这种配置由仪表的管理应用(Management Application)负责。

5.6 本地访问手持单元

为了维护网络拓扑，使用手持单元(HHU)能够对局域网上的装置进行查询的要求将会临时改变网路的互连性。首先，使装置与主系统断开，并利用 HHU 按照要求与装置对话，然后，重新将装置与系统连接。

如果 HHU 与一个集中器连接，由 HHU 控制的设备本身和其下面的所有设备会临时性地不能用于远程系统(在本地操作期间)。在这种情况下，在本地网络的特定时间内，仍然有唯一一个访问点。

5.7 网络层

仪表(在任何配置中)中不需要网络层。

如果局域网中有一个或多个独立的集中器，互连集中器的协议栈需要网络层。

图 9b)所示的紧凑式模型不需要网络层。

网络层带来的费用由集中器的收益进行弥补(例如：提高物理距离)。

5.8 多路访问

网络的访问点是唯一的，但是，不同的通信信道可以从上行连接。允许有几个接入网(Access Network)，但是，不能同时进行，这依赖于访问点的能力。

访问点将管理优先级。

6 本地连接的数据交换

6.1 概述

使用 GB/T 19897.1 规定的直接本地数据交换来管理较底层协议。本部分规定了仪表和抄表装置之间采用的物理连接：

——光学接口；

——电流环接口；

——电气接口 V.24/V.28。

所有接口均使用同样的协议。使用面向字符协议(ASCII)进行数据交换。在 GB/T 19897.1 中描述了不同的通信模式，模式 A～D 仅使用 ASCII 传输，模式 E 能够进行 HDLC 面向二进制的数据交换。对于电池供电装置的规定在 GB/T 19897.1—2005 的 B.1 和 B.2 中给出。

6.2 物理层

6.2.1 光学接口

这是一个对手持单元 HHU 非常通用的接口，它在某时使用半双工通信支持仪表，通过磁性吸附在仪表上的标准光学读数头，利用红外(IR)光与仪表通信。这种接口满足 GB/T 19897.1—2005 中 4.3 的要求。

6.2.2 电流环接口

这个接口是“经典的”20mA 电流环。既适合四线配置，也适合二线配置。一个主单元可以支持多达 8 个仪表，此接口满足 GB/T 19897.1—2005 中 4.1 的要求。

6.2.3 电气接口 V.24/V.28

这个接口是著名的三线配置(Rx、Tx、GND)的“RS232 口”，此接口满足 GB/T 19897.1—2005 中 4.2 的要求。

6.3 链路层

GB/T 19897.1 的要求适用于本部分。虽然本部分没有提及明确的分层，但是，应该参照下面的相关标准：

面向 ASCII 的链路层使用：

——ISO/IEC 646 定义的 ISO 7 位编码字符集；

——使用 ISO 1155 定义的纵向校验(7E1)；

——ISO 1177 定义的面向起始/停止式字符传输；

——ISO 1745 定义的基本模式控制规程。

基于二进制的数据交换(模式 E)：

——使用 HDLC 协议的 GB/T 19897.4 数据链路层(见 GB/T 19897.1—2005 附录 E)。

7 局域网(LAN)数据交换

对连接在局域网上的仪表进行抄表,此网络包含一个主站和一个或多个从站。已经采用了两种类型的接口,将在下面的条文中分别进行规定。

7.1 双绞线基带信号传输

此接口由 EN 13757-2:2002 标准化。它是一个具有一个主单元和一个或多个从单元的"多分支"类型的连接。网络中的主单元能够为从单元的接口部件提供能源,一个网络可以连接多达 250 个仪表,这些仪表是从单元。

7.1.1 物理层

此类型的接口在物理层将满足下面的要求:

——EN 13757-2:2002 中 4.1 的全部要求。

7.1.2 链路层

此类型的接口在链路层将满足下面的要求:

——EN 13757-2:2002 中第 5 章的全部要求。

7.2 双绞线载波信号传输

此接口从 GB/T 19897.2 采取。它是一个具有一个主单元和一个或多个从单元的多分支连接。主单元命名为主站,从单元命名为从站,仪表将作为从站。网络能够为从单元的接口部件提供能源。

7.2.1 物理层

此类型的接口在物理层将满足下面的要求:

——GB/T 19897.2—2005 中 4.1 关于从站的全部要求。

7.2.2 链路层

此类型的接口在链路层将满足下面的要求:

——GB/T 19897.2—2005 中 4.2 关于从站的全部要求;

——除此之外,在 GB/T 19897.2—2005 中 2.5 规定了链路层帧格式。

8 广域网(WAN)数据交换

8.1 概述

到目前为止,仅确定了一种适合于此用途的标准文件集,这个标准文件集是基于公共交换电话网(PSTN)的通信。此标准文件集是用于底层的 GB/T 19897.3 和 GB/T 19897.4。它们是用于异步数据通信面向三层连接描述的 COSEM 的一部分。使用标准的异步 MODEM 连接,并基于智能 Hayes 调制解调器。

8.2 物理层 GB/T 19897.3

从外部的观点来看,物理层提供了数据终端设备(DTE)和数据通信设备(DCE)之间的接口,见图 11。图 10 显示了通过广域网,例如 PSTN,进行数据交换的一个典型配置。

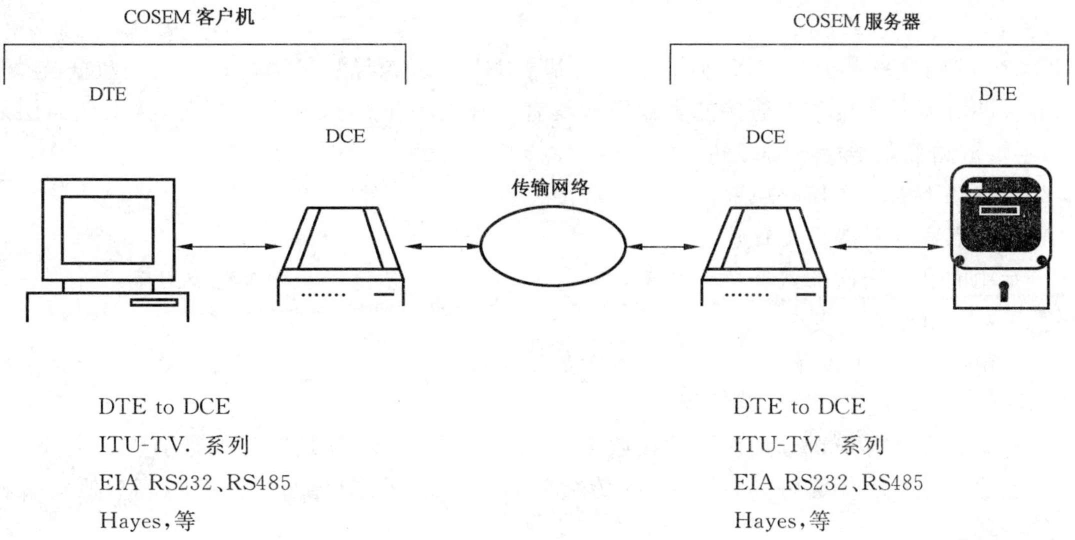

图 10 典型的 PSTN 配置

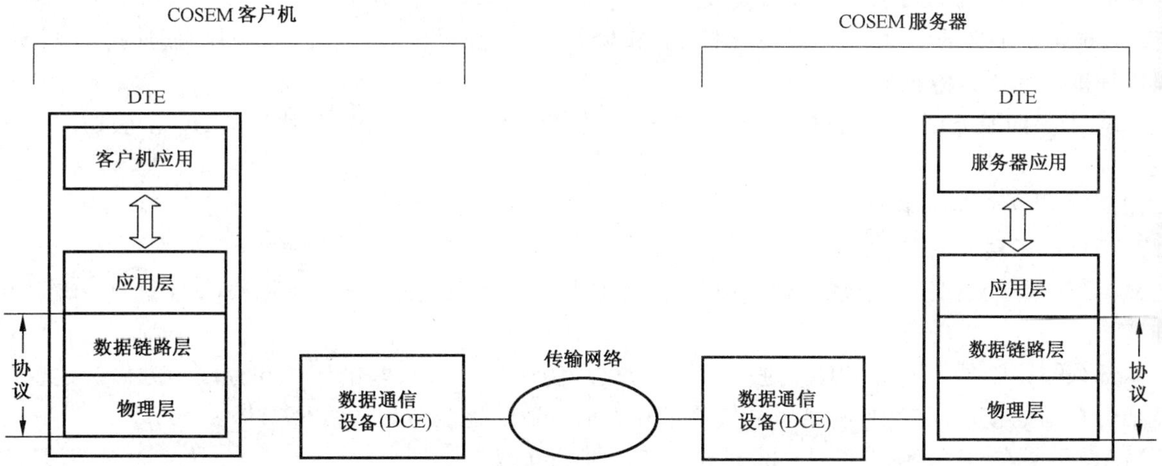

图 11 物理层的位置

从物理连接的观点来看，所有的通信均由呼叫方系统和被叫方系统（在 4.1 中定义）表示的两类设备构成。

从数据链路的观点来看，中心站一般作为主动方，由它发起并控制数据流；费率装置作为被动方并对主站做出响应。

从应用的观点来看，中心站一般作为请求服务的客户机，而费率装置作为交付请求服务的服务器。

对于本地数据交换，两个 DTE 能够利用适当的连接形式直接进行连接。

为允许使用大范围的各种通信介质，本部分不规定物理层的信号及其特性，因而，需要做出下面的假设：

——通信是点对点，或点对多点；

——半双工和双工连接可实现；

——具有 1 个起始位、8 个数据位、无校验和 1 个停止位(8N1)异步通信；

——从内部的观点来看，物理层是协议栈的最底层。

本部分定义了物理层到其同等层和上层的服务，及其物理层的协议。

8.3 链路层 GB/T 19897.4

8.3.1 引言

IEC 62056 的这一部分规定了面向连接的、基于 HDLC 的、异步通信协议子集的数据链路层。

为了保证对面向连接和无连接的操作模式具有一致的数据链路层服务规范，数据链路层划分为两个子层：逻辑链路控制子层(LLC)和介质访问控制子层(MAC)。

本部分支持下面的通信环境：

——点对点和点对多点配置；

——专用的和可交换的数据传输装置；

——半双工和全双工连接；

——异步起始/停止传输，1 个起始位、8 个数据位、无校验、1 个停止位。

同时，定义了两个特定的过程：

——从服务器到客户机分别传输的接收服务用户层 PDU 部分是以透明的方式进行的，服务器方的服务用户层能够将其分段 PDU 传给数据链路层，数据链路层能够对客户机隐藏这种数据分段。

——事件报告是通过从站向主站发送 UI 帧获得的。

8.3.2 LLC 子层

在面向连接的协议子集中，LLC 子层的唯一作用是保证数据链路寻址的一致性。可以认为，GB/T 15629.2 定义的 LLC 子层被用在扩展的 I 类操作中，在这里，LLC 子层通过面向连接的 MAC 子层提供标准的无连接数据服务。

LLC 子层向服务用户层提供数据链路(DL)的连接/断开服务，但是，它使用 MAC 子层的服务执行这些服务。

LLC 子层在 GB/T 19897.4—2005 的第 5 章进行了规定。

8.3.3 MAC 子层

MAC 子层是数据链路层规范的主要部分，它是基于高级数据链路控制(HDLC)过程的 GB/T 7421 标准。

本部分与最初的 HDLC 相比，进行了许多改进，例如：在寻址、差错保护和分段等方面。这些改进已经结合在新的帧格式当中，满足了电气测量和类似行业的遥测应用的需量。

MAC 子层在 GB/T 19897.4—2005 的第 6 章进行了规定。

8.3.4 规范方法

数据链路层的两个子层是用服务(Sevices)和协议(Protocol)规定的。

服务规范包含给定子层在逻辑接口处与相邻的其他子层或层之间要求的服务，它使用面向连接的过程。服务是规定协议层之间通信的标准方法。服务提供者通过使用四种类型的事务——通常称作服务原语(请求、指示、响应和确认)，来协调和管理用户之间的通信。服务原语是规定协议层之间事务的一种抽象的、与实现无关的方法。下面原语的性质可以更好地理解给定原语的抽象特性：

——它们允许在层与层之间使用共同的约定，不必考虑特定的操作系统和语言；

——它们给实现者一个如何在特定的机器上实现服务原语的选择。

服务原语包括服务参数，服务参数有三类：

——传输给对等层的参数，它是传输帧的一部分，例如：地址、控制信息；

——仅在本地有意义的参数(如：物理连接类型)；

——从数据链路层到数据链路层的用户并透明地传输的参数。

本部分仅规定了第一类的参数值。

协议层的协议规范包含：

——对等层之间信息交换传输过程的规范；

——协议控制信息的正确解析过程；

——层的行为。

协议层的协议规范不包含：

——依据层传输的信息结构和含义(信息域)；

——服务用户层的标识；

——经过交换数据链路消息而完成服务用户层操作的方式；

——使用协议层而导致的交互作用。

9 射频通信数据交换

一个涵盖使用射频通信 EN 13757 的未来参照部分的占位符。

10 上层协议

10.1 引言

本条涵盖了在第4章解释的三层通信模型的应用层，其要求被分成下面几个子层：

——传输层；

——表示层；

——应用层。

10.2 传输子层

10.2.1 引言

传输子层是处理链路层末端系统间直接连接的第一层。在本级和较高级建立的所有连接被认为是端到端的链路。端到端的概念表示传输层实体提供完全与物理网络无关的服务。

传输子层最重要的属性是：端到端传输(上面提及的)、透明性(传输层协议能够接收任何二进制配置，而不用修改就可发送，无论其格式和长度，在子层中可能需要分段/重新组装的功能)和应用层寻址(在一个物理连接上的多个逻辑连接的复用)。

传输子层接收来自应用子层的信息，由于应用层说明这些信息的大小，因此，传输层能够将此信息分割成底层可以支持长度的报文(称为 TPDU，传输协议数据单元)，并将它们发送给另一端的对应传输层。与其相反，传输子层能够接收来自对应传输子层的报文，并把它们装配成与应用子层一致的信息。

传输子层能够同时在两个方向上(呼叫方—被叫方和被叫方—呼叫方)传输数据。此外，在同一虚电路上传输连接的复用意味着几个关联应用能够在一个给定的通信中共存。

无论起点如何，传输协议数据单元 TPDU 都使用数据链路层的服务完成传输，当然，数据链路层并没有察觉在较高层上实现的复用。

10.2.2 GB/T 19897.4 相关的传输子层

对于使用基于 HDLC 链路层的连接方法，使用 EPA 模型是已经预知的，传输层需要的服务已经集成到链路层。

在 COSEM 中，有两个用于分段的机制：

——数据链路层仅提供从站到主站的信息分段，对于应用层来说，这是透明的。它由 HDLC 的分段特性(I 帧)支持，见 GB/T 19897.4—2005 的 6.4.4.5。

——应用层使用 xDLMS 服务 GET、SET、ACTION(数据块-G、数据块-SA)提供双向分段。应用层级的分段对于短名引用是不适用的。

多应用关联由 ACSE 管理，它们共享底层资源。

注：详细的建立和释放应用关联见 GB/T 19882.33—2007 的 6.5。详细的长数据传输见 GB/T 19897.4—2005 的 6.4.4.4 和 GB/T 19882.33—2007 的 7.4.1.8。

10.2.3 GB/T 18657.2 相关的传输子层

对于基于 GB/T 18657.2 链路层的连接方法，不包括这样的服务，对于这些连接方法，传输协议数据单元(TPDU)由下面的域组成：

——控制信息，1 个字节的 CI 域；

——源传输服务访问点(地址)，2 个字节的 STSAP 域；

——目的传输服务访问点(地址)，2 个字节的 DTSAP 域；

——数据域，多达 248 个字节长度。

注：数据域的最大长度由 GB/T 18657.2 链路级报文长度的限制所决定。

控制域CI	源传输服务访问点STSAP	目的传输服务访问点DTSAP	数据域

图 12 与 GB/T 18657.2 相关的传输层 PDU 格式

传输层 PDU 的 CI 域按下面的方式进行编码：

Bit8、Bit7、Bit6：总是‘000’；

Bit5 ‘FIN’：在最后 1 个‘TPDU’中设置为‘1’，作为‘APDU’的一部分；

Bit4、Bit3、Bit2、Bit1：分段数，在一次会话的第 1 个‘TPDU’中设置为‘0000’；每发送 1 个 TPDU，分段数加 1。

MSB							LSB
‘0’	‘0’	‘0’	FIN	FG3	FG2	FG1	FG0

图 13 CI 域的格式

CI 域的 Bit8、Bit7 和 Bit6 的编码保证了面向 DLMS 的帧能够与基于总线系统的 EN 1434-3 或 prEN 13757 的现存仪表通信共存。

FIN(完成)Bit 指示来自应用子层 APDU 的最后一个分段，在 APDU 的最后一个 TPDU 中将置位 FIN Bit。这使得在接收端重新可靠地配置数据成为可能。

注：在只有一个分段的短信息中，FIN Bit 也应当在第 1 个(仅在第 1 个)TPDU 中进行置位。

从仪表到中心站的应答过程中，由于 GB/T 18657.2 没有识别重复包的机制，因此，分段计数器 FG3～FG0 将适用于传输子层。来自应用子层的每个 APDU 的第 1 个 TPDU 中，分段计数器均是‘0000’；对于每个 TPDU，分段计数器将进行加 1 处理。对每个并发的连接，都有一个分段计数器。

STSAP 域包含呼叫方的逻辑设备地址，首先发送最高位字节。

DTSAP 域包含被叫方的逻辑设备地址，FFFFh 是 DTSAP 的广播地址，所有的数据将被发布到被叫单元的所有逻辑设备，首先发送最高位字节。

注：在 COSEM 中，0001h 的 DTSAP 预先分配给了管理应用，并且总是存在。在一个简单的仪表中，这是唯一被分配的 DTSAP。对具有 0010h 的 STSAP 的公共客户机，管理逻辑设备应当支持具有最低安全等级的应用关联。

在传输子层通信中的检错将引起下面的行为动作：

——将向应用子层发送放弃指示；

——向链路层发送放弃请求；

——传输子层重新初始化。

10.3 表示子层

表示子层处理两个方面的内容，即抽象语法和编码规则。

10.3.1 抽象语法

使用抽象语法来规定应用层的数据。这考虑到使用某种预先定义的简单型或复合型的抽象语法，对信息进行逻辑和明确的描述。

ISO 只定义了一种抽象语法 ASN.1，GB/T 16262.1，并在 DLMS 协议定义中使用。由于 DLMS 已经被选择为 TC 294 协议栈的应用层的顶层模型，因此，使用的抽象语法是 ASN.1，GB/T 16262.1。

注：同 GB/T 19882.33—2007 中 7.3.3 规定一样，AARQ 和 AARE 使用 BER 进行编码。

10.3.2 编码规则

现实中对数据编码的方法称为传递语法，它是一套编码规则，是基于对信息及其实际应用值的抽象表示来决定将被传输的一系列信息位。

当前的标准是为具有有限处理能力和数据存储的设备而使用的，选择的传递语法将产生紧凑的编码，同时，仅需要有限的计算资源，选择这样一种语法是基于比较了不同规则中效率及复杂性的一项研究。TC 294 协议栈的传递语法是 A-XDR，DL/T 790.6。

10.4 应用子层

10.4.1 引言

GB/T 19882.33 适用于本部分。本部分根据结构、服务和协议，为 COSEM 的客户机和服务器规定了 COSEM 应用层。

10.4.2 应用层结构

客户机和服务器 COSEM 应用层的主要构件是 COSEM 应用服务对象(ASO)，它提供对 COSEM 应用处理的服务，以及使用通过支持底层提供的服务。

客户机和服务器方的 COSEM ASO 包含三个强制性的组件，如下：

——关联控制服务元素(ACSE)。这个元素的任务是建立、维持和释放应用关联。为了面向连接的管理的目的实现，使用了在 GB/T 16688 和 GB/T 16687.1 规定的面向连接的 ACSE。

——扩展的 DLMS 应用服务元素(xDLMS_ASE)。这个元素的任务是向远程 COSEM 设备提供数据通信服务。

——控制功能(CF)。这个元素规定了 ASO 服务如何调用 ACSE、xDLMS_ASE 和支持层服务的合适的服务原语。

客户机和服务器的 COSEM ASO 可以包含其他的可选的应用协议组件。图 14 显示了一个仅包含三个强制性组件的“最小的”COSEM ASO-s。

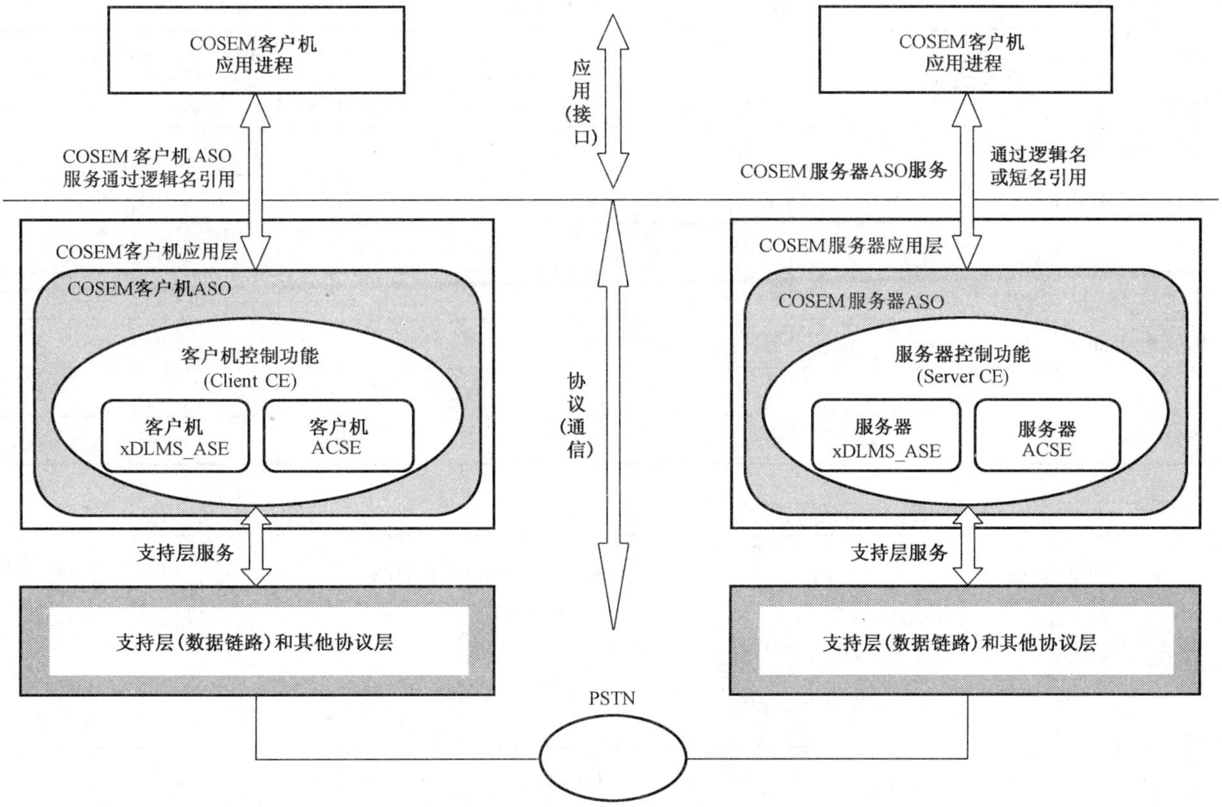

图 14 COSEM 应用层的结构

10.4.3 服务规范

服务规范涵盖了在各自的COSEM应用层的逻辑接口处的需要客户机和服务器的COSEM应用处理或由客户机和服务器的COSEM应用处理要求的服务，使用面向连接过程。

COSEM ASO提供的服务分为三类：

——提供应用建立和释放的服务；

——提供数据通信的服务；

——提供层管理的服务。

10.4.4 协议规范

COSEM应用层协议规定了为应用关联控制、身份验证（ACSE过程）和COSEM服务器数据交换（xDLMS）的信息传递过程。这些过程是依据如下内容进行定义的：

——通过在对等的ACSE和xDLMS协议机之间使用支持协议层的服务的交互；

——ACSE和xDLMS协议机和其服务用户的交互；

——同时，用应用协议规定了应用协议数据单元（APDU-s）的抽象语法（ASN.1）表示。

注：所有COSEM服务均运行在已经建立的物理连接之上，这个物理连接的建立是在COSEM协议外部完成的，因此，它不在本文范围之内。

11 COSEM的扩充

11.1 引言

业已公认，当增加新的较低层和新功能时，需要新的专用接口类。

11.2 新的接口类

11.2.1 M-Bus接口类

下面的接口类实例定义了使用EN 13757-2:2002接口通信时的操作参数：

M-Bus端口建立	0...n	Class－id＝25　Version＝0		
属性	数据类型	Min	Max	Def
逻辑名 logical_name (static)	八位元串型 octet-string			
缺省波特率 default_baud (static)	枚举型 enum			
可用波特率 avail_baud (static)	枚举型 enum			
地址状态 addr_state (static)	枚举型 enum			
总线地址 bus_address (static)	无符号字节型 unsigned8			
特殊方式	m/o			

属性描述

——　缺省波特率 default_baud　　规定了开启序列所用波特率

枚举型 enum　(0)300 bit/s
(3)2 400 bit/s
(5)9 600 bit/s

——　可用波特率 avail_baud　　规定了启动后可以议付的波特率

枚举型 enum　(0)300 bit/s
(1)600 bit/s

(2)1 200 bit/s

(3)2 400 bit/s

(4)4 800 bit/s

(5)9 600 bit/s

(6)19 200 bit/s

(7)38 400 bit/s

—— 地址状态 addr_state　　规定了自最后一次上电后设备是否曾被分配地址

枚举型 enum　　(0)未曾分配地址

(1)已手动设置或自动分配了地址

—— 总线地址 bus_address　　设备在总线上当前配置的地址

无符号字节型 unsigned8

11.3 数据项向 COSEM 对象和属性的映射

本 COSEM 对象遵循 EN 13757-2:2002,规定和约束了与通信参数有关的设备功效。以下是接口类"M-Bus 端口设置"的实例。

M-Bus 端口设置	OBIS 标识						
	接口类	A	B	C	D	E	F
M-Bus 端口设置对象	M-Bus 端口设置	0	x	24	0	0	0xFF

值组 B 的用法应为:

如果同一个物理设备具有超过一个的对象类,值组 B 将对通信信道进行编号。

11.4 特殊对象类型

11.4.1 错误报告对象

11.4.1.1 引言

错误报告应分级处理:

——第一级错误报告为常规错误对象;

——第二级错误报告为介质特有错误对象;

——第三级错误报告为制造商特有错误对象。

11.4.1.2 常规错误对象

本级错误报告提供当前设备状况简短且重要的概述。

仪表的常规错误对象应属于接口类"数据(DATA)",其属性"值(value)"应为具有如下比特分配的无符号 16 位元(unsigned16):

Bit15(MSB)　　非应答的警示

Bit14　　非应答的警报

Bit13　　指示无应答

Bit7　　警示待决

Bit6　　警报待决

Bit5　　指示待决

错误状态爆发时应同时置位非应答位和待决位。非应答比特可通过向该位进行写操作而清除,待决位只能通过产生该置位的条件消失而被清除。

数据结构中的其他比特保留以供未来之用。它们不应被使用。如使用，则须遵循每一个状态均具有一对非应答/待决位的结构。

状态警示、警报、指示的定义如下：

警示

当所必需的决定计费量值中至少有一个量值出现下列情形，状态“警示”产生：

——超出许可限制量值之一(根据计量标准)；

——按照预定和可接受的合理性检验规则判定，达到不合理的值。

当警示发生时，计费卷的计数器停止计数，故障或警示计数器激活。此外，如出现任何危险情形，警示状态亦产生。

警示通过应答流程清除。

警报

当以下情形出现时，状态“警报”产生：

——用户定义的累积计量量值限额被超越；

(此限额须在许可的“计量”限制累积标准范围内)

——用户定义的计量量值以外的限额被超越；

(如脉冲装置输出缓存器溢出、脉冲装置输入监控)

——电源故障引起设备短时失效；

(可能伴随着时钟停止)

——内部软件和硬件监控单元检测到错误。

警报通过应答流程清除。

指示

指示是呈现于设备显示装置上的状态，并且随着产生该状态的原因消失而同时消失。指示不必被清除。

指示用于描述设备工况的状态信息。例如标定锁打开，输入未校准。

这些工况不会干扰设备运转，也可能是刻意的。

11.4.1.3 介质特有错误对象

根据介质和设备类型，介质特有错误对象提供更多信息。它应是定义为介质类型的通用对象之一。这些对象具有格式为“m×97 97×”的 OBIS 名。

11.4.1.4 制造商特有错误对象

它提供了因支持服务和维护所需的更多信息的可能性。那些对象的定义超出本部分的范围。

12 对象标识系统(变量命名规则)

12.1 引言

GB/T 19882.31 中的对象标识系统(OBIS)为辨识计量设备中常用数据项而定义了一种层次结构。OBIS 为计量设备中全部及每一项数据都提供了一个唯一的标识符。它不仅涵盖了测量值，而且涵盖了用于配置或获取信息的抽象值。

OBIS 为抽象对象和电气计量相关数据定义了标识码，即 ID-码。本部分将非电量相关数据的 ID-码定义为 OBIS 的扩充。在定义仪表时，OBIS 是一个必需的基础文件。

如果一个对象在仪表中实现，OBIS 定义了如何去表达该对象的名称。每个值组的最大取值域是 0～255，但是它可以被限制在一个子域内。

对于不同的介质，其实际的对象编码可见本部分中第 13 章“对象编码”。

12.2 结构

OBIS 所定义的 ID-码是一个由 6 个值组(被命名为 A～F)构成的组合。6 个值组共同以层次结构方式描述了每一个数据项的准确含义。各个值组的主要含义如下：

——值组 A,分层结构的顶层元素,定义了介质；

——值组 B,定义了使用的通道；

——值组 C,定义了与被测量值相关的数据项；

——值组 D,定义了数据处理的方式；

——值组 E,定义了相关费率的关联位置,或允许进一步的分类；

——值组 F,定义了数据存储的关联位置,或允许进一步的分类。

有些为不同的值组定义的值对不同的介质是通用的,而有些则是介质所特有的。

12.3 制造商特有代码

如果值组 C 到 F 中的任意一个值组的值在 128～254 之间,那么整个代码就被认为是制造商特有代码。

12.4 共用值组

值组 A、B、E 和 F 的定义对所有与电无关的测量仪表是共用的。抽象对象(A=0)值组 C 的定义对所有的测量仪表都是共用的。没有共用值组 D。共用值组的定义将在下面的条款中详述。

12.4.1 值组 A

值组 A 规定了与计测相关的介质。非介质相关信息被处理为抽象数据。值组 A 的取值范围为 0～15。值组 A 的定义对所有类型的介质都是共用的。

表 1 值组 A

值组 A	
0	抽象对象
1	电量相关对象
4	热分配器相关对象
5	冷量相关对象
6	热量相关对象
7	燃气相关的对象
8	冷水相关的对象
9	热水相关的对象
注:其他可能值保留。	

12.4.2 值组 B

值组 B 用于定义通道号,例如当计量设备有多个数据输入(如集中器,转换器)时,可对每个输入通道编号,使得不同来源的数据得以区别。

值组 B 允许的取值范围是 0～255。如无实质性通道信息,则分配值为 0。通道号 65～127 保留为未来应用。

表 2 值组 B

值组 B	
0	没有被指定的通道
1	通道 1
…	…
64	通道 64
65…127	保留
128…254	制造商特有代码
255	保留

若设备只具有一个通道，则即使对于设备特有的非计测相关数据项，也允许使用通道号 1。

注：当一个物理计测装置包含有多个逻辑计测装置时，可以被模拟为一个拥有多个通道的逻辑计测装置，或者是由使用不同 SAP 的多个逻辑计测装置构成的一个逻辑计测装置。对于新开发的产品，后者是首选方案。

12.4.3 值组 C(抽象对象)

值组 C 定义了与信息来源相关的抽象的或物理数据项。抽象的对象是一些与某一特定类型的物理量无关的数据项。对于抽象数据，当超出值组 C 时，由 6 个数码域构成的分层结构是不适用的。

表 3 值组 C 代码(抽象对象)

值组 C 抽象对象 (A=0)	
0	通用 COSEM 对象
1	接口类“时钟”的 COSEM 对象
2	接口类“PSTN 调制解调器配置”及相关接口类的 COSEM 对象
10	接口类“脚本表”的 COSEM 对象
11	接口类“特殊日期表”的 COSEM 对象
12	接口类“方案表”的 COSEM 对象
13	接口类“激活日历”的 COSEM 对象
14	接口类“寄存器激活”的 COSEM 对象
15	接口类“单事件方案表”的 COSEM 对象
20	接口类“IEC 本地端口设置”的 COSEM 对象
21	标准读出定义
22	接口类“IEC HDLC 设置”的 COSEM 对象
23	接口类“IEC 双绞线(1)设置”的 COSEM 对象
24	接口类“M-Bus 端口设置”的 COSEM 对象
40	接口类“连接 SN/LN”的 COSEM 对象
41	接口类“SAP 分配”的 COSEM 对象
42	COSEM 逻辑装置名

表 3（续）

值组 C 抽象对象（A=0）	
65	接口类“实用表”的 COSEM 对象
94	国家特有标识符
96	通用服务入口
97	通用错误信息
98	通用列表对象
127	非活动对象[a]
128…175	制造商特有的 COSEM 相关抽象对象
176…254	其他，制造商特有代码
[a] 非活动对象是指一个在仪表中有定义且可见，但没有实现其功能的对象。	

12.4.4 值组 C(抽象对象)的注释

代码为 0～65 的抽象对象的定义可见 GB/T 19882.32 标准，更进一步的细节可查看本部分。实际抽象对象的更详细的编码描述可见本部分 13.2。

12.4.5 值组 E

本值组详述了在值组 A 到 D 中被定义为不同读数的测量类型，例如由定额开关操控的读数。

在所有不使用值组 E 的情形中，其值被设为 255。

表 4 值组 E

值组 E 与消费相关的对象（A<>0）	
0	总计
1	定额(费率)1
2	定额(费率)2
3	定额(费率)3
4	定额(费率)4
…	…
9	定额(费率)9
…	…
63	定额(费率)63
128…254	制造商特有代码
其他	保留

注：术语“定额(rate)”与热分配器中使用的术语“额定的(rated)”无关。

12.4.6 值组 F

值组 F 进一步细分了在值组 A 到 E 中被部分定义的结果。典型的应用是将之分割成不同的时段(重设时段)或者一系列的历史值。

在所有不使用值组 F 的情形中，其值被设为 255。

表 5　值组 F

值组 F 与消费相关的对象,周期表	
VZ+ 1	未来时段[a]
VZ	时段 1[a]
VZ-1	时段 2[a]
VZ-2	时段 3[a]
VZ-3	时段 4[a]
VZ-4	…
	依次类推
101	第 1 个最近值
102	第 2 个最近值
…	…
125	第 25 个最近值
126	未指明序号的最近的值
127	保留
128…254	制造商特有代码
255	保留

[a] 这里假设一个环形数据缓冲器,VZ-n 中的"n"取缓冲器大小的模值。缓冲器尺寸及缓冲器指针当前值是一些通用对象。

最近的历史值(最新的)是用 ID-码 VZ(历史值计数器状态)来标识的。而第二个最近历史值是用 ID-码 VZ-1 来标识的,依次类推。历史值计数器的工作模式是可以不同的,例如可以模 12,也可以模 100,这取决于可用的历史值的最大数量。在达到历史值计数器界限后表现的历史值,在模 100 时含有历史值代码 0,在其他模值时(如模 12 时)含有历史值代码 1。

大于 100 的值用来定位一个数据表,该数据表包含了多个历史值。1xx 的最大值取决于设备,并确定了完整的有效的历史值集合。其最大许可值为 125。

值 126 表示一个未确定计费时段数量的数据表。

12.5　介质特有值组

本部分定义了介质所特有的值组,即值组 C 和值组 D。他们所标识的对象包含的信息是与介质相关的。每次定义一种类型的介质都是由值组 C 和值组 D 共同完成的。

12.6　热分配器(HCA)特有值组

12.6.1　引言

热分配器都是被安装在需要监控区域的散热器上。热分配器必须被安装在空气流动的地方,并且散热器没有被包围。即使是单个用户,也会有多个热分配器。这使得目前用一个双通连接器将所有的热分配器直接连接成为一种不可实现的方案。尽管如此,将来自一个(或多个)HCA(通过集中器)的数据也能够像其他远程抄读仪表的数据一样进行处理,仍然是很重要的。

本部分详述了在 COSEM 环境中对携带有 HCA 信息的对象的命名。术语与 EN 834 相关介质标准中的术语相一致的。

HCA 的输出是"温度对时间的积分值",并且只是一个相对和。HCA 主要的参数就是这个积分值。这个积分值的时间序列可以保存在 HCA 中,以备以后抄读。除此之外,从 HCA 中可得到的其他介质相关的信息是温度和定额系数。

12.6.2 HCA 的值组 C

在下面的 HCA 对象表格中，不同对象的名称是与其在仪表标准 EN 834 中使用的名称相对应的。

表 6 值组 C 代码（HCA 对象）

值组 C HCA 相关的对象（A=4）	
0	通用对象[a]
1	无定额积分值[b]
2	有定额积分值[c]
3	散热器表面温度[d]
4	热介质温度
5	进水温度
6	回水温度
7	室温
96	HCA 相关服务入口
97	HCA 相关错误消息
98	HCA 列表
99	HCA 数据曲线
128…254	厂商特定代码

[a] 类似时常数，阈值等参数的设置。详见 13.3.1 中的对象编码表。

[b] 如 EN 834 所说明的补偿前读出。

[c] 如 EN 834 所说明的补偿后读出。

[d] 在任何定额前测量的温度。

注 1：未说明的所有值都保留。

注 2：散热器表面（C=3）温度和热介质（C=4）温度是互斥的。

注 3：进水温度（C=5）和回水温度（C=6）是与散热器表面（C=3）温度相斥的。

注 4：室温（C=7）的测量应当总是与下列测量之一同时进行：散热器表面（C=3）温度，热介质（C=4）温度，或进水温度/回水（C=5/C=6）温度对。

12.6.3 HCA 的值组 D

值组 D 规定了按照特定运算规则处理 HCA 相关量值的结果。

表 7 值组 D 代码（HCA 对象）

值组 D HCA 相关对象（A=4，C<>0，96∽99）	
0	当前值
1	周期值[a]
2	设置日期值
3	账单日值
4	最小值
5	最大值
6	试验值[b]

[a] 一组周期性保存的值，这些值可能是一个月保存一次或是两次。

[b] 为试验目的而特殊处理的值。这可能是为了增强数据的精度，或是为了更快（但精确度较低）地处理数据。

12.7 热量表或冷量表特有值组

12.7.1 引言

本部分描述了在COSEM环境中对携带热表信息的对象的命名。它既覆盖了对热量的处理，也覆盖了对冷量的处理。所用的介质特定术语与EN 1434-1和EN 1434-2中相应的介质标准部分是一致的。暖气表或冷气表的输出是"功率(热焓差值乘以流量)对时间的积分"。

值组A=5设定为冷量特有对象的计量，而值组A=6则设定为热量特有对象的计量。其他值组对于热量和冷量是同一的。

12.7.2 热量的值组C

表8中热量计量和冷量计量对象的命名是与EN 1434-1标准中的命名相一致的。

表8 值组C代码(热量/冷量对象)

值组C 热量/冷量相关对象(A=5或A=6)	
0	通用对象[a]
1	能量
2	结算体积
3	结算质量[b]
4	进水体积
5	进水质量
6	回水体积
7	回水质量
8	功率
9	流速
10	进水温度
11	回水温度
12	温差[c]
13	介质压力[d]
⋮	⋮
96	热量/冷量相关服务入口
97	热量/冷量相关错误信息
98	热量/冷量列表
99	热量/冷量数据曲线
128…254	制造商特有代码

[a] 类似时常数，阈值等参数的设置。详见13.4.1中的对象编码表。

[b] 计量蒸汽时使用。

[c] 可得到的通常比进水和回水温度更精确，更准确的值。

[d] 如测量，则为介质的压力。如果介质压力不能被测出来，则备用值是通用对象(C=0)。

注：所有未指明的值为保留值。

12.7.3 热量值组D

值组D详细说明了按照特定的运算规则处理热量或冷量相关值得到的结果。

表 9　值组 D 代码(热量/冷量对象)

值组 D 热量/冷量相关对象(A=5 或 A=6),(C <>0,96…99)	
0	当前值
1	周期值 1[a]
2	设置日期值
3	账单日值
4	最小值 1
5	最大值 1
6	试验值[b]
7	瞬时值[c]
8	时域积分值 1[d]
9	时域积分值 2[e]
10	当前平均值[f]
11	最近平均值[g]
12	周期值 2[a]
13	周期值 3[a]
14	最小值 2
15	最大值 2
⋮	⋮
20	欠限事件计数器
21	欠限持续时间
22	超限事件计数器
23	超限持续时间
24	丢失数据事件计数器[h]
25	丢失数据持续时间[h]

a 一组周期性采集的数据。这种方式得到的数据记录可直接用于绘制负荷曲线。

b 为试验目的而特殊处理的值。这可能是为了增强数据的精确度,或是为了更快(但是精确度较低)地处理数据。

c 从系统立即读出,比当前值在一个更短的时间内更具有代表性。

d 不包含账单周期码(F=255):被计算的量值从原点(首次测量起始)到即刻时间点的时域积分值。包含账单周期码(0≤F<100);被计算的量值从原点(首次测量起始)到由账单周期码给定的账期终点的时域积分值。

e 不包含账单周期表代码(F=255);被计算的量值从当前账期起点到即刻时间点的时域积分值。包含账单周期表代码(0≤F<100);被计算的量值在由账单周期码给定的账期区间上的时域积分值。

f 当前需量寄存器的值。

g 最近一个测量周期终点时刻的需量寄存器值。

h 被当作丢失的值(如因传感器失效)。

12.8 燃气仪表特有值组

12.8.1 引言

本部分描述了在 COSEM 环境中对携带燃气测量信息的对象的命名。它包括对仪表、容积换能器以及数据记录仪的处理。

EN 12405 标准中规定的燃气测量数据流的详细描述见附录 B。

12.8.2 燃气值组 C

表 10 值组 C 代码(燃气对象)

值组 C 燃气相关对象(A=7)	
0	通用对象
1	前向无扰动仪表容积值
2	前向有扰动仪表容积值
3	前向绝对仪表容积值
4	逆向无扰动仪表容积值
5	逆向有扰动仪表容积值
6	逆向绝对仪表容积值
11	前向无扰动换能器容积值
12	前向有扰动换能器容积值
13	前向绝对换能器容积值
14	逆向无扰动换能器容积值
15	逆向有扰动换能器容积值
16	逆向绝对换能器容积值
21	前向无扰动记录仪容积值
22	前向有扰动记录仪容积值
23	前向绝对记录仪容积值
24	逆向无扰动记录仪容积值
25	逆向有扰动记录仪容积值
26	逆向绝对记录仪容积值
31	前向无扰动能量值
32	前向有扰动能量值
33	前向绝对能量值
34	逆向无扰动能量值
35	逆向有扰动能量值

表 10（续）

值组 C 燃气相关对象(A=7)	
36	逆向绝对能量值
41	绝对温度
42	绝对压力
43	流速
44	声速
45	密度
51	修正因数
52	转化因数
53	可压缩性因数
54	卡路里值
96	燃气相关服务入口
97	燃气相关错误消息
98	燃气列表
99	燃气数据曲线
128…254	制造商特有代码

注：所有未指明的值为保留值。

12.8.3 燃气值组 D

值组 D 详细规定了按照特定的运算规则对燃气相关量值或进一步细分一般量值的处理结果。

表 11 值组 D 代码(燃气对象)

值组 D 燃气相关对象(A=7)且(C ＜＞0,96…99)	
0	测量条件下的实际值
1	校正后容积值
2	基本条件下的值/转化值
3	备份值
4	最小实际值
5	最大实际值
10	实际值
11	预设值
12	方式

12.9 水表特有值组

12.9.1 引言

本部分描述了在COSEM环境中对携带水量测量信息的对象的命名。它包括了热水和冷水。

12.9.2 水量值组C

表12 值组C代码(水容积量对象)

值组C 水容积量相关对象(A=8或A=9)	
0	通用对象
1	累计体积
2	流速
3	前向温度
96	水相关服务入口
97	水相关错误消息
98	用水列表
99	用水数据曲线
128…254	厂商特定代码

注:所有未说明的值保留。

12.9.3 水量值组D

表13中值组D详细说明了按照特定的运算规则处理与水相关量值的结果。

表13 值组D代码(水容积量对象)

值组D 水容积量相关对象(A=8或A=9),(C＜＞0,96…99)	
0	当前值
1	周期值
2	设置日期值
3	账单日期值
4	最小值
5	最大值
6	试验值

13 对象编码(变量名称)

13.1 引言

应包含抽象对象编码以及用于不同介质的对象码,并以第12章中的规范为基础。

对于基础类表计,其实施对象的最低要求可在附录A中查到。较复杂的表计同样应该包括基础类表计的所有对象。

13.2 抽象对象码

表 14 抽象对象码

抽象对象、通用服务输入值	OBIS 识别编码					
	A	B	C	D	E	F
设备 ID 编号(与介质/信道无关)						
完全设备 ID(制造编号)	0	0	96	1		
设备 ID 1 [b]	0	0	96	0	0	
…			…	…	…	
设备 ID 10 [b]	0	0	96	0	9	
参数改变、校准和访问						
配置程序变化的次数	0	X	96	2	0	
最后配置程序变化的日期	0	X	96	2	1	
最后一次开关程序变化的日期	0	X	96	2	2	
最后一次纹波控制接收器程序变化的日期	0	X	96	2	3	
安全开关状态	0	X	96	2	4	
最后校准日期	0	X	96	2	5	
下一次配置程序更改的日期	0	X	96	2	6	
被保护的配置程序变化的次数[a]	0	X	96	2	10	
被保护的配置程序最后更改的日期[a]	0	X	96	2	11	
输入/输出控制信号						
输入控制信号状态	0	X	96	3	1	
输出控制信号状态	0	X	96	3	2	
内部控制信号状态	0	X	96	4	0	
内部运行状态	0	X	96	5	0	
电池输入值						
电池使用时间计数器	0	X	96	7	0	
电池充电显示	0	X	96	7	1	
下一次更换日期	0	X	96	7	2	
电池电压	0	X	96	7	3	
电源故障次数						
比内部自控时间更长的所有 3 相的总断电次数	0	X	96	6	0	
相位 L1	0	X	96	6	1	
相位 L2	0	X	96	6	2	
相位 L3	0	X	96	6	3	
运行时间						
运行时间	0	X	96	8	0	
记录速率 1 的时间	0	X	96	8	1	
记录速率 2 的时间	0	X	96	8	2	
…	…	…	…	…	…	
记录速率 63 的时间	0	X	96	8	63	
环境相关参数						
室温	0	X	96	9	0	

表 14（续）

抽象对象、通用服务输入值	OBIS 识别编码					
	A	B	C	D	E	F
制造商特有[c]	0	X	96	50	X	X
… 制造商特有[c]	… 0	… X	… 96	… 96	… X	… X

[a] 被保护配置数据是：改变这些配置，需要打开电源表计的盖板或拆开计量密封。

[b] 本对象组应用于存储铭牌信息的电子记录。

[c] 对特定制造商的对象，只有那些没有由其他定义码代表的值才需设置，同样也需在显示屏上显示。假如不需要这么做，编码取值可以使用 127 以上值组，参见 GB/T 19882.32—2007 中 5.7。

注：假如一个值域被屏蔽，则此值组没有被使用。“X”可以看作于允许取值范围中的任意值。

表 15　一般错误对象

抽象对象、一般错误消息	OBIS 识别编码					
	A	B	C	D	E	F
错误对象	0	X	97	97	X[a]	

[a] 假如只使用一个对象，该值应为 0。

注：假如值域被隐蔽，此值组没有适用。“X” 可以看作于允许取值范围中的任意值。

13.3　用于 HCA 的对象编码

13.3.1　HCA 的通用目的编码和曲线

表 16　通用目的编码和曲线(热分配器)

热分配器 通用目的对象	OBIS 识别编码					
	A	B	C	D	E	F
公用事业机构的自由 ID 编码						
完整综合 ID	4	X	0	0		
ID 1	4	X	0	0	0	
…			…	…	…	
ID 10	4	X	0	0	9	
存储信息						
历史值计数器状态(VZ)	4	X	0	1	1	
可用的历史值个数	4	X	0	1	2	
目标日期	4	X	0	1	10	
计费日期	4	X	0	1	11	
配置						
程序版本号	4	X	0	2	0	
固件版本号	4	X	0	2	1	
软件版本号	4	X	0	2	2	
设备检测原理[a]	4	X	0	2	3	

表 16（续）

热分配器 通用目的对象	OBIS 识别编码					
	A	B	C	D	E	F
转换因子						
最终额定因子，K	4	X	0	4	0	
热输出额定因子，K_Q	4	X	0	4	1	
热耦合整体额定因子，K_C	4	X	0	4	2	
热耦合房间侧耦合因子，K_{CR}	4	X	0	4	3	
热耦合供暖器侧耦合因子，K_{CH}	4	X	0	4	4	
低温耦合因子，K_T	4	X	0	4	5	
显示输出比例因子	4	X	0	4	6	
阈值						
起始温度阈值	4	X	0	5	10	
温差阈值	4	X	0	5	11	
周期信息						
平均值测量周期	4	X	0	8	0	
消费曲线的记录间隔	4	X	0	8	4	
计费周期	4	X	0	8	6	
曲线						
曲线曲线	4	X	99	1	X	
[a] 这是数据枚举型的对象，(0)单个传感器，(1)单个传感器＋起始传感器，(2) 双传感器，(3)纹波传感器。						
注：假如一个值域被屏蔽，此值组不被使用。“X” 可以看作允许取值范围中的任意值。						

13.3.2 HCA 与介质相关的编码

表 17 与介质相关的编码(热分配器)，示例

热分配器 与介质相关的对象	OBIS 识别编码					
	A	B	C	D	E	F
消费						
当前未收费的数据部分	4	X	1	0	0	
当前已收费的数据部分	4	X	2	0	0	
上次设定日期的收费数据部分	4	X	2	2	0	V_z
未收费数据部分，前一计费日期	4	X	1	3	0	V_{z-1}
收费数据部分，两个最近周期的值	4	X	2	1	0	102
监测值						
散热器温度，当前数值	4	X	3	0		
进水温度，测试数值	4	X	5	6		
室温，最小值	4	X	7	4		
注：假如一个值域被屏蔽，此值组不被使用。“X” 可以看作允许取值范围中的任意值。						

注：上表只是某些现有的与介质相关编码的示例。

13.4 热量/冷量对象编码

13.4.1 热量/冷量通用目的编码和曲线

表 18 通用目的编码和曲线(热量/冷量)

供暖/供冷 通用目的对象	OBIS 识别编码					
	A	B	C	D	E	F
公用事业机构的自由 ID 编码						
完整综合 ID	5/6	X	0	0		
ID 1	5/6	X	0	0	0	
…			…	…	…	
ID 10	5/6	X	0	0	9	
存储信息						
历史值/周期值计数器状态(VZ)	5/6	X	0	1	1	[f]
周期值计数器状态,周期 1	5/6	X	0	1	1	1[f]
可用的历史/周期值个数	5/6	X	0	1	2	
第 2 周期可用周期值个数	5/6	X	0	1	2	[f]
设定日期	5/6	X	0	1	10	
计费日期	5/6	X	0	1	11	2[f]
配置						
程序版本	5/6	X	0	2	0	
固件版本	5/6	X	0	2	1	
软件版本	5/6	X	0	2	2	
表计位置(进水或回水)[a]	5/6	X	0	2	3	
设备版本	5/6	X	0	2	4	
进水温度传感器序列号	5/6	X	0	2	10	
回水温度传感器序列号	5/6	X	0	2	11	
进水流量传感器序列号	5/6	X	0	2	12	
回水流量传感器序列号	5/6	X	0	2	13	
转换因子						
热系数 K	5/6	X	0	4	1	
介质压力(备份值)[b]	5/6	X	0	4	2	
介质焓[c]	5/6	X	0	4	3	
阈值						
费率 1 的阈值限值[d]	5/6	X	0	5	1	
…			…	…	…	
费率 9 的阈值限值[d]	5/6	X	0	5	9	
最大合同约定流速[e]	5/6	X	0	5	21	
最大合同约定功率[e]	5/6	X	0	5	22	
最大合同约定温差[e]	5/6	X	0	5	23	
最小合同约定回水温度[e]	5/6	X	0	5	24	

表 18(续)

供暖/供冷 通用目的对象	OBIS 识别编码					
	A	B	C	D	E	F
定时信息						
总的平均测量周期	5/6	X	0	8	0	
瞬时测量平均周期	5/6	X	0	8	1	
体积/流量测量平均周期	5/6	X	0	8	2	
温度测量平均周期	5/6	X	0	8	3	
压力测量平均周期	5/6	X	0	8	4	
功率平均周期	5/6	X	0	8	5	
流速平均周期	5/6	X	0	8	6	
测试值平均周期	5/6	X	0	8	7	
测量周期,峰值,周期 1(短)[g]	5/6	X	0	8	11	
测量周期,峰值,周期 2[g]	5/6	X	0	8	12	
测量周期,峰值,周期 3[g]	5/6	X	0	8	13	
测量周期,峰值,周期 4[g]	5/6	X	0	8	14	
测量周期,周期值,周期 1(短)[g]	5/6	X	0	8	21	
测量周期,周期值,周期 2[g]	5/6	X	0	8	22	
测量周期,周期值,周期 3[g]	5/6	X	0	8	23	
测量周期,周期值,周期 4[g]	5/6	X	0	8	24	
测量周期、测试值	5/6	X	0	8	25	
曲线的记录间隔 1[h]	5/6	X	0	8	31	
曲线的记录间隔 2[h]	5/6	X	0	8	32	
曲线的记录间隔 3[h]	5/6	X	0	8	33	
计费周期	5/6	X	0	8	34	
曲线						
记录间隔 1 的消费/负载曲线	5/6	X	99	1	1	X[j]
记录间隔 2 的消费/负载曲线	5/6	X	99	1	2	X[j]
记录间隔 3 的消费/负载曲线	5/6	X	99	1	3	X[j]
记录间隔 1 的最大值曲线	5/6	X	99	2	1	X[j]
记录间隔 2 的最大值曲线	5/6	X	99	2	2	X[j]
记录间隔 3 的最大值曲线	5/6	X	99	2	3	X[j]
测试时的消费/负载曲线	5/6	X	99	3	1	X[j]
认证数据日志	5/6	X	99	99	X[j]	

[a] (单个)流量计在何处被嵌入的信息。当流量计位于水流路径上时使用非零值。

[b] 假如不测量,定义介质的压力。根据 EN 1434-2,系统缺省值是 16 ba。

[c] 导热液体的焓。使用纯水以外的介质时是必要的。当把质量转换为功率时,焓是计算的一部分。

[d] 顾客和供应商之间的合同的一部分。阈值规定何时改变费率,可用于诊断目的,或用于限流阀。

[e] 顾客和供应商之间的合同的一部分,阈值可用于设定一个“标志”,可用于诊断或限流阀。

[f] 假如在表计中只有一套历史/周期的值,值组“F”可弃置不用。

[g] 表计的周期初始值应始终从周期 1 开始。

[h] 假如只使用一个记录间隔,那么它应是记录间隔 1;假如使用多个记录间隔,那么记录间隔 1 应是最短周期的间隔。

[j] 假如每类只有一个对象示例,值应为 0。

注:假如一个值域被屏蔽,此值组不被使用。“X”可以看作允许取值范围中的任意值。本表既可用于供暖时热量表计量也可用于供冷时冷量表计量。

13.4.2 用于供暖/供冷时的与介质有关的编码

表 19 与介质有关的编码(供暖/供冷)

供暖/供冷 与介质有关的编码	OBIS识别编码					
	A	B	C	D	E	F
消费方						
能量、当前值、总和	5/6	X	1	0	0	
能量、当前值、费率 1	5/6	X	1	0	1	
能量、周期值、总值、二个最后存储值	5/6	X	1	1	0	102
能量、计费日期值、总和、最后存储值、费率 1	5/6	X	1	3	1	V_z
监测值						
能量、极大值(当前周期)	5/6	X	1	5		
流速、周期值 2、前一存储值	5/6	X	9	12		V_{z-1}
功率、最大值、前一周期	5/6	X	8	5		V_{z-1}
能量,漏计时期[c]	5/6	X	1	25		
温差、测试值	5/6	X	12	6		
流量路径、温度传感器序列号	5/6	X	0	2	10	
使用曲线收集间隔 1 的数据[a]	5/6	X	99	1	1	0
错误处理						
总错误状态[b]	5/6	X	97	97	0	
发生错误的子系统[d]	5/6	X	97	97	1	
错误状态的持续时间[c]	5/6	X	97	97	2	

a 这表示对象类型曲线的使用,设计用于周期性获取对象。没有预先定义用于热量表的曲线。

b 这个对象是对象 0.X.97.97.0 的"镜像"。

c 表计还不能计算能量消耗的持续时间。

d 错误信息的进一步细分。

注:假如一个值域被屏蔽,此值组不被使用。"X"可以看作允许取值范围中的任意值。

注:上表只是现有的与介质相关的编码示例。

13.5 燃气对象编码

13.5.1 燃气的通用目的编码和曲线

表 20 通用目的编码和曲线(燃气表)

燃气 通用目的对象	OBIS识别编码					
	A	B	C	D	E	F
公用事业机构的自由 ID 编码						
完整综合 ID	7	X	0	0		
ID 1	7	X	0	0	0	
…			…	…	…	
ID 10	7	X	0	0	9	
历史值/复位计数器输入值						
历史值计数器状态(VZ)	7	X	0	1	0	
可用的历史值数目	7	X	0	1	1	
历史值 VZ 的时间标签(上一次复位)	7	X	0	1	2	VZ
历史值 VZ-1 的时间标签	7	X	0	1	2	VZ_1
…			…	…	…	
历史值 VZ-n 的时间标签	7	X	0	1	2	VZ_n

表 20（续）

燃气 通用目的对象	OBIS 识别编码					
	A	B	C	D	E	F
配置						
程序版本	7	X	0	2	0	
固件版本	7	X	0	2	1	
软件版本	7	X	0	2	2	
设备版本	7	X	0	2	3	
压力传感器、序列号	7	X	0	2	11	
温度传感器、序列号	7	X	0	2	12	
计量器、序列号	7	X	0	2	13	
体积传感器[b]、序列号	7	X	0	2	14	
转换的/未转换的输出脉冲常数						
未转换的前向体积	7	X	0	3	0	
未转换的反向体积	7	X	0	3	1	
未转换的绝对[a] 体积	7	X	0	3	2	
转换的前向体积	7	X	0	3	3	
转换的反向体积	7	X	0	3	4	
转换的绝对[a] 体积	7	X	0	3	5	
转换因子						
（本栏用于多项式、常数的转换，以及诸如此类的应用）	7	X	0	4	0	
…	7	X	0	4	1	
	7	X	0	4	2	
	7	X	0	4	3	
	7	X	0	4	4	
阈值						
超过消费阈值的功率						
限值 1	7	X	0	5	1	1
…			…	…	…	…
限值 4	7	X	0	5	1	4
费率 1 的阈值限值	7	X	0	5	2	1
…			…	…	…	…
费率 9 的阈值限值	7	X	0	5	2	9
记录间隔 1 的最大合同消费	7	X	0	5	3	
记录间隔 2 的最大合同消费	7	X	0	5	4	
绝对温度、最小限值设定[c]	7	X	0	5	11	
绝对温度、最大限值设定[c]	7	X	0	5	12	
绝对压力、最小限值设定[c]	7	X	0	5	13	
绝对压力、最大限值设定[c]	7	X	0	5	14	
表称值						
压力	7	X	0	6	1	
温度	7	X	0	6	2	
Q_{min}	7	X	0	6	3	
Q_{max}	7	X	0	6	4	

表 20（续）

燃气 通用目的对象	OBIS 识别编码					
	A	B	C	D	E	F
输入脉冲常数						
未转换的前向体积	7	X	0	7	0	
未转换的反向体积	7	X	0	7	1	
未转换的绝对[a] 体积	7	X	0	7	2	
转换的前向体积	7	X	0	7	3	
转换的反向体积	7	X	0	7	4	
转换的绝对[a] 体积	7	X	0	7	5	
测量周期/记录周期持续时间						
测量周期 1 的平均值 1	7	X	0	8	3	
测量周期 2 的平均值 2	7	X	0	8	4	
测量周期 3 的瞬时值	7	X	0	8	5	
测量周期 4 的测试值	7	X	0	8	6	
曲线[d] 的记录间隔 1	7	X	0	8	7	
曲线[d] 的记录间隔 2	7	X	0	8	2	
计费周期	7	X	0	8	10	
时间输入项						
最后一次复位以来经过的天数	7	X	0	9	0	
燃气数据曲线对象						
记录间隔 1 的负载曲线	7	X	99	1	0	
记录间隔 2 的负载曲线	7	X	99	2	0	
记录间隔 1[e] 的最大值曲线	7	X	99	3	0	
记录间隔 2[e] 的最大值曲线	7	X	99	4	0	
事件日志	7	X	99	98	0	
认证数据日志	7	X	99	99	0	

[a] 所谓“绝对”就是指负体积作为正体积累加 ABS()。

[b] 体积传感器可以是外部机械式表计/编码器/电子索引。

[c] 绝对压力/温度值超出这些限值时，可能使得设备处于错误状态。

[d] 假如使用多个记录间隔，记录间隔 1 应是较短的。

[e] 是最大设定数值的一个序列。

注：假如一个值域被屏蔽，此值组不被使用。“X” 可以看作允许取值范围中的任意值。

13.5.2 燃气中与介质有关的编码

( )中的信息是对象说明的一部分，见附录 B 中的符号名称。

表 21 与介质有关的编码(燃气表)

燃气 与介质有关的编码	OBIS 识别编码					
	A	B	C	D	E	F
消费方						
未转换的体积“索引”，(V_m)	7	X	23	0	0	
错误校正后的体积，(V_c)	7	X	23	1	0	
已转换体积，(V) [a]	7	X	23	2	0	
能量“索引”，(E)	7	X	23	2	0	

表 21（续）

燃气 与介质有关的编码	OBIS 识别编码					
	A	B	C	D	E	F
监测值						
当前间隔 1 中的最大消费值，(V_m)[j]	7	X	23	0	3	
当前间隔 1 中的最大消费值，(V_b)[j]	7	X	23	2	3	
当前间隔 1 中的最大消费值，(E)[j]	7	X	33	2	3	
当前间隔 2 中的最大消费值，(V_m)[j]	7	X	23	0	4	
当前间隔 2 中的最大消费值，(V_b)[j]	7	X	23	2	4	
当前间隔 2 中的最大消费值，(E)[j]	7	X	33	2	4	
常数和计算结果						
校正因子，(C_f)[b]	7	X	51	0	0	
已测量的热值(CalValue)[c]	7	X	54	0	0	
转换因子，(C)[d]	7	X	52	0	0	
实际可压缩性(Z)[e]	7	X	53	0	0	
基本可压缩性，(Z_b)[e]	7	X	53	2	0	
预设的可压缩性：在已假定 Z 的固定值后使用[e]	7	X	53	11	0	
可压缩性方法：通常是一个文本字符串，SGERG88，AGA8，AGANX19，等[e]	7	X	53	12	0	
计量站状况信息						
当前压力(P)[f]	7	X	42	0	0	
基本压力(P_b)[f]	7	X	42	2	0	
备份压力值[f]	7	X	42	3	0	
预设压力值：用于没有压力传感器的转换设备[f]	7	X	42	11	0	
当前温度(T)[g]	7	X	41	0	0	
基本温度(T_b)[g]	7	X	41	2	0	
备份温度(温度传感器发生故障时使用)[g]	7	X	41	3	0	
声速[h]	7	X	44	0	0	

a “C”域值是 23，假定针对常用的商业/工业表计安装方式：体积转换器连接到计量表，计量表连接到数据记录器。

b 使用固定值校正表计上的标量误差：例如，假如表计少记录体积 0.5%，那么将使用 1.005 的校正因子值来补偿误差。

c CV 是可以从燃烧基本状况或预设密度的标准体积燃气取得的能量。

d 转换因子用于把“未转化体积”转换成“已转换体积”。此因子通常如下计算：
$P_m \times T_b \times Z_m / P_b \times T_m \times Z_b$，其中
P_m = 测得的压力；
P_b = 基本压力；
T_m = 测得的温度；
T_b = 基本温度；
Z_m = 测得的压缩性；
Z_b = 基本压缩性。
附录 B 对该问题有详细说明。

e 压缩性：Z：对被测量燃气和“惰性”燃气之间的压缩差别，SGERG-88 和 EN12405 给出充分的说明，但低于 1.5 ba，压缩性通常设置于 1。

f 燃气压力，以适当单位、绝对术语(例如巴)表示。这意味着与“表计”(“Gauge”)压力不同，该值适用于完全真空，而前者适用于当前的大气压条件下。视值组 D 的值而异，它可以代表一个测定值或一个基本条件。

g 燃气温度，以开尔文温度表示(K)。体积转换取决于开尔文温度测定值。视值组 D 的值而异，它可以代表一个测定值或一个基本条件。

h 声速。超声表计几乎总能测定燃气的声速。这是燃气状况的一个有用指标。值得指出的是，燃气中声速的巨大改变可能表示燃气组分或状况的改变。

j 间隔和费率有关，是顾客和供应商之间的合同的一部分。间隔通常以小时或天数计。

注：假如一个值域被屏蔽，此值组不被使用。“X”可以看作允许取值范围中的任意值。

13.6 水的对象编码

13.6.1 水的通用目的编码和曲线

$P_m \times T_b \times Z_m / P_b \times T_m \times Z_b$

表 22 通用目的编码和曲线(水表)

水表 通用目的对象	OBIS 识别编码					
公用事业机构的自由 ID 编码						
完整综合 ID	8/9	X	0	0		
ID 1	8/9	X	0	0	0	
…			…	…	…	
ID 10	8/9	X	0	0	9	
存储信息						
历史值计数器状态(VZ)	8/9	X	0	1	1	
可用的历史值数	8/9	X	0	1	2	
到期日期	8/9	X	0	1	10	
计费日期	8/9	X	0	1	11	
计费日期周期	8/9	X	0	1	12	
程序输入项						
程序版本号	8/9	X	0	2	0	
设备版本号	8/9	X	0	2	3	
阈值						
合同最大消费值	8/9	X	0	5	1	
输入脉冲常数						
进水体积	8/9	X	0	7	1	
测量周期/记录周期的持续时间						
负载曲线的记录间隔	8/9	X	0	8	1	
曲线						
消费/荷载曲线	8/9	X	99	1	0	
注:假如一个值域被屏蔽,此值组不被使用。“X”可以看作允许取值范围中的任意值。						

13.6.2 水中与介质有关的编码

表 23 与介质有关的编码(水表)

水表 与介质有关的编码	OBIS 识别编码					
	A	B	C	D	E	F
消费值						
现有索引,总的	8/9	X	1	0	0	
现有索引,费率 1	8/9	X	1	0	1	
现有索引,周期的、总的、最后两个周期	8/9	X	1	1	0	102

表 23（续）

水表 与介质有关的编码	OBIS 识别编码					
	A	B	C	D	E	F
监测值						
流速、最大值、前一周期	8/9	X	2	5	0	Vz-1
进水温度、计费日期值、最后计费周期	8/9	X	3	3	0	101
注：假如一个值域被屏蔽，此值组不被使用。“X”可以看作允许取值范围中的任意值。						

附 录 A
（规范性附录）
基本类表计

本附录规定了对不同介质类型的基本表计的最低要求。

A.1 对热分配器的基本要求

带有远程读数的基本 HCA 至少应该包括下列对象：

基本 HCA 对象列表	OBIS 识别编码						
	IC	A	B	C	D	E	F
COSEM 逻辑设备名称	数据[a]	0	0	42	0	0	0xFF
一般错误对象	数据[a]	0	0	97	97	0	0xFF
当前关联	关联 LN/SN	0	0	40	0	0	0xFF
未计费的总合[b]	寄存器	4	0	1	0	0	0xFF

[a] 假如“数据”类不可用，可用“寄存器”类(比例系数=0，单位=255)。

[b] 它可由“已计费的总和”—4.0.2.0.0.0xFF 代替。

注：要设立一个实用设备可能需要其他对象，但这些对象可能取决于应用的传输技术。

A.2 对热量/冷量表计的基本要求

有远程读数功能的基本热量/冷量表计至少应包括下列对象：

基本供暖/供冷对象列表	OBIS 识别编码						
	IC	A	B	C	D	E	F
COSEM 逻辑设备名称	数据[a]	0	0	42	0	0	0xFF
通用错误对象	数据[a]	0	0	97	97	0	0xFF
当前关联	关联 LN/SN	0	0	40	0	0	0xFF
能量、当前值、总值[b]	寄存器	5/6	0	1	0	0	0xFF

[a] 假如“数据”类不可用，可用“寄存器”类(比例系数器=0，单位=255)。

[b] 对于仅支持一种费率的基本供暖表计，可以只使用总值。

注：要设立一个实用设备可能需要其他对象，但这些对象可能取决于使用的传输技术。

A.3 对燃气表计的基本要求

有远程读数功能的燃气表计至少应包括下列对象：

基本燃气表计对象列表	OBIS 识别编码						
	IC	A	B	C	D	E	F
COSEM 逻辑设备名称	数据[a]	0	0	42	0	0	0xFF
通用错误对象	数据[a]	0	0	97	97	0	0xFF
当前关联	关联 LN/SN	0	0	40	0	0	0xFF
前向绝对体积、实际值、总值[b]	记录器	7	0	?3[b]	0	0	0xFF
表计所在位置编码(公共事业指定)		7	0	0	0	0xFF	0xFF

a 假如“数据”类不可用，可用“寄存器”类(比例系数器＝0，单位＝255)。

b 值组“C”可能取值?3，其中? 在智能表计情况下代表 0；在体积转换设备的情况下代表 1；在现有脉冲输出表计上附加数据记录器的情况下代表 2；在理论上的直接能量表计情况下代表 3。

注：要设立一个实用设备可能需要其他对象，但这些对象可能取决于使用的传输技术。

A.4 对冷/热水表计的基本要求

有远程阅读功能的基本冷/热水表计至少应包括下列对象：

基本冷/热水表计对象列表	OBIS 识别编码						
	IC	A	B	C	D	E	F
COSEM 逻辑设备名称	数据[a]	0	0	42	0	0	0xFF
通用错误对象	数据[a]	0	0	97	97	0	0xFF
当前关联	关联 LN/SN	0	0	40	0	0	0xFF
累计体积	寄存器	8/9	0	1	0	0	0xFF

a 假如没有“数据”类，可用“寄存器”类(比例系数器＝0，单位＝255)。

注：要设立一个实用设备可能需要其他对象，但这些对象可能取决于应用的传输技术。

附 录 B
（资料性附录）
燃气体积转换

B.1 引言

本部分是燃气-体积电子转换设备 CEN/TC237 初步标准的摘要。

它表明这样的设备的最少的一组数据对象，这些对象同样要由设备显示出来。这组数据对象也定义为 OBIS-TC294 燃气表计阅读的通用数据模型，并作为体积转换器的抽象描述。

给出的模型可以使用不同的数据对象进行扩展，这些模型是抽象的且与设备生产厂商无关。

除了体积转换设备，还定义了能量转换器，与之相关的数据流也在相应的技术模块中描述。

B.2 燃气体积转换器抽象数据模型前言

除了燃气体积转换的功能以外，这些设备中燃气流向通常有前向和反向两个方向。能否支持双向流动取决于设备的物理实现方法和设备类型。总的来说，只定义一个方向——前向。对于两个方向而言，在燃气转换算法中均使用相同的数据对象。

假如该设备装有所谓“扰动寄存器”，这些部件用来检测计量值超过或似乎超过计量所允许的限值。

所以，当报警情况发生时，燃气转换设备就把计量结果转移存储到扰动寄存器，并在报警情况消失后，设备将计量结果重新存储到正常运行寄存器。

当下列条件成立时，燃气体积转换器的抽象模型执行有效：

——计量时使用电子表计计量燃气流状况，而不是使用脉冲输入指示燃气流状况；

——计量时使用超声技术计量燃气流状况。

当使用密度表计技术来提供体积转换值时，与密度相关的数据对象也同样有介绍。

B.3 燃气体积转换器的抽象数据模型

B.3.1 定义

燃气-体积转换设备

这样的设备是借助运行在基本情况下的燃气表，能够完成计算、综合和显示测定的体积增量的设备，输入使用的是燃气表计在计量状态下测得的体积数据，或者其他的计量特性数据，如燃气温度和压力。

说明 1：转换设备也可以包括燃气表计的误差曲线和相关的测量转换器。

说明 2：可以使用压缩因子来补偿与计量理想气体定理产生的偏差。

测量条件

指待测量体积的燃气在测量时的条件（如燃气的温度和压力）。

基本条件

指与测量条件无关的且用于表示燃气体积的固定条件（如温度 273.15K，绝对压力 1.013 25 ba 或温度 288.15K，绝对压力 1.013 25 ba）。

规定测量范围

指一组被测量的物理量（如压力转换器的压力或温度转换器的温度），转换设备测量时，误差应在标准所规定的范围以内。

注：规定的测量范围的上限值和下限值分别称为最大值和最小值。

转换设备的特定测量值域

指在测量条件下的一组测量值，转换设备测量时的误差应在规定的限值内。

说明 1：转换设备对每个它处理的量都有一个测量范围。

说明 2：特定的测量值域可应用在决定转换因子的燃气的特征量上。

扰动影响测量的值不超出规定限值，但超出测量仪器的特定计费运行状态。

B.3.2 燃气转换和能量计算的通用对象

OBIS-值组 A=7，B=X，E=0，F=FF

OBIS 值 C	OBIS 值 D	燃气公式符号	通用对象名称和说明
3	0	V_m	来自表计的未转换体积"索引"
13	0		来自转换器的未转换体积"索引"
23	0		来自数据记录器的未转换体积"索引"
3	1	V_c	来自表计的误差已校正的体积
13	1		来自转换器的误差已校正体积
23	1		来自数据记录器的误差已校正体积
23[a]	2	V_b	已转换体积[a]
33	2	E	能量"索引"
41	0	T	当前温度[c] 以开尔文温标表示的燃气温度，体积转换与测得的开尔文温度有关
41	2	T_b	基本温度[c]
41	3	无	备份温度(温度传感器失效时使用)[c]
0	5：11[b]	T_{min}	在测量范围内的最小绝对燃气温度(下限值)[b,c]
0	5：12[b]	T_{max}	在测量范围内的最大绝对燃气温度(上限值)[b,c]
0	2：12[b]	无	温度传感器序列号[b]
42	0	P	当前压力 以适当单位、绝对术语表示的燃气压力，例如巴(ba)。这意味着该值是相对于完全真空而言的，而"表计"测量的压力是相对于大气条件而言的。
42	2	P_b	基本压力
42	3	(无)	备份压力值(在压力传感器失效时使用)
0	5：13[b]	P_{min}	在测量范围内的最小绝对燃气压(下限值)
0	5：14[b]	P_{max}	在测量范围内的最大绝对燃气压(上限值)
42	11	(无)	预设的压力值：用于没有压力传感器的转换设备
0	2：11[b]	(无)	压力传感器序列号[b]
43	0	(无)	流速。流速是测量/计算出的流体速率的瞬时数值：和电工术语中的功率相似，通常以 m^3/h 表示。它可以表示未转换的或已转换的流量，受值组 D 控制。
44	0	(无)	声速。超声计几乎总能测定燃气中的声速，它是燃气状况的有用指标。值得指出的是燃气中声速的重大变化可能表示燃气成分或状况的变化。
45	0	(无)	密度：密度可以测量的，并用于计算不同的能量值，以"卡"为单位表示。
51	0	C_f	校正因子：用于校正表计上转换误差的固定值。假如表计少计量体积 0.5%，那么 1.005 的校正因子将补偿该误差。

OBIS 值 C	OBIS 值 D	燃气公式符号	通用对象名称和说明
52	0	C	转换因子:用于把“未转换体积”转换成“已转换体积”的因子。
53	0	Z	压缩性数值 Z:在被测量的燃气和“惰性”气体之间的“差异”。SGERG-88 和 EN 12405 中有详细的说明,但当低于 1.5 巴(ba),通常将它设定为 1。
53	2	Z_b	基本压缩数值
53	11	(无)	预设定压缩数值:用在 Z 为固定值的场合
53	12	(无)	压缩方法:通常是一个文本字符串。SGERG88、AGA8、AGANX19 等。
54	0	(无)	“卡”值(已测定的):CV 是可能从标准体积燃烧取得的能量,燃烧在基本状况或预设密度下进行。

[a] “C”域值是 23,我们假定常用的商业/工业表计安装方式:体积转换器连接到计量表,计量表连接到数据记录器。

[b] 传感器序列号之类的设定值作为通用目的对象($C=0$)存储。值组 D 栏中的输入项是<值组 D>、<值组 E>。

[c] 用于燃气的温度通常规定为开尔文温度(K)。

B.4 体积转换和能量计算的测量原理

假定:转换设备:

——能校正燃气表计误差曲线(可选);

——带有温度转换器;

——带有压力转换器(可选);

——能计算压缩因子(可选)。

第 1 步

燃气表的误差曲线由校正因子校正

$V_c=C_f\times V_m$

C_f 是由等式 $C_f=f(q)$ 给出的校正因子。

制造商有多种方法用于误差校正。

第 2 步

在基本条件下的体积由下式计算

$V_b=C\times V$,其中 V 可以是 V_m 或 V_c

C 是由关系式给出的转换因子

$C=(P/P_b)\times(T_b/T)\times(Z_b/Z)$

其中 Z 是压缩性数值,使用合适的以压力和温度为变量的公式,计算出对理想气体定律的补偿:

$Z=f(p,T)$

可预设定的燃气性质和成分用于压缩性数值计算,并且是现有的几种计算方法之一。

假如压力没有测量,在处理转换因子时,可以使用固定数值。

假如压缩性数值没有计算,在处理转换因子时,可以使用固定数值。

“能量转换器”

除了“体积转换器”,如果超出了 EN 12405 范围,“能量转换器”会在下面的计算步骤定义。

第 3 步

能量由下式计算

$E = Cal/Value \times V_b$

CalValue 是能量值，单位“卡”，此术语同样适用于燃料中所含的所有能量。通常能量值“卡”由热量计或气体色谱仪测量得到。

B.5 体积转换和能量计算中的数据流

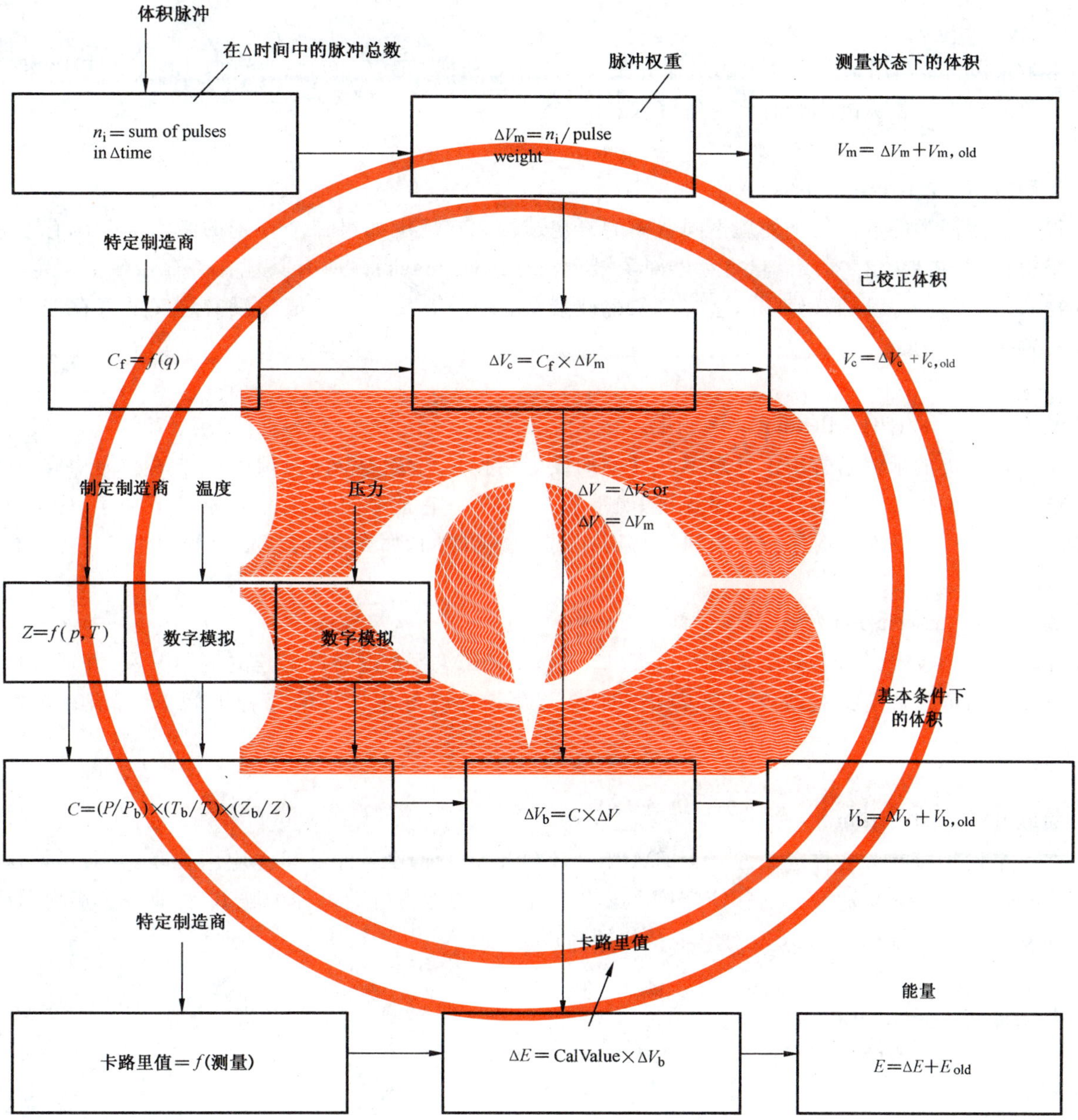

附 录 C
（规范性附录）
术语和定义

C.1 引言

本附录包含专门用于远程读表的术语和定义。在COSEM GB/T 19882.32和OBIS GB/T 19882.31面向对象的模型中相关的术语有优先解释权。

C.2

激活屏蔽 activation mask

寄存器激活类的示例用于处理不同费率的设定结构。它规定如果一个特定的激活屏蔽码有效时，那一个寄存器、扩展寄存器或需量寄存器对象被激活(active_mask)。所有其他在寄存器赋值中定义的寄存器对象，不是激活屏蔽码部分，这些对象都被禁止。所有在寄存器赋值中没有定义的寄存器对象，缺省设置是激活的。

C.3

激活日历 activity calendar

激活日历类的示例通常用于处理不同费率的设定结构。它定义表计内预先安排的行为动作，这些动作依据通常的以日历为基础的时序安排，如季节、星期等。它能和更通用的对象时序共存，甚至将其覆盖。假如动作安排对象时序和对象执行日历在同一激活时间，那么，由时序触发的动作将优先执行。

C.4

关联LN association LN

在一个使用逻辑参考名称定义的COSEM环境，COSEM逻辑设备能够建立应用关联，并通过使用关联LN类的示例来模拟关联。一个COSEM逻辑设备对设备能支持的每种关联IC都有一个实现示例。

C.5

关联SN association SN

在一个使用短参考名称定义的COSEM环境，COSEM逻辑设备能够建立应用关联，并通过使用关联SN类的示例来模拟关联。一个COSEM逻辑设备对设备能支持的每种关联IC都有一个实现示例。

在COSEM环境内，关联SN对象本身的短名规定为FA00h。

C.6

自动捕获 automatic capturing

用于和普通曲线的接口类相关的应用中。

C.7

授权方 authorised party

被授权访问存储在表计中信息的公共事业公司、表计操作员或数据采集公司。

C.8

计费周期 billing period

COSEM把几个计费周期的一些数值或数值列表作为曲线。

数值在9和99之间以及101的值组F，可直接访问前一计费周期的数据。(参阅GB/T 19882.31—2007，“值组F”)。它由COSEM对象中接口类普通曲线来管理，它是除了存储数值外，大小为1个输入项并含有存储的时间标记。

C.9

日历　calendar

参阅 C.3 激活日历。

C.10

捕获　capture

普通曲线类定义存储捕获对象动态处理值的广义概念。捕获对象可以是寄存器、时钟或曲线。捕获对象可以周期性地或不定期收集。曲线中有缓冲器存储捕获到的数据。为了获取缓冲器的部分数据，可通过指定一个值域或输入项域要求获取所有的这些输入项，这些输入项的值或输入项数目值符合给定范围。

C.11

信道　channel

为了包括测量电能以外其他能量的计量表设备，用于测量不止一种类型能量的关联计量设备或有几个物理检测信道的计量设备，引进了信道和介质的概念，以便识别不同来源的表计数据。

C.12

时钟　clock

时钟接口类示例说明与数据和时间有关的所有信息，包括闰年和当地时间对更通用的时间基准(格林威治标准时间 GMT)的时差。这一时差会随着季节而变化(例如夏令时间对正常时间)。对外部客户端的接口是基于年、月、日的时间信息，时间信息以百分之几秒、数秒、分和小时以及当地时间对格林威治基准时间的时差给出。

它还以这样方式处理夏令时功能，也即，它随着属性的不同，改变当地时间对 GMT 的时差。此功能的起点和终点通常只设定 1 次。一个内部算法依据设定值计算实际的转换点。

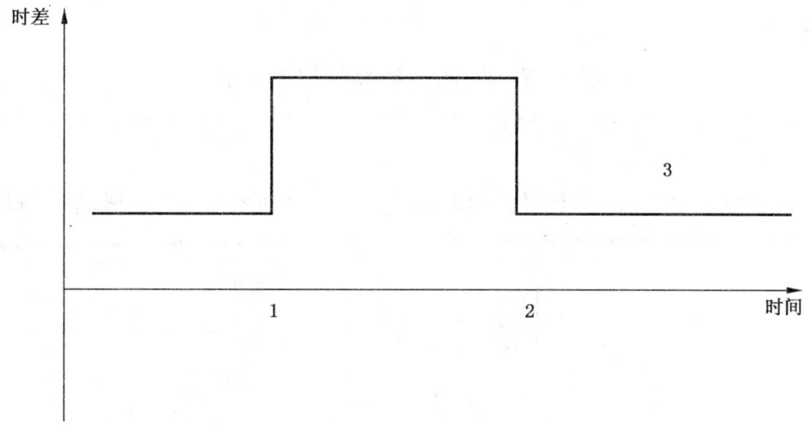

1——夏令时开始；

2——夏令时结束；

3——当地时间。

图 C.1　广义的时间概念

C.13

当前和最后的平均值对象　current and last average value objects

当前和最后的平均值是 COSEM 各个对象的相应属性，是接口类"需量寄存器"的示例，它们使用当前值的 OBIS 码作为逻辑名称。参阅 C.16。

C.14

日期和时间　date and time

日期和时间标记通常使用八位字节符串作为数据类型，但数据格式化是精确定义的。

C.15

夏令时　daylight saving

假如时钟是前向的，在前向间隔中的(可能因此会丢失的)所有脚本程序(script)都被执行。

假如时钟是反向的，在反向间隔中的所有脚本程序都被取消。

用于与时序接口类相关的应用中。

C.16

需量　demand

需量寄存器类示例存储一个需量值和它的相关状态、单位和时间信息。需量寄存器周期性地检测和计算它的当前平均值(current_average_value)。测量和计算需量的时间间隔 T 是定义成特定的“周期数”和“周期”。

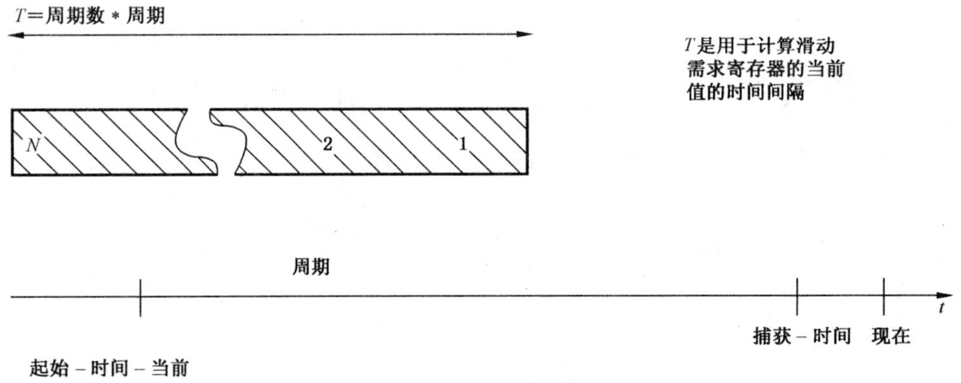

图 C.2　检测滑动需量时的属性

需量寄存器提供两类需量：当前平均值(current_average_value)和最后平均值(last_average_value)(见图 C.3 和图 C.4)

需量寄存器能辨别它的处理值类型，处理值使用 OBIS 识别系统以“逻辑名称”描述。

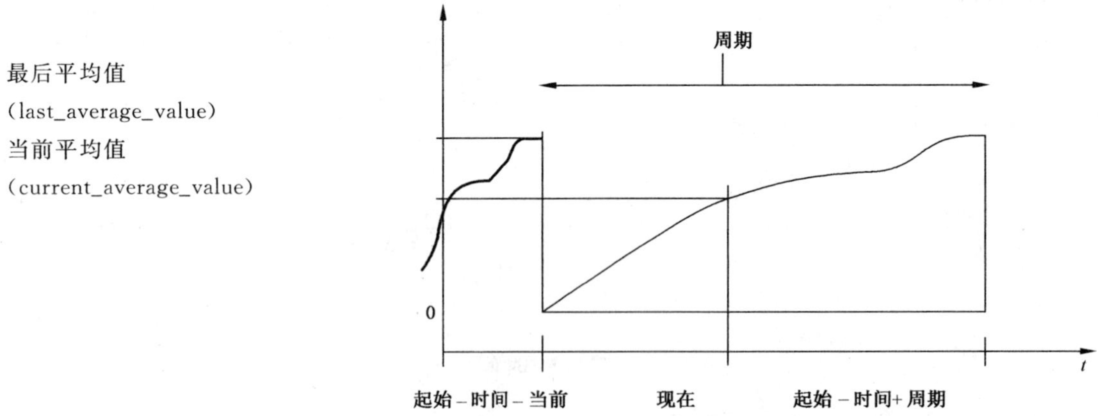

图 C.3　周期数为 1、测量当前平均值时的属性

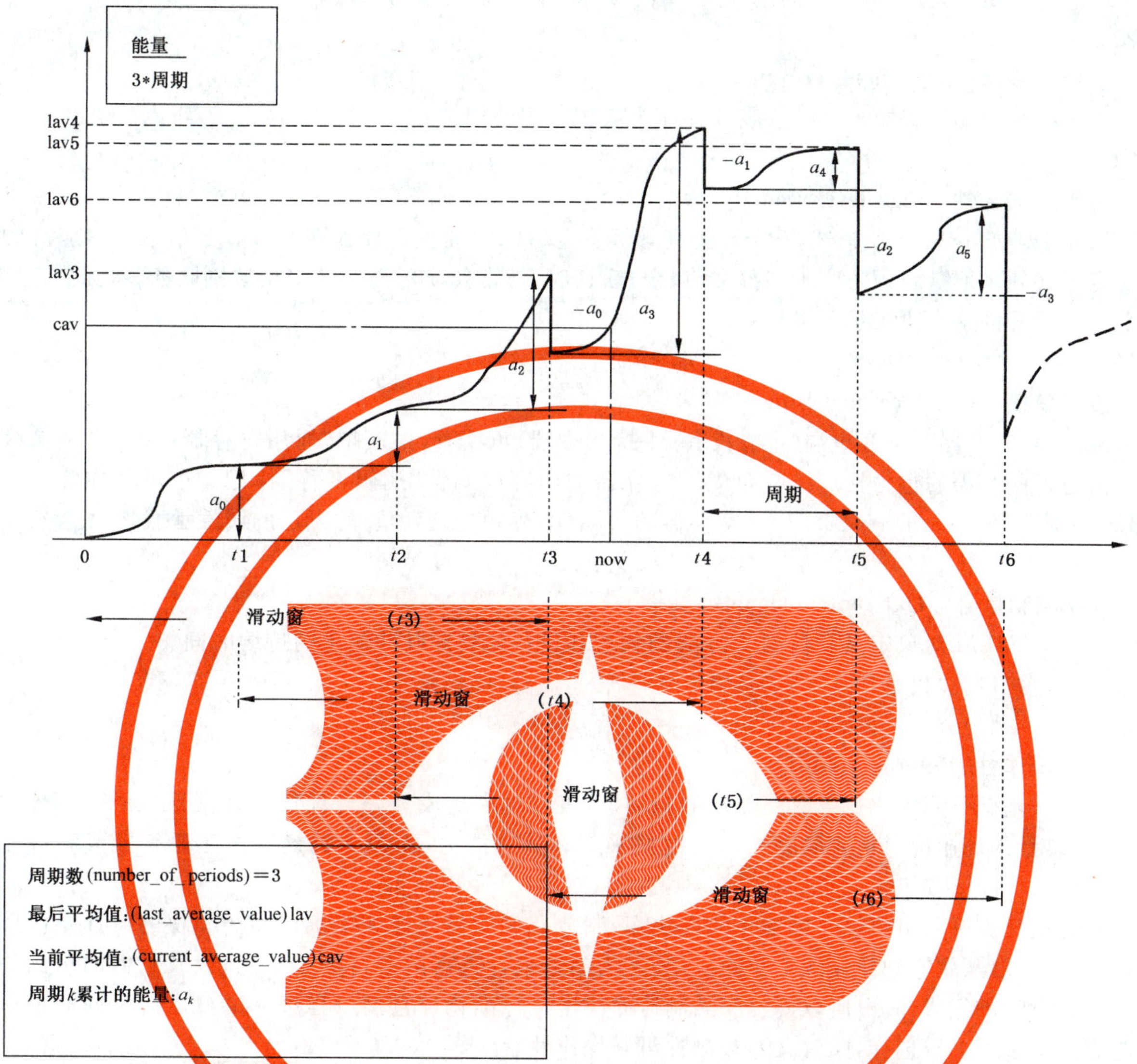

图 C.4 周期数为 3 时的属性

C.17

设备 ID device ID

使用一系列 COSEM 对象传输设备的 ID 号。这些设备的 ID 编号可以是制造商(制造商代码)或用户规定的号码。

不同的 ID 编码是接口类“数据”的实例,数据类型为 8 位字节字符串。

使用 1 个以上 ID 号时,允许把它们综合成一个接口类“通用曲线”的实例。此时,捕获对象是设备 ID 数据对象,捕获周期为 1,以取得实际数值,分类方法是 FIFO,曲线输入项限于 1。

C.18

错误值 error values

假如使用 1 个以上错误值,也允许把它们综合成接口类“通用曲线”的一个实例。此时,捕获对象是设备 ID 数据对象,捕获周期为 1,以取得实际数值,分类方法为 FIFO,曲线输入项限于 1。

错误码对象也可与能量类型和信道关联(参见 GB/T 19882.31)。

C.19

扩展寄存器接口类 extended register interface class

扩展寄存器类的实例是存储一个处理值和它的相关状态、单位和时间信息。扩展寄存器对象能辨别处理值的性质。使用 OBIS 识别系统以属性“逻辑名称”描述值的性质。

C.20

手持式终端　hand held terminal

用于在客户场所或接入点阅读表计并能为表记编程的便携式设备。

C.21

高等级安全性　high level security

如在 IEC 62056-53 所描述，ACSE 为高等级安全(HLS)提供部分鉴别服务。当信道没有应有的本质安全而必须采取措施预防窃听和报文(口令)窃密时，通常要使用高等级安全鉴别服务。在此情况下，一个 4 个过程的鉴定协议是可以预见的。

C.22

接口建模　interface modelling

接口类“寄存器”，从客户端(中央设备、手持式终端)角度看，由模拟“通用寄存器(含有已测的或静态的信息)”所必需的行为特点综合而成。寄存器的内容以属性“逻辑名称”标记。逻辑名称含有一个 OBIS 识别符(见 GB/T 19882.31)。寄存器的实际(动态)的内容由它的“值”的属性承载。

C.23

I/O 控制信号　I/O control signals

这些 COSEM 对象定义和控制 I/O 线的状态和设备的物理脉冲输出的持续时间。

状态由接口类“数据”的实例定义。

C.24

可互操作性　interoperability

在公共基础行业优化业务流程需量的推动下，表计越来越成为综合计量和计费系统的一部分。而在过去，表计的商业价值主要取决于它的数据采集和处理能力，而今天关键取决于系统集成和可互操作性。

各种接口类系列组成一个标准化的模块库，制造商可以借此组装个别产品。模块的设计要保证能覆盖整个领域(从住宅到商业和工业的应用)。为制造表计选择的接口类子系列，以及它们的示例和实施是产品设计的组成部分，所以要由产品制造商决定。标准化计量接口程序库的概念向不同的用户和制造商提供多种多样选择，同时又不必牺牲可互操作性。

C.25

逻辑设备　logical device

COSEM 逻辑设备是一组 COSEM 对象。每个物理设备至少应包含一个“管理逻辑设备”。

COSEM 逻辑设备的寻址应在所用协议的低层的寻址方案中实现。见 C.39.

C.26

逻辑名称参照　logical name referencing

COSEM 对象的属性和方法可参考它们所属于的 COSEM 对象实例的识别符。另一方法见 C.59。

属性的参照：

— class_id，value of the ‘logical_name’ attribute，attribute_index.

方法的参照：

— class_id，value of the ‘logical_name’ attribute，method_index.

C.27

低等级安全　low level security

如 IEC 62056-53 所述，ACSE 提供低等级安全(LLS)的鉴别服务。低等级安全鉴定通常在信道能提供足够的安全措施来避免窃听和报文(口令)窃密时应用。

对于 LLS，所有鉴别业务都由 ACSE 提供。关联对象只提供改变“秘钥”(例如口令)的方法/属性

(见 GB/T 19882.32:2007 的 5.12 和 5.13)。

在 LLS 鉴别中,客户端使用 COSEM-OPEN 的"Calling_Authentication_Value"参数传输一个"秘钥"(例如口令)给服务器。请求服务的原语在客户端应用层。服务器检验收到的"秘钥"并确认客户端的身份识别。如果符合,客户端通过身份鉴别而连接得以建立。

C.28

制造商特有的 ID-s　manufacturer defined ID-s

用一系列 COSEM 对象来传输设备中的 ID 号。这些 ID 号可能是制造商规定的号(制造商号)或用户规定的编号。

C.29

制造商特有的抽象对象　manufacturer specific abstract objects

假如要求使用的编码不存在,就在此处进行定义新的编码。假如数量不要求显示在表计上,应使用大于 127 的值。

C.30

制造商特有的类 id　manufacturer specific class id

类识别码的取值为 0 到 65535。Class_id 可通过一个"关联"对象获得。从 0 到 8191 的 class_id 保留,以供 DLMS UA 定义使用。从 8192 到 32767 的 class_id 保留供制造商特有的接口类使用。从 32768 到 65535 的 class_id 保留供用户组定义的接口类使用。DLMS UA 保留把上述编码分配给单个制造商或用户组的权利。

C.31

制造商特有的数据和参数　manufacturer specific data and parameters

一个数据对象存储的数据与内部表计对象有关。值的意义由逻辑名称规定。值的数据类型取决于实现的实例。数据通常用于存储制造商特定的配置数据和参数,它们都应有制造商特定的逻辑名称。

C.32

制造商特有的 OBIS 编码　manufacturer specific OBIS codes

在值组 B 到 F 中,如果数值是 128～254 之间的值,那么所有的编码就被认为是由制造商特有的。

编码在 128～254(0xFE)之间,是制造商特有的编码。假如值组 B 到 F 中的一个值大于 127,那所有编码就表示是特定制造商特有的,即使其他值组(值组 A 除外)并不一定具有本部分规定的意义。

C.33

最大值和最小值对象　maximum and minimum value objects

最大值和最小值由 COSEM 对象代表,它们是带有极大、极小分类方法的接口类"通用曲线"的实例,取值范围和捕获对象均与实施方式有关。单一的极大值或极小值也可以由"扩展寄存器"接口类实例的 COSEM 对象代表。

C.34

不同介质的测量　measurement of different media

为了涵盖测量不同能源类型的计量设备,混合的表计设备能够计量超过一种的能量类型,或者,这样的表计设备带有几种物理测量信道。引入信道和介质的概念,以便识别不同来源的表计数据。虽然本部分为其他介质规定了识别系统的结构,但与非电类相关的数据项和 ID 码的映射还须另行制订。

值组 B 规定了信道数,也即计量设备的输入数。该计量设备可以支持相同或不同类型的能源测量(例如数据集中器、寄存器单元)的若干个输入。不同来源的数据可就此识别。这一值组的定义与值组 A 无关。

C.35

测量方法和费率　measurement method and tariffs

值组 D 按照不同的特定算法或按照值组 A 和 C 标识的物理量的处理结果定义类型。该算法能处理能量和需量量以及其他物理量。

值组 E 按照现行费率，规定值组 A 到 D 标识的费率寄存器的测量结果的进一步处理。对于和费率无关的抽象数据或测量数据，该值组可用作进一步分类。

值组 F 按照不同的计费周期，定义值组 A 到 E 标识的数据的存储。如与费率无关，该值组可用于进一步分类。

C.36

测量值系列　measurement values series

数据曲线(由单一 OBIS 码识别)被定义为由同一类型或由许多不同测量值组成的同类组的测量值系列。

C.37

丢失的测量值　missing measurement values

被认为丢失的测量数值(例如中断)。

C.38

口令　password

见 C.27 和 C.21。

C.39

物理设备　physical device

物理设备是 COSEM 服务器中最高层的组件。COSEM 服务器在结构上分为 3 层，如图 C.5 所示：

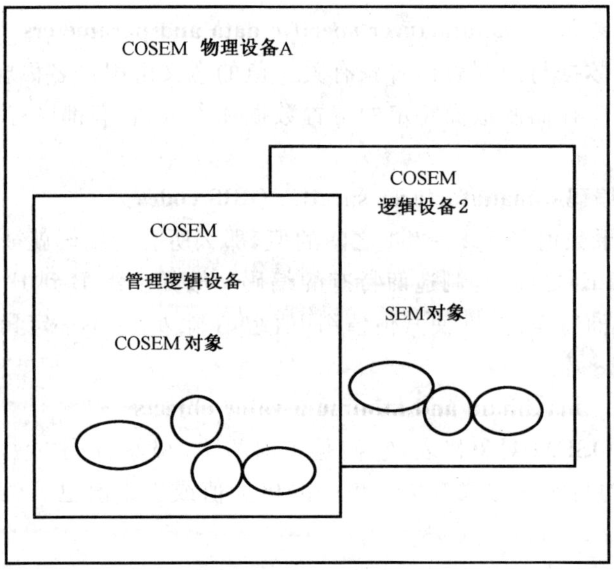

图 C.5　COSEM 服务器模型

C.40

电源故障处理　power failure handling

电源故障发生后，整个时序要重新处理以执行所有必要的脚本程序，因为这些脚本程序可能在电源故障时丢失。为此，应能够检测出电源故障时未执行的输入项。根据有效窗口(window)的属性，脚本程序按正确顺序执行(通常操作中应该遵循的顺序)。

电源故障发生后，只有从对象激活日历丢失的“最后动作”才被执行(延迟的)。这是为了保证恢复供电后设定正确的费率。假如有时序对象，激活日历丢失的“最后动作”应在正确的时间，在时序要求的执行序列内执行。

C.41

电源故障监测　power failure monitoring

现在能够提供不同形式的表示值来表示设备电源发生故障。简单的事件计数由接口类“数据”的COSEM对象表示，其数据类型无符号数或长整型无符号数。如果要显示更复杂的信息，COSEM对象应该使用属于接口类“通用曲线”。

C.42

优先读出值　preferred readout-values

把曲线—输入项(profile-entries)设置为1，曲线对象就能用于定义一组优先读出值。在“捕获—对象”(capture_objects)属性中，这些对象和属性是事先定义的，可以用单一的指令来读取。

把捕获—周期设置为1，就能保证这些值每秒进行更新。

C.43

曲线对象　profile objects

数据曲线(以单一的OBIS编码标识)规定一系列同一类型或同类构成的组的测量数据组成，这些测量数据的数值是不同的。

C.44

计费周期曲线　profile for billing periods

数值大于100时，允许曲线的标识值包含多于1个计费周期值。此处，最大的允许采用数值是125。

标识值为126的曲线，包含没有定义的计费周期数值。

C.45

通用接口类曲线　profile，generic interface class

通用接口类曲线定义广义概念以便存储捕获对象的动态处理值。一个捕获对象可以是一个寄存器、一个时钟或一个曲线。捕获对象周期性或不定期地收集数据。曲线中有缓冲器存储捕获到的数据。为了获取缓冲器的部分数据，可通过指定一个值域或输入项域，就可以获取这些所有的输入项，这些输入项的值或输入项数目值符合给定范围。

C.46

寄存器接口类　register interface class

从客户端(中央装置、手持式终端)看，接口类“寄存器”综合了通用寄存器(包含测量的或静态的信息)必要的特性而组成。寄存器的内容以属性“逻辑—名称”标识。“逻辑—名称”包含OBIS编码(见GB/T 19882.31)。寄存器实际(动态)的内容由其“值”的属性承载。

定义一个特定的表计意味着定义几个特定寄存器。在GB/T 19882.32—2007图1的示例中，该表计包含2个寄存器，也即，“寄存器”类的两个特定COSEM对象实例。这意味着把特定值分配给不同的属性。通过这个示例说明，一个COSEM对象成了“总的、正向的、有功的能量寄存器”，而另外一个则成为一个“总的、正向的、无功的能量寄存器”。

COSEM对象(接口类实例)代表“外部”所见的表计的行为。所以改变一个属性的值应总是从外部开始(例如将寄存的值复位)。从内部开始的属性变化不在本模型中说明(例如更新寄存器数值)。

寄存器对象存储与之相关单元的处理值或状态值。寄存器对象能分辨处理值或状态值的性质。状态值的性质由属性“逻辑名称”使用OBIS标识系统描述(见GB/T 19882.32—2007中的D.1)。

C.47

复位、IC需量寄存器　reset，IC demand register

本方法对对象进行一个强制复位。激活本方法启动下列动作：

——当前周期中止；

——当前平均值(current_average_value)和最后平均值(last_average_value)设定于它们的缺省值；

——捕获—时间(capture_time)和开始—时间—当前(start_time_current)设定于复位执行时间(数据)。

C.48

复位、IC 扩展寄存器　reset，IC extended register

本方法对对象执行一个强制复位。启动本法，属性值就设定于系统缺省值。缺省值是实例中的特定常数。此种属性状态设定方式表示一个复位动作已经被执行。

C.49

复位、IC 通用曲线　reset，IC profile generic

消除缓冲器，之后缓冲器中就没有有效输入项，在调用这一功能后，在用的输入项(entries_in_use)为0。这一调用不触发捕获对象的任何其他操作，特别要指出，该调用并不对任何捕获缓冲区或寄存器进行复位。

C.50

复位、IC 寄存器　reset，IC register

本方法对对象执行一个强制复位。启动本功能之后，数值被设定为缺省值。缺省值是实例中的特定常数。

C.51

复位、来源指示　reset，indication of source

值组 E 和 F 之间的分界符可以改变以承载某些有关复位源的信息(对于手动复位的情况无效)。

C.52

比例系数-单位　scaler-unit

它是接口类寄存器、扩展寄存器和需量寄存器的属性。它提供单位及单位比列系数的信息。假如该值使用复杂的数据类型，比列系数和单位可以用于所有的组件。

C.53

时序调度　schedule

IC 时序和 IC 特殊天数表一起处理设备内的时期和日期驱动的事件。

电源故障发生后，整个时序要重新处理以执行所有必要的脚本程序，因为这些脚本程序可能在电源故障时丢失。为此，应能够检测出电源故障时未执行的输入项。根据有效窗口(window)的属性，按正确顺序执行(通常操作中应该遵循的顺序)。

C.54

脚本程序　script

这些 COSEM 对象控制设备的行为。

事先定义了几个接口类“脚本程序表”的示例，通常可提供使用，这些脚本程序被隐藏起来，只有运行 execute()指令才能调用这些脚本程序。

C.55

脚本程序表接口类　script table interface class

IC 脚本程序表通过激活一个执行命令来触发一系列动作。为此，脚本程序表包含一个脚本程序输入项表。每张表的输入(脚本程序)由脚本程序-识别符(script-identifier)和一系列动作—规范(action-specifications)组成。一个动作-规范(action-specifications)激活一个 COSEM 对象方法或修改逻辑设备内的 COSEM 对象的属性。

C.56

季节　season

这是接口类运行日历的属性。它含有一张定义季节起始日期的表。该表按季节起始分类。每个季节激活一个特定的星期—曲线(week_profile)。

C.57

选择性访问 selective access

普通方法 READ/WRITE 和 GET/SET 通常针对可寻址的全部属性而言。可是，对于某些属性，可以提供只对部分属性进行访问。该部分属性由选择性的访问参数标识。这些选择性访问参数被定义为属性规范的一部分。

C.58

设定的日期 set date

存储在计量设备中的日期值。在设定日期中，累计消费值存储在内部寄存器中，供以后读出。对通常安装的所有“HCA”而言，设定的日期是相同的，这用于成本分配。

C.59

简名参照 short name referencing

这类简名参照准备用在简单设备。在此情况下，每个 COSEM 的属性和方法用 13 位的整数标识。简名的句法和 DLMS 命名的变量名称的句法相同。另一参考方法见 C.26。

C.60

特殊日期表接口类 special days table interface class

该接口类允许定义日期，该特殊定义的日期行为将会替代普通日期定义的转换行为。本接口类与“时序”(“Schedule”)类或“激活日历”(“Activity Calendar”) 类一起工作，而联系数据项是 day_id。

C.61

标准读出的定义 standard readout definitions

一个系列的 COSEM 对象被规定执行标准读出，就像在 GB/T 19897.1 中一样(A 到 D 方式)。标准读出对象也能和能量类型及信道相关联，见 GB/T 19882.31。

C.62

费率 tariff

按照当前使用费率，值组 E 定义值组 A 到 D 中费率寄存器中的测量数据的进一步处理。对于没有相关费率的抽象数据或测量结果，值组可以用来做进一步的校准使用。更多信息见 C.35。

C.63

设定费率 tariffication

一个寄存器激活类实例用于处理不同的费率设定结构。它规定当一个激活屏蔽有效(active_mask)时，哪一个寄存器、扩展寄存器和需量寄存器对象应该启动，而所有在寄存器分配(register_assignment)中规定的不是激活屏蔽(active_mask)部分的其他寄存器对象则不启动。所有在寄存器分配没有定义的寄存器对象缺省设置处于使用状态。

激活日历类的示例通常用于处理不同费率的设定结构。它定义表计内预先安排的行为动作，这些动作依据通常的以日历为基础的时序安排，如季节、星期等。它能和更通用的对象时序共存，甚至将其覆盖。假如动作安排对象时序和对象执行日历在同一激活时间，那么，由时序触发的动作将优先执行。

电源故障发生后，只有对象激活日历丢失的“最后动作”才被执行(延迟的)。这是为了保证恢复供电后设定正确的费率。假如有时序对象，激活日历丢失的“最后动作”应在正确的时间，在时序要求的执行序列内执行。

C.64

阈值 threshold

这是接口类寄存器监测器的一个属性。它提供参照记录器的属性需与之比较的阈值。这一阈值和参照对象的被监测属性属于同一类型。

这些值由接口类“寄存器监测器”的实例表示。实例定义应监测的寄存器、阈值本身以及超过阈值时应执行的动作。

C.65

时间累积值对象　time integral value objects

时间累积值由 COSEM 对象代表，它是接口类“寄存器”或“扩展寄存器”的实例。

C.66

与 IC 时序调度相关的时间设定　time setting, in relation with IC Schedule

时间变化有 4 种不同的“动作”：

1）　时间设定前向；

2）　时间设定反向；

3）　时间同步；

4）　夏令时。

时间设定前向

这种情况的处理方式与电源故障的处理方式相同。所有丢失的输入项都根据“有效窗口”属性执行。一个较短时间的设定（特定制造商特有的）可以像时间同步那样处理。

时间设定反向

这是在重复时间内激活的那些输入项的重复结果。一个较短时间的设定（特定制造商特有的）可以像时间同步那样处理。

时间同步

时间同步用于校正主时钟和本地时钟之间的微小偏差。具体算法由制造商选择。但必须保证没有时序调度输入项会丢失或者执行两次。“有效窗口”属性在此不起作用，因为所有输入项都应像在正常运行中那样执行。

夏令时

假如时时钟是提前的，所有在前向间隔内的脚本程序都要执行（因此有可能丢失）。

假如时时钟是反向重复运行，那么在反向间隔内的脚本程序将不会执行。

C.67

时间标记（与 IC PSTN（公共电话网）自动拨号相关）　time stamps (in relation with IC PSTN Auto dial)

当操作窗口激活（与启动实例对应）或被禁止时（对应结束实例），时间标记包含启动和结束的日期/时间标记。起始日期隐含地规定周期。例如，当月份中的日期未定义（等于 0x FF）时，这意味着我们有每日共享进程管理（daily share line management）。可以定义每日、每月……的窗口管理。

C.68

时间标记（与计费周期相关）　time stamp (in relation with billing periods)

前一组数据值的时间戳记应为 COSEM 对象中被捕获对象的一部分，它代表前一组计费周期数据。该值也可与信道有关。

C.69

时间同步　time synchronisation

时间同步用于校正主时钟和本地时钟之间的微小偏差。具体算法由制造商选择。但必须保证没有时序调度输入项会丢失或者执行两次。

C.70

唯一标识符　unique identifier

对象标识系统（OBIS）为所有在表计设备内的所有和每个数据，不只包含测量值、还有用于配置或从表计设备行为信息得出的抽象值，均提供一个唯一的标识符。在本部分中规定的 ID 编码用于识别：

——各种接口类或对象的逻辑名称，见 GB/T 19882.32 中定义；

——通过通信线路传输的数据（见 GB/T 19882.31—2007 的 A.1）；

——显示在表计设备上的数据(见 GB/T 19882.31—2007 的 A.2)。

本部分适用于所有类型表计设备,如全集成表计、模块化表计、费率附件、数据集中器等。

C.71

公共事业表　utility tables

在 ANSI C12.19:1997 表格数据中定义的公共事业类的实例。

使用这个接口类定义,每张“表格”被表示为1个实例。每个特定实例由它的逻辑名称标识。

ICS 19.100
N 78

中华人民共和国国家标准

GB/T 26832—2011

无损检测仪器
钢丝绳电磁检测仪技术条件

Non-destructive testing instruments—
Specifications for the wire rope electromagnetic tester

2011-07-29 发布　　2011-12-01 实施

中华人民共和国国家质量监督检验检疫总局
中国国家标准化管理委员会　发布

前　　言

本标准由中国机械工业联合会提出。

本标准由全国试验机标准化技术委员会(SAC/TC 122)归口。

本标准起草单位:华中科技大学、北京起重机械研究所、中国特种设备研究院、武汉大学、北京杰安泰无损检测技术有限公司、深圳市华测检测技术股份有限公司。

本标准主要起草人:康宜华、武新军、刘京本、沈功田、陈厚桂、贾社民、朱平。

无损检测仪器
钢丝绳电磁检测仪技术条件

1 范围

本标准规定了铁磁性钢丝绳的电磁检测仪器技术条件。

本标准适用于检测局部损伤和金属截面积损失类型缺陷的各种铁磁性钢丝绳电磁检测仪器。

2 规范性引用文件

下列文件中的条款通过本标准的引用而成为本标准的条款。凡是注日期的引用文件，其随后所有的修改单(不包括勘误的内容)或修订版均不适用于本标准，然而，鼓励根据本标准达成协议的各方研究是否可使用这些文件的最新版本。凡是不注日期的引用文件，其最新版本适用于本标准。

GB/T 191　包装储运图示标志

GB/T 6587.2—1986　电子测量仪器　温度试验

GB/T 6587.3—1986　电子测量仪器　湿度试验

GB/T 6587.4—1986　电子测量仪器　振动试验

GB/T 6587.5—1986　电子测量仪器　冲击试验

GB/T 8706　钢丝绳　术语、标记和分类

GB 9969.1　工业产品使用说明书　总则

GB/T 13384　机电产品包装通用技术条件

GB/T 20737　无损检测　通用术语和定义

GB/T 21837—2008　铁磁性钢丝绳电磁检测方法

JB/T 9329　仪器仪表运输、运输贮存基本环境条件及试验方法

3 术语和定义

GB/T 8706、GB/T 20737 和 GB/T 21837 确立的以及下列术语和定义适用于本标准。

3.1

局部损伤检测灵敏度　LF testing sensitivity

检测仪能够检测出的最小局部损伤。

3.2

金属横截面积损失检测灵敏度　LMA testing sensitivity

检测仪能够检测出的最小金属横截面积损失。

3.3

双功能检测仪　dual-function instrument

检测仪可以检测并显示金属横截面积损失(LMA)变化，同时检测并显示局部损伤(LF)，这种检测仪记录信号装置可以是计算机、图形记录仪或者其他匹配设备。

3.4

单功能检测仪　single-function instrument

检测仪不能同时检测并显示金属横截面积损失变化和局部损伤，只能检测并显示其中一种，这种检测仪记录信号装置可以是计算机、图形记录仪或者其他匹配设备。

4 技术要求

4.1 环境要求

检测仪按照规定的工作规程，至少应在下列条件下正常工作：

a) 环境温度为 0 ℃～+40 ℃；

b) 空气相对湿度不大于 90％；

c) 电源电压交流 220(1±10％)V，频率(50±1)Hz，或电池连续工作 2 h。

4.2 性能要求

4.2.1 局部损伤(LF)检测灵敏度

对于 5.3 对比试样中断口宽度大于 1.5 mm 或按合同约定的断丝要能通过 LF 检测信号可靠检出，检出方式可以是报警、波形显示或其他显示方式。

4.2.2 金属截面积损失(LMA)检测灵敏度

对于 5.3 对比试样中断口宽度大于 25 mm 的断丝要能通过 LMA 检测信号可靠检出，检出方式可以是波形显示或其他显示方式。

4.2.3 检测速度范围要求

在规定的检测速度范围内，仪器应能满足 4.2.1 和 4.2.2 的要求。

4.3 稳定性与环境试验要求

4.3.1 检测仪连续工作 2 h，其性能应符合 4.2 的规定。

4.3.2 检测仪进行温度、湿度、振动、冲击试验后，其性能应符合 4.2 的规定。

4.3.3 检测仪进行耐振动和冲击试验后，应无机械损伤和松动。

4.4 外观质量及结构

4.4.1 检测仪应按照经规定程序批准的产品工作图样及技术文件制造。

4.4.2 检测仪接插件固定应牢固，不应沿轴线移动或旋转。

4.4.3 检测仪的结构应合理，便于操作，外观要进行良好的表面处理，不得有松动的铁磁性零部件，涂层不得有脱落、锈蚀、划伤等缺陷，标志和文字应明显、清晰。

4.4.4 检测仪探头检测孔的直径应大于该规格探头所测钢丝绳直径的上限。

5 测试方法

5.1 测试环境条件

符合 4.1 的要求。

5.2 测试用主要仪器仪表

5.2.1 测量用电压表、电流表的精度不低于 1.5 级。

5.2.2 秒表、温度计、卡尺(精度 0.02 mm)、钢卷尺(精度 1 mm)、测速表(精度 5％)。

5.2.3 专用实验装置。

5.3 对比试样

对比试样应按照 GB/T 21837—2008 中 10.2 的要求制作，每个断口断丝均为同直径钢丝 2 根且断丝断口金属截面积减少量应不小于钢丝绳公称金属截面积的 1％，如金属截面积减少量小于 1％，可增加断丝根数。

5.4 性能试验

5.4.1 灵敏度试验

5.4.1.1 局部损伤(LF)检测灵敏度试验

采用 5.3 中要求的试样，对局部损伤处分别在检测速度上限和下限进行不少于 10 次测试，测试结果应满足 4.2.1 的要求。

5.4.1.2 金属截面积损失(LMA)检测灵敏度试验

采用5.3中要求的试样,对金属截面积损失分别在检测速度上限和下限进行不少于10次测试,测试结果应满足4.2.2的要求。

5.4.2 速度变化试验

在仪器规定检测速度范围内,通过检测试验装置控制钢丝绳运动的速度或探头运行的速度在要求的检测速度下限和检测速度上限检测,在对比样绳断丝断口大于1.5 mm或合同约定处的损伤,LF检测信号能可靠检出,并满足4.2.1的要求。对断丝断口大于25 mm处的损伤,LMA检测信号能可靠检出,并满足4.2.2的要求。

5.5 环境试验

5.5.1 温度试验

a) 工作范围上限温度试验

按GB/T 6587.2—1986中Ⅱ组仪器3.9规定进行试验并应满足4.3的要求。

b) 工作范围下限温度试验

按GB/T 6587.2—1986中Ⅱ组仪器3.4规定进行试验并应满足4.3的要求。

5.5.2 湿度试验

工作范围上限湿度试验按GB/T 6587.3—1986中Ⅱ组仪器3.6规定进行试验并应满足4.3的要求。

5.5.3 振动试验

按GB/T 6587.4—1986中Ⅱ组仪器规定进行试验并应满足4.3的要求。

5.5.4 冲击试验

按GB/T 6578.5—1986中Ⅱ组仪器规定进行试验并应满足4.3的要求。

5.6 外观及结构检测

用目测和卡尺测量法。在正常照明条件下进行,应满足4.4的要求。

6 产品检验

6.1 型式检验

6.1.1 凡属下列情况之一者,应进行型式检验

a) 新产品生产的试制定型鉴定;

b) 老产品生产后,如结构、材料、工艺有较大改变,可能影响产品性能时。

6.1.2 检验项目

双功能仪器按5.4、5.5和5.6进行检验。

单功能仪器只检测局部损伤(LF)的按5.4.1.1和5.4.2、5.5和5.6项目进行检验。

单功能仪器只检测金属截面积损失(LMA)的按5.4.1.2和5.4.2、5.5和5.6项目进行检验。

6.1.3 判定规则

检验结果全部达到要求为合格。

6.1.4 测试报告

试验单位应出具相应的测试报告。

6.2 出厂检验

双功能仪器每台仪器按5.4项检验,检验项目全部达到要求为合格,并取得合格证后方能出厂。

单功能仪器只检测局部损伤(LF)的按5.4.1.1和5.4.2检验,单功能仪器只检测金属截面积损失(LMA)的按5.4.1.2和5.4.2检验;检验项目全部达到要求为合格,并取得合格证后方能出厂。

7 标志、包装、运输和贮存

7.1 标志

检测仪应在明显的适当位置固定铭牌(标志)。其内容包括下列各项：

a) 型号规格；

b) 主要技术参数，至少包括钢丝绳直径范围、损伤类型及灵敏度、适应速度范围；

c) 制造日期及编号；

d) 制造厂名及商标。

7.2 包装

7.2.1 检测仪的包装检查应参照 GB/T 13384 的规定进行。

7.2.2 检测仪在箱内应有防振和防湿措施，应符合 GB/T 13384 的要求。

7.2.3 包装箱外壁的文字和标志应清晰、整齐、而且不应因搬运摩擦或时间较久而模糊不清，其内容如下：

a) 产品名称、型号；

b) 收货单位和地址；

c) 发货单位和地址；

d) 标有“易碎物品”、“向上”、“怕雨”等标志应符合 GB/T 191 规定的要求；

e) 产品执行标准编号及名称(可在产品说明书上标注)。

包装箱内应附有下列随行文件：

a) 装箱单；

b) 产品出厂合格证；

c) 产品使用说明书，说明书的编制应符合 GB 9969.1 的要求。

7.3 运输和贮存

7.3.1 检测仪运输应避免冲击、振动和 50 ℃以上的高温。运输和贮存冲击、振动应符合 JB/T 9329 有关要求。

7.3.2 检测仪贮存环境温度为－30 ℃～50 ℃，相对湿度宜不大于 90%，钢铁件应每隔 1～2 个月涂油一次，以避免锈蚀。

7.3.3 库存及存放地点周围不得有腐蚀气体，仓库中应保持空气流通、地面干燥和无振动。

ICS 19.100
N 78

中华人民共和国国家标准

GB/T 26833—2011

无损检测仪器 工业用X射线管通用技术条件

Non-destructive testing instruments—General specification for X-ray tube for industrial detecting

2011-07-29 发布 2011-12-01 实施

中华人民共和国国家质量监督检验检疫总局
中国国家标准化管理委员会 发布

前　言

本标准按照 GB/T 1.1—2009 给出的规则起草。

本标准由中国机械工业联合会提出。

本标准由全国试验机标准化技术委员会(SAC/TC 122)归口。

本标准负责起草单位:辽宁仪表研究所、丹东荣华射线仪器仪表有限公司、丹东市无损检测设备有限公司。

本标准参加起草单位:上海超群无损检测仪器有限公司、丹东市万全无损检测仪器厂。

本标准主要起草人:杨春艳、荣吉萍、吴怡芳、董殿刚、张宏。

无损检测仪器
工业用X射线管通用技术条件

1 范围

本标准规定了工业用X射线管(以下简称X射线管)的技术要求、检验规则、试验方法、标志、包装、运输、贮存等。

本标准适用于管电压500 kV以下的X射线管。

2 规范性引用文件

下列文件对于本文件的应用是必不可少的。凡是注日期的引用文件。仅注日期的版本适用于本文件。凡是不注日期的引用文件,其最新版本(包括所有的修改单)适用于本文件。

GB/T 191 包装储运图示标志

GB/T 2829 周期检验计数抽样程序及表(适用于生产过程稳定性的检验)

GB/T 13384 机电产品包装通用技术条件

JB/T 9329 仪器仪表运输、运输贮存基本环境条件及试验方法

3 要求

3.1 使用条件

X射线管在下列条件下应正常工作:

a) 海拔高度不超过1 000 m;

b) 环境温度−10 ℃～+40 ℃(水冷X射线管环境温度2 ℃～40 ℃);

c) 空气相对湿度不大于85%;

d) 电源电压为220×(1±10%)V。

3.2 技术性能

3.2.1 X射线管的灯丝特性。X射线管的灯丝电压、灯丝电流应符合具体产品文件要求,当灯丝电流为产品标准规定值时灯丝电压最大容许误差为其规定值的±10%。

3.2.2 X射线管的管电压为额定值的0.3倍时,X射线管的管电流应能达到额定值。

3.2.3 X射线管按表1规定进行超电压试验时应无放电和闪烁现象。

表1 超电压试验

额定管电压 kV	超过额定管电压百分数 %	持续时间 min		阳极电流
		直接强迫循环冷却	非直接强迫循环冷却	
<200	10	5	3	额定阳极管电流的80%
≥200且<300	5	5	3	
≥300	2	5	3	

3.2.4 X射线管的焦点形状应规整，尺寸误差应符合如下要求：

a) 焦点标称值大于3.0 mm的焦点尺寸误差应小于+30%；

b) 焦点标称值小于或等于3.0 mm的焦点尺寸容许值应符合附录A中表A.4规定。

3.2.5 X射线管的X射线照射强度在其曝光场内应均匀。在具体型号的产品文件中，应规定其均匀度。

3.2.6 X射线管在规定的工作条件下，在规定的工作时间内，管电流不稳定度应不超过5%。

3.3 稳定性

3.3.1 X射线管寿命即累积正常工作时限，金属玻璃X射线管应不小于400 h，金属陶瓷X射线管应不小于500 h。在工作时限内X射线照射量率应不低于其初始值的80%，在具体型号的X射线管产品文件中，应规定X射线照射量率的初始值。

3.3.2 在测试台上工作，X射线管在额定负荷下，直接强迫循环冷却的X射线管连续工作30 min、非直接强迫循环冷却的X射线管连续工作10 min应无放电等异常现象。

3.3.3 X射线管通过高温低温和潮湿环境试验后，电气参数应符合本标准和产品标准规定。

3.3.4 X射线管应有足够的机械强度，按表2进行机械强度试验后外型和电气参数均应符合本标准和产品技术条件的规定。

表2 机械强度试验条件

类型	额定管电压 kV	加速度 m/s^2	次数	频率 次/分	脉冲持续时间 ms
金属玻璃管	<200	39.2	500	40	—
	≥200	39.2	250	40	—
金属陶瓷管	<500	147	250～500	—	2～1

3.4 外观质量及结构

3.4.1 X射线管的阴极、阳极冷却器应采用耐腐蚀的材料，阳极帽、阴极引线帽应有防腐镀层。

3.4.2 金属玻璃X射线管的管帽固定应牢固，不应沿轴线移动或转动。

3.4.3 金属玻璃X射线管的引出线与管帽焊接应牢固光滑。

3.4.4 金属玻璃X射线管的多股绞合线应具有一定的机械强度。

3.4.5 X射线管的封接处应牢固，并有一定的热稳定性。

3.4.6 金属玻璃X射线管阴极帽轴线与阳极帽(或散热器)轴线间的同轴度应不超过管长度的1%，管长大于500 mm时应不超过5 mm。

3.4.7 X射线管在温度变化时应稳定，应无炸裂和真空度降低现象。

3.4.8 X射线管需在制造仓库内静置10昼夜以上，出库时应无漏气现象。

3.4.9 X射线管表面镀层应无脱落现象，安装面表面粗糙度应不大于$Ra1.6$。

3.4.10 射线管表面没有碰伤和损伤，玻璃壳不应有影响质量的气泡。

3.5 有效射束角度

有效射束角度应大于38°。

4 试验方法

4.1 试验条件

按3.1规定的正常使用条件进行试验。

4.2 试验用主要仪器仪表和器具

试验用主要仪器仪表和器具如下：

a) 测量灯丝用电压表和电流表的准确度应不低于1.5级，高压分压器应不低于1.5级；
b) 测定用计量仪总不确定度应小于4.0%；
c) 密度计或测微光度计、强光可调阅片灯；
d) X射线管测试台（模拟X射线机）；
e) 冲击试验台；
f) 恒温箱、低温箱、潮湿箱；
g) 流量计、调压器（5 kW）；
h) 秒表、温度计；
i) 焦点测试装置及工业X射线胶片。

4.3 X射线管检查

用目视进行外观检查，用计量器具进行X射线管外型尺寸及焦点至阳极端面尺寸检查。

4.4 管电流稳定度测试

加上规定的灯丝电流（电压）值，经规定预热时间后，升高管电压至规定值，同时快速调节灯丝电流（电压）使阳极电流达到详细规范规定值，开始计时，在规定的时间内，读出阳极电流最大变化量。

4.5 X射线管连续工作试验

型式试验应达到额定管电压、管电流。直接强迫冷却的X射线管连续工作时间为30 min，非直接强迫冷的X射线管的连续工作时间为10 min。

4.6 灯丝特性测定

加入规定的灯丝电流，待电表读数稳定后，读出相对应的灯丝电压值。

4.7 X射线管超电压试验

将X射线管装在X射线管测试台上，加入具体产品规定的灯丝电流（电压）后，给X射线管加入超电压值的一半，调节灯丝电流使阳极电流达到表1规定的数值，且以不大于10 kV/s的速度将电压升至表1中规定的超电压值，同时调节灯丝电流（电压），保持阳极电流不变，持续时间按表1规定。

4.8 焦点尺寸测定

定向辐射X射线管按本附录A、附录B所规定的测验方法进行。周向辐射X射线管按具体型号产品文件规定的测定方法进行。

4.9 有效射线束角度测定

将X射线胶片1与2放置于X射线辐射窗口的中心线位置上，如图1所示。

测量 D_1 与 D_2 及 L 按式(1)计算辐射角，测试结果应大于规定数值。

$$\alpha = 2\mathrm{arctg}\frac{D_1 - D_2}{2L} \qquad \cdots\cdots(1)$$

式中：

D_1 和 D_2——射线束在胶片 1 和 2 上辐射范围直径，单位为毫米(mm)；

L ——胶片间距离，单位为毫米(mm)。

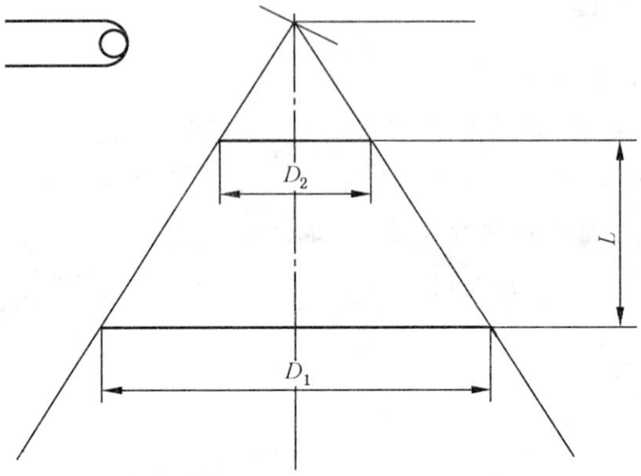

图 1 测量 X 射线辐射角示意图

4.10 管帽固定度的检验

对油绝缘或由螺丝固定的玻璃 X 光管，将其浸入温度为 +70 ℃的变压器油中 8 h 后取出，在室温下静置 2 h，然后在玻壳和帽之内加以逐渐增大的扭力矩。直径 40 mm 以下管帽加扭力矩 2.26 N·m，直径在 40 mm 以下管帽加扭力矩 4.4 N·m。

4.11 多股绞合线的机械强度检验

4.11.1 在引出线上作用 4.9 N 的静负荷，引线焊接点不应断裂。

4.11.2 将每根引出线在距封口面 10 mm 处夹于直径 10 mm 的两根圆棒中间，来回绕 180°，弯曲 10 次，引出线折断根数应不超过引出线总和的 10%。

4.12 热稳定性试验

在恒温箱中，1 min 内使金属玻璃 X 射线管的温度变化 100 ℃，在室温下静置 1 h 后重复进行一次。

4.13 阴阳极同轴度检查

使用计量器具检查。

4.14 低温、高温和潮湿环境试验

4.14.1 低温试验。金属玻璃 X 射线管在温度为 −55 ℃±2 ℃的低温箱内放置 2 h，金属陶瓷 X 射线管在温度为 −70 ℃±2 ℃的低温箱内放置 2 h。

4.14.2 高温试验。金属玻璃 X 射线管在温度为 85 ℃±2 ℃的恒温箱内放置 2 h，金属陶瓷 X 射线管在温度为 85 ℃±2 ℃的恒温箱内放置 2 h。

4.14.3 潮湿试验。在温度为 40 ℃±2 ℃，在带内包装的情况下，空气相对湿度 95%的潮湿箱内放置 48 h。

4.15 机械强度试验

将X射线管刚性固定在冲击试验台上，并分别放置于水平和垂直(阳极在下)两个位置上，按表2规定进行试验。

4.16 X射线照射量率初始值的测定

在额定负荷下，将剂量仪放置在离管焦点600 mm处的X射线束中心方向，通过0.5 mm厚的铜滤光片(对于具有铍窗口的X射线管采用0.5 mm厚的铝滤光片)测量1 min内的X射线辐射剂量。

4.17 寿命试验

4.17.1 用累计X射线的工作小时数测定单独X射线管的寿命。

4.17.2 寿命试验时管电流为额定值，管电压应不低于额定值的90%。

4.17.3 寿命试验的管子每工作100 h测定一次X射线照射量率，当单支管子的X射线照射量率降到3.3.1规定的数值时该管子的寿命便算结束。

4.17.4 试验结果按式(2)计算：

$$A=\frac{\sum_{i=1}^{n}T_i}{nT}\times 100\% \qquad \cdots\cdots(2)$$

式中：

T_i——单支X射线管寿命，单位为小时(h)；

n——被测X射线管的数量(n不小于3)；

T——X射线管规定的寿命，单位为小时(h)。

4.17.5 按式(2)计算的结果应不小于95%。如试验的X射线管有一支小于300 h，则寿命试验不合格。

5 检验规则

5.1 出厂检验

凡出厂的X射线管应经制造厂质量部门按出厂检验项目检验，签发产品合格证后方能出厂。产品出厂检验应按表3中要求进行。

5.2 型式试验

产品型式检验应按表3中要求进行。凡属下列情况之一者应按本标准做型式试验，每年不得少于一次：

a) 试制的新产品(包括老产品转厂)；

b) 当产品设计、工艺和所使用的材料的改变引起产品的主要性能改变时；

c) 不经常生产的产品再次生产时；

d) 对成批的大量生产的产品进行定期抽查时；

e) 出厂检验结果与上次型式试验结果有较大差异时；

f) 国家质量监督检验检疫机构提出进行型式试验要求时。

表 3　射线管出厂检验及型式试验项目

序号	项　　目	要求	试验方法	出厂检验	型式试验
1	外观检查	3.4	4.3	√	√
2	X射线管外型尺寸及焦点至阳极端面尺寸检查	3.2.4	4.3	√	√
3	灯丝特性测定	3.2.1	4.6	√	√
4	X射线管连续工作试验	3.3.2	4.5	√	√
5	焦点尺寸测定	3.2.4	4.8	√	√
6	管电流稳定度的测定	3.2.6	4.4	√	√
7	超电压试验	3.2.3	4.7	√	√
8	有效射束角度的测定	3.5	4.9	—	√
9	管帽固定度的检验	3.4.2	4.10	—	√
10	多股绞合线的机械强度检验	3.4.4	4.11	—	√
11	热稳定性试验	3.4.7	4.12	—	√
12	阴阳极同轴度检查	3.4.6	4.13	—	√
13	低温、高温和潮湿环境试验	3.3.3	4.14	—	√
14	机械强度试验	3.3.4	4.15	—	√
15	X射线照射量率初始值测定	3.3.1	4.16	—	√
16	寿命试验	3.3.1	4.17	—	√
注：表中“√”为必检项目，“—”为不检项目。					

5.3　寿命试验

5.3.1　在5.2 a)、b)时做寿命试验。

5.3.2　寿命试验允许在用户装置上进行。

5.3.3　寿命试验的X射线管应从成品出厂试验的合格产品中任意抽取，其数量不少于三支，并经型式试验合格后进行。

5.4　抽样方法、组批规则及判定规则

5.4.1　抽样方法、组批规则

批量(N)不能小于8。

按GB/T 2829规定不合格质量水平(RQL)为30，规定判别水平(DL)选用Ⅰ，选用二次抽样方案，抽取样本大小$n_1=n_2=4$规定判定数组：

$$\begin{Bmatrix} Ac_1=0 & Re_1=2 \\ Ac_2=1 & Re_2=2 \end{Bmatrix}$$

5.4.2　判定规则

样本不符合3.1、3.2.1～3.2.6、3.3.2中任意一条要求时，为一个B类不合格，样本中有两个或两个以上B类不合格判定为B类不合格批，产品样本不符合其余各项任一条要求时为一个C类不合格，样本中有两个或两个以上C类不合格判定为C类不合格批。有一个B类不合格和一个C类不合格判

定为B类不合格批。

按GB/T 2829的规定，根据样本检查结果，若在第一个样本中发现的不合格数为0，则判定为合格批，若在第一个样本中发现的不合格数大于或等于2，则判定该批是不合格批。若在第一个样本中发现的不合格数等于1，则对第二样本进行检查。若在第一样本和第二样本中发现的不合格数总和大于或等于2，则判定该批是不合格批。

6 标志、包装、运输和贮存

6.1 标志

X射线管应在明显的适当位置固定铭牌(标志)：

a) 型号、规格、产品名称；

b) 主要技术参数：

1) 额定管电压；

2) 额定管电流；

3) 焦点尺寸；

c) 出厂日期或编号；

d) 制造者名称、地址及商标。

6.2 包装

6.2.1 X射线管包装应按照GB/T 13384规定进行。

6.2.2 包装箱内应严格按照JB/T 9329规定进行。

6.2.3 包装箱外壁上文字和标志应清楚、整齐，而且不应因时间长久、搬运摩擦和雨淋而模糊不清，其内容至少包括下列各项：

a) 制造者名称；

b) 产品名称、型号；

c) 收货单位和地址；

d) 发货单位和地址；

e) 标有“易碎物品”“向上”“怕雨”等标志，应符合GB/T 191规定要求；

f) 产品执行标准及名称(可在产品说明上标注)。

6.2.4 包装箱内应附有下列随行文件：

a) 装箱单；

b) 产品合格证；

c) 产品使用说明书。

X射线管的产品使用说明书中应有下列内容：

1) X射线管外型尺寸及X射线管焦点至阳极端面尺寸；

2) X射线管的额定管电压、最大反向电压、额定管电流、额定功率、灯丝特性曲线，达到额定管电流的起始电压；

3) 有效射线束角度；

4) 最大灯丝电压和灯丝电流；

5) 靶面角；

6) 放射窗的材料和厚度；

7) 焦点的形状和尺寸；

8) X射线照射量率的初始值；

9) 训练X射线管时电压上升的速度；

10) 阳极靶面材料；

11) X射线管正常工作的电压波形；

12) X射线管正常工作的冷却条件。

6.3 运输和贮存

6.3.1 X射线管运输、运输贮存环境试验应按照JB/T 9329中有关规定进行，其中高温试验选用55 ℃，低温试验选用－10 ℃。

6.3.2 X射线管运输时应防止震动和碰撞，并遵守包装箱外标志的规定。

6.3.3 X射线管贮存地点及周围环境不应含有腐蚀性气体，环境温度在－10 ℃～＋40 ℃之间，空气相对湿度不应大于90％，库内保持空气流通，地面干燥。

附 录 A
（规范性附录）
焦点针孔射线照相

A.1 试验设备

A.1.1 针孔照相机

焦点针孔射线照片应用针孔照相机拍摄，照相机包括针孔板，针孔尺寸见表 A.1。

表 A.1 针孔板、针孔尺寸

焦点标称值 f mm	尺寸	
	直径 P mm	高度 H mm
$f \leqslant 1.0$	0.030±0.005	0.075±0.010
$1.1 \leqslant f$	0.100±0.005	0.500±0.010

针孔板主要尺寸见图 A.1。

单位为毫米

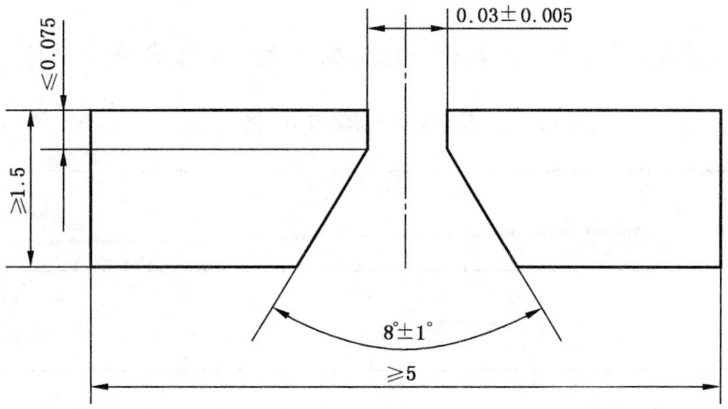

图 A.1 针孔板主要尺寸

针孔板应用下列材料之一制造：

——钨；

——钽；

——含铂 10%的金铂合金；

——含铼 10%的钨铼合金；

——含铱 10%的铂铱合金。

A.1.2 胶片

应使用射线摄影用微粒胶片拍摄，不用增感屏。

A.2 试验方法

A.2.1 针孔照相机的准直

基准轴与针孔轴线所成的角度小于或等于 10^{-3} rad(见图 A.2)。

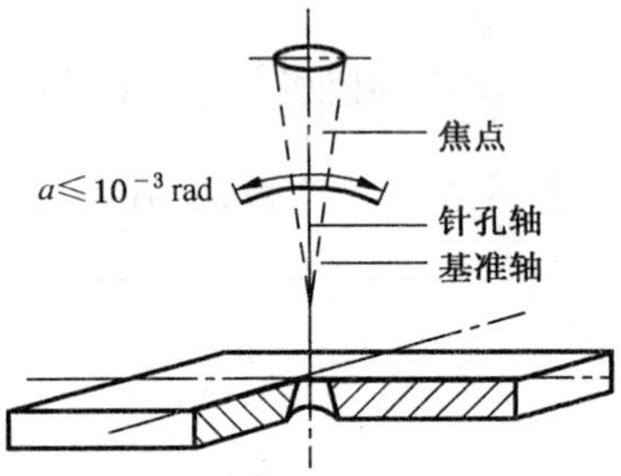

图 A.2 基准轴与针孔轴线角度

A.2.2 针孔照相机的位置

针孔板的入射面到焦点的距离应使实际焦点范围内的放大倍率变化在基准方向应不超过±5%。此距离应不小于 100 mm。

A.2.3 胶片的位置

胶片应与基准方向垂直，至针孔板入射面距离根据放大倍率按表 A.2 确定。

表 A.2 胶片位置

焦点标称值 f mm	放大倍率 E
$f \leqslant 1.0$	$E \geqslant 2$
$1.1 \leqslant f$	$E \geqslant 1$

A.3 操作条件

A.3.1 安装要求

X 射线应装在能使其正常工作的 X 射线管套内或装在与正常工作条件等效的 X 射线管测试台上。

A.3.2 管电压和管电流测试

管电压测试和管电流测试应满足表 A.3 要求。

表 A.3 额定管电压、管电流

额定管电压 U kV	测试电压 kV	测试电流 mA
U≤75 75<U≤150 150<U≤200	U 75 U/2	对应于焦点标称阳极输入功率的 50%管电流
200<U	U/2	额定管电流

A.4 针孔射线照片的拍摄

胶片的曝光程度应使充分显影后的最高区域的密度为 1.0～1.4 之间。

胶片灰雾和本底造成的密度应不超过 0.2。

A.5 焦点标称参数的规定

X 射线管焦点应按下列数值范围选定，单位为毫米(mm)：

——0.1～0.25 级差 0.05；

——0.3～2.0 级差 0.1；

——2.2 及以上 级差 0.2。

A.6 焦点标称值的容许值(见表 A.4)

表 A.4 焦点标称值的容许值

焦点标称值 f mm	焦点尺寸容许值 mm	
	宽度	长度
0.1	0.10～0.15	0.10～0.15
0.15	0.15～0.23	0.15～0.23
0.2	0.20～0.30	0.20～0.30
0.25	0.25～0.38	0.25～0.38
0.3	0.30～0.45	0.45～0.65
0.4	0.40～0.60	0.60～0.85
0.5	0.50～0.75	0.70～1.10
0.6	0.60～0.90	0.90～1.30
0.7	0.70～1.10	1.00～1.50
0.8	0.80～1.20	1.10～1.60
0.9	0.90～1.30	1.30～1.80

表 A.4（续）

焦点标称值 f mm	焦点尺寸容许值 mm	
	宽度	长度
1.0	1.00～1.40	1.40～2.00
1.1	1.10～1.50	1.60～2.20
1.2	1.20～1.70	1.70～2.40
1.3	1.30～1.80	1.90～2.60
1.4	1.40～1.90	2.00～2.80
1.5	1.50～2.00	2.10～3.00
1.6	1.60～2.10	2.30～3.10
1.7	1.70～2.20	2.40～3.20
1.8	1.80～2.30	2.60～3.30
1.9	1.90～2.40	2.70～3.50
2.0	2.00～2.60	2.90～3.70
2.2	2.20～2.90	3.10～4.00
2.4	2.40～3.10	3.40～4.40
2.6	2.60～3.40	3.70～4.80
2.8	2.80～3.60	4.00～5.20
3.0	3.00～3.90	4.30～5.60

注：对于标称值为 0.3 mm～3 mm 的焦点，表中所列容许值已包括系数 0.7。

附 录 B
（规范性附录）
焦点有效值的测量

B.1 测量方法

按附录A规定拍摄的焦点针孔和射线照片从背面照明，最低照度215 lx，用5～10倍，内含有0.1 mm刻度的放大镜测量肉眼能看得见的边缘尺寸。对非矩形焦点应取最小外接矩形进行测量。

B.2 焦点宽度和长度的计算

B.2.1 小于3.0 mm的焦点测量方法

对标称值小于3.0 mm的焦点，用放大倍率去除测得的焦点长度和宽度值即得焦点尺寸。所得值应符合3.2.4的要求。

B.2.2 大于3.0 mm的焦点测量方法

对标称值大于3.0 mm的焦点，用放大倍率去除测得的焦点长度和宽度值，线焦点的长度值再乘一个修正系数0.7即得焦点尺寸，所得值应符合3.2.4的要求。

ICS 19.100
N 78

中华人民共和国国家标准

GB/T 26834—2011

无损检测仪器 小焦点及微焦点X射线管有效焦点尺寸测量方法

Non-destructive testing instruments—
Measurement of effective focal spot size of mini and micro focus X-ray tubes

2011-07-29 发布　　2011-12-01 实施

中华人民共和国国家质量监督检验检疫总局
中国国家标准化管理委员会　发布

前　言

本标准按照GB/T 1.1—2009给出的规则起草。

本标准对应于英国标准BS EN 12543—5:1999《用于无损检测的工业X射线装置的焦点特性　第5部分:小焦点及微焦点X射线管有效焦点尺寸测量方法》,与其主要技术差异如下:

——增加了第3章术语和定义;

——增加了第2章规范性引用文件;直接引用与欧洲标准相对应的我国标准的最新版本。

为便于使用,本标准做了下列编辑性修改:

——用"本标准"代替了"本欧洲标准";

——删除了欧洲标准BS EN 12543-5:1999的前言;

——删除了欧洲标准BS EN 12543-5:1999的引言;

——用中文的小数点代替了原来英文的逗号。

本标准由中国机械工业联合会提出。

本标准由全国试验机标准化技术委员会(SAC/TC 122)归口。

本标准负责起草单位:辽宁仪表研究所、丹东市无损检测设备有限公司。

本标准参加起草单位:上海超群无损检测仪器有限公司、丹东市万全无损检测仪器厂、丹东市探伤仪器厂。

本标准主要起草人:杨春艳、董殿刚、吴怡芳、张宏、林宝华。

无损检测仪器
小焦点及微焦点 X 射线管
有效焦点尺寸测量方法

1 范围

本标准规定了管电压不大于 225 kV 的 X 射线管有效焦点尺寸为 5 μm～300 μm 的清晰边沿 X 射线照相测量方法。

图像质量和 X 射线图像的分辨率主要取决于焦点特性，焦点的成像质量依靠对象平面二维密度分布。

为特定用途使用的 X 射线照相技术。

注：通过协商可以对较高千伏电压的 X 射线管使用相同的方法，但测量准确度较差。

2 规范性引用文件

下列文件对于本文件的应用是必不可少的。凡是注日期的引用文件，仅注日期的版本适用于本文件。凡是不注日期的引用文件，其最新版本(包括所有的修改单)适用于本文件。

GB/T 12604.2—2005 无损检测 术语 射线照相检测(ISO 5576:1997,IDT)

GB/T 19348.1—2003 无损检测 工业射线照相胶片 第 1 部分：工业射线照相胶片系统的分类(ISO 11699-1:1998,IDT)

3 术语和定义

GB/T 12604.2 中确立的术语和定义适用于本文件。

4 测试方法

4.1 原理和设备

此方法是通过测量几何不清晰度间接测量焦点尺寸的。为此清晰边沿的成像无论是在胶片或射线成像装置上都采用了较高的几何放大倍数。

如果使用胶片测量需要用以下器具：

——测试物；

——胶片，最小 10 cm×10 cm，不需增感；

——低吸收材料制成的胶片暗盒(例如：聚乙烯)；

——胶片夹；

——胶片处理单元；

——能够读出密度大于 3.0 的测微密度计，并且有 $d_1 \leqslant 10$ μm 的输入膜片。

如果使用射线成像装置测量需要用以下器具：

——测试物；

——射线成像装置,例如任何带显示器的图像增强器;

——图像处理设备能够在相互正交的方向上制造X光透照图像线性增强轮廓,并且能够测量距离。

测试物件应为十字丝或为高吸收材料制造的球体(例如:钨,钨合金或铂)其直径为0.9 mm～1.1 mm之间,准确度要求为±0.01 mm。

如果使用十字丝其交叉角度应为90°±3°。金属丝应在固定的架子上穿过圆形的孔固定好,穿过点位于孔的中心位置。

如果使用球体应固定薄的聚乙烯支撑物上或置于薄的聚乙烯封套里。

固定支架应能使测试物非常接近X射线管的窗口。

应尽可能地避免散射。

任何额外的X射线预滤波应避免。

如使用胶片系统应确保以下:

胶片系统应满足GB/T 19348.1—2003中的C2类胶片系统的要求以及应包在低吸收的聚乙烯胶片暗盒中并不使用增感。

4.2 距离选择和曝光时间

测试物件与探测器的距离应能投影放大20～100倍(见图1),在给定的范围更小的焦点要求更大的投影。

测试物件与焦点的最小距离应至少是金属丝长和球直径的5倍。

如果使用十字丝,其平面应平行于管轴线和探测器平面,不超过±3°。

如果使用胶片,曝光时间应使X光透射胶片背景密度为$D=2.5\pm0.3$,如果不使用遮光器曝光时间应超过30 s。

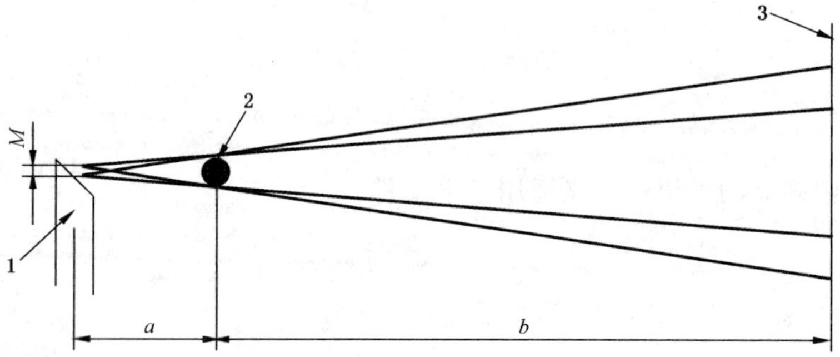

说明:

1——X射线管阳极;

2——测试物;

3——胶片平面。

放大位数:$M=(a+b)/a$

图1 测试对象定位

5 测量和焦点尺寸的测定

5.1 测量

线扫描应制作长度和宽度方向的图像。

如果使用 X 射线照相，应用合适的大约 10 μm 孔径的测微密度计来制作。

如果使用 X 射线透视，测量应用图像处理器。

扫描测试对象宽和长方向的直径 D_I 和 D_W 应在图像对比度(点 B 和点 C)为 50%时测得，见图 2。

几何放大倍数见式(1)：

$$M_{I,W} = D_{I,W}/D_{\text{real}} \quad \cdots\cdots(1)$$

式中：

D_{real}——实际直径，单位为毫米(mm)。

如果使用十字丝，每根金属丝都要测量，因为它们有不同的放大倍数。

所以，按照图 2，A 点和 B 点在对比度为 90%得到。从投影用式(2)和式(3)计算焦点尺寸 **W** 和 I：

$$I = (\overline{EF} + \overline{GH})/M_I \quad \cdots\cdots(2)$$

$$W = (\overline{EF} + \overline{GH})/M_W \quad \cdots\cdots(3)$$

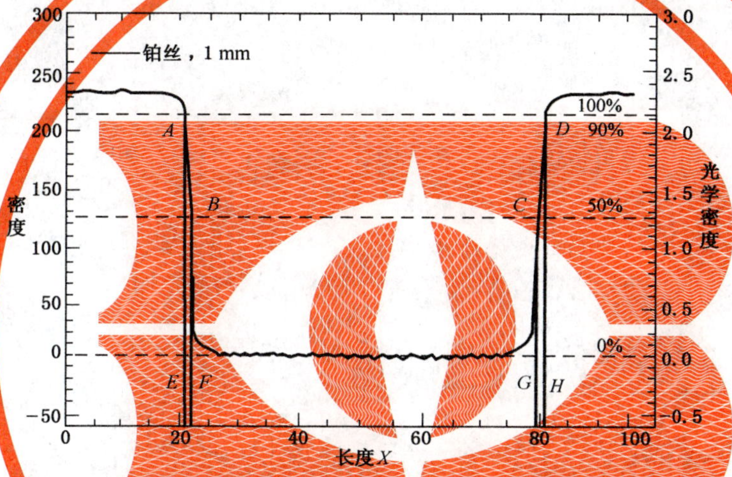

图 2 测试对象图像曲线(测试对象：铂丝，1 mm)

5.2 测定

每个焦点尺寸定义为其管轴线方向长度尺寸和与其垂直的宽度方向的尺寸。

如果管子轴线没有定义，那么使用电子轨道代替。

采用较大的实测值作为“焦点尺寸 d”，它仅与测量中使用和记录的参数一起使用才有效。

ICS 19.100
N 78

中华人民共和国国家标准

GB/T 26835—2011

无损检测仪器 工业用X射线CT装置通用技术条件

Non-destructive testing instruments—
General specification for industrial X-ray computed tomography (CT) equipment

2011-07-29 发布 2011-12-01 实施

中华人民共和国国家质量监督检验检疫总局
中国国家标准化管理委员会 发布

前 言

本标准按照 GB/T 1.1—2009 给出的规则起草。

本标准由中国机械工业联合会提出。

本标准由全国试验机标准化技术委员会(SAC/TC 122)归口。

本标准负责起草单位:辽宁仪表研究所、中国工程物理研究院电子学研究所。

本标准参加起草单位:丹东市无损检测设备有限公司、丹东华日理学电气有限公司、四川瑞迪射线数字影像技术有限公司、丹东市万全无损检测仪器厂、丹东市探伤仪器厂。

本标准主要起草人:武太峰、于志军、陈浩、董殿刚、邵德峰、向前、张宏、樊永峰。

无损检测仪器 工业用 X 射线 CT 装置通用技术条件

1 范围

本标准规定了工业用 X 射线 CT 装置(以下简称 CT 装置)的术语和定义、基本结构、要求、性能参数、试验方法、检验规则、标志、包装、运输和贮存等。

本标准适用于采用 X 射线管的低能 X 射线源和采用电子直线加速器的高能 X 射线源的固定式和移动式工业用 X 射线 CT 装置。

2 规范性引用文件

下列文件对于本文件的应用是必不可少的。凡是注日期的引用文件，仅注日期的版本适用于本文件。凡是不注日期的引用文件，其最新版本(包括所有的修改单)适用于本文件。

GB/T 191　包装储运图示标志(GB/T 191—2008，ISO 780:1997，MOD)

GB/T 12604.2—2005　无损检测　术语　射线照相检测(ISO 5576:1997，IDT)

GB/T 13384　机电产品包装通用技术条件

GB 18871　电离辐射防护与辐射源安全基本标准

JB/T 9329　仪器仪表运输、运输贮存基本环境条件及试验方法

3 术语和定义

GB/T 12604.2—2005 界定的以及下列术语和定义适用于本文件。

3.1

辐射源　radiation source

能够发射电离辐射的装置(例如 X 射线管或伽马射线源)。

3.2

探测器　detection system

有关被测试对象的信息传感器，是处理转换用于测试对象周围进入电子传感元件含有放射信息电子信号。

3.3

电辐射发生器　electrical radiation generators

产生焦点尺寸为几毫米到几微米的 X 射线的电器。

3.4

X 射线 CT 装置　X-ray Computed Tomography (CT) equipment

采用 X 射线作为能量发射源，利用电子计算机进行断层扫描的工业探伤装置。

3.5

控制区　controlled area

在辐射工作场所划分的一种区域，在这种区域内要求或可能要求采取专门的防护手段和安全措施，以便:a)在正常工作条件下控制正常照射或防止污染扩散;b)阻止潜在照射或限制其程序。

4 基本结构

基本结构包括有辐射源、探测器、机械扫描装置、电系统与接口、计算机及外围设备、射线防护措施等。

5 要求

5.1 试件范围

制造者应给出试件直径、高度、质量的范围。

5.2 检测时间

扫描时间和重建时间应在产品文件中标明。

5.3 切片厚度

切片厚度应在产品文件中标明，如最小 0.127 mm。

5.4 重建矩阵

应在产品文件中标明重建矩阵：512×512；1 024×1 024；2 048×2 048；4 096×4 096。

5.5 缺陷检测能力

缺陷检测能力应在产品文件中标明。

6 性能参数

6.1 焦点

X 射线束有效焦点尺寸应小于 4.0 mm×4.0 mm。

6.2 射线剂量率

射线在正前方 1 m 处 X 射线剂量率：如 9 MeV 电子直线加速器应达 30 Gy/min；6 MeV 电子直线加速器应达 14 Gy/min。

6.3 空间分辨力

空间最小分辨力应优于 2.0 lp/mm。

6.4 密度分辨率

密度最小分辨率应小于 0.8%。

6.5 定位光标准确度

定位光标准确精度应小于±0.5 mm。

7 试验方法

7.1 空间分辨力测试

7.1.1 概述

用圆孔型测试卡测试空间分辨力，见附录A。

通过圆盘标准试件CT扫描图像得到圆盘边缘CT数据轮廓变化，获得边缘响应函数ERF；对ERF求导得到点扩展函数PSF；通过对PSF的傅立叶变换计算最终导出调制传递函数MTF；由调制传递函数MTF获得装置的空间分辨率。圆盘法测试的算法流程参见附录B中B.1～B.3。

7.1.2 边缘响应函数ERF的生成

对圆盘扫描获得圆盘CT图像；计算出圆盘CT图像的质心位置；以质心位置为圆心，在圆盘图像上选择一圆环区域，使圆盘的边缘图像包含在该圆环区域中；计算出圆环区域内所有像数点到质心的距离。

将圆环区域内像数按一定的距离单位归组，距离单位的大小根据图像矩形尺寸加以选择。同一个距离单位范围内像数为一组。

将圆环区域内每个组的像数点分别取平均像数值，得到组别与平均像数值的对应关系。建立距离和平均像数值之间关系表。

从距圆心最近的一端数据开始，按照表1中推荐的拟合点数(奇数)，依次选取相应的点数组合。第二个组合中的第一个点应是第一个组合中的第二个点，以此类推可得到一组合系列。例如对于像素矩阵尺寸为512的情况，选取每个组合中包含21个点(即21个距离和平均像素值关系)，第11个点为中间点。对每个组合中点的平均像素值进行最小二乘法立方拟合，用拟合计算得到的中间点像素值替代原中间点的像素值，以此重复操作，计算出全部拟合后的像素值，得到拟合像素值和距离的关系。

删除开始端和结束端的多余部分，根据距离和拟合像素值的关系得到边缘响应函数ERF(或ERF曲线)。

表1 推荐适用的各项参数

图像矩阵尺寸	圆盘图像直径	方块最大尺寸	像素距离单位	拟合点数
256	235	12	0.100	11
512	470	24	0.050	21
1 024	940	48	0.025	41

7.1.3 点扩展函数PSF的生成

对于ERF生成的结果重新进行与上面相似的分段拟合，对在此过程中每一次拟合得到的多项式求导，计算中间点在每个导数解析式对应的值，得出距离和导数值关系的函数。

解得此函数的最大值，用最大值对此函数进行归一化处理得到点扩展函数PSF(或PSF曲线)。

7.1.4 调制传递函数MTF的生成

计算点扩展函数PSF的傅立叶变换。图像矩阵的截止频率定义为0.5线对/像素，傅立叶变换后的最高频率应不低于图像截止频率的4倍。由采样定理得到对PSF的采样间隔不大于0.25像素。为获得光滑的 MTF 曲线，频率域内采样间隔应小于 0.01 lp/pixel（亦即对于 PSF 的采样范围应大于 100 个像素。

计算傅立叶变换的振幅。对振幅随频率的变化曲线在零频率处进行归一化处理，得到 MTF（或 MTF 曲线）。

7.1.5 测试结果

由 MTF 曲线直接读出装置在不同调制度下的空间分辨率。

7.2 密度分辨率测试

7.2.1 概述

在圆盘 CT 图像中心区域特定范围选择一系列方块模型。对于每种方块尺寸类型，计算各个方块中的像素平均值，通过计算这些平均值的标准偏差，得到这一方块尺寸下像素值的平均标准误差。随着方块尺寸的增加，建立方块尺寸和平均标准误差之间的关系。将平均标准误差表示为占各自总的像素平均值的百分比，乘以 3 倍的系数得到 CDF。由此计算出装置在一定尺寸范围下的密度分辨率指标，参见附录 B 中 B.4 和 B.5。

7.2.2 测定区范围

测定区范围应包含足够的像素统计数值，但太大和太小都会使杯形伪像和单个像素对测定产生影响。测定区范围一般应采用圆盘 CT 图像中心直径约为圆盘直径 1/3 的圆形区域，如图 1 所示。

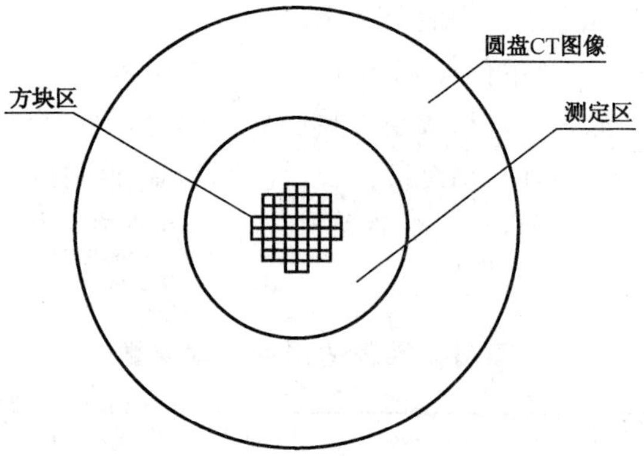

图 1 测试区和方块区

7.2.3 方块 CT 平均值的规定

将测定区分成大小相等、且互相不重叠的多个方块，如图 1 所示。方块的大小以像素的数量为单位。方块大小的选取从一个像素尺寸到多个像素尺寸，从而形成一系列方块模型。方块的最大尺寸应符合表 1 的规定。在每种模型中方块的数量应不少于 25。

7.2.4 平均标准误差的计算

对圆盘扫描获得 CT 图像。选择测定区和方块模型。对于每种方块模型，计算每个方块内像素平均值，按式(1)计算方块总的 CT 平均值：

$$\bar{\mu}=\frac{1}{m}\sum_{i=1}^{m}\mu_i \qquad \cdots\cdots(1)$$

式中：

$\overline{\mu}$ ——方块总的 CT 平均值；

m——方块的数量；

μ_i——每个方块的 CT 平均值(其中 $i=1,2,3,\cdots,m$)。

用计算方块像素平均值标准偏差的方法，获得平均标准偏差(对于一个像素的情况，平均标准误差等于标准偏差)。见式(2)。

$$\sigma=\left[\frac{\sum_{i=1}^{m}(\mu_i-\overline{\mu})^2}{m-1}\right]^{\frac{1}{2}} \quad \cdots\cdots(2)$$

式中：

σ ——平均标准误差。

7.2.5 CDF(曲线)的生成

按照方块尺寸从小到大的次序，建立方块尺寸和平均标准误差之间的关系表。

按平均标准误差表示为占各自总的像素平均值的百分比，乘以 3 的系数，得到方块尺寸范围和密度分辨率的关系，即 CDF(曲线)。

将 CDF 曲线绘制在对数坐标系上，由此可以读出在不同尺寸范围下的密度分辨率。

7.3 定位光标准确度测定

7.3.1 采用均质材料制成圆柱形标准试件，表面应有清晰易见的定位标记，内部嵌有与均质环境成高对比的特定形状的物体，此物体形状和位置与标准试件的定位标记具有严格空间几何关系。

7.3.2 标准试件放置在检测床上，使标准试件圆柱轴线垂直于扫描平面并处于扫描区域中心位置并使标准试件的定位标记和定位光标重合。

7.3.3 采用标准的扫描条件进行扫描。

7.3.4 在 CT 图像中测定标准试件在扫描层中所处准确位置。

7.3.5 利用表面的定位标记和测出定位光标对实际扫描层面位置的偏差。

8 检验规则

8.1 出厂产品检验

8.1.1 凡出厂产品必须经企业质量检验部门按出厂检验项目逐个进行检验，合格后，签发产品合证后方可出厂。

8.1.2 出厂产品检验项目按表 2 规定项目进行。

8.2 型式检验

8.2.1 型式检验每年不得少于 1 次，凡属下列情况之一者，应按本标准规定的项目进行型式检验。

a) 试制的新产品(包括老产品转厂生产的定型鉴定)；

b) 正式生产后其结构设计、工艺或材料改变而引起产品的主要性能改变时；

c) 对批量生产的产品进行定期抽查时；

d) 出厂检验结果与上次型式检验结果有较大差异时；

e) 国家质量监督检验检疫机构提出进行型式检验要求时。

8.2.2 型式检验项目

型式检验项目按表2规定项目进行。

表2 CT装置出厂检验及型式检验项目

序号	项　目	对应条款	检验方法	出厂检验	型式检验
1	试件范围	5.1	常规方法	√	√
2	检测时间	5.2	常规方法	√	√
3	切片厚度	5.3	常规方法	√	√
4	缺陷检测能力	5.5	常规方法	√	√
5	空间分辨力	6.3	7.1	—	√
6	密度分辨率	6.4	7.2	—	√
7	定位光标准确度	6.5	7.3	—	√
注：表中“√”为必检项目，“—”为不检项目。					

9 标志、包装、运输和贮存

9.1 标志

每台CT装置应在主机明显适当的位置固定名牌(标志)，其内容包括下列各项：

a) 规格，型号；

b) 主要技术参数；

c) 制造日期或编号；

d) 制造企业名称、地址及商标。

9.2 包装

9.2.1 CT装置的包装应按GB/T 13384中有关规定执行。

9.2.2 包装箱内应按JB/T 9329中规定的条件以保证包装质量。

9.2.3 包装箱外壁上文字和标志应清楚，而且不应因搬运摩擦不清，其内容包括下列各项：

a) 产品名称；

b) 收货单位和地址及电话；

c) 发货单位和地址及电话；

d) 包装箱应有“易碎物品”、“向上”、“怕雨”、“禁止翻滚”等标志并符合GB/T 191规定的包装储运标志的图形和名称；

e) 产品执行标准编号及名称(可在产品说明上标注)。

9.2.4 包装箱内应附有下列随行文件：

a) 产品装箱单；

b) 产品合格证；

c) 产品说明书。

9.3 运输和贮存

9.3.1 CT 装置的运输时应防止震动和碰撞，并遵守包装箱外壁上文字和 GB/T 18871 标志的规定。

9.3.2 CT 装置贮存地点及周围环境不应含有腐蚀性气体，环境温度、空气相对湿度符合 GB/T 13384 的规定，库内保持空气流通，地面干净。

附 录 A
(规范性附录)
圆孔型测试卡法测试空间分辨力

A.1 概述

用圆孔型测试卡测试空间分辨力。圆孔型测试卡的制作也可以根据供需双方协商决定。

A.2 圆孔型测试卡基本结构

A.2.1 圆孔型测试卡是在高密度的圆柱形基体(钢、铝或塑料等)上,加工一系列直径不同的圆形孔,孔成行状排列。其基本结构如图 A.1 所示。

A.2.2 圆孔型测试卡的直径可以根据具体情况设计,厚度 H 一般为 20 mm 左右。

单位为毫米

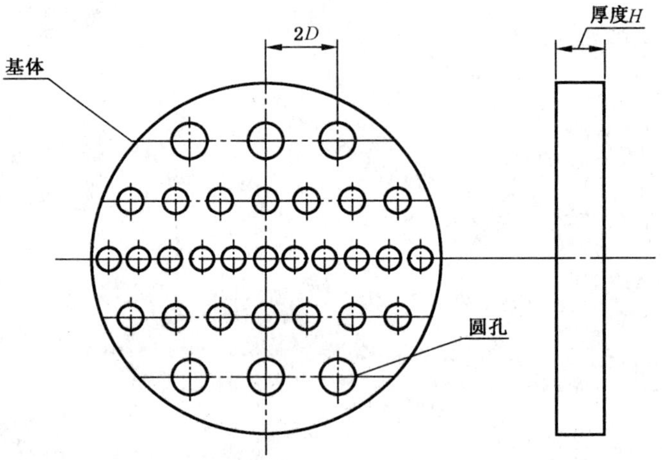

图 A.1 圆孔型测试卡结构图

A.3 测试方法

A.3.1 测试时,应使圆孔型测试卡对射线的衰减条件与实际检测试件接近,必要时要采用射线衰减补偿。

A.3.2 选择的扫描工艺、重建参数及图像处理等条件要与实际检测试件的条件一致,切片位置应选在孔深的中部区域,根据圆孔型测试卡的 CT 图像按式(A.1)计算空间分辨力。

A.4 空间分辨力的计算

按式(A.1)计算系统的空间分辨力 R:

$$R=(1/2)\times 1/D_{\min} \quad \cdots\cdots(A.1)$$

式中：

R ——空间分辨力，单位为线对每毫米(lp/mm)；

D_{min}——在 CT 图像上能够分辨的最小孔径(指在 10%的调制度下分辨的孔)，单位为毫米(mm)。

A.5 测试结果

空间分辨率为 10%的调制度下的测试结果。给出测试结果时，需要给出试件情况，工艺条件及检测时间等技术条件。

附 录 B
（资料性附录）
圆盘法测试的算法流程

B.1 ERF 算法流程

边缘响应函数 ERF 算法流程见图 B.1。

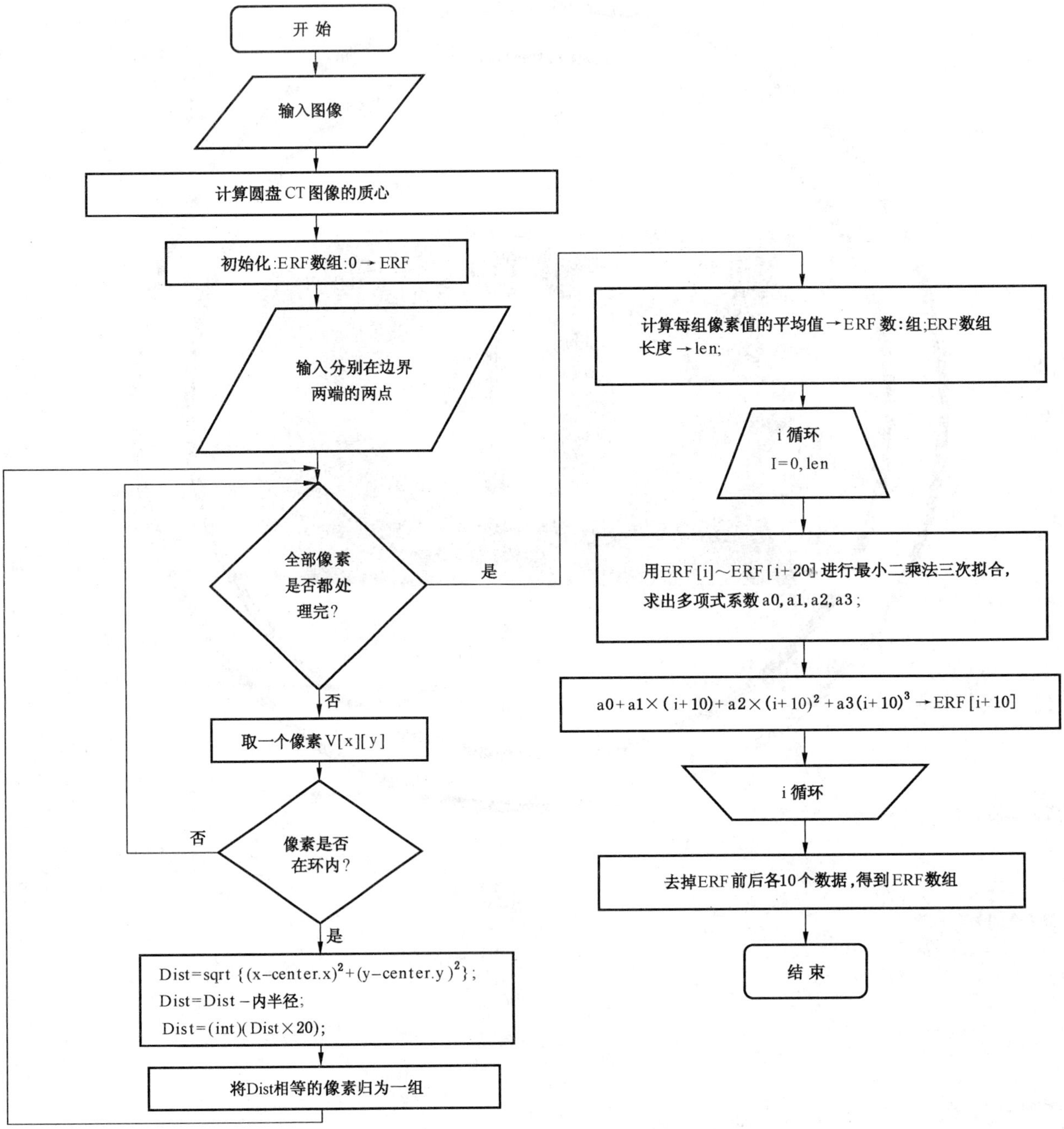

图 B.1 ERF 算法流程图

B.2 PSF 算法流程

点扩展函数 PSF 算法流程见图 B.2。

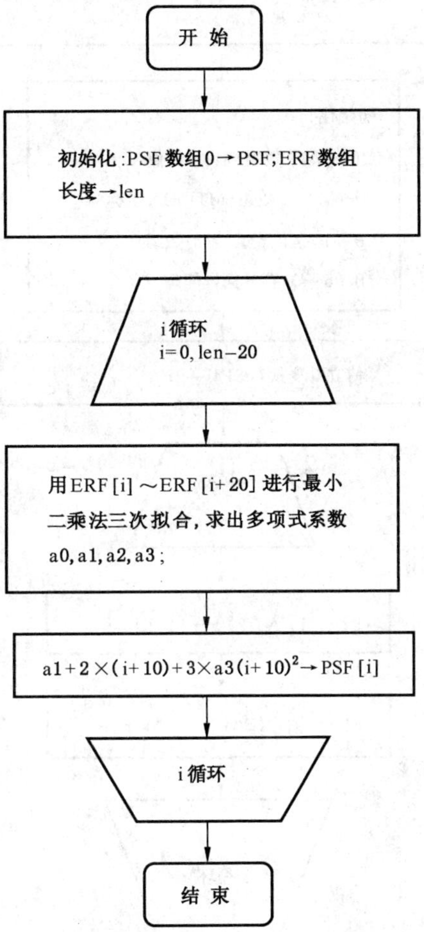

图 B.2 PSF 算法流程图

B.3 MTF 算法流程

调制传递函数 MTF 算法流程见图 B.3。

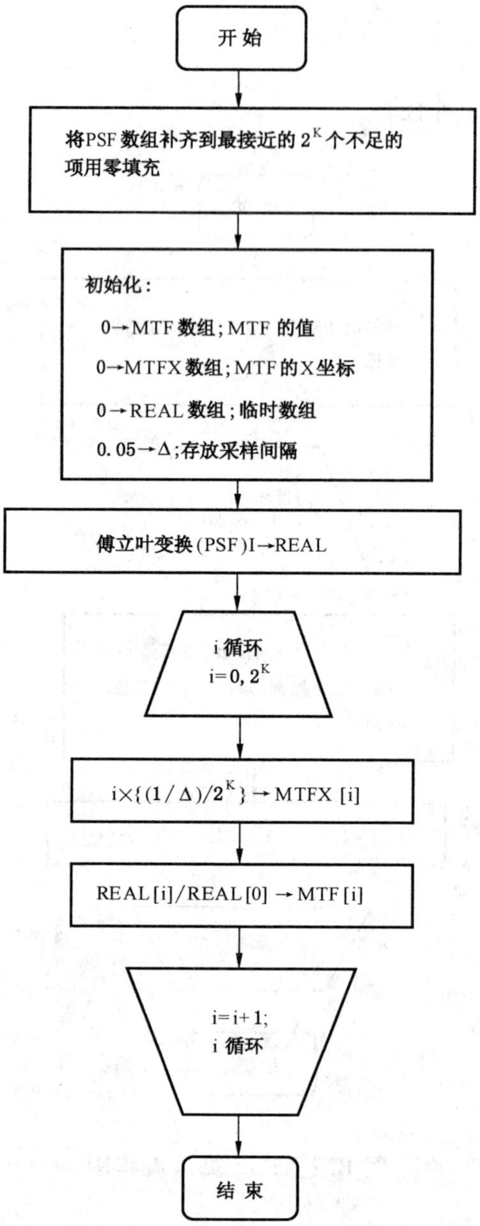

图 B.3　MTF 算法流程图

B.4　CDF 算法流程

CDF 算法流程见图 B.4。

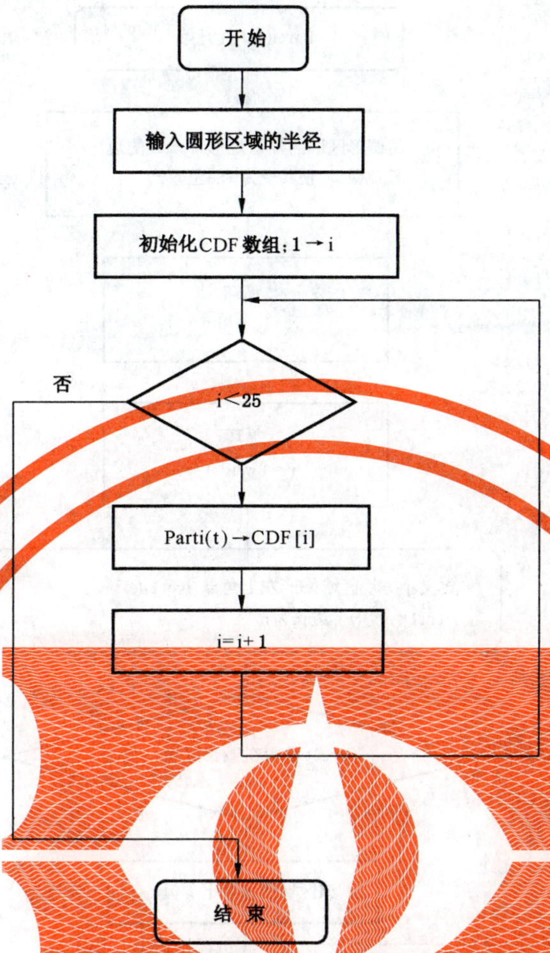

图 B.4 CDF 算法流程图

B.5 方块函数算法流程

方块函数算法流程见图 B.5。

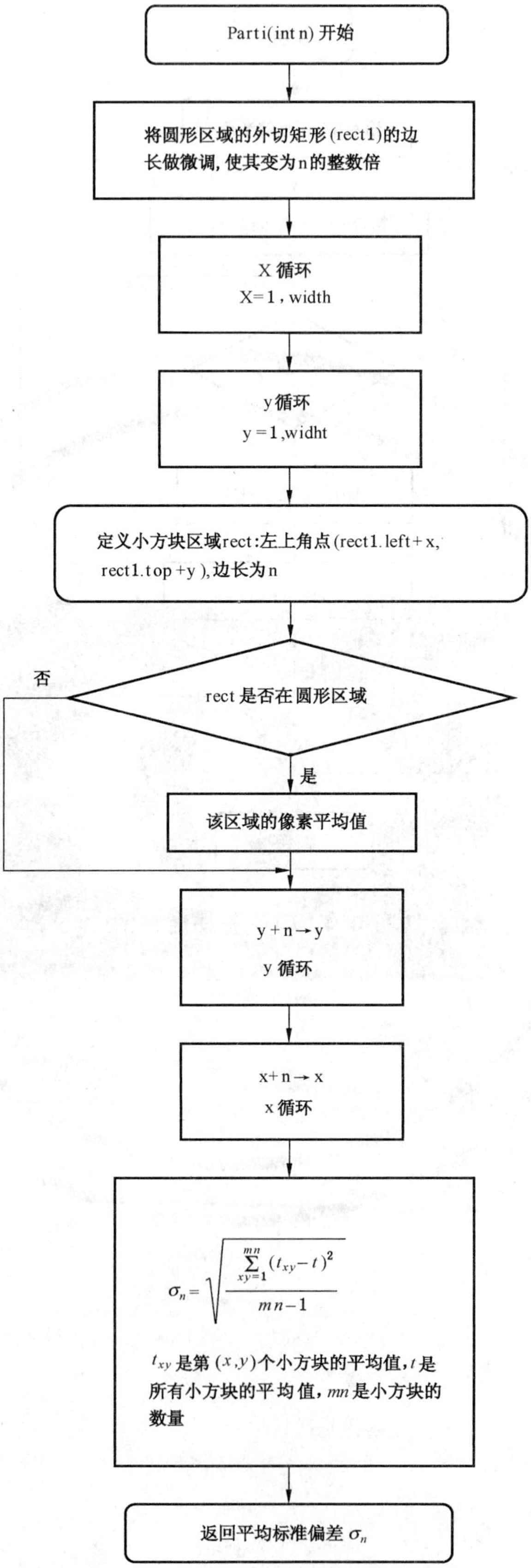

图 B.5　方块函数算法流程图

参 考 文 献

［1］ ISO 15708-2：2002 Non-destructive testing—Radiation methods—Computied tomography—Part 2：Examination practices

ICS 19.100
N 78

GB

中华人民共和国国家标准

GB/T 26836—2011

无损检测仪器 金属陶瓷 X 射线管技术条件

Non-destructive testing instruments—Specification for metal ceramic X-ray tube

2011-07-29 发布　　　　2011-12-01 实施

中华人民共和国国家质量监督检验检疫总局
中国国家标准化管理委员会　发布

前　言

本标准按照 GB/T 1.1—2009 给出的规则起草。

本标准由中国机械工业联合会提出。

本标准由全国试验机标准化技术委员会(SAC/TC 122)归口。

本标准负责起草单位:辽宁仪表研究所、丹东荣华射线仪器仪表有限公司。

本标准参加起草单位:上海超群无损检测仪器有限公司、丹东市万全无损检测仪器厂、丹东市无损检测设备有限公司、丹东市通用电器有限责任公司。

本标准主要起草人:杨春艳、荣吉萍、董殿刚、傅岩、张宏、陈刚。

无损检测仪器
金属陶瓷X射线管技术条件

1 范围

本标准规定了金属陶瓷(含波纹)X射线管的技术要求、试验方法、检验规则和标志、包装、运输和贮存等要求。

本标准适用于500 kV以下的工业探伤用金属陶瓷X射线管(以下简称金属陶瓷管)。

2 规范性引用文件

下列文件对于本文件的应用是必不可少的。凡是注日期的引用文件。仅注日期的版本适用于本文件。凡是不注日期的引用文件,其最新版本(包括所有的修改单)适用于本文件。

GB/T 191 包装储运图示标志

GB/T 2829 周期检验计数抽样程序及抽样表(适用于对过程稳定性的检验)

GB/T 13384 机电产品包装通用技术条件

JB/T 9329 仪器仪表运输、运输贮存基本环境条件及试验方法

3 术语定义

下列术语和定义适用于本文本。

3.1

金属陶瓷X射线管 metal-ceramic X-ray tube

用金属做套管和用陶瓷做外壳的X射线管。

4 要求

4.1 环境要求

金属陶瓷管按照规定的工作规程,应在下列条件下正常工作:

a) 环境温度为−10 ℃~+40 ℃(水冷X射线管环境温度2 ℃~40 ℃);

b) 空气相对湿度不大于85%;

c) 海拔高度不超过1 000 m;

d) 电源电压为220×(1±10%)V。

4.2 性能要求

4.2.1 电源为50 Hz交流电,当负载从零增加到最大值时,电源电压的变化应不大于±10%。

4.2.2 金属陶瓷管的灯丝特性。当灯丝电流为产品标准规定值时,灯丝电压误差应不超过规定值的±10%。

4.2.3 金属陶瓷管在规定的工作条件下,并在工作时间内,管电流不稳定度应不超过5%。

4.2.4 金属陶瓷管的焦点标称值：

a） 焦点标称值不大于3.0的焦点尺寸容许值应符合附录A中表A.4的规定；

b） 焦点标称值大于3.0的焦点尺寸误差应小于30％。

4.2.5 金属陶瓷管按表1的规定进行超电压试验时，应无放电和闪烁现象。

表1 超电压试验

额定管电压 kV	超过管电压百分数 ％	持续时间 min		试验管电流
		直接强迫循环冷却	非直接强迫循环冷却	
≥200	5	5	3	额定管电流的80％
＜200	10	5	3	

4.2.6 金属陶瓷管在其规定的辐射角范围内，X射线辐射强度应均匀，相对密度差应不大于0.4。

4.2.7 金属陶瓷管的寿命即累积正常工作时限，金属陶瓷X射线管应不小于500 h。

4.3 稳定性要求

4.3.1 金属陶瓷管在规定的负荷、工作规程和工作时间内，管电流应稳定，管内应无放电等异常现象：

——对工作时间为5 min或少于5 min的间断工作的金属陶瓷管连续工作次数应不少于10次；

——对工作时间不超过15 min的间断工作的金属陶瓷管连续工作次数应不少于5次；

——对工作时间超过15 min的金属陶瓷管连续工作时间应不少于30 min。

4.3.2 金属陶瓷管应能承受表2所规定的高温、低温和潮湿试验。每次试验后外观检验应无机械损伤，金属零件应无锈蚀。且满载工作10 min内，最高工作管电压、规定的阳极电流无异常。

表2 高温、低温、潮湿试验

试验项目	试验条件	试验时间/h
高温试验	在温度为85 ℃±2 ℃的恒温箱内	2
低温试验	在温度为－55 ℃±3 ℃的低温箱内	2
潮湿试验	在温度为40 ℃±2 ℃，空气 相对湿度为90％～95％的潮湿箱内	48

4.3.3 金属陶瓷管的机械强度要求，按表3进行耐震动和冲击试验后，应无机械损伤和松动，且满载工作10 min内，额定工作管电压、阳极电流应无异常。

表3 机械强度试验

额定工作管电压 kV	机械试验 类型	震动频率 Hz	加速度 m/s^2	冲击次数 次	冲击频率 t/min	试验时间 min
＜200	振动试验	2～80	10	—	—	60
	冲击试验	—	50	500	40	—
≥200	振动试验	10～55	10	—	—	30
	冲击试验	—	50	250	40	—

4.4 外观质量及结构

4.4.1 金属陶瓷管应按照经规定程序批准的产品工作图样及技术文件制造。

4.4.2 金属陶瓷管管帽固定应牢固，不应沿轴线移动或旋转。

4.4.3 金属陶瓷管的多股绞合线应具有一定的机械强度。

4.4.4 金属陶瓷管的封接处应牢固，并有一定的热稳定性。

4.4.5 金属陶瓷管阴极帽轴线与阳极帽(或散热器)轴线之间的同轴度应不超过管子长度的1%，管长大于500 mm时应不超过5 mm及安装面粗糙度要求应不低于 *Ra* 1.6。

4.4.6 金属陶瓷管的冷却方式一般为三种类型，各种类型应能在相应的冷却条件下正常工作：

a) 强迫油循环冷却，流量应不少于15 L/min，进油温度应不高于60 ℃；

b) 强迫水冷却，流量应不少于3 L/min，进水温度应不超过35 ℃；

c) 强迫风冷，流量 $7m^3/min \sim 8m^3/min$。

4.4.7 金属陶瓷管阳极帽、阴极引线帽应有防腐镀层并无脱落现象。

4.4.8 金属陶瓷管表面应无碰伤和划伤。

5 试验方法

5.1 试验条件

按4.1规定进行。

5.2 试验用主要仪器仪表和器具

5.2.1 测量灯丝用电压表、电流表的精度应不低于1.5级，FJ-300kV单臂高压分压器的精度应不低于1.5级，其他电表的精度应不低于2.5级。

5.2.2 测定用剂量仪总不确定度应小于4.0%。

5.2.3 密度计或测微光度计，强光可调阅片灯。

5.2.4 金属陶瓷管测试台。

5.2.5 调压器(5 kW)。

5.2.6 冲击试验台及振动试验台。

5.2.7 焦点测试装置及工业X射线胶片。

5.2.8 流量计。

5.2.9 恒温箱、低温箱。

5.2.10 潮湿箱。

5.2.11 秒表、温度计。

5.3 管电流的试验方法

将金属陶瓷管装在测试台上，按规定的工作规程，将灯丝电流、管电压调至规定值时，由mA表针的指示数可读取管电流值。

5.4 灯丝特性的测定

加入规定的灯丝电流，待电表读数稳定后，读出相对应的灯丝电压值。

5.5 管电流稳定度的测试

加上规定的灯丝电流(电压)值，经规定预热时间后，升高管电压至规定值，同时快速调节灯丝电流

(电压)使阳极电流达到规定值,开始计时,在规定的时间内,读出阳极电流最大变化量。

5.6 焦点尺寸的测定

按照附录A、附录B所规定的试验方法进行。

5.7 超电压试验

将X射线管装在X射线管测试台上,按照规定的工作规程使其达到表1规定,进行超电压试验。

5.8 X射线辐射角的测定方法

将X射线胶片1与2放置于X射线辐射窗口的中心线位置上,如图1所示。测量 D_1、D_2 及 L,按式(1)计算辐射角,测试结果应大于规定数值。

$$\alpha = 2\mathrm{arctg}\frac{D_1 - D_2}{2L} \quad \cdots\cdots(1)$$

式中:

D_1、D_2——射线束在胶片1和2上辐射范围直径,单位为毫米(mm);

L ——胶片间距离,单位为毫米(mm)。

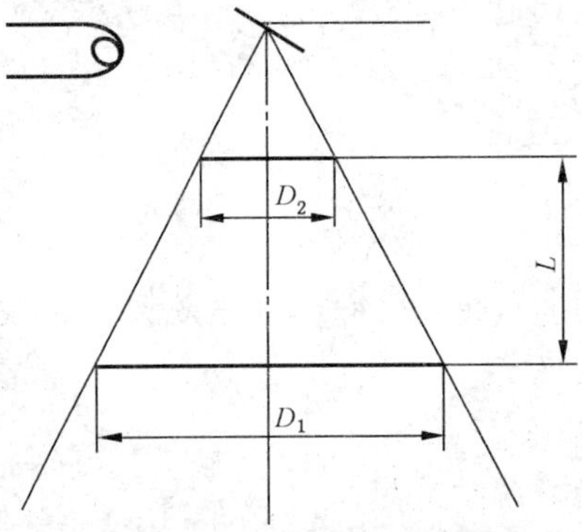

图1 测量X射线辐射角示意图

5.9 X射线辐射强度均匀性的测试

5.9.1 结构分析用管各输出窗辐射强度均匀性的测试。

5.9.1.1 将X射线胶片放置在紧紧靠着射线输出窗口的不透光盒子内。

5.9.1.2 用详细规范规定的条件进行一次曝光。

5.9.1.3 用密度计测量各窗口辐射场胶片黑度的平均值(取3~4点)来衡量该窗口辐射能通量密度的大小,测量时注意使每个测定点的区域不超过最大照射场尺寸的5%,胶片密度应不超过0.2。

5.9.1.4 由各窗口测得的辐射场胶片密度的平均值来确定各输出窗辐射能通量密度的不均匀性。

5.9.2 周向辐射X射线管射线强度均匀性的测试。

周向辐射X射线管的测量点,是在有用射线区域内,与管子轴线垂直的平面上,与管子轴线等距且以120°角度配置的3个点上进行。用X射线剂量仪来测定辐射能量密度的均匀性。

5.10 寿命试验方法

5.10.1 用累计X射线的工作小时数测定单独X射线管的寿命。

5.10.2 寿命试验时管电流为额定值,管电压应不低于额定值的90%。

5.10.3 寿命试验的管子每工作100 h测定一次X射线辐射剂量率,当单支管子的X射线辐射剂量率降到4.2.7规定的数值时该管子的寿命便算结束。

5.10.4 试验结果按式(2)计算：

$$A=\frac{\sum_{i=1}^{n}T_i}{nT}\times 100\% \qquad \cdots\cdots(2)$$

式中：

T_i——单支X射线管寿命,单位为小时(h)；

n——被测X射线管的数量(n不小于3)；

T——X射线管规定的寿命,单位为小时(h)。

5.10.5 按式(2)计算的结果不应小于95%。如试验的X射线管有一支小于300 h,则寿命试验不合格。

5.11 连续工作试验

出厂检验可查试验记录。型式试验应达到额定管电压、管电流。连续工作时间为30 min(10 min),允许训练。

5.12 高温、低温、潮湿试验

按表2的规定进行试验时,升降温速率应不大于1 ℃/min。对于每项试验取出金属陶瓷管在室温中静置2 h后,应满足4.3.2的要求。

表4 金属陶瓷X射线管出厂检验及型式检验项目

序号	项目	对应条款	试验方法	出厂检验	型式试验
1	性能要求	4.2.1～4.2.4	5.3～5.6	√	√
		4.2.5～4.2.7	5.7～5.10	—	√
2	稳定性要求	4.3.1	5.12	√	√
		4.3.2～4.3.3	5.13～5.14	—	√
3	外观质量及结构	4.4.1～4.4.6	5.15～5.17	—	√
		4.4.7	5.17	√	√
		4.4.8	5.17	√	√
注：表中"√"为必检项目,"—"为不检项目。					

5.13 机械强度试验

将X射线管刚性固定在冲击试验台上,并分别放置于水平和垂直(阳极在下)两个位置上,按表2规定进行试验。

5.14 管帽固定牢度检查

将X射线管浸入温度为+70 ℃的变压器油中8 h后取出,在室温下静置2 h,然后在玻壳和帽之内加以逐渐增大的扭力矩。直径40 mm以下管帽和扭力矩2.26 N·m,直径在40 mm以下管帽加扭力矩4.4 N·m。

5.15 多股绞合线的机械强度试验

5.15.1 在引出线上作用4.9 N的静负荷,引线焊接点不应断裂。

5.15.2 将每根引出线在距封口面10 mm处夹于直径10 mm的两根圆棒中间,来回绕180°,弯曲10

次，引出线折断根数不应超过引出线总和的10%。

5.16 热稳定性试验

利用外热源在1 min内使金属陶瓷管的温度从常温起升温180 ℃，在室温下静置1 h后重复一次，试验后满载工作10 min内，金属陶瓷管阳极电压、阳极电流应无异常。

5.17 外观质量

用目测法，应在工厂正常照明条件下和无任何辅助观察设备情况下进行。

6 检验规则

6.1 出厂检验

凡出厂的金属陶瓷管应经制造厂质量检验部门按出厂检验项目检验，签发产品合格证后方能出厂。

6.2 出厂检验项目

出厂检验项目见表4。

6.3 型式检验

按本标准中规定的技术要求全部进行检验，型式检验项目见表4。

6.3.1 凡属下列情况之一者，应按本标准进行型式检验：

a) 新产品或老产品转厂生产的试制定型鉴定；

b) 正式生产后，如结构、材料、工艺有较大改变，可能影响产品性能时；

c) 正式生产时，每年进行一次检验；

d) 产品长期停产后，恢复生产时；

e) 出厂检验结果与上次型式检验有较大差异时；

f) 国家质量监督检验检疫机构提出进行型式检验的要求时。

6.3.2 按6.3.1中a)、b)、f)的情况下进行寿命试验。

6.3.3 进行寿命试验的金属陶瓷管应从成品出厂检验合格的产品随机抽样，其数量不少于三只并经型式检验合格后进行。

6.3.4 寿命试验应在用户装置上进行。

6.3.5 寿命试验方法按照5.10的规定进行。

6.4 抽样方法与组批规则及判定规则

6.4.1 对金属陶瓷管的全部检验项目每年进行一次抽检。

批量(N)不能少于8。

按GB/T 2829的规定，不合格质量水平(RQL)定为30，判别水平(DL)选用I，选用二次抽样方案，抽取样本数$n_1=n_2=4$，规定判定数组

$$\begin{bmatrix} Ac_1=o & Re_1=2 \\ Ac_2=1 & Re_2=2 \end{bmatrix}$$

6.4.2 判定规则

单位产品样本性能不符合4.2.1～4.2.4、4.3.1中任意一条要求时为一个B类不合格，样本中有二个

或二个以上B类不合格判定为B类不合格批;单位产品样本性能不符合4.2.5、4.2.6、4.3.2、4.3.3、4.4.1~4.4.8、6.1~6.3中任意一条要求时为一个C类不合格,样本中有二个或二个以上C类不合格判定位C类不合格批;有一个B类不合格和一个C类不合格判为B类不合格批。

按GB/T 2829的规定,根据样本的检查结果,若在第一样本中发现的不合格数为0,则判定为合格批;若在第一样本中发现的不合格数大于或等于2,则判定该批是不合格批。

若在第一样本中发现的不合格数等于1时,则抽第二样本进行检查。若在第一样本和第二样本中发现的不合格数总和等于1,则判定该批是合格批。若在第一样本和第二样本中发现的不合格数总和大于或等于2,则判定该批为不合格批。

7 标志、包装、运输和贮存

7.1 标志

金属陶瓷管应在明显的适当位置固定铭牌(标志)。其内容包括下列各项:

a) 型号规格;

b) 主要技术参数;

c) 制造日期及编号;

d) 制造厂名、地址及商标。

7.2 包装

7.2.1 金属陶瓷管的包装检查应符合GB/T 13384的规定。

7.2.2 金属陶瓷管在箱内应有防震和防湿措施,并按JB/T 9329规定的环境条件及试验方法考核包装质量。

7.2.3 包装箱外壁的文字和标志应清楚、整齐,而且不应因搬运摩擦或时间较久而模糊不清,其内容包括下列各项:

a) 产品名称、型号;

b) 收货单位和地址;

c) 发货单位和地址;

d) 标有“易碎物品”、“向上”、“怕雨”等标志应符合GB/T 191规定的要求;

e) 产品执行标准编号及名称(可在产品说明书上标注)。

7.2.4 包装箱内应附有下列随行文件:

a) 装箱单;

b) 产品出厂合格证;

c) 产品使用说明书。

产品使用说明书中应包含灯丝特性曲线和X射线管输出特性曲线。

7.3 运输和贮存

7.3.1 金属陶瓷管运输、运输贮存环境条件试验按JB/T 9329的规定进行。

7.3.2 金属陶瓷管运输时,应防止震动与碰撞,并应遵守箱外标志的规定。

7.3.3 金属陶瓷管贮存地点,周围不得含有腐蚀性气体,环境温度在−10 ℃~+40 ℃之间,空气相对湿度应不大于90%,库内保持空气流通,地面干燥。

附　录　A
（规范性附录）
焦点针孔射线照相

A.1　试验设备

A.1.1　针孔照相机

焦点针孔射线照片应用针孔照相机拍摄，照相机包括针孔板，针孔尺寸见表 A.1。

表 A.1　针孔板、针孔尺寸

焦点标称值 f mm	尺　寸	
	直径 P mm	高度 H mm
$f \leqslant 1.0$	0.030±0.005	0.075±0.010
$1.1 \leqslant f$	0.100±0.005	0.500±0.010

针孔板主要尺寸见图 A.1。

单位为毫米

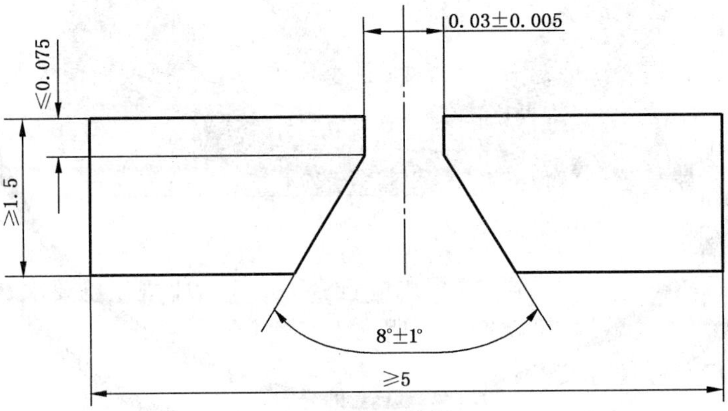

图 A.1　针孔板主要尺寸

针孔板应用下列材料之一制造：

——钨；

——钽；

——含铂 10%的金铂合金；

——含铼 10%的钨铼合金；

——含铱 10%的铂铱合金。

A.1.2　胶片

应用射线摄影用微粒胶片拍摄，不用增感屏。

A.2 试验方法

A.2.1 针孔照相机的准直

基准轴与针孔轴线所成的角度小于或等于 10^{-3} rad(见图 A.2)。

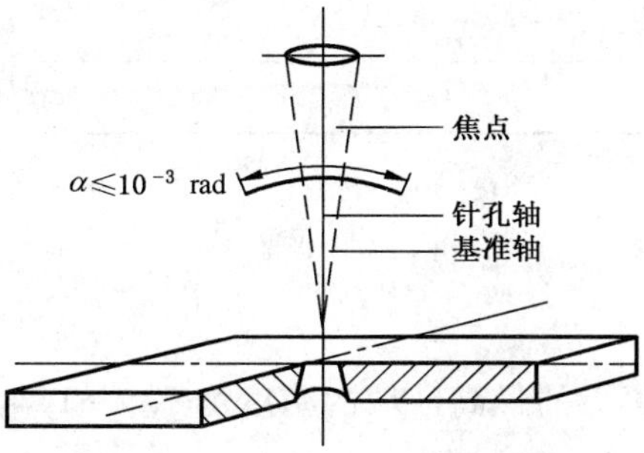

图 A.2 基准轴与针孔轴线角度

A.2.2 针孔照相机的位置

针孔板的入射面到焦点的距离应使实际焦点范围内的放大倍率变化在基准方向不超过±5%。此距离不许小于 100 mm。

A.2.3 胶片的位置

胶片应与基准方向垂直,至针孔板入射面距离根据放大倍率按表 A.2 确定。

表 A.2 胶片位置

焦点标称值 f mm	放大倍率 E
$f \leqslant 1.0$	$E \geqslant 2$
$1.1 \leqslant f$	$E \geqslant 1$

A.3 操作条件

A.3.1 安装要求

X 射线应装在能使其正常工作的 X 射线管套内或装在与正常工作条件等效的 X 射线管测试台上。

A.3.2 管电压和管电流测试

管电压测试和管电流测试应满足表 A.3 要求。

表 A.3　额定管电压、管电流

额定管电压 U kV	测试电压 kV	测试电流 mA
$U \leqslant 75$ $75 < U \leqslant 150$ $150 < U \leqslant 200$	U 75 $U/2$	对应于焦点标称阳极输入功率的50%管电流
200＜U	$U/2$	额定管电流

A.4　针孔射线照片的拍摄

胶片的曝光程度应使充分显影后的最高区域的密度为1.0～1.4之间。

胶片灰雾和本底造成的密度应不超过0.2。

A.5　焦点标称参数的规定

X射线管焦点应按下列数值范围选定(单位为mm)：

——0.1～0.25　级差0.05；

——0.3～2.0　级差0.1；

——2.2及以上　级差0.2。

A.6　焦点标称值的容许值(见表A.4)

表 A.4　焦点标称值的容许值

焦点标称值 f mm	焦点尺寸容许值 mm	
	宽度	长度
0.1	0.10～0.15	0.10～0.15
0.15	0.15～0.23	0.15～0.23
0.2	0.20～0.30	0.20～0.30
0.25	0.25～0.38	0.25～0.38
0.3	0.30～0.45	0.45～0.65
0.4	0.40～0.60	0.60～0.85
0.5	0.50～0.75	0.70～1.10
0.6	0.60～0.90	0.90～1.30
0.7	0.70～1.10	1.00～1.50
0.8	0.80～1.20	1.10～1.60
0.9	0.90～1.30	1.30～1.80

表 A.4（续）

焦点标称值 f mm	焦点尺寸容许值 mm	
	宽度	长度
1.0	1.00～1.40	1.40～2.00
1.1	1.10～1.50	1.60～2.20
1.2	1.20～1.70	1.70～2.40
1.3	1.30～1.80	1.90～2.60
1.4	1.40～1.90	2.00～2.80
1.5	1.50～2.00	2.10～3.00
1.6	1.60～2.10	2.30～3.10
1.7	1.70～2.20	2.40～3.20
1.8	1.80～2.30	2.60～3.30
1.9	1.90～2.40	2.70～3.50
2.0	2.00～2.60	2.90～3.70
2.2	2.20～2.90	3.10～4.00
2.4	2.40～3.10	3.40～4.40
2.6	2.60～3.40	3.70～4.80
2.8	2.80～3.60	4.00～5.20
3.0	3.00～3.90	4.30～5.60
注：对于标称值为 0.3 mm～3 mm 的焦点，表中所列容许值已包括系数 0.7。		

附 录 B
（规范性附录）
焦点有效值的测量

B.1 测量方法

按附录A规定拍摄的焦点针孔和射线照片从背面照明，最低照度215 lx，用5～10倍，内含有0.1 mm刻度的放大镜测量肉眼能看得见的边缘尺寸。对非矩形焦点应取最小外接矩形进行测量。

B.2 焦点宽度和长度的计算

B.2.1 小于3.0 mm的焦点测量方法

对标称值小于3.0 mm的焦点，用放大倍率去除测得的焦点长度和宽度值即得焦点尺寸。所得值应符合4.2.4要求。

B.2.2 大于3.0 mm的焦点测量方法

对标称值大于3.0 mm的焦点，用放大倍率去除测得的焦点长度和宽度值，线焦点的长度值再乘一个修正系数0.7即得焦点尺寸，所得值应符合4.2.4要求。

ICS 19.100
N 78

中华人民共和国国家标准

GB/T 26837—2011

无损检测仪器
固定式和移动式工业X射线探伤机

Non-destructive testing instruments—
Stationary type and movable type industrial X-ray radiographic equipment

2011-07-29 发布 2011-12-01 实施

中华人民共和国国家质量监督检验检疫总局
中国国家标准化管理委员会 发布

前　　言

本标准按照GB/T 1.1—2009给出的规则起草。

本标准由中国机械工业联合会提出。

本标准由全国试验机标准化技术委员会(SAC/TC 122)归口。

本标准负责起草单位:辽宁仪表研究所。

本标准参加起草单位:辽宁省计量科学研究院、丹东奥龙射线仪器有限公司、丹东市万全无损检测仪器厂、丹东市无损检测设备有限公司、上海超群无损检测设备有限公司、丹东市探伤仪器厂。

本标准主要起草人:武太峰、刘剑、李义彬、张宏、董殿刚、傅岩、林宝华。

无损检测仪器
固定式和移动式工业X射线探伤机

1 范围

本标准规定了固定式和移动式工业X射线探伤机(以下简称X射线机)的技术要求、试验方法、检验规则、标志、包装、运输和贮存等。

本标准适用于管电压不超过500 kV的固定式和移动式X射线机。

2 规范性引用文件

下列文件对于本文件的应用是必不可少的。凡是注日期的引用文件。仅注日期的版本适用于本文件。凡是不注日期的引用文件,其最新版本(包括所有的修改单)适用于本文件。

GB/T 191 包装储运图示标志

GB/T 9582—2008 摄影 工业射线胶片 ISO感光度,ISO平均斜率和ISO斜率 G_2 和 G_4 的测定(用X和γ射线曝光)

GB/T 13384 机电产品包装通用技术条件

GB 18871—2002 电离辐射防护与辐射源安全基本标准

GB 22448—2008 500 kV以下工业X射线探伤机防护规则

JB/T 6220—2004 射线探伤用密度计

JB/T 7808—2010 无损检测仪器 工业X射线探伤机 主参数系列

JB/T 9329 仪器仪表运输、运输贮存基本环境条件及试验方法

3 产品分类

3.1 产品型号

X射线机产品型号宜按以下图1方法编制。

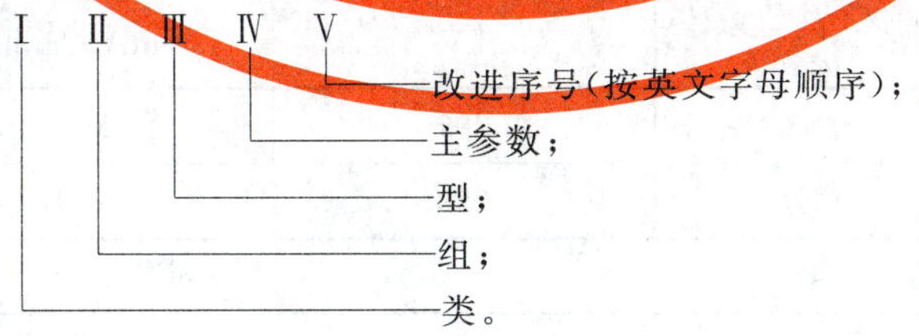

Ⅰ——表示X射线探伤机类;

Ⅱ——表示X射线探伤机类中的组;

Ⅲ——表示组中再分的探伤机的型;

Ⅳ——表示X射线探伤机的主参数;

Ⅴ——表示改进序号。

图1 X射线机产品型号编制方法

示例：　X Y D-1520 A

- A——第一次改进；
- 1520——额定管电压 150 kV，曝光量 200 mA·min；
- D——工频、油绝缘、金属陶瓷管；
- Y——移动式；
- X——X 射线机。

3.2 主要技术参数

主要技术参数应按 JB/T 7808 规定。

4 要求

4.1 使用条件

按照规定的工作规程，在下列条件下应正常工作：

a) 海拔高度不超过 1 000 m；

b) 环境温度 2 ℃～40 ℃；

c) 空气相对湿度不大于 85％；

d) 电源电压波动不超过额定电源电压的±10％。

4.2 使用性能

4.2.1 穿透力如下：

a) 油绝缘玻璃管 X 射线机(XYY 系列)穿透力应不低于表 1 中规定的值；工频油绝缘金属陶瓷管 X 射线机(XYD 系列)的穿透力应不低于表 2 中规定的值；高频恒电压油绝缘金属陶瓷管 X 射线机(XYG 系列)穿透力应不低于表 3 中规定的值；

b) 在具体型号产品的随机文件中应标明 X 射线机的初始射线照射量率；

c) 在具体型号产品的随机文件中应标明 X 射线机的管电压最低值、管电流最小值、管电流最大值。

表 1　油绝缘玻璃管 X 射线机(XYY 系列)穿透力

型号	额定管电压 kV	曝光量 mA·min	穿透力 钢 Q235 mm
XYY-2020	200	200	≥48
XYY-2515	250	150	≥52
注：双焦点按大焦点试验。			

表 2　工频油绝缘金属陶瓷管 X 射线机(XYD 系列)穿透力

型号	额定管电压 kV	曝光量 mA·min	穿透力 钢 Q235 mm
XYD-1520	150	200	≥24
XYD-1610	160	100	≥27

表 2（续）

型号	额定管电压 kV	曝光量 mA·min	穿透力 钢 Q235 mm
XYD-22510	225	100	≥42
XYD-3010	300	100	≥68
XYD-3210	320	100	≥71
XYD-3510	350	100	≥80
XYD-4010	400	100	≥90
XYD-4510	450	100	≥98
注：双焦点按大焦点试验。			

表 3 高频恒电位油绝缘金属陶瓷管 X 射线机（XYG 系列）穿透力

型号	额定管电压 kV	曝光量 mA·min	穿透力 钢 Q235 mm
XYG-1010	100	100	≥10
XYG-1520	150	200	≥26
XYG-1610	160	100	≥30
XYG-22510	225	100	≥50
XYG-3010	300	100	≥72
XYG-3210	320	100	≥75
YG-3510	350	100	≥82
XYG-4010	400	100	≥90
XYG-4510	450	100	≥102
注：双焦点按大焦点试验。			

4.2.2 X 射线机透照相对灵敏度应小于等于 1.8%钢 Q235。

4.2.3 X 射线机射线辐射角应不小于 X 射线管规定辐射角，其辐射场范围内不允许有缺圆。周向 X 射线机辐射场应均匀，其中心平面内密度差应小于 0.4，辐射角误差为 +5°。

4.2.4 X 射线机应设置曝光累计计时器，记录 X 射线管累计曝光时间。

4.2.5 X 射线机应具备有控制曝光持续时间的计时器，计时最大误差应不大于所测点指示值的 ±2%。

4.2.6 X 射线机管电压最大允许误差应不大于所测值的 ±5%（工频、油绝缘机）。

4.2.7 X 射线机应带有管电压调节装置，起始管电压应不大于额定管电压的 20%。

4.2.8 X 射线机应设有过电压保护装置，当管电压超过额定管电压 5 kV～10 kV 时，高压应断开。

4.2.9 X 射线机应设有温度保护装置，当发生器内温度达到 60 ℃±5 ℃时，高压应断开。

4.2.10 X 射线机应设有欠毫安保护装置，当管电流小于 0.5 mA 时，高压应断开。

4.2.11 X 射线机应设有过电流保护装置，当管电流大于额定管电流 1 mA 时，高压应断开。

4.3 稳定性

4.3.1 X射线机按照规定的工作规程连续工作10次，试验中应无异常现象，暂载率应符合标称数据。每次连续工作时间应不小于10 min。

4.3.2 X射线机应设置稳压电路，管电压波动应在±2%以内；管电流波动应在±0.5 mA以内。

4.4 辐射防护和安全

4.4.1 X射线机漏射线空气比释动能率应符合表4的规定。

表4 漏射线空气比释动能率要求

类型	额定管电压 kV	漏射线比释动能率 μGy/h	试验方法
固定式全防护(生产线上防护室型)	≤200	≤7.5	在距防护外壳外表面0.1 m处测试
固定式特级防护(室外作业防护壳型)	≤40	≤25	在距防护外壳外表面0.1 m处测试
固定式细结构(科研用型)	≤60	≤25	在距焦点1 m处测试
移动式一般结构(生产用型)	≤200 >200	≤2 500 <5 000	在距焦点1 m处测试

4.4.2 X射线机低压回路绝缘电阻应不小于2 MΩ。

4.4.3 X射线机低压回路绝缘强度按表5规定试验，应无异常现象。

表5 低压回路电压绝缘强度试验

低压回路电压 U V	试验电压 V	试验时间 min
250<U≤380	1 500	2
100<U≤250	1 000	2
U≤100	500	2

4.4.4 X射线机高压变压器次级对地绝缘强度按表6规定试验，应无异常现象。

表6 高压回路绝缘强度试验

额定管电压 kV	管电压升至额定管电压倍数	耐压时间 min
≥200	1.05	1(工频、油绝缘)
<200	1.10	1(工频、油绝缘)

4.4.5 X射线机灯丝变压器初级对地绝缘电阻应不小于5 MΩ。

4.4.6 X射线机灯丝变压器初级对地绝缘强度，用1 000 V,50 Hz交流电试验，耐压2 min应无异常。

4.4.7 X射线机应有接地保护装置，接地电阻应小于0.5 Ω。

4.4.8 X射线机的控制器和高压发生器中(工频、油绝缘)杂质均应不大于100 mg。

4.4.9 X射线机的电缆接头和插头连接拆卸方便，螺纹不少于3扣并带有保护盖。

4.4.10 X射线机发生器组装体应能在任何需要的位置上锁紧，并能向所需要方向发射X射线。发生器支撑装置应能支撑X射线发生器，具备3个自由度，活动灵敏且具有刹车装置。

4.4.11 X射线机发生器和冷却管路应无渗漏。

4.5 外观要求

4.5.1 表面镀层应坚固、无脱落现象。

4.5.2 表面面漆及加工表面应无碰伤、气泡及划痕。

4.5.3 不加工的易锈表面应有防锈措施。

4.5.4 表面颜色鲜明，而且同一型号的控制器和发生器等颜色应一致。

5 试验方法

5.1 试验条件

试验条件应符合4.1的规定。

5.2 试验用主要仪器仪表和器具

5.2.1 不低于1.0级的交流电压表、电流表。

5.2.2 球隙放电器或静电电压表，最大测量误差为±3%。

5.2.3 1.0级500 V绝缘电阻表。

5.2.4 X射线剂量仪，总不确定度为±10%。

5.2.5 测量误差不低于±0.04%的密度计或测微光度计。

5.2.6 校验试块(按附录A规定)及线型像质计。

5.2.7 铅增感屏(0.03 mm)，工业用X射线胶片。

5.2.8 强光可调阅片灯。

5.2.9 秒表和温度计。

5.2.10 连续冲击式试验台、高、低温箱、湿热箱。

5.2.11 容量为被试X射线机功率150%以上的耐压测试仪。

5.2.12 气压表和气压试验装置。

5.2.13 精度为毫克级天平。

5.2.14 X射线剂量率仪。

5.2.15 卤素检漏仪。

5.2.16 接地电阻测量仪。

5.3 穿透力测定

5.3.1 试验仪器

符合附录A规定的标准试块、符合GB/T 9582—2008中表1列出的ISO感光度为320的工业胶片、符合实验室要求的观片灯、符合JB/T 6220—2004中4.2要求的密度计。

本试验示意图如图2。

单位为毫米

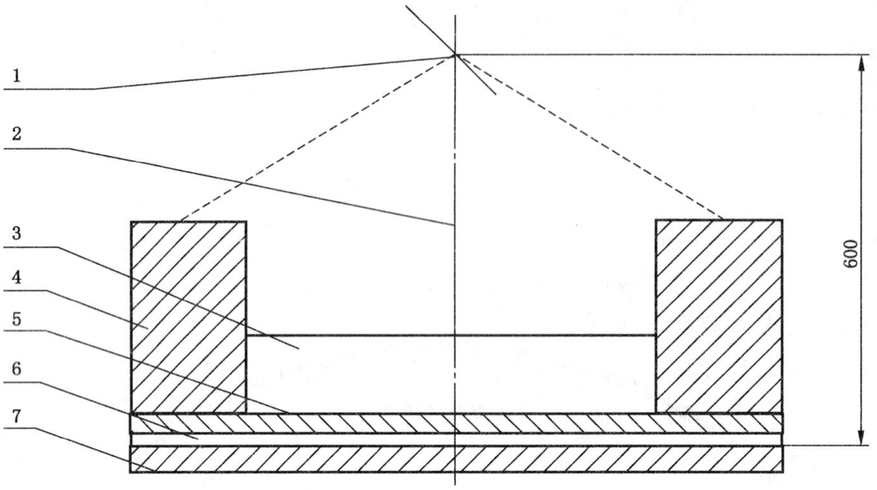

说明：

1——实际焦点；

2——X射线束中心轴线；

3——标准试块；

4——铅挡块；

5——前增感屏；

6——胶片；

7——后增感屏。

图2　穿透力试验示意图

5.3.2　试验程序

把胶片裁成100 mm×225 mm长方形，前铅增感屏，后增感屏不限，穿透力校验试块(厚度见附录A)放在前增感屏之上，并面向X射线发生器一侧。试块四周用铅挡块屏蔽好。

采用额定管电压、额定管电流，曝光参数宜采用100 mA·min。调整X射线发生器位置使实际焦点与胶片上表面平面距离为600 mm、把胶片中心置于辐射场2/3处，试块、胶片长度方向与X射线发生器轴线方向一致且平行。胶片本底密度在0.3以下，曝光后底片密度大于或等于2.0。将曝光后的胶片进行暗室处理，温度为21 ℃±1 ℃，显影液、定影液配置按工业X射线胶片规定进行。经冲洗干燥后的底片光密度计进行密度测量。在底片中心处至少测5次，记下密度值。按式(1)计算底片密度算术平均值$\overline{D}$：

$$\overline{D}=\frac{1}{n}\sum_{i=1}^{n}D_i \qquad (1)$$

式中：

i ——测量顺序号；

n ——测量次数；

D_i——第i次测量密度值。

5.3.3　周向X射线机穿透力试验：

按上述测试条件，使X射线束中心线和胶片平面处于同一平面，拍片四张，绕发生器中心轴线每转动发生器90°拍片一张，穿透力取其最低值。

5.4 相对灵敏度测定

5.4.1 试验仪器

标准试块：按穿透力试验选用。

两个线型像质计：像质计材料应选用与试块类似的材料。钢试块应选用钢线型像质计，铝试块应选用铝线型像质计。

5.4.2 试验程序

5.4.2.1 把像质计按图 3 放置在试块上，细线朝外。试块应与 X 射线管轴线平行。

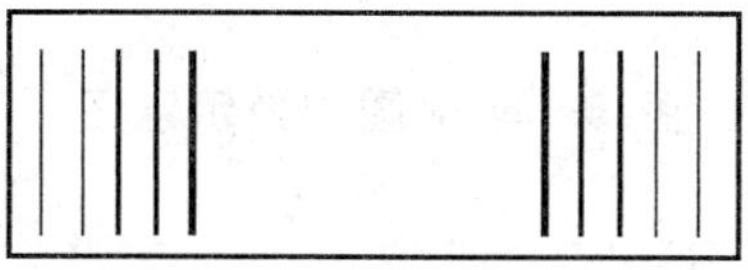

图 3 像质计放置示意图

按式(2)计算相对灵敏度 K：

$$K = d/T \times 100\% \qquad \cdots\cdots (2)$$

式中：

d——光学胶片上可分辨的最细线直径，单位为毫米(mm)；

T——检块厚度，单位为毫米(mm)；

K——用百分数表示射线透照相对灵敏度，%。

5.5 射线辐射角和辐射场均匀性测定

5.5.1 定向 X 射线机用胶片法进行辐射角和辐射场均匀性测定试验。周向 X 射线机按图 4 试验：X 射线机应在发生器轴线周围 4 个方向布置胶片，也按胶片法进行辐射角和辐射场均匀性测定试验。

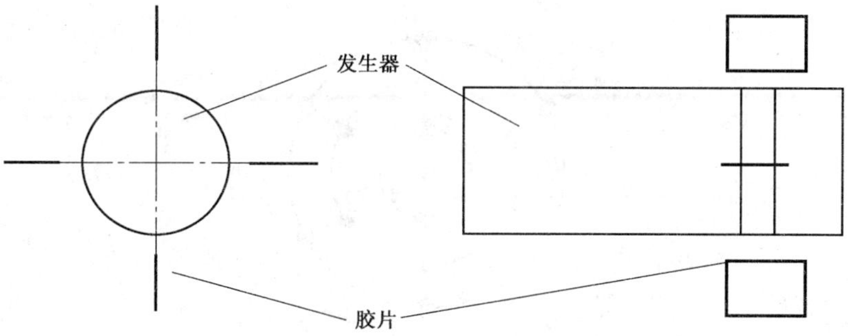

图 4 周向 X 射线机 X 射线辐射角及场均匀性试验示意图

5.5.2 试验仪器：胶片、胶片支架、密度计或测微光度计。

5.5.3 试验程序：按图 5 将胶片放置在胶片支架上，使射线束中心对着胶片中心。如果已知实际焦点至胶片的距离，拍照一张辐射场照片。如果不知实际焦点至胶片的距离，那么在一次曝光中同时拍照两张不同距离的辐射场照片。两张胶片之间距离一般为 100 mm。选择适宜的曝光参数，使曝光后胶片最大密度在 1.0～1.5 左右。在观片灯下用密度计测量显影后底片上包括中心处和边缘处各点密度，以确定底片上最大密度值和辐射场边缘(辐射场边缘以最大密度的 50%为界)。进行辐射场直径测量。

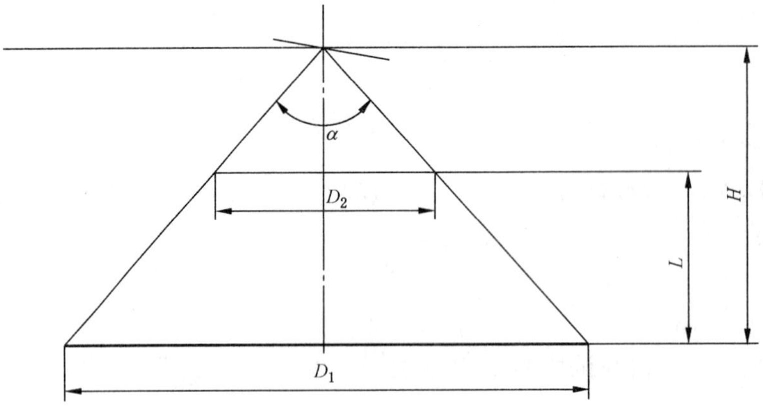

图 5 辐射圆锥角示意图

5.5.4 结果处理：

5.5.4.1 按图 6 指定位置测量，并将试验结果填入记录表中。

5.5.4.2 按式(3)确定辐射场圆锥角：

$$\left.\begin{aligned}\alpha &= 2\mathrm{arctg}\,\frac{D_1}{2H}（如果已知实际焦点至胶片的距离 H） \\ \alpha &= 2\mathrm{arctg}\,\frac{D_1 - D_2}{2L}（如果不知实际焦点至胶片的距离）\end{aligned}\right\} \quad \cdots\cdots(3)$$

式中：

α ——辐射场圆锥角，单位为度、弧度(如 45°、π/2)；

D_1——胶片上辐射场直径，单位为毫米(mm)；

D_2——胶片上辐射场直径，单位为毫米(mm)；

L ——胶片间距离，单位为毫米(mm)。

注：试验方法仅适用于辐射圆锥角度小于 70°的辐射场，大于 70°的辐射场建议用辐射探测器法测量。

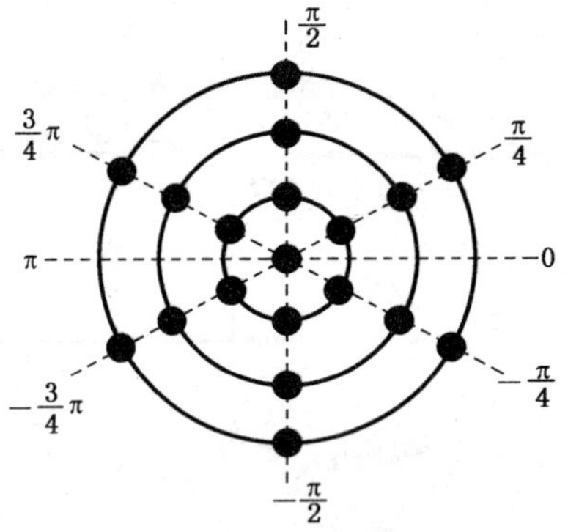

图 6 测量辐射场均匀性的测量点位置

5.6 X 射线机计时器误差测定

试验采用秒表或电子时间测量仪。将计时器分别调到 0.5 min、1 min、5 min 位置。在按动起动开关的同时按动秒表。在计时器停止同时按动秒表。在计时器每一位置上重复测量三次以上。根据纪录结果，计算每一位置上测量值的算术平均值并与调定值进行比较。进行本试验时可以不连发生器。

5.7 管电压误差测定

用带分压器的X射线管电压测量计测定管电压误差，电压原理图如图7所示。电阻R_1阻抗选择的估算按每伏不小于1 kΩ，电阻R_2阻抗选择应保证千伏表读数在测量度盘的2/3处。电阻值相对误差应在±2.5%之内，受热时其阻抗值变化度在±2%之内。

在管电压的起末点和中间点分别依次给X射线发生器加高压，同时观察并记录千伏表指示值电压U_3（电阻器R_2上的电压）和X射线机控制器上电压表指示值U_2。

根据式(4)计算管电压实测值U_1

$$U_1 = KU_3f \quad \cdots\cdots(4)$$

式中：

U_1——管电压实测值，单位为千伏(kV)；

K——分压器电阻分配系数；

f——有效值与峰值换算系数。

纹波系数小于10%时，$f=1.00$；

纹波系数小于25%大于10%时，$f=0.95$；

纹波系数大于25%时，$f=0.74$。

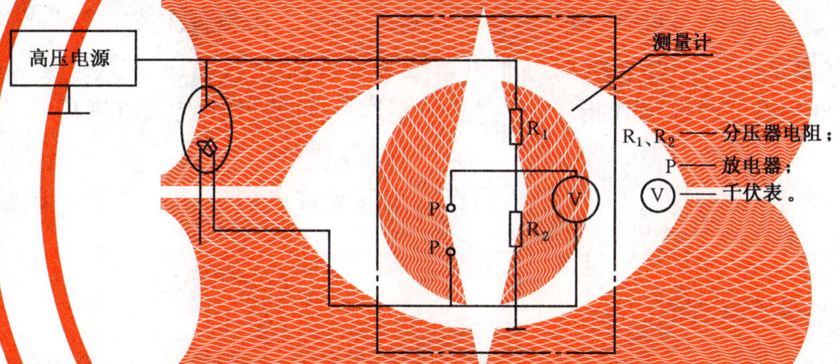

图7 测量计法电气联结图

根据式(5)计算管电压误差

$$\Delta = \frac{U_1 - U_2}{U_1} \times 100\% \quad \cdots\cdots(5)$$

式中：

Δ——管电压误差；

U_1——管电压实测值，单位为千伏(kV)；

U_2——控制器上千伏表指示值，单位为千伏(kV)。

注：试验不适用于自整流线路X射线机；
如采用峰值电压表，则$f=1$；
也可使用球隙放电法测定管电压误差。

5.8 X射线机管电压调节装置测定

用控制器上的管电压调节装置，观察其指示值。将千伏旋钮置于额定管电压的20%处，启动X射线机。

5.9 过电流保护测定

调整管电压到额定值的50%，管电流为额定值，在至少模拟曝光1 min后，使管电流超过额定值。

此时务必仔细缓慢调节，观察高压断开瞬间管电流指示值是否在规定的整定值范围内，并做好记录。如果管电流未达到整定值高压已自动切断或电流超过整定值范围持续 5 s 后仍不能自动切断高压，停止继续增大管电流。在切断高压瞬间管电流指示值不在规定的整定值范围内应认为过电流保护装置没调好或者失效。

5.10 过电压保护测定

调整调压器使电压表指示的电源的电压为额定值。调整管电压为额定值，维持 1 min 后使管电压超过额定值。此时务必仔细缓慢调节，观察高压断开瞬间管电压指示值是否在规定的整定值的范围内，并做好记录。如果管电压未达到整定值高压已自动切断或管电压超过整定值范围持续 5 s 后仍不能自动切断高压，停止继续升高管电压。在切断高压瞬间，管电压指示值不在规定的整定值范围内应认为过电压保护装置没调好或者失效。

试验时可以不连发生器，单独对控制器进行试验。

5.11 温度保护装置测定

将热电偶或酒精温度计浸入发生器的上油面以下 50 mm 处，测量上层油温。在温度计的玻璃泡不能浸入时，要把它置于发生器的上油面以下 50 mm 处的外壳上，用粘胶毯垫覆盖。对气绝缘发生器也相同。断开 X 射线机冷却源(如冷却水、风扇等)，X 射线机按额定工作规程工作，当温度继电器动作使高压自定切断时，观察并记录温度计指示值。为加速试验可以使用外热源提高实验室温度，但应使 X 射线机高压发生器恒温 2 h 以上。温度计指示值与规定值比较，如超出整定值范围应视为保护装置失效或不合格。

进行试验时，室内空气要相对平稳。对于小型高压发生器允许在恒温箱里进行。试验时也可采用其他形式的测温计测温。

5.12 管电流欠毫安保护装置测定

在管电流回路中串入电流表，调整控制器电子组件，观察并测定欠毫安保护装置动作时电流表指示值(可接模拟负载试验)。

5.13 连续工作稳定性测定

按照规定程序，在额定管电压、管电流下 X 射线机连续工作 10 次，在规定的试验次数内除外界因素造成保护器件动作外，管电压或者管电流达不到额定值均认为不正常。

5.14 稳压电路输出电压测定

输出电压波动小于 1% 的交流稳压电源。将交流稳压电源接入 X 射线机电源端。管电压调到额定值的 90%，在管电流调节范围内进行调节。观察并记下管电压的波动的最大值和最小值。

根据式(6)计算管电压稳定度：

$$S_2 = \frac{U_1 - U_2}{U_1} \times 100\% \qquad \cdots\cdots(6)$$

式中：

S_2——负载变化时管电压稳定度；

U_1——管电压最大值，单位为千伏(kV)；

U_2——管电压最小值，单位为千伏(kV)。

本试验主要适用于可自动重复曝光的 X 射线机。

5.15 漏射线空气比释动能率测定

按照 GB 22448—2008 中 3.1 规定进行。

5.16 高压回路绝缘电阻测定

将 1.0 级 500 V 绝缘电阻表连接在 X 射线机控制器的电源插头端子之间，控制器开关置于接通位置，但电源插头不插入电源，读取绝缘电阻值。

5.17 接地保护装置接地电阻测定

控制器各开关置于接通位置，但电源插头不插入电源，用接地电阻测量仪测量控制器外壳任何可能带电部分和电源接地端子之间电阻。

5.18 低压回路绝缘强度测定

控制器各开关置于接通位置，但电源插头不插入电源，在每个单独回路的端子和外壳接地端子之间，用功率不小于 0.5 kW 波形为近似正弦波的耐压测试仪试验，试验电压按表 5 进行。试验电压 5 s～10 s 在内逐渐增加到最大值，维持 2 min 试验后在 5 s～10 s 内逐渐降低到低于工作电压后，断开试验电压。

5.19 高压回路绝缘强度测定

冷机状态过电压试验：高压开关处于接通位置，试验电压加在所有高压回路上，试验电压按表 6 进行。试验电压在 5 s～10 s 内逐渐增加到最大值，维持 1 min。试验电压维持时间按技术条件中规定(如果标准有特殊要求，可按元件的要求进行)。试验后在 5 s～10 s 内逐渐降到低于工作电压后，断开试验电源。热机状态试验：调整过温度保护，可自然升温，亦可借助外界热源(或等效方法)。使 X 射线机发生器内部温度达到 60 ℃±5 ℃时，按上述方法进行试验。

5.20 灯丝变压器初级对地绝缘电阻测定

控制器开关处于接通位置，但电源插头不插入电源，用 1.0 级 500 V 绝缘电阻表测定绝缘电阻值。

5.21 控制器次级对地绝缘强度测定

将控制器开关处于接通位置，用试验电压 1 000 V 加在控制器初级和外壳接地端子之间，维持 1 min。

5.22 清洁度检测

X 射线机清洁度检测如下：

a) 控制器清洁度检测：将新开封的壳体内及其内部组件上的杂质收集在一起，用毫克级天平称重；

b) 发生器清洁度检测：将发生器内的油用滤纸过滤后，用有机溶液清洗滤纸并烘干，用毫克级天平称重(变频、气绝缘机免测)。

5.23 外观质量检测

用目测法，应在工厂正常照明条件下和无任何辅助观察设备情况下进行。

5.24 泄漏测定

测定方法为：

a) 工频油绝缘X射线机发生器密封性测定：到仓库中选取管筒(未装X射线管及其他组件)，用水压法试验，试验压力为2倍工作压力、维持5 min无渗漏。当温度达到60 ℃～65 ℃时，静置3 h无渗漏；

b) 气绝缘X射线机发生器用气体检漏仪进行检漏。

5.25 运输贮存环境试验

按JB/T 9329试验方法进行。高温选+55 ℃，低温选－10 ℃。

5.26 包装试验

按JB/T 9329试验方法进行。喷淋时间为30 min。

5.27 电源电压波动时正常工作试验

如图8所示连接好后使X射线机的控制器上的电源电压调整钮处于正常位置，使电压表示值为电源额定值(如单相为220 V)，调整管电压为额定值，管电流为额定值，曝光时间为额定值，进行额定工作状态模拟曝光试验。调整调压器使电压表指示值为电源额定值的90%(如单相为198 V)，可调整X射线机控制器上电源电压调整钮，重复进行额定工作状态模拟曝光试验。调整调压器使电压表指示值为电源额定值的110%(如单相为242 V)，可调整X射线机控制器上电源电压调整钮，重复进行额定工作状态模拟曝光试验。

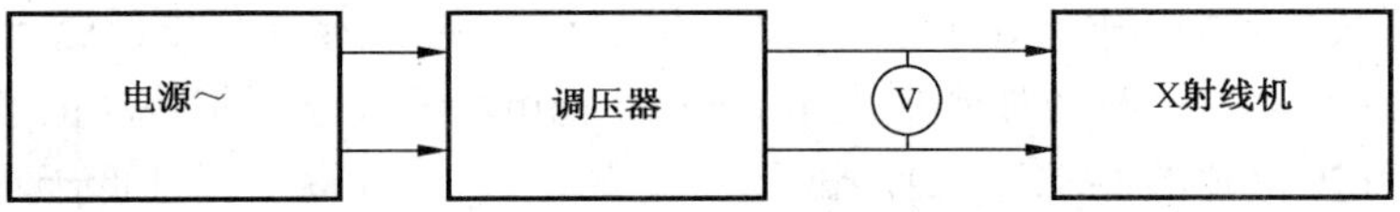

图8 仪器电气连接示意图

试验期间应不出现试验中断进行的现象，否则视为工作不正常。

试验期间电源电压变化应小于2.5%。试验可与穿透力试验、透照灵敏度试验等项目同时进行。试验中额定工作状态模拟曝光试验是指管电压、管电流、曝光时间均为额定值，但不放胶片进行试验。

6 检验规则

6.1 出厂检验

6.1.1 凡出厂的X射线机应经过制造厂质量检查部门按出厂检验项目检验合格，签发合格证后方能出厂。

6.1.2 出厂检验项目按表7规定项目进行。

表7 出厂检验和型式检验

序号	项　目	对应条款	检验方法	出厂检验	型式检验
1	穿透力测定	4.2.1	5.3	√	—
2	透照相对灵敏度测定	4.2.2	5.4	√	√
3	X射线辐射角及场均匀性测定	4.2.3	5.5	√	√
4	X射线机计时器误差测定	4.2.5	5.6	√	√
5	管电压误差测定	4.2.6	5.7	—	√

表 7（续）

序号	项　　目	对应条款	检验方法	出厂检验	型式检验
6	X 射线机管电压调节装置测定	4.2.7	5.8	√	√
7	过电流保护测定	4.2.11	5.9	√	√
8	X 射线机过电压保护测定	4.2.8	5.10	—	√
9	过温度保护测定	4.2.9	5.11	—	√
10	X 射线机管电流欠毫安保护装置测定	4.2.10	5.12	—	√
11	X 射线机连续工作稳定性能测定	4.3.1	5.13	—	√
12	X 射线机稳压电路输出波动测定	4.3.2	5.14	—	√
13	X 射线机漏射线比释动能率测定	4.4.1	5.15	—	√
14	高压回路绝缘电阻测定	4.4.5	5.16	—	√
15	接地电阻测定	4.4.6	5.17	—	√
16	低压回路绝缘强度	4.4.3	5.18	√	√
17	高压回路绝缘强度测定	4.4.4	5.19	√	√
18	灯丝变压器初级对地绝缘电阻测定	4.4.6	5.20	—	√
19	清洁度检测	4.4.8	5.22	—	√
20	外观质量检测	4.5	5.23	√	—
21	泄漏测定	4.4.11	5.24	—	√
22	运输、运输贮存环境检验	7.3	5.25	—	√
23	标志和包装检验	7.1、7.2	5.26	—	√
注：“√”为必检项目，“—”为不检项目。					

6.2 型式检验

6.2.1 凡属下列情况之一者应按本标准进行型式检验：

a) 新产品或老产品转厂生产的检制定型式检验；

b) 正式生产后，如结构、材料、工艺有较大的改变，可能影响产品性能时；

c) 正式生产时，每年进行一次检验；

d) 产品长期停产后，恢复生产时；

e) 出厂检验结果与上次型式检验要求有较大差异时；

f) 国家质量监督检验检疫机构提出进行型式检验要求时。

6.2.2 型式检验项目

型式检验项目按表 7 规定项目进行。

7 标志、包装、运输和贮存

7.1 标志

7.1.1 发生器外表面明显位置处喷涂有当心电离辐射标志，应符合 GB 18871—2002 附录 F1 的要求。

7.1.2 在铭牌上应包括：

a) 型号规格、产品名称；

b) 主要技术参数(包括额定管电压、额定管电流、焦点尺寸、焦点位置)；

c) 制造厂名称、地址及商标；

d) 出厂日期及编号；

e) 认证合格标志。

7.1.3 周向X射线机发生器上(在窗口处)应有红色环标志。

7.2 包装

7.2.1 X射线机应采用复合包装，按照GB/T 13384有关规定进行。

7.2.2 包装箱外壁文字、标志应清晰，不应因时间长久、搬运摩擦和雨淋而模糊不清，其内容至少包括：

a) 制造厂名称及地址；

b) 产品名称与型号规格；

c) 收货单位、地址和发货单位、地址；

d) 包装体积(长×宽×高)；

e) 包装箱上应标有“易碎物品”、“向上”、“怕雨”、“禁止翻滚”等文字，符合GB/T 191规定的包装储运的文字或符号；

f) 产品执行标准编号及名称。

7.2.3 包装箱内应附有下列产品随行文件：

a) 装箱单；

b) 产品合格证；

c) 产品说明书；

d) 随行附(备)件清单。

7.3 运输和贮存

7.3.1 运输和贮存环境条件及试验应符合JB/T 9329中有关规定。

7.3.2 X射线机运输时应防止震动和碰撞，并遵守包装箱外的标志的规定。

7.3.3 X射线机库存及存放地点周围不得有腐蚀性气体，环境温度在2 ℃～40 ℃之间，气体相对湿度不大于85%，仓库的空气应保持流通，地面干燥。

附　录　A
（规范性附录）
X 射线机用校验试块

X 射线机用校验试块厚度应符合表 A.1 的规定。

表 A.1　X 射线机用校验试块厚度

额定管电压 kV	100	150	200	225	250	300	350	400	450
XYY 系列 X 射线机用校验试块 mm			48		55	71	75		
XYD 系列 X 射线机用校验试块 mm		28	48	45	55	71	82	95	105
XYG 系列 X 射线机用校验试块 mm	10	33	40	50	60	75	86	97	110
注：校验试块材料：钢 Q235； 校验试块规格：200 mm×100 mm； 校验试块表面粗糙度：$Ra \leqslant 6.3$。									

ICS 19.100
N 78

中华人民共和国国家标准

GB/T 26838—2011

无损检测仪器 携带式工业X射线探伤机

Non-destructive testing instruments—Portable industrial X-ray radiographic equipment

2011-07-29 发布　　2011-12-01 实施

中华人民共和国国家质量监督检验检疫总局
中国国家标准化管理委员会　发布

前　言

本标准按照 GB/T 1.1—2009 给出的规则起草。

本标准由中国机械工业联合会提出。

本标准由全国试验机标准化技术委员会(SAC/TC 122)归口。

本标准负责起草单位:辽宁仪表研究所、丹东市无损检测设备有限公司。

本标准参加起草单位:丹东奥龙射线仪器有限公司、丹东市万全无损检测仪器厂、丹东市卫生监督所、上海超群无损检测设备有限公司、丹东市计量测试研究所、丹东市探伤仪器厂。

本标准主要起草人:李洪国、董殿刚、李义彬、张宏、菅杰丽、付岩、李文华、林宝华。

无损检测仪器
携带式工业 X 射线探伤机

1 范围

本标准规定了携带式工业 X 射线探伤机(以下简称 X 射线机)的技术要求、检验方法、检验规则、标志、包装、运输和贮存等。

本标准适用于管电压不超过 500 kV 的携带式工业 X 射线机。

2 规范性引用文件

下列文件对于本文件的应用是必不可少的。凡是注日期的引用文件。仅注日期的版本适用于本文件。凡是不注日期的引用文件,其最新版本(包括所有的修改单)适用于本文件。

GB/T 191 包装储运图示标志

GB/T 9582—2008 摄影 工业射线胶片 ISO 感光度,ISO 平均斜率和 ISO 斜率 G_2 和 G_4 的测定(用 X 和 γ 射线曝光)

GB/T 13384 机电产品包装通用技术条件

GB 18871—2002 电离辐射防护与辐射源安全基本标准

GB 22448—2008 500 kV 以下工业 X 射线探伤机防护规则

JB/T 6220—2004 射线探伤用密度计

JB/T 7808—2010 无损检测仪器 工业 X 射线探伤机 主参数系列

JB/T 9329 仪器仪表运输、运输贮存基本环境条件及试验方法

3 产品分类

3.1 产品型号

X 射线机型号宜按图 1 规定编制(型号的确定应以系列为依据,电压、电流为参数)。

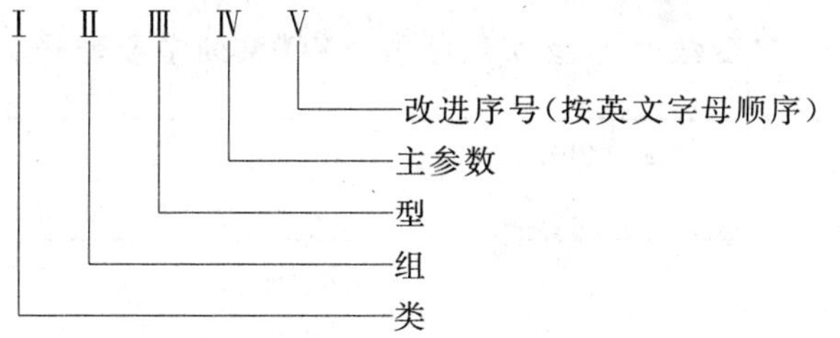

Ⅰ——表示 X 射线机类;

Ⅱ——表示 X 射线机类中的组;

Ⅲ——表示 X 射线机组中各种型特征;

Ⅳ——表示 X 射线机主参数;

Ⅴ——表示改进序号。

图 1 X 射线机产品型号编制方法

示例：

X X Q-2005 A

- A——第一次改进；
- 2005——额定管电压 200 kV，曝光量 30 mA·min；
- Q——变频、气绝缘、定向、玻璃管；
- X——携带式；
- X——X 射线机。

3.2 主要技术参数

主要技术参数按 JB/T 7808 规定。

4 要求

4.1 使用条件

按照规定的工作规程，在以下条件下应正常工作：

a) 海拔高度应不超过 1 000 m；

b) 环境温度 −10 ℃～+40 ℃；

c) 空气相对湿度应不大于 85%；

d) 电源电压波动应不超过额定电源电压的 ±10%；

e) 电源波形应不失真。

4.2 使用性能

4.2.1 穿透力：

a) 定向、气绝缘 X 射线机 XXQ 系列主要型号和穿透力应不低于表 1 中的规定值；

b) 定向、工频、油绝缘 X 射线机 XXY 系列主要型号和穿透力应不低于表 2 中的规定值；

c) 周向、变频、气绝缘 X 射线机 XXH 系列主要型号和穿透力应不低于表 3 中的规定值；辐射场强均匀，胶片相对密度差小于 0.4；

d) 高频恒电压气绝缘 X 射线机 XXG 系列主要型号穿透力应不低于表 4 中的规定值；如果额定管电压与表 1、表 2、表 3 或表 4 不相符时，使用单位与制造单位协商解决。

具体型号产品在随行文件中标明初始射线照射量率。

表 1 定向变频气绝缘 X 射线机 XXQ 系列主要型号和穿透力

型号	额定管电压 kV	曝光量 mA·min	穿透力 钢 Q235 mm
XXQ-1005	100	≤30	≥7
XXQ-1605	160	≤30	≥18
XXQ-2005	200	≤30	≥29
XXQ-2505	250	≤30	≥39
XXQ-2705	270	≤30	≥42
XXQ-3005	300	≤30	≥48
XXQ-3205	320	≤30	≥52
XXQ-3505	350	≤30	≥55

表 2 定向工频油绝缘 X 射线机 XXY 系列主要型号和穿透力

型号	额定管电压 kV	曝光量 mA·min	穿透力 钢 Q235 mm
XXY-1505	150	≤30	≥19
XXY-2005	200	≤30	≥30
XXY-2505	250	≤30	≥39
XXY-3005	300	≤30	≥50

表 3 周向变频气绝缘 X 射线机 XXH 系列主要型号和穿透力指标

型号	额定管电压 kV	曝光量 mA·min	穿透力 钢 Q235	
			平靶管 mm	锥靶管 mm
XXH-1605	160	≤30	≥16	≥12
XXH-2005	200	≤30	≥27	≥24
XXH-2505	250	≤30	≥37	≥34
XXH-3005	300	≤30	≥45	≥40
XXH-3205	320	≤30	≥48	≥42
XXH-3505	350	≤30	≥50	≥45

表 4 高频恒电压气绝缘 X 射线机 XXG 系列主要型号和穿透力指标

型号	额定管电压 kV	曝光量 mA·min	穿透力 钢 Q235 mm
XXG-1605	160	≤30	22
XXG-2205	220	≤30	38
XXG-2605	260	≤30	49
XXG-3005	300	≤30	64

4.2.2 透照相对灵敏度应小于等于 1.8%(钢 Q235)。

4.2.3 X 射线辐射角，定向圆锥角为 40°+5°其辐射场范围内不应有缺圆，周向平靶辐射角为 360°×25°+5°，周向锥靶辐射角为 360°×30°(40°)+5°。

4.2.4 具备有自动控制曝光时间的计时器，计时最大误差应不大于所测值的±2%。

4.2.5 管电压最大允许的误差应不大于所测点值的±5%(油绝缘机)。

4.2.6 管电压调节装置，起始管电压应不大于额定管电压的 60%(气绝缘机)。

4.2.7 过电压保护装置，当管电压超过额定管电压 5 kV～10 kV 时，高压应断开。

4.2.8 过电流保护装置，当管电流超过额定管电流 2 mA 时，高压应断开。

4.2.9 温度保护装置，当发生器内温度达到 60 ℃±5 ℃时，高压应断开。

4.2.10 欠毫安保护装置，当管电流小于 1 mA 时，高压应断开。

4.2.11 变频、气绝缘 X 射线机应设有气体压力指示及低气压保护装置，当发生器中绝缘气体 SF_6 气压低于 0.35 MPa 时(20 ℃)，高压应断开。

4.2.12 发生器及冷却回路应无泄漏现象。

4.3 稳定性

4.3.1 按照规定的工作规程连续工作10次，检验中应无异常现象，暂载率符合标称数据(特殊要求时使用单位与制造单位协商解决)。

4.3.2 主回路设置稳压电路，高压变压器初级电压波动应在±2%以内，管电流波动应在±0.5 mA以内。

4.4 辐射防护与安全

4.4.1 漏射线空气比释动能率符合表5的规定。

表5 漏射线空气比释动能率

管电压 kV	漏射线空气比释动能率 mGy/h
≤200	≤2.5
>200	≤5

4.4.2 低压回路绝缘电阻不小于2 MΩ。

4.4.3 低压回路绝缘强度按表6规定进行检验，应无异常现象。

表6 低压回路绝缘强度检验

回路电压 U	频率 Hz	检验电压 V	耐压时间 min
$100<U\leqslant 250$	50	1 000	2
$U\leqslant 100$	50	500	2

4.4.4 冷、热状态下高压回路检验电压和时间按表7规定进行检验，应无异常现象。

表7 高压回路绝缘强度检验

管电压 kV	管电压升至额定管电压倍数	耐压时间 min
≥200	1.05	1(工频、油绝缘)，1.5(变频、气绝缘)
<200	1.10	1(工频、油绝缘)，1.5(变频、气绝缘)

4.4.5 低压变压器初级对地绝缘强度按表6规定进行检验，应无异常现象。

4.4.6 高压变压器次级对地绝缘强度按表7规定进行检验，应无异常现象。

4.4.7 高压变压器初级对地绝缘电阻应不小于5 MΩ。

4.4.8 灯丝变压器初级对地绝缘电阻应不小于5 MΩ。

4.4.9 灯丝变压器初级对地绝缘强度，用1 000 V、50 Hz交流电检验，耐压2 min应无异常现象。

4.4.10 接地保护装置，接地电阻应小于0.5 Ω。

4.4.11 电缆接头和插头连接拆卸方便，并带有保护盖，连接电缆长度应不短于20 m，电源电缆长度应不短于 10 m(特殊要求由使用单位与制造单位协商解决)。

4.4.12 控制器和发生器中(工频、油绝缘)杂质均应不大于 80 mg。

4.5 外观要求

4.5.1 表面镀层坚固、无脱落现象。

4.5.2 表面面漆及加工表面无碰伤、气泡及划痕。

4.5.3 不加工的易锈表面有防锈或防氧化措施。

4.5.4 表面颜色鲜明,而且同一系列型号的控制器和发生器等应颜色一致。

5 试验方法

5.1 试验条件

应符合 4.1 的规定。

5.2 试验用主要仪器仪表和器具

5.2.1 精度等级不低于 1.5 级的交流电压表,电流表。

5.2.2 球隙放电器或静电电压表,最大测量误差为±3%。

5.2.3 1.0 级 500 V 绝缘电阻表。

5.2.4 X 射线剂量仪,总不确定度为 10%。

5.2.5 测量误差不大于±0.04%的密度计或测微光度计。

5.2.6 穿透力校验检块及线型像质计,按附录 A 规定。

5.2.7 铅增感屏,前后屏 0.03 mm,工业用射线胶片。

5.2.8 接地电阻测量仪。

5.2.9 秒表和温度计。

5.2.10 连续冲击式检验台,高、低温箱,湿热箱。

5.2.11 容量为被测 X 射线机功率 150%以上的耐压测试仪。

5.2.12 气压表和气压检验装置。

5.2.13 精度为毫克级天平。

5.2.14 X 射线剂量率仪。

5.2.15 卤素检漏仪。

5.3 穿透力测定

5.3.1 试验仪器

符合附录 A 规定的标准试块、符合 GB/T 9582—2008 中表 1 列出的 ISO 感光度为 320 的工业胶片、符合试验室要求的观片灯、符合 JB/T 6220—2004 中 4.2 要求的密度计。

本试验示意图见图 2。

单位为毫米

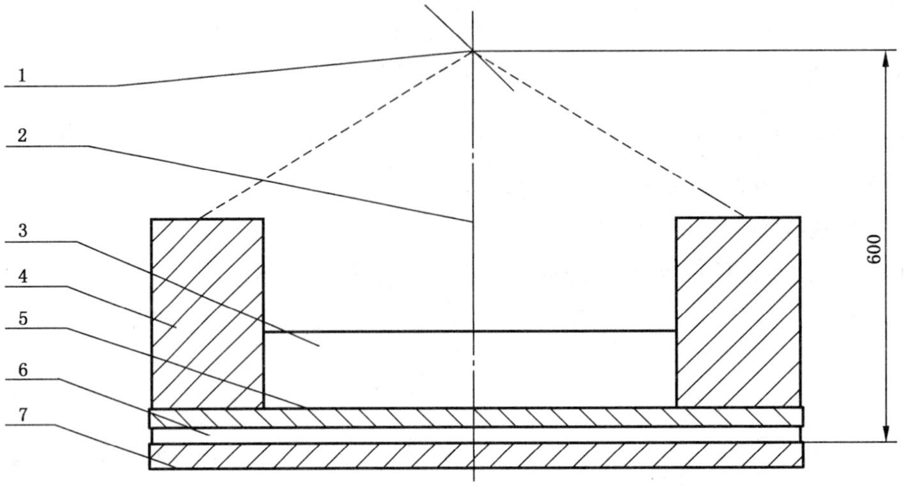

说明：

1——实际焦点；

2——X射线束中心轴线；

3——标准试块；

4——铅挡块；

5——前增感屏；

6——胶片；

7——后增感屏。

图2 穿透力试验示意图

5.3.2 试验程序

把胶片裁成100 mm×225 mm长方形，前铅增感屏，后增感屏不限，穿透力校验试块（厚度见附录A）放在前增感屏之上，并面向X射线发生器一侧。试块四周用铅挡块屏蔽好。

采用额定管电压、额定管电流，曝光时间参数宜采用30 mA·min。调整X射线发生器位置使实际焦点与胶片上表面平面距离为600 mm、把胶片中心置于辐射场2/3处，试块、胶片长度方向与X射线发生器轴线方向一致且平行。胶片本底密度在0.3以下，曝光后底片密度大于等于2.0。将曝光后的胶片进行暗室处理，温度为21 ℃±1 ℃，显影液、定影液配置按工业X光胶片规定进行。经冲洗干燥后的底片用光密度计进行密度测量。在底片中心处至少测5次，记下密度值。按式(1)计算底片密度算术平均值$\overline{D}$：

$$\overline{D}=\frac{1}{n}\sum_{i=1}^{n}D_i \qquad \cdots\cdots(1)$$

式中：

i——测量顺序号；

n——测量次数；

D_i——第i次测量密度值。

5.3.3 周向X射线机穿透力试验

按上述测试条件，使X射线束中心线和胶片平面处于同一平面，拍片四张，绕发生器中心轴线每转动发生器90°拍片一张，穿透力取其最低值。

5.4 相对灵敏度测定

5.4.1 试验仪器

标准试块：按穿透力试验选用。

两个线型像质计：像质计材料应选用与试块类似的材料。钢试块应选用钢线型像质计，铝试块应选用铝线型像质计。

5.4.2 试验程序

5.4.2.1 把像质计按图 3 放置在试块上，细线朝外。试块应与 X 射线管轴线平行。

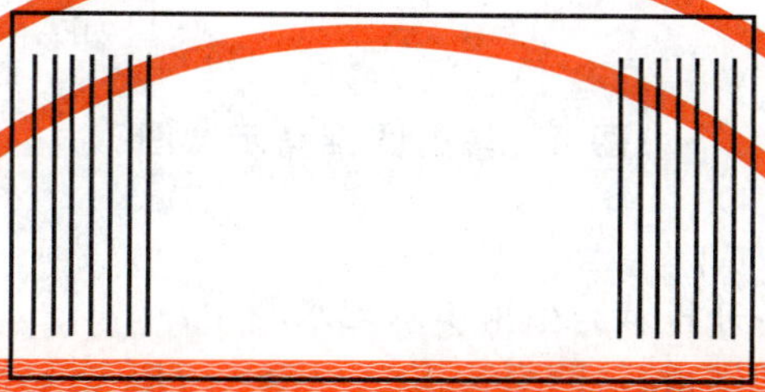

图 3 像质计放置示意图

按式(2)计算相对灵敏度 K：

$$K = d/T \times 100\% \quad \cdots\cdots\cdots\cdots (2)$$

式中：

d ——光学胶片上可分辨的最细线直径，单位为毫米(mm)；

T ——检块厚度，单位为毫米(mm)；

K ——用百分数表示射线透照相对灵敏度，%。

5.5 射线辐射角和辐射场均匀性测定

5.5.1 定向 X 射线机用胶片法进行辐射角和辐射场均匀性测定试验。

5.5.2 试验仪器：胶片、胶片支架、密度计或测微光度计。

5.5.3 试验程序：按图 4 将胶片放置在胶片支架上，使射线束中心对着胶片中心。如果已知实际焦点至胶片的距离，拍照一张辐射场照片。如果不知实际焦点至胶片的距离，那么在一次曝光中同时拍照两张不同距离的辐射场照片。两张胶片之间距离一般为 100 mm。选择适宜的曝光参数，使曝光后胶片最大密度在 1.0～1.5 左右。在观片灯下用密度计测量显影后底片上包括中心处和边缘处各点密度，以确定底片上最大密度值和辐射场边缘(辐射场边缘以最大密度的 50%为界)。进行辐射场直径测量。

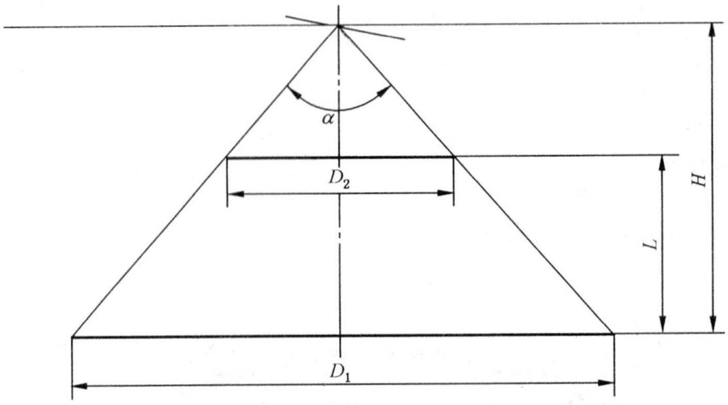

图 4　辐射圆锥角示意图

5.5.4　结果处理

5.5.4.1　按图 5 指定位置测量，并将试验结果填入记录表中。

5.5.4.2　按式(3)确定辐射场圆锥角：

$$\left.\begin{aligned}\alpha &= 2\mathrm{arctg}\,\frac{D_1}{2H}\text{（如果已知实际焦点至胶片的距离 }H\text{）}\\ \alpha &= 2\mathrm{arctg}\,\frac{D_1-D_2}{2L}\text{（如果不知实际焦点至胶片的距离）}\end{aligned}\right\}\quad\cdots\cdots\cdots(3)$$

式中：

α ——辐射场圆锥角，单位为度、弧度(如 45°，π/2)；

D_1——胶片上辐射场直径，单位为毫米(mm)；

D_2——胶片上辐射场直径，单位为毫米(mm)；

L ——胶片间距离，单位为毫米(mm)。

注：试验方法仅适用于辐射圆锥角度小于 70°的辐射场，大于 70°的辐射场建议用辐射探测器法测量。

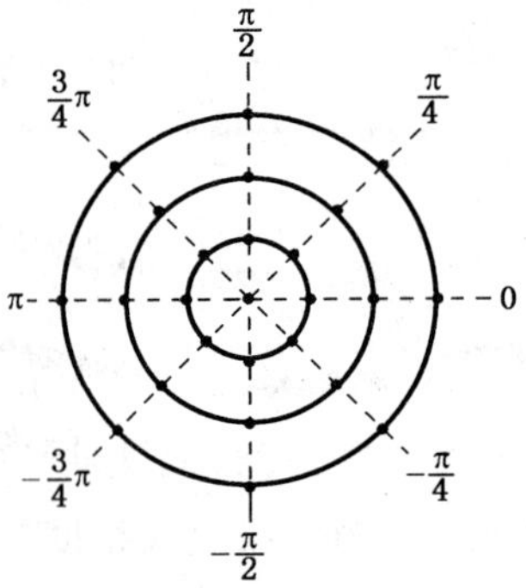

图 5　测量辐射场均匀性的测量点位置

5.6　周向 X 射线机射线辐射角测定

将胶片中心线与 X 射线束中心线重合，选用适当的曝光参数，绕发生器中心线每转动发生器 90°拍 1 张片，拍片 4 张，如图 5。使胶片密度在 1～1.5 之间，在 4 张胶片上测量其辐射场中心线上的密度，取最大值与最小值之差，测得辐射角。按图 6 试验，计算辐射角，方法同 5.5。

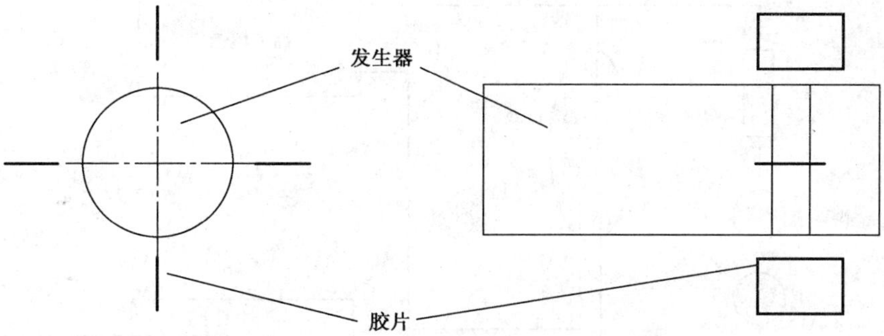

图 6　周向 X 射线机射线辐射角检验示意图

5.7　计时器误差测定

将计时器分别调到 0.5 min、1 min、5 min 位置，在按动开关的同时按动秒表，在计时器停止的同时停止秒表，每个位置重复 3 次，计算每个位置测量值的算术平均值与调定值的差值，取其差值与调定值之比。

5.8　额定管电压误差测定

5.8.1　用球隙放电法测定管电压误差

在具有防护条件的高压检验室内进行，选用合适的球形放电器，管电压为 20 kV～150 kV 范围内选用直径为 125 mm 的球，管电压为 40 kV～270 kV 范围内选用直径为 250 mm 的球，管电压为 60 kV～460 kV 范围内选用直径为 500 mm 的球。限流电阻 R 按每伏 3 Ω 估算和选用。如图 7 进行仪器连接。用温度计、气压表测出检验室的温度 t 和大气压力 b，按式(4)计算密度修正系数 K_d。

$$K_d=\left(\frac{b}{b_0}\right)\left(\frac{273+20}{273+t}\right) \quad \cdots\cdots(4)$$

式中：

K_d——密度修正系数；

b ——大气压，单位为帕(Pa)；

b_0 ——101 325 Pa。

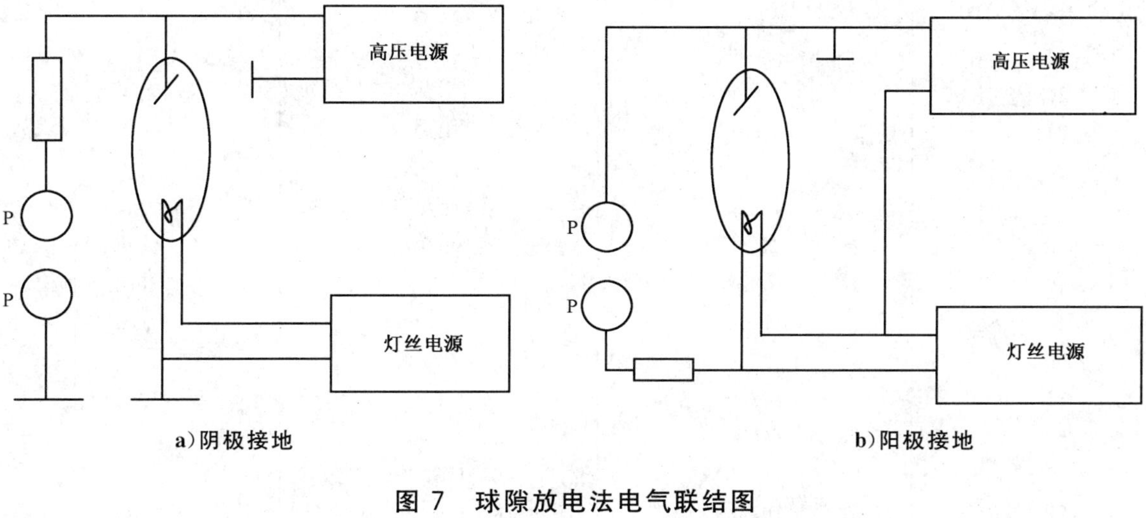

a)阴极接地　　b)阳极接地

图 7　球隙放电法电气联结图

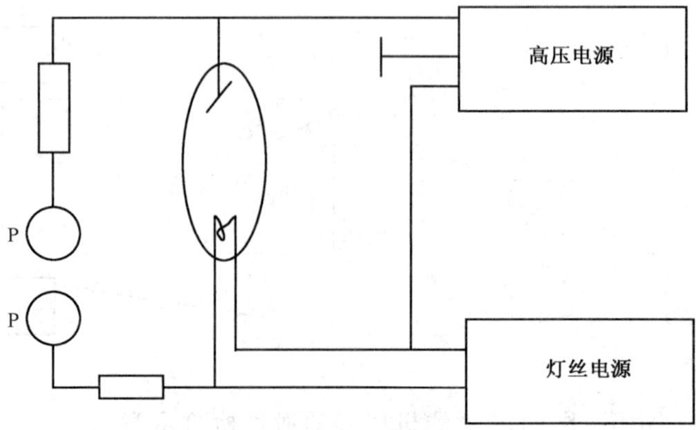

c)中间接地

图 7(续)

确定检验点后,将密度修正系数 K_d 计算出乘以表 8 中千伏数值,得到管电压实际值 U_1,以此确定并调好球隙距离。在检验人员做好防护的情况下,缓慢升高 X 射线管电压(30 s 内不应发生击穿才能继续升高电压)。观察并记录听到击穿放电声音瞬间控制器上所达到的最大千伏指示值 U_2,检验在管电压的起始、终末和中间点进行,每点至少测三次,每次测量中千伏指示值相差 10 kV 以上时,则检验应重新进行。按式(5)计算管电压误差。

$$\Delta U = \frac{U_2 - U_1}{U_1} \times 100\% \qquad \cdots\cdots(5)$$

式中:

U_1——管电压实测值,单位为千伏(kV);

U_2——控制器千伏指示值,单位为千伏(kV);

ΔU——管电压误差。

表 8 球间距和球形放电器击穿电压的峰值基准表 单位为千伏(kV)

球隙距离 mm	球直径/mm		
	125	250	500
5	16.8	—	—
10	31.7	31.7	—
15	45.5	45.5	—
20	59.0	59.0	59.0
24	70.0	70.0	70.0
26	75.0	75.0	75.0
30	85.0	86.0	86.0
35	97.0	99.0	99.0
40	108.0	112.0	112.0
45	119.0	125.0	125.0
50	129.0	137.0	138.0
55	138.0	149.0	151.0
60	146.0	161.0	164.0
65	(154.0)	173.0	177.0
70	(161.0)	184.0	189.0

表 8（续）

单位为千伏(kV)

球隙距离 mm	球直径/mm		
	125	250	500
75	(168.0)	195.0	202.0
80	(174.0)	206.0	214.0
90	(185.0)	226.0	239.0
100	(195.0)	244.0	263.0
110	—	261.0	289.0
120	—	275.0	309.0
130	—	(289.0)	331.0
140	—	(302.0)	353.0
150	—	(314.0)	373.0
160	—	(326.0)	392.0
170	—	(337.0)	411.0
180	—	(347.0)	429.0
190	—	(357.0)	445.0
		(366.0)	460.0

为了测量准确应注意以下几点：

a） 在测量前应将球表面油漆、润滑油及保护层全部清除，用无水酒精擦拭球体表面；

b） 由周围物体到球形放电器距离不小于10倍击穿距离；

c） 检验时将射线窗口屏蔽好，防止X射线损伤。

5.8.2 用分压法测定管电压误差

用带分压器的X射线管电压测量计测定管电压误差，电压原理图如图8所示。电阻R_1阻抗选择的估算按每伏不小于1 kΩ，电阻R_2阻抗选择应保证千伏表读数在测量度盘的2/3处。电阻值相对误差应在±2.5%之内，受热时其阻抗值变化度在±2%之内。

在管电压的起末点和中间点分别依次给X射线发生器加高压，同时观察并记录千伏表指示值电压U_3(电阻器R_2上的电压)和X射线机控制器上电压表指示值U_2。

根据式(6)计算管电压实测值U_1：

$$U_1 = KU_3 f \qquad (6)$$

式中：

U_1——管电压实测值，单位为千伏(kV)；

K——分压器电阻分配系数；

f——有效值与峰值换算系数。

纹波系数小于10%时，f=1.00；

纹波系数小于25%大于10%时，f=0.95；

纹波系数大于25%时，f=0.74。

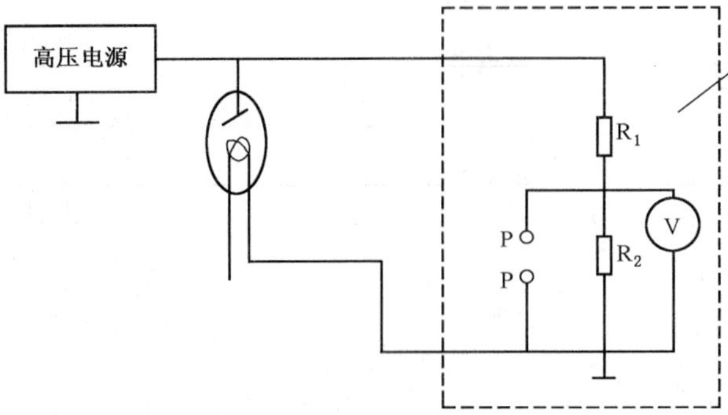

图 8　测量计法电气联结图

根据式(7)计算管电压误差

$$\Delta=\frac{U_1-U_2}{U_1}\times 100\% \qquad \cdots\cdots(7)$$

式中：

Δ——管电压误差；

U_1——管电压实测值，单位为千伏(kV)；

U_2——控制器上千伏表指示值，单位为千伏(kV)。

注 1：试验不适用于自整流线路 X 射线机。

注 2：如采用峰值电压表，则 $f=1$。

5.9　管电压调节装置测定

用控制器上的管电压调节装置，将千伏置于额定管电压的 60%，观察其指示值，启动 X 射线机。

5.10　过电流保护测定

管电压调到额定值的 50%，管电流为额定值，在至少模拟曝光 1 min 后，缓慢调节使管电流超过额定值规定范围时，观察高压断开瞬间管电流指示值是否在规定的范围内。如果管电流未达到规定范围高压已自动切断或者管电流超过规定值范围持续 5 s 后仍不能自动切断高压，停止继续增大电流。

在高压断开瞬间，管电流指示值不在规定值范围内应认为过电流保护装置未调好或者失效。

5.11　过电压保护测定

调整调压器使电压表指示的电源电压为额定值，管电流加至额定值的 50%以上，调整管电压为额定值，维持 1 min 后缓慢调节使管电压超过额定值规定范围时，如果管电压未达到规定值范围高压已自动切断或者管电压超过规定值范围持续 5 s 后仍不能自动切断高压，停止继续升高管电压。

在高压断开瞬间，管电压指示值不在规定值范围内，应认为过电压保护装置未调好或者失效。

5.12　温度保护测定

将热电偶或酒精温度计浸入发生器的上油面以下 50 mm 处，测量上层油温。在温度计的玻璃泡不能浸入时，要把它置于发生器的上油面以下 50 mm 处的外壳上，用粘胶毯垫覆盖。对气绝缘发生器也相同。断开 X 射线机冷却源(如冷却水、风扇等)，X 射线机按额定工作规程工作，当温度继电器动作使高压自定切断时，观察并记录温度计指示值。为加速试验可以使用外热源提高实验室温度，但应使X 射线机高压发生器恒温 2 h 以上。温度计指示值与规定值比较，如超出整定值范围应视为保护装置失效或不合格。

进行试验时，室内空气要相对平稳。对于小型高压发生器允许在恒温箱里进行。试验时也可采用其他形式的测温计测温。

5.13 管电流欠毫安保护装置测定

在管电流回路中串入1.5级毫安表，调整控制器电子组件，观察并测定欠毫安保护装置动作时毫安表的指示值（接假负载检验）。

5.14 气绝缘低气压保护测定

当发生器中SF_6绝缘气体气压低于0.35 MPa时（20 ℃），观察高压是否断开（可另选气压低于0.35 MPa的发生器进行检验）。

5.15 连续工作稳定性能测定

工作5 min休息5 min（特殊型号除外），在额定管电压、管电流下，X射线机连续工作10次，在规定的检验次数内除外界因素造成保护器件动作外，管电压或者管电流达不到额定值均为不正常。

5.16 变频、气绝缘主回路稳压电路输出电压、电流波动测定

将0.5级电压表并联在主回路稳压电路输出端，用调压器调压，读出电源线路在242 V、198 V、220 V对应的输出电压U_1、U_2及U按式(8)计算出。

$$\frac{U_1-U}{U}\times 100\% \text{ 及 } \frac{U_2-U}{U}\times 100\% \qquad \cdots\cdots (8)$$

5.17 漏射线空气比释动能率测定

按照GB 22448—2008中3.1的规定进行。

5.18 低压回路绝缘电阻测定

将1.0级500 V绝缘电阻连接在控制器的电源插头端子和外壳接地端子之间，控制器开关置于接通位置，但电源插头不插入电源，读取绝缘电阻值。

5.19 接地保护装置接地电阻测定

控制器各开关置于接通位置，但电源插头不插入电源，用接地电阻测量仪测量控制器外壳所有可能带电部分和电源接地端子之间电阻。

5.20 低压回路绝缘强度测定

控制器各开关置于接通位置，但电源端子不插入电源，在每个单独回路的端子和外壳接地端子之间，用功率不小于0.5 kW波形为近似正弦波的耐压测试仪检验电压，检验电压按表6进行。检验电压在5 s～10 s内逐渐增加到最大值，维持2 min检验后在5 s～10 s内逐渐降低到低于工作电压后，断开检验电压。

5.21 高压回路绝缘强度测定

“冷机状态”将高压开关处于接通位置，调整过压保护，检验电压加在所有高压回路上，检验电压按表7进行。检验电压在5 s～10 s内逐渐增加到最大值，维持1 min，1.5 min。检验后在5 s～10 s内逐渐降低到低于工作电压后，断开检验电源。“热机状态”调整过温保护装置，可自然升温亦可借助外界热

源(或等效方法)。使发生器内部温度达到 50 ℃±5 ℃时,按上述方法进行检验。

5.22 高压变压器次级对地绝缘强度测定

实验方法同 5.21。

5.23 高压变压器初级对地绝缘电阻测定

用 1.0 级 500 V 兆欧表测定高压变压器初级和外壳接地端子之间绝缘电阻值。控制器开关处于接通位置,但电源插头不插入电源。

5.24 灯丝变压器初级对地绝缘电阻测定

将控制器开关处于接通位置,但电源插头不插入电源,用 1.0 级 500 V 兆欧表测定灯丝变压器初级和外壳接地端子之间绝缘电阻值。

5.25 灯丝变压器初级对地绝缘强度测定

将控制器开关处于接通位置,用检验电压 1 000 V 加在灯丝变压器初级和外壳接地端子之间,维持 1 min。

5.26 清洁度检测

检测方法为:

a) 控制器清洁度检测:将新开封的壳体内及其内部组件上的杂质收集在一起,用毫克级天平称重;

b) 发生器清洁度检测:将发生器内的油用滤纸过滤后,用有机溶液清洗滤纸并烘干,用毫克级天平称重(变频、气绝缘机除外),控制器和发生器的杂质量均不大于 80 mg。

5.27 外观质量检测

用目测法,在工厂正常照明条件下和无任何辅助观察设备情况下进行。

5.28 泄漏测定

检测方法为:

a) 工频、油绝缘发生器密封性检测:用上述方法任选发生器,用水压法检测,检测压力为 2 倍工作压力、维持 5 min 无渗漏。当温度达到 60 ℃~65 ℃时,静置 3 h 应无渗漏;

b) 气绝缘 X 射线机发生器用气体检漏仪进行检漏。

5.29 运输、运输贮存环境试验

按 JB/T 9329 检测方法进行,高温选+50 ℃,低温选-10 ℃。

5.30 包装试验

按 JB/T 9329 检测方法进行,喷淋时间为 30 min。

6 检验规则

6.1 出厂检验

6.1.1 凡出厂的 X 射线机应经制造厂质量检查部门按出厂检验项目检验合格,签发合格证后方能出厂。

6.1.2 出厂检验项目

出厂检验项目按表 9 规定项目进行。

6.2 型式检验

6.2.1 凡属下列情况之一者应按本标准进行型式检验：

a) 新产品或老产品转厂生产的检制定型鉴定；

b) 正式生产后，如结构、材料、工艺有较大的改变，可能影响产品性能时；

c) 正式生产时，每年进行一次检验；

d) 产品长期停产后，恢复生产时；

e) 出厂检验结果与上次型式检验有较大差异时；

f) 国家质量监督检验检疫机构提出进行型式检验要求时。

6.2.2 型式检验项目

型式检验项目按表 9 规定项目进行。

表 9 X 射线机出厂检验及型式检验项目

序号	项目	对应条款	检验方法	出厂检验	型式检验
1	穿透力测定	4.2.1	5.3	√	√
2	透照相对灵敏度测定	4.2.2	5.4	√	√
3	X 射线辐射角及场均匀性测定	4.2.3	5.5	√	√
4	X 射线计时器误差测定	4.2.4	5.7	√	√
5	X 射线管电压调节装置测定	4.2.6	5.9	√	√
6	低压回路绝缘电阻测定	4.4.2	5.18	√	√
7	X 射线机过电压保护测定	4.2.7	5.11	—	√
8	管电压误差测定	4.2.5	5.8	—	√
9	X 射线机连续工作稳定性能测定	4.3.1	5.15	—	√
10	X 射线机稳压电路输出波动测定	4.3.2	5.16	—	√
11	X 射线机漏射线比释动能率测定	4.4.1	5.17	—	√
12	X 射线机欠毫安保护装置测定	4.2.10	5.13	—	√
13	过电流保护测定	4.2.8	5.10	√	√
14	高压回路绝缘电阻测定	4.4.7	5.23	—	√
15	接地电阻测定	4.4.6	5.19	—	√
16	高压回路绝缘强度测定	4.5	5.21	√	√
17	过温度保护测定	4.2.9	5.12	—	√
18	高压变压器次级对地绝缘强度测定	4.4.9	5.25	—	√
19	灯丝变压器初级对地绝缘电阻测定	4.4.8	5.24	—	√
20	控制器和发生器清洁度检测	4.4.12	5.26	—	√
21	外观质量检测	4.5	5.27	√	√
22	发生器泄漏试验	4.2.12	5.28	—	√
23	运输、运输储存环境试验		5.29	—	√
24	标志和包装试验	7.1,7.2	5.30	—	√
注：表中"√"为必检项目，"—"为不检项目。					

7 标志、包装、运输和贮存

7.1 标志

7.1.1 发生器外表面明显位置处按照 GB 18871—2002 附录 F1 规定，喷涂有“电离辐射标志”。

7.1.2 在 X 射线机明显位置上做如下标志：

a) 型号规格、产品名称；

b) 制造企业名称、地址及商标；

c) 出厂日期及编号；

d) 主要技术参数；

e) 电源：

1) 频率；

2) 相数；

3) 电压；

4) 容量；

f) 认证合格标志。

7.1.3 周向 X 射线机发生器(在窗口处)上应有红色环标志。

7.2 包装

7.2.1 X 射线机应采用复合包装，按照 GB/T 13384 有关规定进行。

7.2.2 包装箱外壁文字、标志应清晰，不应因时间长久、搬运摩擦和雨淋而模糊不清，其内容至少包括：

a) 制造厂名称；

b) 产品名称与型号规格；

c) 收货单位、地址和发货单位、地址；

d) 包装体积(长×宽×高)；

e) 包装箱上应标有“易碎物品”、“向上”、“怕雨”“禁止翻滚”等文字，符合 GB/T 191 规定的包装储运的文字或符号；

f) 产品执行标准编号及名称。

7.2.3 包装箱内应附有下列随行文件：

a) 装箱单；

b) 产品合格证；

c) 产品说明书：

1) 电源：输入电压、电流及容量；

2) 输出功率：最大管电压、最大管电流；

3) 焦点尺寸：X 射线管有效焦点标称尺寸；

4) X 射线透照范围：距 X 射线管焦点 600 mm 处透照区尺寸；

d) 随行附(备)件清单。

7.3 运输和贮存

7.3.1 运输和贮存环境条件及检验应符合 JB/T 9329 中有关规定。库存及存放地点周围不得有腐蚀性气体，环境温度在 −10 ℃～+40 ℃之间，气体相对湿度不得大于 85%，仓库的空气应保持流通，地面干燥。

附　录　A
（规范性附录）
工业 X 射线机用穿透力校验试块

工业 X 射线机用穿透力校验检块厚度应符合表 A.1 的规定。

表 A.1　工业 X 射线机用穿透力校验检块

额定管电压 kV	100	150	200	250	300	320
定向 X 射线机用校验检块厚度 mm	7	19	29	39	50	55
周向 X 射线机用校验检块厚度 mm	—	12※	27/24※	37/34※	47/44※	—

注：校验检块材料：钢 Q235，有※号为锥靶 X 射线管周向 X 射线机用穿透力校验检块厚度；
校验检块规格：长×宽，200 mm×100 mm；
校验检块表面粗糙度：$Ra \leqslant 6.3\ \mu m$ 。

ICS 35.240.60
A 10

中华人民共和国国家标准

GB/T 26839—2011

电子商务　仓单交易模式规范

Electronic commerce—
The specification for warehouse receipt trading mode

2011-07-29 发布　　　　2011-12-01 实施

中华人民共和国国家质量监督检验检疫总局
中国国家标准化管理委员会　发布

前　　言

本标准按照GB/T 1.1—2009给出的规则起草。

本标准由全国电子业务标准化技术委员会(SAC/TC 83)提出并归口。

本标准起草单位:清华大学、金银岛(北京)网络科技有限公司、中国标准化研究院。

本标准主要起草人:刘义、黄海新、刘颖、隋媛、杜彦江、徐登华。

电子商务 仓单交易模式规范

1 范围

本标准规定了电子商务在线仓单交易模式框架、基本流程和所涉及的交易商入市、仓单品种定义、在线仓单交易、资金结算、货物交收和信息发布等业务内容。

本标准适用于电子商务在线仓单交易中心的交易活动。

2 规范性引用文件

下列文件对于本文件的应用是必不可少的。凡是注日期的引用文件,仅注日期的版本适用于本文件。凡是不注日期的引用文件,其最新版本(包括所有的修改单)适用于本文件。

GB/T 18769—2003 大宗商品电子交易规范

3 术语和定义

下列术语和定义适用于本文件。

3.1

仓单 warehouse receipt

保管人在收到仓储货物时向存货人签发的表示收到一定数量的仓储货物的存货凭证。

3.2

仓单交易 warehouse receipt trading

在传统现货交易基础上,以大宗商品形成的仓单为标的所进行的交易行为。

3.3

电子交易合同 electronic contract

通过仓单交易中心的交易系统签订的,对在线仓单交易标的物以及买卖双方的权利、义务进行约定的有完全法律效力的在线文本。

3.4

交易商 dealer

仓单交易的买卖双方。

3.5

交易日 transaction date

由仓单交易中心指定的、可以进行仓单交易的日期。

3.6

交货日 delivery date

交易双方在电子交易合同中约定交货的日期。

4 交易参与方

4.1 仓单交易中心

仓单交易中心应满足 GB/T 18769—2003 的 3.2 中对电子交易中心的管理规范,应制定各类仓单交易管理办法,如交易商准入制度、资金管理制度和交货仓库管理制度等各类制度,并在仓单交易中心网站上公布。仓单交易中心为交易商提供可靠、安全、开放的仓单交易平台,使交易商可以通过互联网完成仓单交易。

4.2 交易商

交易商指经工商行政管理部门登记注册,从事与交易品种有关的生产、经营和消费活动的各类市场主体。交易商应满足 GB/T 18769—2003 的 3.3 中对交易商的管理规范。

4.3 交货仓库

交货仓库由仓单交易中心指定,负责对交易商货物进行检验、保管并开具存货凭证(仓单)。交货仓库应满足 GB/T 18769—2003 的 3.4 中对交货仓库的管理规范,并满足本标准中的在线仓单交易、货物交收业务对交货仓库的有关要求。交货仓库不应参与仓单交易中心的交易活动。

4.4 结算银行

结算银行由仓单交易中心指定,代为监管交易商货款,协助仓单交易中心进行交易结算、资金划拨的银行。

结算银行应满足 GB/T 18769—2003 的 3.5 中对结算银行的管理规范,并满足本标准中资金结算业务对结算银行的有关要求。

5 仓单交易模式框架和基本流程

5.1 框架

仓单交易模式框架如图 1 所示。

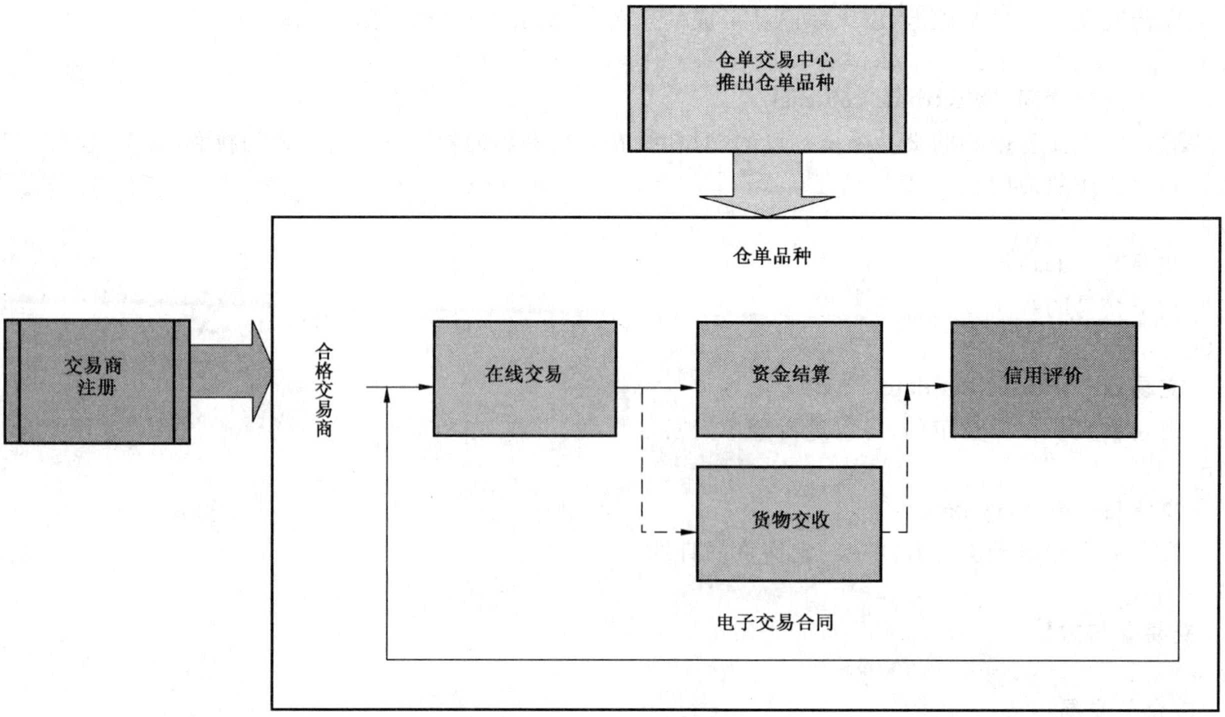

图 1 仓单交易模式框架

交易商首先要在仓单交易中心注册，然后才可以买卖仓单交易中心推出的仓单品种。

仓单交易过程包括在线交易、资金结算和货物交收三个环节。如果交易商在交货日前进行合同转让，则不必进行货物交收。

仓单交易中心可以在每笔交易结束之后，根据资金结算和货物交收情况对交易商的信用进行动态的评价。

5.2 基本流程

仓单交易的基本流程如下：

a) 交易商通过互联网进入仓单交易中心交易系统提交要约，做出承诺，由仓单交易中心交易系统按“价格优先、时间优先”的原则撮合成交，并签订电子交易合同。
b) 在成交之时买方支付货款一定比例的保证金；卖方在提交仓单之前也要交纳交货保证金，提交仓单则交货保证金全额退回。
c) 交货日，由交易中心根据买卖双方需求对货物交收实行配对，并鉴证交易双方签订交货合同。
d) 仓单交易中心收到买方全额货款和卖方的足额仓单后，于交货日向买方开具交货仓库提货单，向卖方支付一定比例的货款，待货物品质经买方认可或经仓单交易中心指定的商（质）检部门检验确认合格，卖方向买方开具增值税发票后，结清余款。
e) 买方凭提货单即可到交货仓库提货。

6 交易商入市

6.1 交易商注册

要进行仓单交易，交易商应在仓单交易中心注册成为合格的交易商。

交易商注册应提交以下材料：

a) 交易商入市申请表；
b) 《企业法人营业执照》副本复印件；
c) 税务登记证（国税）副本复印件。

交易商入市基本流程如下：

a) 向仓单交易中心相关部门提交上述相关材料。
b) 按租期缴纳摊位租金。
c) 与仓单交易中心签订入市交易协议，对双方的权利、责任进行约定。
d) 取得摊位号码、交易密码。如是外场交易的，根据交易中心规定调试并安装交易软件。
e) 在仓单交易中心指定银行开设往来账户、交存货款。
f) 交易商进场交易或者直接上网交易。

6.2 交易员注册

交易员是交易商委派到交易中心从事具体交易活动的业务人员，交易员在仓单交易中心使用交易商账号所进行的所有交易行为均视为该交易商的交易行为。

交易员注册应提交以下材料：

a) 交易员授权表；
b) 免冠照片；
c) 身份证复印件。

6.3 账号管理

为保证网络交易安全,仓单交易中心实行账号管理。每一个账号对应唯一的交易商。一个交易商可设多个交易账号,对于多个交易员,可以一个交易员使用一个交易账号。

7 仓单品种定义

7.1 概述

在仓单交易中,由仓单交易中心推出仓单品种,并在互联网上公布。交易中心可根据情况进行调整,并自调整后按照新公布的仓单品种开始执行。

仓单交易中心对于每一种在仓单交易中心交易的货物,应给出其简称、产品说明、执行的质量标准、规格型号、材质、替代品质量品级差价、对包装/标志/贮运的要求、地区差价、可交收的品牌和交收细则等。说明要简明、准确。

仓单品种由货物品种简称与最后交易日限制组成。对每一种货物,仓单交易中心可推出多个仓单品种,仓单品种的期限一般不超过6个月。仓单品种说明示例参见A.1。

7.2 产品说明

包括产品的规格型号、材质、制造方法、功能和用途等。产品说明示例参见A.2。

7.3 质量标准

说明产品执行的质量标准等。质量标准说明示例参见A.3。

7.4 替代品质量品级差价

说明替代品的规格型号、材质、执行的质量标准和品级差价等。替代品质量品级差价说明示例参见A.4。

7.5 交收品牌

说明在本交易中心经营的本种货物的品牌或生产厂家。交收品牌说明示例参见A.5。

7.6 地区差价

说明在不同地区仓库的交货差价。地区差价说明示例参见A.6。

7.7 包装、标志、贮运

对于易腐蚀、易燃、易爆、易变质和易挥发的物品,应对包装、标志、贮运要求进行说明。包装、标志、贮运说明示例参见A.7。

8 在线仓单交易

8.1 概述

在线仓单交易是指由交易中心推出仓单品种,交易商通过互联网进入交易中心交易系统提交要约,做出承诺,由交易中心交易系统按"价格优先、时间优先"的原则撮合成交并签订电子交易合同的一种中远期现货交易方式。

8.2 电子交易合同

电子交易合同对标的物以及买卖双方的权利、义务进行约定，一般包括买方、卖方、合同签订时间、标的物及其质量标准、数量、买方订货价、卖方订货价、交货价、交货地点、交货日、验货期限、仓储、保险等相关费用支付方式、货款收付方式、卖方交货及担保责任、检验标准和方法、违约责任、合同转让、解除和终止的处理方式等内容。

交货价是指交货日前一个交易日该仓单品种的交易中心结算价，买卖双方按照交货价结算。

8.3 在线交易规定

仓单交易中心应对各种交易货物的交易时间、交易报价、价格单位、数量单位、每日涨跌限幅、摊位订货量限制、交易手续费、分期付款进度、电子交易合同格式进行规定，并在仓单交易中心的网站上进行公布。

在线交易主要有以下规定：

a) 交易日和交易时间

仓单交易中心的交易日一般应为每周一至周五，如果遇到国家法定节假日或其他不可抗拒原因可进行适当调整，仓单交易中心应提前发文通知。

b) 交易报价

仓单交易的交易报价是指符合规定标准的相应交易品种在仓单交易中心基准交货仓库交收的含税价格。

仓单交易中心的报价货币为人民币，报价单位可为元/吨，数量单位可为批。

c) 订货量限制

仓单交易中心电子交易合同总的订货量不得大于同期社会相应交易品种供需总量。仓单交易中心对单一仓单品种的订货量实行总量限制，仓单交易中心可根据各交易商信用等级、交易规模等酌情调整其摊位最大订货量。

d) 涨跌限幅

仓单交易中心可通过交易系统设置涨跌限幅，并在相应品种上市交易前发文公布涨跌限幅标准。如果连续两个交易日收市时的报价达到涨幅上限或跌幅下限，仓单交易中心可以调整涨跌限幅、分期货款标准或暂停交易。

e) 交易手续费

交易商应向仓单交易中心交纳交易手续费，在成交时即时付清。仓单交易中心应在相应交易品种上市交易前公布其交易手续费收费标准，仓单交易中心有权对交易手续费标准进行调整，并自公布之日起执行新的收费标准。

仓单交易中心交易规定说明示例参见 A.8。

仓单交易日历示例参见 A.9。

8.4 交易程序

在线仓单交易的主要程序如下：

a) 交易商承诺并签署与交易有关的责任文件。
b) 交易商买进货物，应按照本标准规定向仓单交易中心交付货款，将购买要约输入仓单交易中心交易系统。
c) 交易商卖出货物，应向仓单交易中心提交仓单，在未提交仓单前应提交仓单交易中心认可的有货证明，同时为其交货向买方提供担保，担保事项由双方约定，将卖出要约输入仓单交易中心交易系统。

d) 仓单交易中心交易系统根据买卖双方货款、货物情况确认其要约的有效性，对有效要约按照“价格优先、时间优先”的原则进行排序。
e) 交易商接受要约，通过仓单交易中心交易系统做出承诺。承诺经交易系统确认有效即为成交，成交结果视为双方达成电子交易合同，具有法律效力。成交价格为买卖双方签订或转让、受让电子交易合同的价格。
f) 申报购销的数量如未能全部成交，则未成交部分仍存于仓单交易中心交易系统内，并继续参加当日交易。
g) 未成交要约可以撤销，如未撤销，当天交易结束后则自动失效。
h) 在交易中心签订的电子交易合同，一方可以将其在合同中的全部或部分权利和义务一并转让给仓单交易中心中的第三方交易商，转让合同时不需另征求对方同意。

计算转让价差按以下公式：

——买方转让合同应取得的价差 D_1 为：

$$D_1=(P_0-P_1)/(1+R)\times N \qquad \cdots\cdots(1)$$

式中：

P_0——转让价，单位为元/吨；

P_1——买方订货价，单位为元/吨；

R——应税税率；

N——转让数量，单位为吨。

注：负数为应支付。

——卖方转让合同应取得的价差 D_2 为：

$$D_2=(P_2-P_0)/(1+R)\times N \qquad \cdots\cdots(2)$$

式中：

P_0——转让价，单位为元/吨；

P_2——卖方订货价，单位为元/吨；

R——应税税率；

N——转让数量，单位为吨。

注：负数为应支付。

9 资金结算

9.1 概述

资金结算是指根据交易结果、交易商之间的合同约定和仓单交易中心相关规定对交易商货款、价差及各项费用等进行资金计算、划拨的业务活动。

仓单交易中心代卖方向买方收取货款。仓单交易中心一般采用一收一付、先收后付、收支相抵的结算原则。

9.2 分账管理

仓单交易中心对交易商存入仓单交易中心专用结算账户的款项实行分账管理，为每一交易商设立明细账户，对每一交易商发生的货款、价差及各项费用等进行代收代付或暂存暂付。

9.3 分期付款

买方交易商支付货款可采用分期付款方式，分期付款标准由仓单交易中心负责制定，并在相应交易品种上市前通知交易商。

仓单交易中心可根据行情变化调整分期付款标准和进度。分期付款的标准和进度的调整对此前已签订但未执行完毕的电子交易合同同样有效。交易商应按仓单交易中心的要求及时足额支付货款。

9.4 提前交收

买方交易商如在交货日前申请提前交收，经仓单交易中心核准后，应一次性补足全额货款。

9.5 合同终止

电子交易合同解除、终止或转让时，仓单交易中心在结算完成后将剩余货款退还给交易商。

9.6 仓单提交与赎回

卖方交易商将仓单提交仓单交易中心并办理委托交付手续后，可以赎回原提供的交货担保。在交收之前，经仓单交易中心批准，交易商可将已委托交付的仓单赎回。

9.7 质押贷款

交易商将货物存入交货仓库，经仓单交易中心及有关结算银行认可并办理相关手续后，可获得货物价值一定比例的质押贷款，相关费用由该交易商承担。

9.8 划拨资金

交易商资金划拨在结算中心办理，其划拨资金的方式为：

a） 资金划入

仓单交易中心向交易商公布各结算银行专用结算账户。交易商划入资金应注明该笔资金划入的账号代码和交易商名称。结算中心在确认资金到账后，相应增加该交易商的账户资金余额。

b） 资金划出

交易商在申请开通账号时，应与仓单交易中心签订入市交易协议约定划款方式。仓单交易中心按照交易商的指定账户办理资金清退。

10 货物交收

10.1 概述

货物交收是指按照电子交易合同约定，交易双方对合同标的物办理所有权转移手续的过程。

10.2 交货合同

仓单交易中心负责对货物交收实行配对，并鉴证交易双方签订交货合同，对买方、卖方、合同鉴证方、签订日期、标的物及其质量标准、数量、交货价、货款、包装、标志、贮运要求、交货地点、交货日、仓储、保险等相关费用、货款结算方式和违约责任等进行约定。

如买方对货物的规格、材质、品牌和交货地等有特殊要求，应提前向仓单交易中心申请，仓单交易中心在对货物交收实行配对时应尽可能满足交易商的要求。交货日为合同标的物的最后交货时间，但买卖双方可以协议提前交收，或者向仓单交易中心申请提前交收。

10.3 仓单注册

在交货日前，卖方应向仓单交易中心提交符合合同约定的仓单。仓单交易中心确认后通知相关买方，办理交货事宜。

仓单一般包括下列内容：

a) 存货人的名称和地址；
b) 仓储物的品种、数量、质量、包装、件数和标记；
c) 仓储物的损耗标准；
d) 储存场所和储存期间；
e) 仓储费；
f) 仓储物已经办理保险的，其保险金额、期间以及保险人的名称；
g) 填发人/填发地点和填发时间。

仓单注册的一般流程如下：

a) 交易商向仓单交易中心提交相关入库申请资料；
b) 仓单交易中心审核同意后，向指定交收仓库发出入库通知单；
c) 交易商与指定交收仓库联系，签订仓储合同，办理货物入库手续；
d) 货物入库完毕且验核无误后，交收仓库向交易商开具仓单交易中心统一印制的存货凭证，并通过书面或数据电文方式将其开具的存货凭证送交易中心确认；
e) 仓单交易中心收到指定交收仓库提交的存货凭证的仓单注册联后进行仓单注册，并将仓单有关数据输入电子交易系统该交易商名下。

如为进口货物，卖方还应提供准予在国内销售的合法有效凭证。

如为有特殊要求的商品，交收双方还应提供符合国家相关规定的有效证明。

10.4 交收流程

仓单交易中心收到买方全额货款和卖方的足额仓单后，于交货日向买方开具交货仓库提货单，向卖方支付一定比例(例如70%)的货款。待货物品质经买方认可或经仓单交易中心指定的商(质)检部门检验确认合格，卖方向买方开具增值税发票，结清余款。

交易商应收或应付的全额货款 T 计算公式为：

$$T=(P+D_1+D_2)\times N \qquad (3)$$

式中：

T ——交易商应收或应付的全额货款，单位为元；

P ——交货价，单位为元/吨；

D_1——替代品质量品级差价，单位为元/吨；

D_2——地区差价，单位为元/吨；

N ——交货数量，单位为吨。

买方验货的期限及地点按照交易中心的相关规定。在买方的验货期限内，买方如对货物质量有异议，应以书面或数据电文的形式通知仓单交易中心，并提请商(质)检部门进行检验，检验结果作为货物质量是否合格的最终依据。

交易商在仓单交易中心进行货物交收，应向仓单交易中心交纳交收手续费，仓单交易中心应在相应交易品种上市交易前公布交收手续费标准。

11 信息发布

11.1 概述

仓单交易中心应将仓单交易中心的交易管理规范、仓单品种信息、行情信息、交货仓库信息等在仓单交易中心网站上进行发布，如遇调整变动应在网上发布公告。

11.2 交易管理规范

仓单交易中心应将仓单交易中心的各类管理规范、申请表、合同模板等在网站上公布。

11.3 仓单品种信息

仓单交易中心应将仓单品种的产品说明，执行的质量标准、规格型号、材质、替代品质量品级差价、品牌以及对包装、标志、贮运的要求、地区差价、交收细则等信息在交易中心的网站上发布。

11.4 行情信息

仓单交易中心应实时地在互连网上发布仓单交易的行情信息，包括：仓单品种、订货量、昨结算价、今开市价、最高价、最低价、结算价、最新价、成交量、买价、买量、卖价、卖量和涨跌等。

其中，结算价是指某日某仓单品种所有成交的加权平均价。当日无成交时，以上一交易日的结算价作为该日结算价。

11.5 交货仓库信息

仓单交易中心应以直观的方式在电子地图上标出交货仓库，点击某一具体的仓库可显示该仓库的具体信息，包括：仓库名称、地址、仓储范围、联系方式和收费标准等。交货仓库说明示例参见 A.10。

附　录　A
（资料性附录）
仓单交易说明示例

A.1　仓单品种

方型钢坯仓单品种说明示例如下：

方型钢坯，简称方坯或GP，有6个仓单品种："方坯0515"、"方坯0616"、"方坯0717"、"方坯0818"、"方坯0916"、"方坯1020"，其最后交易日分别是5月15日、6月16日、7月17日、8月18日、9月16日、10月20日。

A.2　产品说明

线型低密度聚乙烯树脂的产品说明示例如下：

线型低密度聚乙烯树脂（简称线型或LLDPE）是一种无毒、无味、无臭的乳白色颗粒状塑料制品，具有强度大、韧性好、刚性大、耐热、耐寒等优点，还具有良好的耐环境应力开裂、耐冲击强度、耐撕裂强度等性能；密度在0.91 g/cm^3～0.92 g/cm^3 之间，略轻于水；易燃，离火后继续燃烧，有石油气味，少量黑烟。该产品用途非常广泛，本交易中心交收的产品主要应用于地膜、包装、小容器等制品。

钢坯是从铁水通过连铸成一定形状的半成品。连续铸钢方坯主要以普碳钢、优质碳素结构钢、低合金高强度钢等为代表。产品执行标准YB/T 2011—2004，材质主要有Q195、Q215、Q235、20MnSi。

A.3　质量标准

方型钢坯的质量标准说明示例如下：

产品执行标准YB/T 2011—2004，材质主要为Q235，说明见表A.1，替代品材质有Q195、Q215、20MnSi。

表A.1　方型钢坯质量标准

产品规格(mm×mm×mm)	材质	定尺(m)	执行标准
150×150×9 000	Q235	6 m、12 m	GB/T 700—2006
135×135×9 800	Q235		
135×135×9 000	Q235		

A.4　替代品质量品级差价

方型钢坯的替代品质量品级差价说明示例见表A.2。

表 A.2 方型钢坯替代品质量品级差价

产品规格(mm×mm×mm)	材质	定尺(m)	执行标准	品级差价
150×150×9 000	Q195	6 m、12 m	GB/T 700—2006	0 元/吨
135×135×9 800	Q195			
135×135×9 000	Q195			
150×150×7 800	20MnSi	6 m、12 m	GB/T 700—2006	+50 元/吨
150×150×6 000	20MnSi			
150×150×9 700	20MnSi			

A.5 交收品牌

方型钢坯生产厂家交收品牌说明示例见表 A.3。

表 A.3 方型钢坯生产厂家交收品牌

唐山###钢铁有限公司
山东省###钢铁有限公司
天津###钢铁有限公司
……

A.6 地区差价

螺纹钢(简称螺纹或 LW)的地区差价说明示例见表 A.4。

表 A.4 螺纹钢的地区差价

	品　种					
地区	LW0805	LW0806	LW0807	LW0808	LW0809	LW0810
地区 A	−100 元/吨	−100 元/吨	−100 元/吨	−100 元/吨	−100 元/吨	−100 元/吨
地区 B	0 元/吨	0 元/吨	0 元/吨	0 元/吨	0 元/吨	0 元/吨

A.7 包装、标志、贮运

苯乙烯的包装、标志、贮运说明示例如下:

a) 苯乙烯应装入干燥、清洁的专用罐车或镀锌钢桶内,并加适量的阻聚剂(对-特丁基邻苯二酚)。桶装苯乙烯每桶净重 160 kg。桶口应予密闭,防止苯乙烯的渗出以及水分渗入。

b) 包装容器上应涂刷明显而牢固的标志。其内容包括:生产企业名称、产品名称、商标、生产日期、批号、净重、本标准代号等,并按 GB 13690 的要求明显标有"易燃"、"危险品"标志。罐车及贮存容器等同样要有明显标志。

c) 本产品应储藏在 25 ℃以下或冷藏仓库内，以防止聚合变质。在运输过程中，应按照交通运输部门有关规定，并应防止雨淋和日光曝晒。

A.8 交易规定

化工材料交易规定说明示例见表 A.5。

表 A.5 化工材料交易规定

<table>
<tr><td>交易品种</td><td colspan="4">苯乙烯(SM)、甲醇(ME)、甲苯(TLA、TLB)、乙二醇(EG)</td></tr>
<tr><td>交易时间</td><td colspan="4">上午 9:00—11:30、下午 13:30—15:00(试运行)</td></tr>
<tr><td>交易报价</td><td colspan="4">SM、ME、TLA、EG:在基准地(地区 1)交货的含税价格;TLB:在基准地(地区 2)交货的含税价格。其他地区交货请注意地区差价</td></tr>
<tr><td>价格单位</td><td colspan="4">元/吨</td></tr>
<tr><td>数量单位</td><td colspan="4">批(1 批=5 吨)</td></tr>
<tr><td rowspan="2">每日涨跌限幅</td><td>苯乙烯</td><td>甲醇</td><td>甲苯</td><td>乙二醇</td></tr>
<tr><td>昨结算±3%</td><td>昨结算±4%</td><td>昨结算±3%</td><td>昨结算±3%</td></tr>
<tr><td>摊位订货量限制</td><td colspan="4">每个摊位最大订货量为 1 000 批，即 5 000 吨</td></tr>
<tr><td rowspan="2">交易手续费</td><td>苯乙烯</td><td>甲醇</td><td>甲苯</td><td>乙二醇</td></tr>
<tr><td>2 元/吨</td><td>1 元/吨</td><td>2 元/吨</td><td>1.5 元/吨</td></tr>
<tr><td>分期付款进度</td><td colspan="4">详见交易日历</td></tr>
<tr><td>当日转让价差</td><td colspan="4">买方:(转让价－买方订货价)÷ 1.17×数量(吨)
卖方:(卖方订货价－转让价)÷ 1.17×数量(吨)</td></tr>
<tr><td>电子交易合同</td><td colspan="4">《＃＃＃仓单交易中心(苯乙烯)电子交易合同》
《＃＃＃仓单交易中心(甲醇)电子交易合同》
《＃＃＃仓单交易中心(甲苯)电子交易合同》
《＃＃＃仓单交易中心(乙二醇)电子交易合同》</td></tr>
</table>

A.9 交易日历

＃＃＃仓单交易中心螺纹钢 2008 年 5 月～2008 年 7 月的仓单交易日历见表 A.6。

表 A.6 仓单交易日历

品种	日期	交 易 提 示
LW0805	5 月 4 日	开市前，分期付款不低于货款 25%
	5 月 15 日	最后交易日，卖方开市前提交注册仓单;买方闭市前付足全款
	5 月 19 日	交货日
LW0806	6 月 2 日	开市前，分期付款不低于货款 25%
	6 月 16 日	最后交易日，卖方开市前提交注册仓单;买方闭市前付足全款
	6 月 18 日	交货日

表 A.6(续)

品种	日期	交易提示
LW0807	7月1日	开市前,分期付款不低于货款25%
	7月17日	最后交易日,卖方开市前提交注册仓单;买方闭市前付足全款
	7月21日	交货日

A.10 交货仓库

###仓单交易中心塑料制品交货仓库说明见表A.7。

表 A.7 仓单交易中心塑料制品交货仓库

<table>
<tr><td>仓库名称</td><td colspan="3">####################</td><td>仓储范围</td><td>##########</td></tr>
<tr><td>仓库地址</td><td colspan="3">####################</td><td>传真号码</td><td>##########</td></tr>
<tr><td>联系方式</td><td>############</td><td>联系人</td><td>##########</td><td>邮编</td><td>##########</td></tr>
<tr><td>备注</td><td colspan="5">凡本中心指定的塑料交货仓库收费限价标准为:
仓储费 0.6元/(吨·天)
出库费 13元/吨
入库费 13元/吨
转单费 10元/吨
各仓库根据自身情况,与存货方协商收费标准,但不得超出此限价标准。</td></tr>
</table>

参 考 文 献

[1] 中华人民共和国合同法 1999年3月15日通过，1999年10月1日施行
[2] YB/T 2011—2004 连续铸钢和矩形坯
[3] GB/T 700—2006 碳素结构钢
[4] GB 13690 化学品分类和危险性公示 通则

ICS 35.240.60
L 67

中华人民共和国国家标准

GB/T 26840—2011

电子商务 药品核心元数据

Electronic commerce—Core metadata for medicine

2011-07-29 发布 2011-12-01 实施

中华人民共和国国家质量监督检验检疫总局
中国国家标准化管理委员会 发布

前　言

本标准的附录A为规范性附录，附录B为资料性附录。

本标准由全国电子业务标准化技术委员会提出并归口。

本标准起草单位：中国标准化研究院、多友科技(北京)有限公司。

本标准主要起草人：马建红、刘颖、章建方、张荫芬、陈爱峰。

电子商务　药品核心元数据

1　范围

本标准规定了电子商务交易活动中药品核心元数据的属性、描述方法、扩展原则与方法。

本标准适用于电子商务活动中对药品基本信息的描述、编码、建库、查询和发布。

2　规范性引用文件

下列文件中的条款通过本标准的引用而成为本标准的条款。凡是注日期的引用文件，其随后所有的修改单(不包括勘误的内容)或修订版均不适用于本标准，然而，鼓励根据本标准达成协议的各方研究是否可使用这些文件的最新版本。凡是不注日期的引用文件，其最新版本适用于本标准。

GB/T 7408—2005　数据元和交换格式　信息交换　日期和时间表示方法(ISO 8601:2000,IDT)

GB/T 12406—2008　表示货币和资金的代码(ISO 4217:2001,IDT)

GB/T 17295—2008　国际贸易计量单位代码

GB/T 24639—2009　元数据的 XML Schema 置标规则

GB/T 24662—2009　电子商务　产品核心元数据

《关于实施国家药品编码管理的通知》　国食药监办[2009]315 号

ISO/IEC 19501:2005　信息技术　开放式分布处理　统一建模语言(UML)(Information technology—Open distributed processing—Unified modeling language (UML))

ISO/TR 24156:2008　术语工作中统一建模语言(UML)符号使用指南(Guidelines for using UML notation in terminology work)

3　术语和定义

GB/T 24662—2009 确立的以及下列术语和定义适用于本标准。

3.1

药品　medicine

用于预防、治疗、诊断人的疾病，有目的地调节人的生理机能并规定有适应症、用法和用量的物质，包括中药材、中药饮片、中成药、化学原料药及其制剂、抗生素、生化药品、放射性药品、血清、疫苗、血液制品和诊断药品等。

[《中华人民共和国药品管理法》第 102 条]

注：本标准中的药品不包括中药材、中药饮片和化学原料药。

3.2

药品核心元数据　core metadata for medicine

描述药品数据的元数据项的基本集合。

4　缩略语

下列缩略语适用于本标准。

UML:统一建模语言(Unified Modeling Language)

XML:可扩展置标语言(Extensible Markup Language)

5　药品核心元数据属性

本标准依据 GB/T 24662—2009，使用以下八个属性对每个元数据元素和元数据实体进行描述。

a) 中文名称

赋予元数据元素或元数据实体的中文名称。

b) 英文名称

赋予元数据元素或元数据实体的英文名称。英文名称以牛津英语词典的英文拼写为准。

c) 标记

元数据元素或元数据实体的英文标记名称。标记应遵守如下规则：

1) 标记不应包括空格、破折号、下划线或分隔符等；

2) 元数据实体标记应采用 UCC(Upper Camel Case)命名方式，即每个英文单词的首字母均大写，其他字母均为小写，并把这些单词组合起来；元数据元素标记应采用 LCC(Lower Camel Case)命名方式，即除第一个英文单词外，每个单词的首字母大写，并把这些单词组合起来。

d) 定义

对元数据元素或元数据实体含义的解释。

e) 数据类型

对元数据元素的有效值域和允许对该值域内的值进行有效操作的规定，例如数值型、字符串、日期型、布尔型等。

注：本标准中元数据实体的数据类型为复合型。

f) 值域

元数据元素所允许值的集合。

g) 约束/条件

元数据元素或元数据实体的一个说明符，说明一个元数据元素或元数据实体在元数据中是始终选用还是有时选用(即，含有值)。该说明符分别为：

1) M：必选，表示该元数据元素或元数据实体是必备的；

2) C：条件必选，表示该元数据元素或元数据实体在满足约束条件中所定义的条件时是必备的，条件必选用于以下三种可能性之一：

——当在多个选项中进行选择时，至少有一个选项为必选；

——当一个元数据元素已经使用时，选用另一个元数据实体或元数据元素；

——当一个元数据元素已经选择了一个特定值时，选用另一个元数据元素。

3) O：可选，表示该元数据元素或元数据实体根据实际应用是可选的。

注："M"是"Must"的缩写，表示必选；"C"是"Condition"的缩写，表示条件必选；"O"是"Option"的缩写，表示可选。

h) 最大出现次数

元数据元素或元数据实体在实际使用时可能重复出现的最大次数。只出现一次用"1"表示，不固定次数的重复出现用"N"表示，允许不为 1 的固定出现次数，并用相应的数字(即"2"、"3"、…)表示。

6 药品核心元数据描述方法

本标准采用三种方式定义和描述元数据：UML 图描述、字典描述和 XML Schema。

a) UML 图描述

本标准采用 UML 图来描述元数据实体和元数据元素之间的关系。

在 UML 图中，用类的概念表示元数据实体，用类的属性的概念表示元数据元素，用类的属性的多重性以及类间关系的基数来表示元数据元素和元数据实体约束/条件属性和最大出现次数属性。

本标准使用的符号及有关内容应遵守 ISO/IEC 19501:2005、ISO/TR 24156:2008 的相关规定。本标准使用的 UML 符号如图 1 所示。

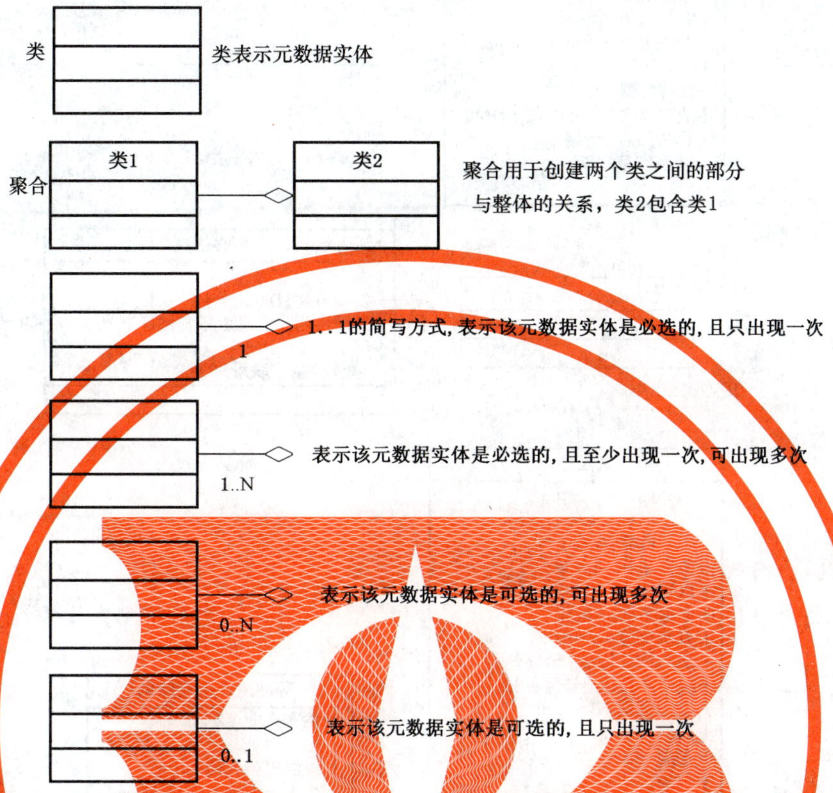

图 1 UML 符号及说明

药品核心元数据 UML 图描述见第 7 章。

b） 字典描述

数据字典以表格的形式对每个元数据元素和元数据实体的中文名称、英文名称、标记、定义、数据类型、值域、约束/条件和最大出现次数等八个属性进行完整说明。

药品核心元数据字典描述见第 8 章。

c） XML Schema

本标准运用 XML Schema 语法对电子商务药品核心元数据内容进行描述，按照 GB/T 24639—2009 的相关规定，给出药品核心元数据的 XML Schema，详见附录 A。

此外，本标准还给出了药品核心元数据的示例，参见附录 B。

7 药品核心元数据 UML 图描述

药品核心元数据 UML 图描述如图 2 所示。

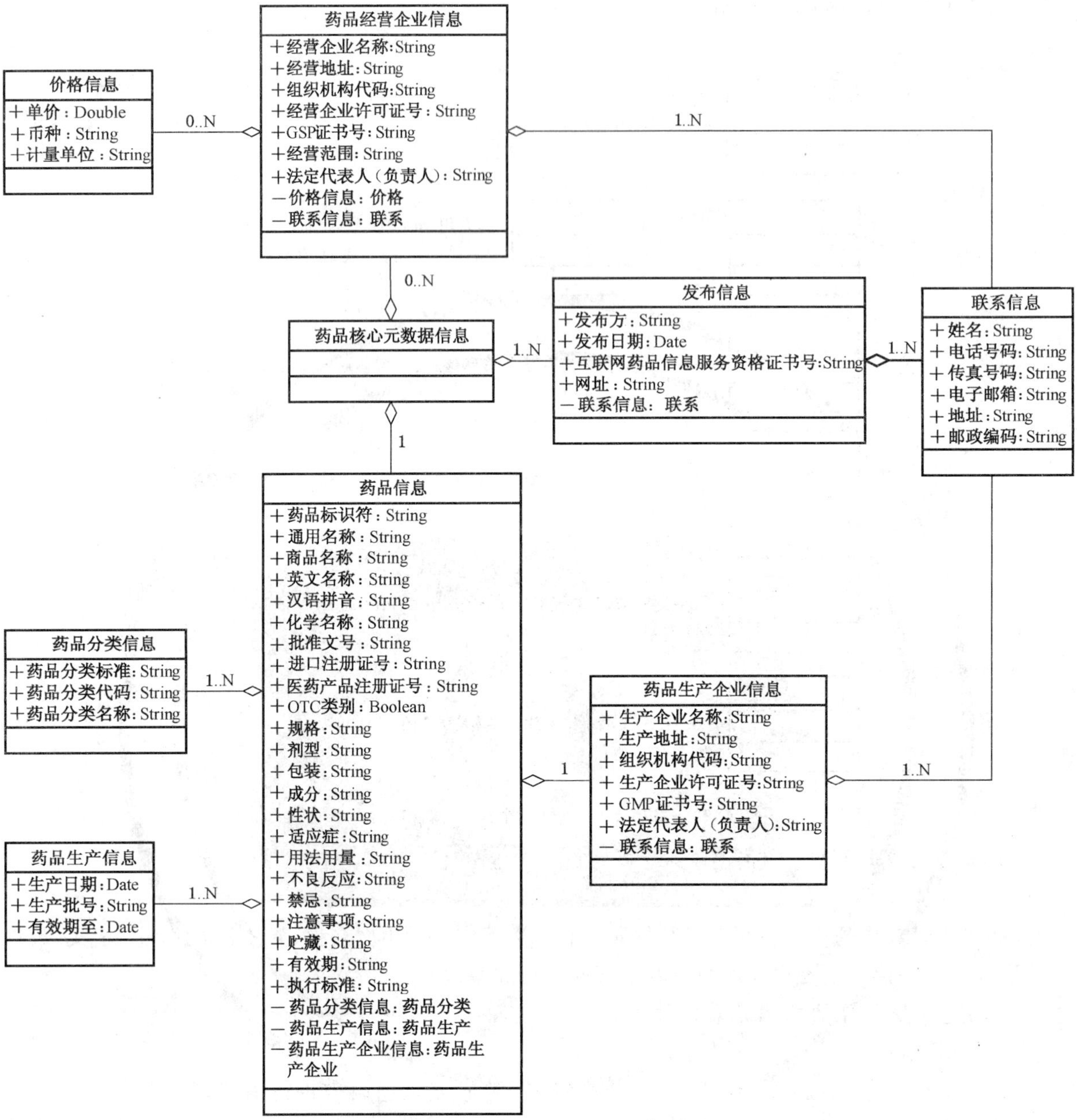

图 2　药品核心元数据 UML 图

8　药品核心元数据字典描述

药品核心元数据字典描述见表 1。

表 1 药品核心元数据字典描述

序号	中文名称	英文名称	标记	定义	数据类型	值域	约束/条件	最大出现次数
0	元数据	Metadata	Metadata	定义电子商务药品核心元数据的根实体			M	1
1	药品信息	Medicine Information	MedicineInformation	描述药品的一组信息	复合型		M	1
1.1	药品标识符	Medicine ID	medicineID	药品唯一不变的标识代码	字符串	自由文本，遵守国食药监办[2009]315 号的相关规定，具体标识符见国家食品药品监督管理局网站上公布的编码	M	1
1.2	通用名称	Approved Drug Names	approvedDrugNames	国家药品标准中收载的药品名称	字符串	自由文本	M	1
1.3	商品名称	Commodity Name	commodityName	经国家药品监督管理部门批准的特定企业使用的该药品专用的商品名称	字符串	自由文本	M	1
1.4	英文名称	English Name	englishName	药品通用名称的英文名称	字符串	自由文本	O	1
1.5	汉语拼音	Pin Yin	pinYin	药品通用名称的汉语拼音	字符串	自由文本	M	1
1.6	化学名称	Chemical Name	chemicalName	药品的化学名称	字符串	自由文本	M	1
1.7	批准文号[a]	License No	licenseNo	国内药品生产企业在生产药品前报请国家药品监督管理部门批准后获得的身份证明	字符串	自由文本	C	1
1.8	进口注册证号	Import Registration Certificate No	importRegistrationCertificateNo	进口药品经国务院药品监督管理部门组织审查批准颁发的证书的编号	字符串	自由文本	C	1
1.9	医药产品注册证号	Registration Certificate No For Medical Product	registrationCertificateNoForMedicalProduct	中国香港、澳门和台湾地区企业生产的药品所取得的注册证书编号	字符串	自由文本	C	1

表 1（续）

序号	中文名称	英文名称	标记	定　　义	数据类型	值域	约束/条件	最大出现次数
1.10	OTC 类别	OTC Type	OTCType	是否为非处方类药品	布尔型	是/否，on/off，true/false	M	1
1.11	规格	Specifications	specifications	药品的规格大小	字符串	自由文本	M	1
1.12	剂型	Formulation	formulation	为适应治疗或预防的需要而制备的药物的应用形式	字符串	自由文本	M	1
1.13	包装	Packaging	packaging	药品的包装方式	字符串	自由文本	O	1
1.14	成分	Composition	composition	药品的组成成分	字符串	自由文本	O	1
1.15	性状	Characteristics	characteristics	药品的颜色、形状或味道等特征的描述	字符串	自由文本	O	1
1.16	适应症	Indications	indications	适宜于采用这种药品的病症	字符串	自由文本	M	1
1.17	用法用量	Dosage And Administration	dosageAndAdministration	服用药品的具体方法和数量	字符串	自由文本	M	1
1.18	不良反应	Adverse Effects	adverseEffects	服用药品时身体发生的不良症状	字符串	自由文本	M	1
1.19	禁忌	Contraindications	contraindications	医药上应避免的事物	字符串	自由文本	M	1
1.20	注意事项	Precautions For Use	precautionsForUse	服用药品时应注意的事项	字符串	自由文本	O	N
1.21	贮藏	Storage	storage	药品的存放方式	字符串	自由文本	O	1
1.22	有效期	Shelf Life	shelfLife	药品发挥效用的有效年限	字符串	自由文本	M	1
1.23	执行标准	Specification No	specificationNo	药品在生产过程中所执行的标准名称	字符串	自由文本	O	1
1.24	药品分类信息	Medicine Classification Information	MedicineClassification Information	描述药品分类的信息	复合型		M	N
1.24.1	药品分类标准	Medicine Classification Standard	medicineClassification Standard	采用的药品分类国家标准或国际标准，也可以是行业标准、地方标准、企业标准等	字符串	自由文本	M	1

表 1（续）

序号	中文名称	英文名称	标记	定　义	数据类型	值域	约束/条件	最大出现次数
1.24.2	药品分类代码	Medicine Classification Code	medicineClassification Code	药品名称在采用的药品分类体系中的代码	字符串	自由文本	M	1
1.24.3	药品分类名称	Medicine Classification Name	medicineClassification Name	药品分类体系中药品分类代码对应的中文名称	字符串	自由文本	M	1
1.25	药品生产信息	Medicine Manufacture Information	MedicineManufacture Information	描述药品生产情况的信息	复合型		M	1
1.25.1	生产日期	Manufacture Date	manufactureDate	生产药品的日期	日期型	按照 GB/T 7408—2005 中的规定的执行	O	1
1.25.2	生产批号	Lot Number	lotNumber	生产单位在药品生产过程中，给同一次投料、同一次生产工艺所生产的药品赋予的批号	字符串	自由文本	O	1
1.25.3	有效期至	End Shelf Life	endShelfLife	药品失去药性的截止日期	日期型	按照 GB/T 7408—2005 中的规定的执行	M	1
1.26	药品生产企业信息	Medicine Manufacturer Information	MedicineManufacturer Information	描述药品生产企业情况的信息	复合型		M	1
1.26.1	生产企业名称	Manufacturer Name	manufacturerName	生产药品的企业名称	字符串	自由文本	M	1
1.26.2	生产地址	Manufacture Address	manufactureAddress	生产企业的详细地址	字符串	自由文本	O	1
1.26.3	组织机构代码	Organization Code	organizationCode	对中华人民共和国内依法注册、依法登记的机关、企事业单位、社会团体和民办非企业单位颁发一个在全国范围内唯一的、始终不变的代码标识	字符串	自由文本	M	1

表 1（续）

序号	中文名称	英文名称	标记	定　义	数据类型	值域	约束/条件	最大出现次数
1.26.4	生产企业许可证号	Production Corporation Certificate No	productionCorporationCertificateNo	生产企业的许可证的编号	字符串	自由文本	M	1
1.26.5	GMP 证书号	Good Manufacturing Practice Certificate No	goodManufacturingPracticeCertificateNo	药品 GMP 认证证书编号	字符串	自由文本	M	1
1.26.6	法定代表人(负责人)	Legal Representative or Principal	legalRepresentativeorPrincipal	依法律或法人章程规定代表法人行使职权的负责人	字符串	自由文本	M	1
1.26.7	联系信息	Contact Information	ContactInformation	药品生产企业的联系信息	复合型		M	N
1.26.7.1	姓名	Name	name	生产企业联系人的姓名	字符串	自由文本	O	1
1.26.7.2	电话号码	Telephone Number	telephoneNumber	生产企业的电话号码	字符串	自由文本	M	1
1.26.7.3	传真号码	Fax Number	faxNumber	生产企业的传真号码	字符串	自由文本	O	1
1.26.7.4	电子邮箱	E-mail	e-mail	生产企业的电子邮箱	字符串	自由文本	O	1
1.26.7.5	地址	Address	address	生产企业的详细地址	字符串	自由文本	O	1
1.26.7.6	邮政编码	Postal Code	postalCode	生产企业的邮政编码	字符串	自由文本	O	1
2	药品经营企业信息	Medicine Business Information	MedicineBusinessInformation	描述药品经营企业情况的信息	复合型		O	N
2.1	经营企业名称	Business Corporation Name	businessCorporationName	经营企业的名称	字符串	自由文本	M	1
2.2	经营地址	Business Address	businessAddress	经营企业的详细地址	字符串	自由文本	O	1
2.3	组织机构代码	Organization Code	organizationCode	对中华人民共和国内依法注册、依法登记的机关、企事业单位、社会团体和民办非企业单位颁发一个在全国范围内唯一的、始终不变的代码标识	字符串	自由文本	M	1

表 1（续）

序号	中文名称	英文名称	标记	定义	数据类型	值域	约束/条件	最大出现次数
2.4	经营企业许可证号	Business Corporation Certificate No	businessCorporation CertificateNo	经营企业的许可证的编号	字符串	自由文本	M	1
2.5	GSP 证书号	Good Supplying Practice Certificate No	goodSupplyingPractice CertificateNo	药品 GSP 认证证书编号	字符串	自由文本	M	1
2.6	经营范围	Business Scope	businessscope	经营企业经营药品的种类范围	字符串	自由文本	O	1
2.7	法定代表人(负责人)	Legal Representative or Principal	legalRepresentativeor Principal	依法律或法人章程规定代表法人行使职权的负责人	字符串	自由文本	M	1
2.8	价格信息	Price Information	PriceInformation	描述药品价格的信息	复合型		O	N
2.8.1	单价	Unit Price	unitPrice	药品的单位价格	数值型	正实数	M	1
2.8.2	币种	Currency	currency	单价的币种，如人民币、美元等	字符串	采用 GB/T 12406—2008 中规定的名称	M	1
2.8.3	计量单位	Measure Unit	measureUnit	计量药品的标准量的名称，如盒、袋、支、瓶等	字符串	采用 GB/T 17295—2008 中规定的名称	M	1
2.9	联系信息	Contact Information	ContactInformation	药品经营企业的联系信息	复合型		M	N
2.9.1	姓名	Name	name	经营企业联系人的姓名	字符串	自由文本	O	1
2.9.2	电话号码	Telephone Number	telephoneNumber	经营企业的电话号码	字符串	自由文本	M	1
2.9.3	传真号码	Fax Number	faxNumber	经营企业的传真号码	字符串	自由文本	O	1
2.9.4	电子邮箱	E-mail	e-mail	经营企业的电子邮箱	字符串	自由文本	O	1
2.9.5	地址	Address	address	经营企业的详细地址	字符串	自由文本	O	1

表 1（续）

序号	中文名称	英文名称	标记	定　　义	数据类型	值域	约束/条件	最大出现次数
2.9.6	邮政编码	Postal Code	postalCode	经营企业的邮政编码	字符串	自由文本	O	1
3	发布信息	Publish Information	PublishInformation	描述药品发布的一组信息	复合型		M	N
3.1	发布方	Publisher	publisher	药品的发布人或发布单位名称	字符串	自由文本	M	1
3.2	发布日期	Publish Date	publishDate	药品信息发布的日期	日期型	按照 GB/T 7408—2005 中的规定执行	O	1
3.3	互联网药品信息服务资格证书号	Certificate No of medicine Information Service	certificateNoofmedicineInformationService	互联网药品信息服务资格证书的编号	字符串	自由文本	M	1
3.4	网址	Web Site	webSite	药品信息所在的互联网地址	字符串	自由文本	O	1
3.5	联系信息	Contact Information	ContactInformation	药品发布方的联系信息	复合型		M	N
3.5.1	姓名	Name	name	发布方联系人的姓名	字符串	自由文本	O	1
3.5.2	电话号码	Telephone Number	telephoneNumber	发布方的电话号码	字符串	自由文本	M	1
3.5.3	传真号码	Fax Number	faxNumber	发布方的传真号码	字符串	自由文本	O	1
3.5.4	电子邮箱	E-mail	e-mail	发布方的电子邮箱	字符串	自由文本	O	1
3.5.5	地址	Address	address	发布方的详细地址	字符串	自由文本	O	1
3.5.6	邮政编码	Postal Code	postalCode	发布方的邮政编码	字符串	自由文本	O	1

注：灰色部分为元数据的元数据实体。

[a] 批准文号与进口注册证号、医药产品注册证号是三选一的关系。

9 元数据的扩展原则与方法

9.1 元数据扩展类型与原则

元数据的扩展类型与扩展原则如下：

a) 定义新的元数据实体

按照本标准第5章规定的相关属性定义新的元数据实体。

b) 扩展现有元数据实体

扩展现有元数据实体时应遵循以下原则：

——扩展的元数据实体可以包含扩展的和本标准规定的现有的元数据元素（以下简称“现有元数据元素”），作为其组成部分；

——在扩展元数据实体时，不应改变本标准中规定的现有的元数据实体（以下简称“现有元数据实体”）的中文名称、英文名称、标记和定义；

——允许对现有元数据实体施加比本标准要求更加严格的约束/条件，如在本标准中是可选的元数据实体，在扩展后可以是必选的；

——对现有元数据实体施加更严格的最大出现次数限制。

c) 定义新的元数据元素

按照本标准第5章规定的相关属性定义新的元数据元素。

d) 扩展现有元数据元素

扩展现有元数据元素时应遵循以下原则：

——在扩展元数据元素时，不应改变本标准中现有元数据元素的中文名称、英文名称、标记、定义或数据类型属性；

——允许对元数据元素的值域采用比本标准更严格的限制，如在本标准中规定的药品元数据元素“通用名称”的值域为“自由文本”，在电子商务其他特定药品标准中可以限定为适当值的列表；

——允许对本标准认可的值域的使用进行限制，如现有元数据元素的值域有5个值，在扩展后可以规定它的值域只包含其中3个值，要求用户从这3个中选择1个；

——允许对现有元数据元素施加比本标准要求更加严格的约束/条件，如在本标准中是可选的元数据元素，在扩展后可以是必选的；

——允许对现有元数据元素施加更严格的最大出现次数限制；

——建立新的代码表，代替值域为“自由文本”的现有元数据元素的值域。

9.2 元数据扩展方法

对本标准定义的元数据元素或元数据实体进行扩展时，可以根据以下9个步骤进行扩展，具体如图3所示。

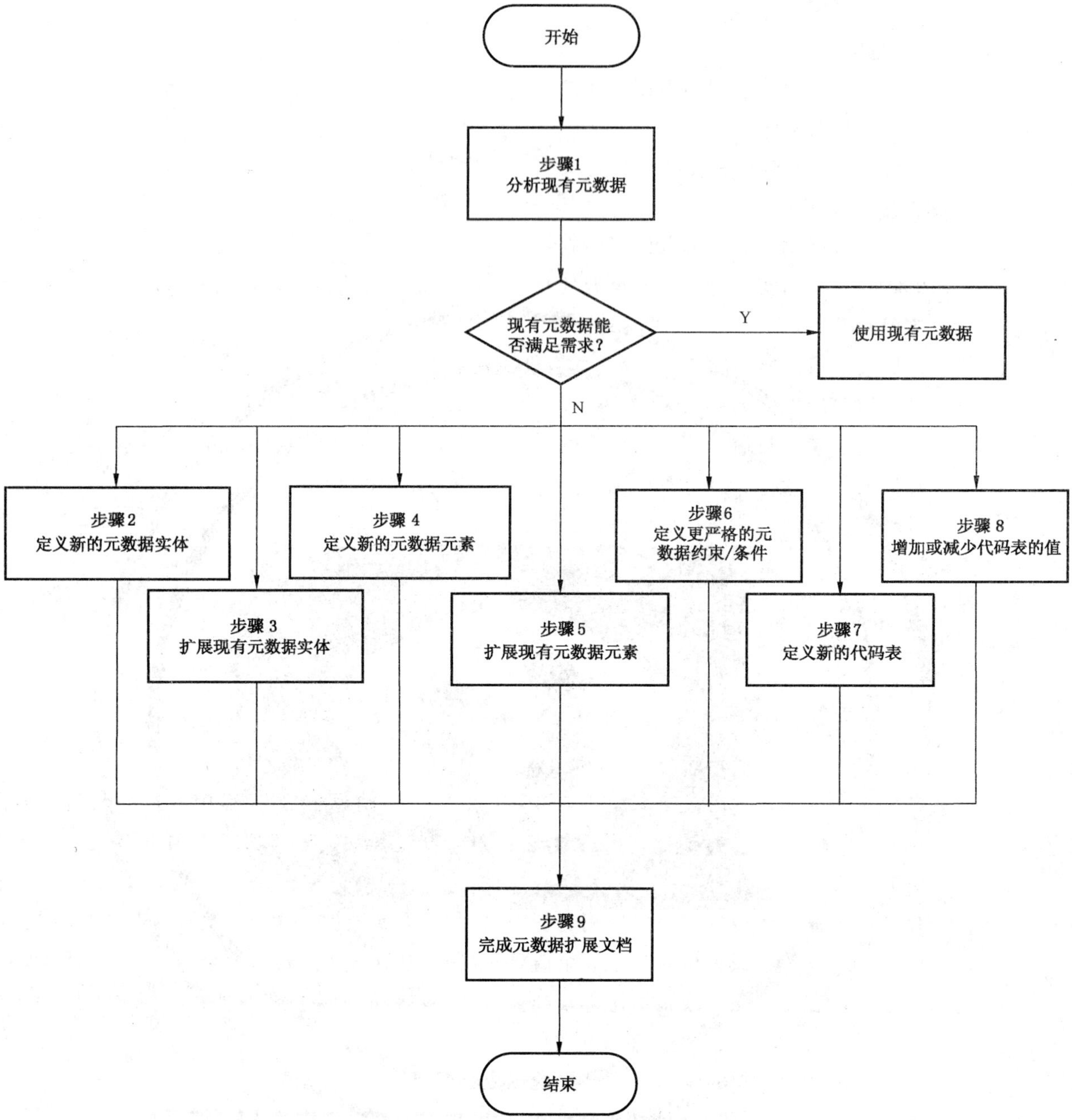

图3　元数据扩展方法

步骤1：分析现有元数据

对现有元数据实体和元数据元素进行全面分析，如果能够满足需要，就直接使用现有元数据，不必进行元数据扩展。在不能满足需要的情况下进行扩展。分析方法如下：

a) 在现有元数据的元数据实体无法满足要求的情况下，需要通过建立新的元数据实体以满足需要，则进行步骤2；

b) 在现有元数据的元数据实体无法满足要求的情况下，需要通过扩展现有元数据实体以满足需要，则进行步骤3；

c) 在现有元数据的元数据元素无法满足要求的情况下，需要通过建立新的元数据元素以满足需要，则进行步骤4；

d) 在现有元数据的元数据元素无法满足要求的情况下，需要通过扩展现有元数据元素以满足需要，则进行步骤5；

e) 在现有元数据实体或元数据元素的约束/条件无法满足要求的情况下，需要通过更改现有元数据约束/条件以满足需要，则进行步骤6；

f) 在现有元数据元素的值域无法满足要求的情况下，需要通过建立新的元数据代码表以满足需要，则进行步骤7；

g) 在现有元数据代码表中的值无法满足要求需要扩展的情况下，则进行步骤8。

步骤2:定义新的元数据实体

需要新的元数据实体以满足需要时进入本步骤：

a) 根据本标准第5章的要求，给出新元数据实体的相关属性信息；

b) 确定构成元数据实体的元数据元素；

c) 如果构成元数据实体的元数据元素需要新建，则进入步骤4；

d) 进入步骤9，建立元数据扩展文档。

步骤3:扩展现有元数据实体

需要扩展现有元数据实体以满足需要时进入本步骤：

a) 如果现有元数据实体的元数据元素需要新建，则进入步骤4；

b) 如果现有元数据实体的元数据元素需要扩展，则进入步骤5；

c) 若需要对现有元数据实体定义更严格的约束/条件，则进入步骤6；

d) 进入步骤9，建立元数据扩展文档。

步骤4:定义新的元数据元素

需要新的元数据元素以满足需要时进入本步骤：

a) 根据本标准第5章的要求，给出新元数据元素的相关属性信息；

b) 如果该元数据元素需要新的代码表，则进入步骤7；

c) 进入步骤9，建立元数据扩展文档。

步骤5:扩展现有元数据元素

需要扩展现有元数据元素以满足需要时进入本步骤：

a) 若需要对现有元数据元素定义更严格的约束/条件，则进入步骤6；

b) 如果该元数据元素需要新的代码表，则进入步骤7；

c) 如果该元数据元素的代码值需要修改，则进入步骤8；

d) 进入步骤9，建立元数据扩展文档。

步骤6:定义更严格的元数据约束/条件

需要对元数据实体或元数据元素定义更严格的约束/条件时进入本步骤：

a) 定义该元数据实体或元数据元素的新的约束/条件；

b) 进入步骤9，建立元数据扩展文档。

步骤7:定义新的代码表

需要新的代码表以满足某个元数据元素的值域时进入本步骤：

a) 建立新的元数据代码表，并添加代码表中的值；

b) 进入步骤9，建立元数据扩展文档；

c) 使用新元数据代码表以满足需要。

步骤8:增加或减少代码表的值

需要对现有的代码表进行增加或减少代码表中的项时进入本步骤：

a) 修改该代码表，增加或减少代码表中的项；

b) 进入步骤9，建立元数据扩展文档；

c） 使用新元数据代码表以满足需要。

步骤 9:完成元数据扩展文档

完成上述扩展步骤以后,根据需要对扩展后形成的药品核心元数据,按照相应格式在相关文档中记录。

附 录 A
（规范性附录）
药品核心元数据 XML Schema

本附录规定了药品核心元数据的 XML Schema，具体如下：

```
<?xml version = "1.0" encoding = "UTF-8"?>
<xs:schema targetNamespace = "http://www.e-service.org.cn/medicine"
xmlns:xs = "http://www.w3.org/2001/XMLSchema" xmlns = "http://www.e-service.org.cn/medicine"
elementFormDefault = "qualified" attributeFormDefault = "unqualified" version = "1.0">
  <xs:annotation>
    <xs:documentation>电子商务  药品核心元数据</xs:documentation>
    <xs:documentation>V1.0</xs:documentation>
    <xs:documentation>中国××××院</xs:documentation>
  </xs:annotation>
  <xs:element name = "metadata">
    <xs:annotation>
      <xs:documentation>元数据</xs:documentation>
      <xs:documentation>metadata</xs:documentation>
      <xs:documentation>定义电子商务药品核心元数据的根实体</xs:documentation>
  </xs:annotation>
  <xs:complexType>
      <xs:sequence>
        <xs:element ref = "MedicineInformation"/>
        <xs:element ref = "MedicineBusinessInformation" minOccurs = "0" maxOccurs = "unbounded"/>
        <xs:element ref = "PublishInformation" maxOccurs = "unbounded"/>
        <xs:any namespace = "##other" processContents = "lax" minOccurs = "0"
maxOccurs = "unbounded"/>
      </xs:sequence>
      <xs:anyAttribute processContents = "lax"/>
    </xs:complexType>
</xs:element>
<!--********元数据《实体集信息》**********-->
<xs:element name = "MedicineInformation">
    <xs:annotation>
      <xs:documentation>药品信息</xs:documentation>
      <xs:documentation>描述药品的一组信息</xs:documentation>
    </xs:annotation>
    <xs:complexType>
      <xs:sequence>
        <xs:element name = "medicineID" type = "xs:string">
          <xs:annotation>
```

```
        〈xs:documentation〉药品标识符〈/xs:documentation〉
        〈xs:documentation〉药品唯一不变的标识代码〈/xs:documentation〉
      〈/xs:annotation〉
    〈/xs:element〉
    〈xs:element name = "approvedDrugNames" type = "xs:string"〉
      〈xs:annotation〉
        〈xs:documentation〉通用名称〈/xs:documentation〉
        〈xs:documentation〉国家药品标准中收载的药品名称〈/xs:documentation〉
      〈/xs:annotation〉
    〈/xs:element〉
    〈xs:element name = "commodityName" type = "xs:string"〉
      〈xs:annotation〉
        〈xs:documentation〉商品名称〈/xs:documentation〉
        〈xs:documentation〉经国家药品监督管理部门批准的特定企业使用的该药品专用的商品名称〈/xs:documentation〉
      〈/xs:annotation〉
    〈/xs:element〉
    〈xs:element name = "englishName" type = "xs:string" minOccurs = "0"〉
      〈xs:annotation〉
        〈xs:documentation〉英文名称〈/xs:documentation〉
        〈xs:documentation〉药品通用名称的英文名称〈/xs:documentation〉
      〈/xs:annotation〉
    〈/xs:element〉
    〈xs:element name = "pinYin" type = "xs:string"〉
      〈xs:annotation〉
        〈xs:documentation〉汉语拼音〈/xs:documentation〉
        〈xs:documentation〉药品通用名称的汉语拼音〈/xs:documentation〉
      〈/xs:annotation〉
    〈/xs:element〉
    〈xs:element name = "chemicalName" type = "xs:string"〉
      〈xs:annotation〉
        〈xs:documentation〉化学名称〈/xs:documentation〉
        〈xs:documentation〉药品的化学名称〈/xs:documentation〉
      〈/xs:annotation〉
    〈/xs:element〉
    〈xs:choice〉
      〈xs:annotation〉
        〈xs:documentation〉批准文号、进口注册证号、医药产品注册证号是三选一的关系〈/xs:documentation〉
      〈/xs:annotation〉
      〈xs:element name = "licenseNo" type = "xs:string"〉
        〈xs:annotation〉
```

```
          〈xs:documentation〉批准文号〈/xs:documentation〉
          〈xs:documentation〉国内药品生产企业在生产药品前报请国家药品监督管理部门批准后
获得的身份证明〈/xs:documentation〉
        〈/xs:annotation〉
      〈/xs:element〉
      〈xs:element name = "importRegistrationCertificateNo" type = "xs:string"〉
        〈xs:annotation〉
          〈xs:documentation〉进口注册证号〈/xs:documentation〉
          〈xs:documentation〉进口药品经国务院药品监督管理部门组织审查批准颁发的证书的编
号〈/xs:documentation〉
        〈/xs:annotation〉
      〈/xs:element〉
      〈xs:element name = "registrationCertificateNoForMedicalProduct" type = "xs:string"〉
        〈xs:annotation〉
          〈xs:documentation〉医药产品注册证号〈/xs:documentation〉
          〈xs:documentation〉中国香港、澳门和台湾地区企业生产的药品所取得的注册证书的编
号〈/xs:documentation〉
        〈/xs:annotation〉
      〈/xs:element〉
    〈/xs:choice〉
    〈xs:element name = "OTCType" type = "xs:boolean"〉
      〈xs:annotation〉
        〈xs:documentation〉OTC 类别〈/xs:documentation〉
        〈xs:documentation〉是否为非处方类药品〈/xs:documentation〉
      〈/xs:annotation〉
    〈/xs:element〉
    〈xs:element name = "specifications" type = "xs:string"〉
      〈xs:annotation〉
        〈xs:documentation〉规格〈/xs:documentation〉
        〈xs:documentation〉药品的规格大小〈/xs:documentation〉
      〈/xs:annotation〉
    〈/xs:element〉
    〈xs:element name = "formulation" type = "xs:string"〉
      〈xs:annotation〉
        〈xs:documentation〉剂型〈/xs:documentation〉
        〈xs:documentation〉为适应治疗或预防的需要而制备的药物应用形式
〈/xs:documentation〉
      〈/xs:annotation〉
    〈/xs:element〉
    〈xs:element name = "packaging" type = "xs:string" minOccurs = "0"〉
      〈xs:annotation〉
        〈xs:documentation〉包装〈/xs:documentation〉
        〈xs:documentation〉药品的包装方式〈/xs:documentation〉
```

```
        〈/xs:annotation〉
      〈/xs:element〉
      〈xs:element name = "composition" type = "xs:string" minOccurs = "0"〉
        〈xs:annotation〉
        〈xs:documentation〉成分〈/xs:documentation〉
        〈xs:documentation〉药品的组成成分〈/xs:documentation〉
      〈/xs:annotation〉
    〈/xs:element〉
    〈xs:element name = "characteristics" type = "xs:string" minOccurs = "0"〉
      〈xs:annotation〉
        〈xs:documentation〉性状〈/xs:documentation〉
        〈xs:documentation〉药品的颜色、形状或味道等特征的描述〈/xs:documentation〉
      〈/xs:annotation〉
    〈/xs:element〉
    〈xs:element name = "indications" type = "xs:string"〉
      〈xs:annotation〉
        〈xs:documentation〉适应症〈/xs:documentation〉
        〈xs:documentation〉适宜于采用这种药品的病症〈/xs:documentation〉
      〈/xs:annotation〉
    〈/xs:element〉
    〈xs:element name = "dosageAndAdministration" type = "xs:string"〉
      〈xs:annotation〉
        〈xs:documentation〉用法用量〈/xs:documentation〉
        〈xs:documentation〉服用药品的具体方法和数量〈/xs:documentation〉
      〈/xs:annotation〉
    〈/xs:element〉
    〈xs:element name = "adverseEffects" type = "xs:string"〉
      〈xs:annotation〉
        〈xs:documentation〉不良反应〈/xs:documentation〉
        〈xs:documentation〉服用药品时身体发生的不良症状〈/xs:documentation〉
      〈/xs:annotation〉
    〈/xs:element〉
    〈xs:element name = "contraindications" type = "xs:string"〉
      〈xs:annotation〉
        〈xs:documentation〉禁忌〈/xs:documentation〉
        〈xs:documentation〉医药上应避免的事物〈/xs:documentation〉
      〈/xs:annotation〉
    〈/xs:element〉
    〈xs:element name = "precautionsForUse" type = "xs:string" minOccurs = "0"
maxOccurs = "unbounded"〉
      〈xs:annotation〉
        〈xs:documentation〉注意事项〈/xs:documentation〉
        〈xs:documentation〉服用药品时应注意的事项〈/xs:documentation〉
```

```xml
      </xs:annotation>
    </xs:element>
    <xs:element name="storage" type="xs:string" minOccurs="0">
      <xs:annotation>
        <xs:documentation>贮藏</xs:documentation>
        <xs:documentation>药品的存放方式</xs:documentation>
      </xs:annotation>
    </xs:element>
    <xs:element name="shelfLife" type="xs:string">
      <xs:annotation>
        <xs:documentation>有效期</xs:documentation>
        <xs:documentation>药品发挥效用的有效期限</xs:documentation>
      </xs:annotation>
    </xs:element>
    <xs:element name="specificationNo" type="xs:string" minOccurs="0">
      <xs:annotation>
        <xs:documentation>执行标准</xs:documentation>
        <xs:documentation>药品在生产过程中所执行的标准名称</xs:documentation>
      </xs:annotation>
    </xs:element>
    <xs:element name="MedicineClassificationInformation" maxOccurs="unbounded">
      <xs:annotation>
        <xs:documentation>药品分类信息</xs:documentation>
        <xs:documentation>描述药品分类的信息</xs:documentation>
      </xs:annotation>
      <xs:complexType>
        <xs:sequence>
          <xs:element name="medicineClassificationStandard" type="xs:string">
            <xs:annotation>
              <xs:documentation>药品分类标准</xs:documentation>
              <xs:documentation>采用的药品分类国家标准或国际标准,也可以是行业标准、地方标准、企业标准等</xs:documentation>
            </xs:annotation>
          </xs:element>
          <xs:element name="medicineClassificationCode" type="xs:string">
            <xs:annotation>
              <xs:documentation>药品分类代码</xs:documentation>
              <xs:documentation>药品名称在采用的药品分类体系中的代码</xs:documentation>
            </xs:annotation>
          </xs:element>
          <xs:element name="medicineClassificationName" type="xs:string">
            <xs:annotation>
```

```
                <xs:documentation>药品分类名称</xs:documentation>
                <xs:documentation>药品分类体系中药品分类代码对应的中文名称</xs:documentation>
              </xs:annotation>
            </xs:element>
          </xs:sequence>
        </xs:complexType>
      </xs:element>
      <xs:element name = "MedicineManufactureInformation">
        <xs:annotation>
          <xs:documentation>药品生产信息</xs:documentation>
          <xs:documentation>描述药品生产情况的信息</xs:documentation>
        </xs:annotation>
        <xs:complexType>
          <xs:sequence>
            <xs:element name = "manufactureDate" type = "xs:date" minOccurs = "0">
              <xs:annotation>
                <xs:documentation>生产日期</xs:documentation>
                <xs:documentation>生产药品的日期</xs:documentation>
              </xs:annotation>
            </xs:element>
            <xs:element name = "lotNumber" type = "xs:string" minOccurs = "0">
              <xs:annotation>
                <xs:documentation>生产批号</xs:documentation>
                <xs:documentation>生产单位在药品生产过程中,给同一次投料、同一次生产工艺所生产的药品赋予的批号</xs:documentation>
              </xs:annotation>
            </xs:element>
            <xs:element name = "endShelfLife" type = "xs:date">
              <xs:annotation>
                <xs:documentation>有效期至</xs:documentation>
                <xs:documentation>药品失去药性的截止日期</xs:documentation>
              </xs:annotation>
            </xs:element>
          </xs:sequence>
        </xs:complexType>
      </xs:element>
      <xs:element name = "MedicineManufacturerInformation">
        <xs:annotation>
          <xs:documentation>药品生产企业信息</xs:documentation>
          <xs:documentation>描述药品生产企业情况的信息</xs:documentation>
        </xs:annotation>
        <xs:complexType>
```

```
        〈xs:sequence〉
          〈xs:element name = "manufacturerName" type = "xs:string"〉
            〈xs:annotation〉
              〈xs:documentation〉生产企业名称〈/xs:documentation〉
              〈xs:documentation〉生产药品的企业名称〈/xs:documentation〉
            〈/xs:annotation〉
          〈/xs:element〉
        〈xs:element name = "manufactureAddress" type = "xs:string" minOccurs = "0"〉
          〈xs:annotation〉
            〈xs:documentation〉生产地址〈/xs:documentation〉
            〈xs:documentation〉生产企业的详细地址〈/xs:documentation〉
        〈/xs:annotation〉
    〈/xs:element〉
    〈xs:element name = "organizationCode" type = "xs:string"〉
        〈xs:annotation〉
          〈xs:documentation〉组织机构代码〈/xs:documentation〉
          〈xs:documentation〉对中华人民共和国内依法注册、依法登记的机关、企事业单位、社会团
体和民办非企业单位颁发一个在全国范围内唯一的、始终不变的代码标识
〈/xs:documentation〉
        〈/xs:annotation〉
      〈/xs:element〉
      〈xs:element name = "productionCorporationCertificateNo" type = "xs:string"〉
        〈xs:annotation〉
          〈xs:documentation〉生产企业许可证号〈/xs:documentation〉
          〈xs:documentation〉生产企业的许可证的编号〈/xs:documentation〉
        〈/xs:annotation〉
      〈/xs:element〉
      〈xs:element name = "goodManufacturingPracticeCertificateNo" type = "xs:string"〉
        〈xs:annotation〉
          〈xs:documentation〉GMP 证书号〈/xs:documentation〉
          〈xs:documentation〉药品 GMP 认证证书编号〈/xs:documentation〉
        〈/xs:annotation〉
      〈/xs:element〉
      〈xs:element name = "legalRepresentativeorPrincipal" type = "xs:string"〉
        〈xs:annotation〉
          〈xs:documentation〉法定代表人(负责人)〈/xs:documentation〉
          〈xs:documentation〉依法律或法人章程规定代表法人行使职权的负责人
〈/xs:documentation〉
        〈/xs:annotation〉
      〈/xs:element〉
      〈xs:element ref = "ContactInformation" maxOccurs = "unbounded"〉
        〈xs:annotation〉
          〈xs:documentation〉联系信息〈/xs:documentation〉
```

```
          〈xs:documentation〉药品生产企业的联系信息〈/xs:documentation〉
        〈/xs:annotation〉
        〈/xs:element〉
        〈xs:any namespace = "##other" processContents = "lax" minOccurs = "0" maxOccurs = "
unbounded"/〉
      〈/xs:sequence〉
    〈/xs:complexType〉
〈/xs:element〉
          〈xs:any namespace = "##other" processContents = "lax" minOccurs = "0"
maxOccurs = "unbounded"/〉
        〈/xs:sequence〉
        〈xs:anyAttribute processContents = "lax"/〉
      〈/xs:complexType〉
    〈/xs:element〉
    〈xs:element name = "MedicineBusinessInformation"〉
      〈xs:annotation〉
        〈xs:documentation〉药品经营企业信息〈/xs:documentation〉
        〈xs:documentation〉描述药品经营企业情况的信息〈/xs:documentation〉
    〈/xs:annotation〉
    〈xs:complexType〉
        〈xs:sequence〉
          〈xs:element name = "businessCorporationName" type = "xs:string"〉
            〈xs:annotation〉
              〈xs:documentation〉经营企业名称〈/xs:documentation〉
              〈xs:documentation〉经营企业的名称〈/xs:documentation〉
            〈/xs:annotation〉
          〈/xs:element〉
          〈xs:element name = "businessAddress" type = "xs:string" minOccurs = "0"〉
            〈xs:annotation〉
              〈xs:documentation〉经营地址〈/xs:documentation〉
              〈xs:documentation〉经营企业的详细地址〈/xs:documentation〉
          〈/xs:annotation〉
        〈/xs:element〉
        〈xs:element name = "organizationCode" type = "xs:string"〉
          〈xs:annotation〉
              〈xs:documentation〉组织机构代码〈/xs:documentation〉
              〈xs:documentation〉对中华人民共和国内依法注册、依法登记的机关、企事业单位、社
会团体和民办非企业单位颁发一个在全国范围内唯一的、始终不变的代码标识〈/xs:documentation〉
          〈/xs:annotation〉
        〈/xs:element〉
        〈xs:element name = "businessCorporationCertificateNo" type = "xs:string"〉
          〈xs:annotation〉
```

```
        〈xs:documentation〉经营企业许可证号〈/xs:documentation〉
        〈xs:documentation〉经营企业的许可证的编号〈/xs:documentation〉
      〈/xs:annotation〉
    〈/xs:element〉
    〈xs:element name="goodSupplyingPracticeCertificateNo" type="xs:string"〉
      〈xs:annotation〉
        〈xs:documentation〉GSP 证书号〈/xs:documentation〉
        〈xs:documentation〉药品 GSP 认证证书编号〈/xs:documentation〉
      〈/xs:annotation〉
    〈/xs:element〉
  〈xs:element name="businessRange" type="xs:string" minOccurs="0"〉
    〈xs:annotation〉
      〈xs:documentation〉经营范围〈/xs:documentation〉
      〈xs:documentation〉经营企业经营药品的种类范围〈/xs:documentation〉
    〈/xs:annotation〉
  〈/xs:element〉
  〈xs:element name="legalRepresentativeorPrincipal" type="xs:string"〉
    〈xs:annotation〉
      〈xs:documentation〉法定代表人(负责人)〈/xs:documentation〉
      〈xs:documentation〉依法律或法人章程规定代表法人行使职权的负责人
〈/xs:documentation〉
    〈/xs:annotation〉
  〈/xs:element〉
  〈xs:element name="PriceInformation" minOccurs="0" maxOccurs="unbounded"〉
    〈xs:annotation〉
      〈xs:documentation〉价格信息〈/xs:documentation〉
      〈xs:documentation〉描述药品价格的信息〈/xs:documentation〉
  〈/xs:annotation〉
  〈xs:complexType〉
    〈xs:sequence〉
      〈xs:element name="unitPrice" type="xs:double"〉
        〈xs:annotation〉
          〈xs:documentation〉单价〈/xs:documentation〉
          〈xs:documentation〉药品的单位价格〈/xs:documentation〉
        〈/xs:annotation〉
      〈/xs:element〉
      〈xs:element name="currency" type="xs:string"〉
        〈xs:annotation〉
          〈xs:documentation〉币种〈/xs:documentation〉
          〈xs:documentation〉单价的币种,如人民币、美元等〈/xs:documentation〉
        〈/xs:annotation〉
      〈/xs:element〉
      〈xs:element name="measureUnit" type="xs:string"〉
```

```
            〈xs:annotation〉
              〈xs:documentation〉计量单位〈/xs:documentation〉
              〈xs:documentation〉计量药品的标准量的名称，如盒、袋、支、瓶等
〈/xs:documentation〉
            〈/xs:annotation〉
          〈/xs:element〉
        〈/xs:sequence〉
      〈/xs:complexType〉
    〈/xs:element〉
    〈xs:element ref="ContactInformation" maxOccurs="unbounded"〉
      〈xs:annotation〉
          〈xs:documentation〉联系信息〈/xs:documentation〉
          〈xs:documentation〉药品经营企业的联系信息〈/xs:documentation〉
        〈/xs:annotation〉
      〈/xs:element〉
      〈xs:any namespace="##other" processContents="lax" minOccurs="0"
maxOccurs="unbounded"/〉
    〈/xs:sequence〉
    〈xs:anyAttribute processContents="lax"/〉
  〈/xs:complexType〉
〈/xs:element〉
〈xs:element name="PublishInformation"〉
  〈xs:annotation〉
    〈xs:documentation〉发布信息〈/xs:documentation〉
    〈xs:documentation〉描述药品发布的一组信息〈/xs:documentation〉
  〈/xs:annotation〉
  〈xs:complexType〉
    〈xs:sequence〉
      〈xs:element name="publisher" type="xs:string"〉
        〈xs:annotation〉
          〈xs:documentation〉发布方〈/xs:documentation〉
          〈xs:documentation〉药品的发布人或发布单位名称〈/xs:documentation〉
        〈/xs:annotation〉
      〈/xs:element〉
      〈xs:element name="publishDate" type="xs:date" minOccurs="0"〉
        〈xs:annotation〉
          〈xs:documentation〉发布日期〈/xs:documentation〉
          〈xs:documentation〉药品信息发布的日期〈/xs:documentation〉
        〈/xs:annotation〉
      〈/xs:element〉
      〈xs:element name="certificateNoofmedicineInformationService" type="xs:string"〉
        〈xs:annotation〉
          〈xs:documentation〉互联网药品信息服务资格证书号〈/xs:documentation〉
```

```
        <xs:documentation>互联网药品信息服务资格证书的编号</xs:documentation>
      </xs:annotation>
    </xs:element>
    <xs:element name="webSite" type="xs:string" minOccurs="0">
      <xs:annotation>
        <xs:documentation>网址</xs:documentation>
        <xs:documentation>药品信息所在的互联网地址</xs:documentation>
      </xs:annotation>
    </xs:element>
    <xs:element ref="ContactInformation" maxOccurs="unbounded">
      <xs:annotation>
        <xs:documentation>联系信息</xs:documentation>
        <xs:documentation>药品发布方的联系信息</xs:documentation>
      </xs:annotation>
    </xs:element>
    <xs:any namespace="##other" processContents="lax" minOccurs="0"
maxOccurs="unbounded"/>
   </xs:sequence>
   <xs:anyAttribute processContents="lax"/>
  </xs:complexType>
</xs:element>
<xs:element name="ContactInformation">
  <xs:annotation>
      <xs:documentation>联系信息</xs:documentation>
  </xs:annotation>
  <xs:complexType>
    <xs:sequence>
      <xs:element name="name" type="xs:string" minOccurs="0">
        <xs:annotation>
          <xs:documentation>姓名</xs:documentation>
          <xs:documentation>发布方联系人的姓名</xs:documentation>
        </xs:annotation>
      </xs:element>
      <xs:element name="telephoneNumber" type="xs:string">
        <xs:annotation>
          <xs:documentation>电话号码</xs:documentation>
          <xs:documentation>企业的电话号码</xs:documentation>
        </xs:annotation>
      </xs:element>
      <xs:element name="faxNumber" type="xs:string" minOccurs="0">
        <xs:annotation>
          <xs:documentation>传真号码</xs:documentation>
          <xs:documentation>企业的传真号码</xs:documentation>
```

```
      </xs:annotation>
    </xs:element>
    <xs:element name="e-mail" type="xs:string" minOccurs="0">
      <xs:annotation>
        <xs:documentation>电子邮箱</xs:documentation>
        <xs:documentation>企业的电子邮箱</xs:documentation>
      </xs:annotation>
    </xs:element>
    <xs:element name="address" type="xs:string" minOccurs="0">
      <xs:annotation>
        <xs:documentation>地址</xs:documentation>
        <xs:documentation>企业的详细地址</xs:documentation>
      </xs:annotation>
    </xs:element>
    <xs:element name="postalCode" type="xs:string" minOccurs="0">
      <xs:annotation>
        <xs:documentation>邮政编码</xs:documentation>
        <xs:documentation>企业的邮政编码</xs:documentation>
      </xs:annotation>
    </xs:element>
    <xs:any namespace="##other" processContents="lax" maxOccurs="unbounded"/>
   </xs:sequence>
  </xs:complexType>
 </xs:element>
</xs:schema>
```

附 录 B
（资料性附录）
药品核心元数据示例

B.1 示例概述

本附录按照第8章的要求给出完整的核心元数据示例，所填元数据内容仅仅具有示意性。

B.2 元数据示例

——药品信息：
  ——药品标识符：86900073000×××
  ——通用名称：罗红××片
  ——商品名称：罗红××片
  ——英文名称：×××Tablets
  ——汉语拼音：Luohong××Pian
  ——化学名称：9-[O-[(2-甲氧基乙氧基)-甲基]肟]××素
  ——批准文号：国药准字H109700××
  ——OTC类别：false
  ——规格：150 mg
  ——剂型：片剂
  ——包装：铝塑包装，每盒6片
  ——成分：本品主要成分为罗红××
  ——性状：本品为白色或类白色片
  ——适应症：本品适用于化脓性链球菌引起的咽炎及扁桃体炎，敏感菌所致的鼻窦炎、中耳炎、急性支气管炎、慢性支气管炎急性发作，肺炎支原体或衣原体所致的肺炎；沙眼衣原体引起的尿道炎和宫颈炎；敏感细菌引起的皮肤软组织感染
  ——用法用量：空腹口服，一般疗程为5日～12日。成人一次150 mg(1片)，一日2次；也可一次300 mg(2片)，一日1次
  ——不良反应：主要不良反应为腹痛、腹泻、恶心、呕吐等胃肠道反应，但发生率明显低于红霉素。偶见皮疹、皮肤瘙痒、头昏、头痛、肝功能异常(ALT及AST升高)、外周血细胞下降等
  ——禁忌：对本品、红霉素或其他大环内酯类药物过敏者禁用
  ——注意事项：1. 肝功能不全者慎用。严重肝硬化者的半衰期延长至正常水平2倍以上，如确实需要使用，则一次给药150 mg(1片)，一日1次。2. 轻度肾功能不全者不需作剂量调整，严重肾功能不全者给药时间延长一倍，一次给药150 mg(1片)，一日1次。3. 本品与红霉素存在交叉耐药性。4. 食物对本品的吸收有影响，进食后服药会减少吸收，与牛奶同服可增加吸收。5. 服用本品后可影响驾驶及机械操作能力
  ——贮藏：密封，在干燥处保存
  ——有效期：24个月
  ——执行标准：《中国药典》2005版第二部
  ——药品分类信息：
    ——药品分类标准：GB/T 7635.1—2002《全国主要产品分类与代码 第1部分：可运输产品》
    ——药品分类代码：35257.2××

——药品分类名称:罗红××
——药品生产信息:
——生产日期:2009-01-01
——生产批号:090909
——有效期至:2011-01-01
——药品生产企业信息:
——生产企业名称:北京××××药业有限公司
——生产地址:北京市××区××路××号
——组织机构代码:111111×××
——生产企业许可证号:京××××××××××
——GMP证书号:京F12××
——法定代表人:王××
——联系信息:
——姓名:布××
——电话号码:010-12345678
——传真号码:010-12345678
——电子信箱:bu××@163.com
——地址:北京市××区××路××号
——邮政编码:100000
——药品经营企业信息:
——经营企业名称:安徽省××生化药业有限公司
——经营地址:安徽省××街××号
——组织机构代码:000000×××
——经营企业许可证号:徽××××××
——GSP证书号:I41××
——经营范围:中成药、化学制剂、生化药品
——法定代表人(负责人):李××
——价格信息:
——单价:12
——币种:人民币
——计量单位:盒
——联系信息:
——姓名:赵××
——电话号码:022-12345777
——传真号码:022-12345777
——电子信箱:zhao××@163.com
——地址:天津市××产业区××道××号
——邮政编码:300333
——发布信息:
——发布方:广州××信息技术有限公司
——发布日期:2009-02-05
——互联网药品信息服务资格证书号:[×]-经营性-2009-00××
——网址:http://www.yiyao××.com

——联系信息：

——姓名：徐××

——电话号码：020-12345666

——传真号码：020-12345666

——电子信箱：xu××@163.com

——地址：广州市××区××路××号

——邮政编码：510666

B.3 元数据 XML 编码示例

〈?xml version="1.0" encoding="UTF-8"?〉

〈metadata xmlns="http://www.e-service.org.cn/medicine"

xmlns:xsi="http://www.w3.org/2001/XMLSchema-instance"

xsi:schemaLocation="http://www.e-service.org.cn/medicine medicine.xsd"〉

〈MedicineInformation〉

〈medicineID〉86900073000×××〈/medicineID〉

〈approvedDrugNames〉罗红××片〈/approvedDrugNames〉

〈commodityName〉罗红××片〈/commodityName〉

〈englishName〉××× Tablets〈/englishName〉

〈pinYin〉Luohong×× Pian 〈/pinYin〉

〈chemicalName〉9-[O-[(2-甲氧基乙氧基)-甲基]肟]××素〈/chemicalName〉

〈licenseNo〉国药准字 H109700××〈/licenseNo〉

〈OTCType〉false〈/OTCType〉

〈specifications〉150mg〈/specifications〉

〈formulation〉片剂〈/formulation〉

〈packaging〉铝塑包装，每盒 6 片〈/packaging〉

〈composition〉本品主要成分为罗红××〈/composition〉

〈characteristics〉本品为白色或类白色片〈/characteristics〉

〈indications〉本品适用于化脓性链球菌引起的咽炎及扁桃体炎，敏感菌所致的鼻窦炎、中耳炎、急性支气管炎、慢性支气管炎急性发作，肺炎支原体或衣原体所致的肺炎；沙眼衣原体引起的尿道炎和宫颈炎；敏感细菌引起的皮肤软组织感染〈/indications〉

〈dosageAndAdministration〉空腹口服，一般疗程为 5 日～12 日。成人一次 150 mg(1 片)，一日 2 次；也可一次 300 mg(2 片)，一日 1 次〈/dosageAndAdministration〉

〈adverseEffects〉主要不良反应为腹痛、腹泻、恶心、呕吐等胃肠道反应，但发生率明显低于红霉素。偶见皮疹、皮肤瘙痒、头昏、头痛、肝功能异常(ALT 及 AST 升高)、外周血细胞下降等〈/adverseEffects〉

〈contraindications〉对本品、红霉素或其他大环内酯类药物过敏者禁用〈/contraindications〉

〈precautionsForUse〉1.肝功能不全者慎用。严重肝硬化者的半衰期延长至正常水平 2 倍以上，如确实需要使用，则一次给药 150 mg(1 片)，一日 1 次。2.轻度肾功能不全者不需作剂量调整，严重肾功能不全者给药时间延长一倍，一次给药 150 mg(1 片)，一日 1 次。3.本品与红霉素存在交叉耐药性。4.食物对本品的吸收有影响，进食后服药会减少吸收，与牛奶同服可增加吸收。5.服用本品后可影响驾驶及机械操作能力〈/precautionsForUse〉

〈storage〉密封，在干燥处保存〈/storage〉

〈shelfLife〉24 个月〈/shelfLife〉

〈specificationNo〉《中国药典》2005 版第二部〈/specificationNo〉
〈MedicineClassificationInformation〉
〈medicineClassificationStandard〉GB/T 7635.1—2002《全国主要产品分类与代码　第 1 部分：可运输产品》〈/medicineClassificationStandard〉
〈medicineClassificationCode〉35257.2××〈/medicineClassificationCode〉
〈medicineClassificationName〉罗红××〈/medicineClassificationName〉
〈/MedicineClassificationInformation〉
〈MedicineManufactureInformation〉
〈manufactureDate〉2009-01-01〈/manufactureDate〉
〈lotNumber〉090909〈/lotNumber〉
〈endShelfLife〉2011-01-01〈/endShelfLife〉
〈/MedicineManufactureInformation〉
〈MedicineManufacturerInformation〉
〈manufacturerName〉北京××××药业有限公司〈/manufacturerName〉
〈manufactureAddress〉北京市××区××路××号〈/manufactureAddress〉
〈organizationCode〉111111×××〈/organizationCode〉
〈productionCorporationCertificateNo〉京×××××××××〈/productionCorporation-CertificateNo〉
〈goodManufacturingPracticeCertificateNo〉京 F12××〈/goodManufacturingPracticeCer-tificateNo〉
〈legalRepresentativeorPrincipal〉王××〈/legalRepresentativeorPrincipal〉
〈ContactInformation〉
〈name〉布××〈/name〉
〈telephoneNumber〉010-12345678〈/telephoneNumber〉
〈faxNumber〉010-12345678〈/faxNumber〉
〈e-mail〉bu××@163.com〈/e-mail〉
〈address〉北京市××区××路××号〈/address〉
〈postalCode〉100000〈/postalCode〉
〈/ContactInformation〉
〈/MedicineManufacturerInformation〉
〈/MedicineInformation〉
〈MedicineBusinessInformation〉
〈businessCorporationName〉安徽省××生化药业有限公司〈/businessCorporationName〉
〈businessAddress〉安徽省××街××号〈/businessAddress〉
〈organizationCode〉000000×××〈/organizationCode〉
〈businessCorporationCertificateNo〉徽××××××〈/businessCorporationCertificateNo〉
〈goodSupplyingPracticeCertificateNo〉I41××〈/goodSupplyingPracticeCertificateNo〉
〈businessRange〉中成药、化学制剂、生化药品〈/businessRange〉
〈legalRepresentativeorPrincipal〉李××〈/legalRepresentativeorPrincipal〉
〈PriceInformation〉
〈unitPrice〉12〈/unitPrice〉
〈currency〉人民币〈/currency〉
〈measureUnit〉盒〈/measureUnit〉

```
    〈/PriceInformation〉
    〈ContactInformation〉
      〈name〉赵××〈/name〉
      〈telephoneNumber〉022-12345777〈/telephoneNumber〉
      〈faxNumber〉022-12345777〈/faxNumber〉
      〈e-mail〉zhao××@163.com〈/e-mail〉
      〈address〉天津市××产业区××道××号〈/address〉
      〈postalCode〉300333〈/postalCode〉
    〈/ContactInformation〉
〈/MedicineBusinessInformation〉
〈PublishInformation〉
    〈publisher〉广州××信息技术有限公司〈/publisher〉
    〈publishDate〉2009-02-05〈/publishDate〉
    〈certificateNoofmedicineInformationService〉[×]-经营性-2009-00××〈/certificateNoofmedicineInformationService〉
    〈webSite〉http://www.yiyao××.com〈/webSite〉
    〈ContactInformation〉
      〈name〉徐××〈/name〉
      〈telephoneNumber〉020-12345666〈/telephoneNumber〉
      〈faxNumber〉020-12345666〈/faxNumber〉
      〈e-mail〉xu××@163.com〈/e-mail〉
      〈address〉广州市××区××路××号〈/address〉
      〈postalCode〉510666〈/postalCode〉
    〈/ContactInformation〉
  〈/PublishInformation〉
〈/metadata〉
```

参 考 文 献

[1] 《中华人民共和国药品管理法》 中华人民共和国主席令[2001]45 号
[2] GB/T 7635.1—2002 全国主要产品分类与代码 第1部分:可运输产品

ICS 03.080.99
A 20

中华人民共和国国家标准

GB/T 26841—2011

基于电子商务活动的交易主体 企业信用档案规范

Transaction subject based upon activities of electronic commerce—Specification for enterprise credit archive

2011-07-29 发布　　2011-12-01 实施

中华人民共和国国家质量监督检验检疫总局
中国国家标准化管理委员会　发布

前　言

本标准的附录A、附录B为规范性附录。

本标准由全国电子业务标准化技术委员会提出并归口。

本标准主要起草单位：中国标准化研究院、北京神州商桥技术服务有限公司、阿里巴巴(中国)网络技术有限公司、中国电子商务协会。

本标准主要起草人：陈玉忠、尹彦、李安渝、马辉、丁于思、刘颖、钱玉民、李向华、宋黎、韩爱红、高卿、吕艳美、樊坤、郭富贵、顾晓亮。

引　言

加快发展电子商务，是贯彻落实科学发展观，全面实现信息化的客观要求和必然选择。开展电子商务，信用是基础。随着我国电子商务的快速发展，电子商务信用体系建设已成为规范电子商务市场经济秩序的重要基础。制定电子商务信用系列标准对规范我国电子商务行业健康可持续发展具有重要意义。

电子商务信用系列标准预计包括通用基础系列、电子商务活动交易主体系列、电子商务活动服务主体系列等。《基于电子商务活动的交易主体》系列标准是电子商务信用体系建设的重要组成部分。

电子商务活动的交易主体分为企业、个人、个体工商户、其他经营商户等，根据交易主体不同，可分别研制相应的标准。本标准可与 GB/T 26842《基于电子商务活动的交易主体　企业信用评价指标与等级表示规范》配套使用。

本标准的使用主体包括但不限于行业管理部门、电子商务平台运营商、信用评价服务机构等。

基于电子商务活动的交易主体
企业信用档案规范

1 范围

本标准规定了电子商务活动中建立企业信用档案的信息项。

本标准适用于电子商务活动中企业信用档案的建立。

2 规范性引用文件

下列文件中的条款通过本标准的引用而成为本标准的条款。凡是注日期的引用文件,其随后所有的修改单(不包括勘误的内容)或修订版均不适用于本标准,然而,鼓励根据本标准达成协议的各方研究是否可使用这些文件的最新版本。凡是不注日期的引用文件,其最新版本适用于本标准。

GB/T 7408 数据元和交换格式 信息交换 日期和时间表示法

GB/T 12402 经济类型分类与代码

GB/T 22117 信用 基本术语

GB/T 26819 信用主体标识规范

GB/T 26842 基于电子商务活动的交易主体 企业信用评价指标与等级表示规范

3 术语和定义

GB/T 22117 确立的以及下列术语和定义适用于本标准。

3.1

电子商务活动 electronic commerce activity

基于网络技术开展的信息交流、商品或服务交易活动。

3.2

交易主体 transaction subject

从事商务活动的买卖双方。

4 信用档案的基本内容

4.1 信用档案的组成

信用档案由基本信息和专项信息组成。基本信息为信用档案的必选项,内容见附录 A;专项信息为可选项,可根据实际情况选择使用,内容见附录 B。

4.2 基本信息

基本信息应包括但不限于以下内容:

——基础信息;

——交易基本信息;

——交易关联基本信息;

——评价基本信息。

4.3 专项信息

专项信息可包括以下内容:

——资质信息;

——交易专项信息；
——交易关联专项信息；
——财务信息；
——提示信息；
——评价专项信息。

附 录 A
（规范性附录）
基本信息内容

A.1 基础信息

基础信息见表A.1。

表 A.1

编码	类别	数据项名称	说明
0101	企业信用主体标识信息		
010101		企业信用主体标识码	GB/T 26819《信用主体标识规范》
010102		企业名称	
0102	企业工商登记信息		
010201		营业执照注册号	
010202		登记机关	
010203		法定代表人	
010204		注册资本币种	
010205		注册资本	
010206		实缴资本(金)	
010207		企业类型*	
010208		经济类型*	采用GB/T 12402
010209		经营范围	
010210		成立日期	
010211		营业期限起始日期	采用GB/T 7408
010212		营业期限终止日期	采用GB/T 7408
010213		最新年检日期	采用GB/T 7408
010214		最新年检结果	
010215		原登记事项	
010216		变更登记事项	
010217		变更核准日期	采用GB/T 7408
010218		注销原因	
010219		注销日期	采用GB/T 7408
0103	网站信息		
010301		首页网址	
010302		域名	
0104	企业联络信息		
010401		联系人	
010402		联系电话	
010403		电子邮件	
010404		经营地址	
010405		邮政编码	
0105	建档信息		
010501		档案建立日期	采用GB/T 7408
010502		档案更新日期	采用GB/T 7408
* “经济类型”和“企业类型”选择填写一个信息项。			

A.2 交易基本信息

交易基本信息见 A.2。

表 A.2

编码	类别	数据项名称	说明
0201	交易记录信息		
020101		订单号	
020102		交易角色	卖方/买方
020103		交易时间	
020104		总金额	
0202	产品基本信息		
020201		产品名称	
020202		产品所在地	
020203		产品价格类型	产品定价、会员价、优惠价等
020204		产品单价	
020205		产品数量	
0203	服务基本信息		
020301		服务名称	
020302		服务价格	
020303		服务履约地点	
0204	交易联系信息		
020401		售货方	
020402		售货方电话	
020403		售货方传真	
020404		售货方地址	
020405		售货方邮编	
020406		售货方电子邮件	
020407		售货方备注	售货方对货物销售需要说明的其他事项
020408		订货方	
020409		订货方电话	
020410		订货方传真	
020411		订货方地址	
020412		订货方邮编	
020413		订货方电子邮件	
020414		订货方备注	订货方对所购货物需要说明的其他事项
020415		收货方	
020416		收货方电话	
020417		收货方传真	
020418		收货方地址	
020419		收货方邮编	
020420		收货方电子邮件	
020421		收货方备注	收货方对所购货物需要说明的其他事项

表 A.2（续）

编码	类别	数据项名称	说明
0205	交易统计信息		
020501		登录次数	
020502		信息更新率	
020503		交易频率	一定周期内交易成功的次数
020504		累计交易次数	交易成功的次数
020505		累计交易金额	
020506		交易达成率	达成交易次数/下单交易次数，达成指交易双方对交易的确认
020507		交易实现率	完成交易次数/达成交易次数

A.3 交易关联基本信息

交易关联基本信息见表 A.3。

表 A.3

编码	类别	数据项名称	说明
0301	物流基本信息		
030101		物流方式	点对点/自提等
030102		运费	
030103		运费承担方	
0302	支付基本信息		
030201		付款方式	

A.4 评价基本信息

评价基本信息见表 A.4。

表 A.4

编码	类别	数据项名称	说明
0401	交易方评价信息		
040101		交易对方评价结果	好/中/差
040102		评价方	
040103		评价内容	
040104		获得评价总次数	
040105		评价时间	采用 GB/T 7408
0402	投诉信息		
040201		投诉用户名称	
040202		投诉事项	
040203		投诉内容	
040204		投诉时间	
040205		投诉处理情况	
040206		投诉处理时间	采用 GB/T 7408
0403	网站评价信息		
040301		评价等级	采用 GB/T 26842
040302		评价机构名称	
040303		评价时间	采用 GB/T 7408
040304		备注	

附 录 B
（规范性附录）
专项信息内容

B.1 资质信息

资质信息见表B.1。

表B.1

编码	类别	数据项名称	说明
1101	行政许可资质信息		
110101		专项许可与登记名称	
110102		专项许可与登记内容	
110103		专项许可与登记证号	
110104		专项许可与登记证发证机关	
110105		专项许可与登记证核发日期	采用GB/T 7408
110106		专项许可与登记证有效期起始日期	采用GB/T 7408
110107		专项许可与登记证有效期终止日期	采用GB/T 7408
110108		专项许可与登记证状态	
1102	其他资质信息		
110201		其他资质名称	
110202		其他资质事项	
110203		其他资质编号	
110204		其他资质颁发单位	
110205		其他资质时间	采用GB/T 7408
110206		其他资质有效起始日期	采用GB/T 7408
110207		其他资质有效终止日期	采用GB/T 7408
1103	经营性网站备案信息		
110301		网站IP地址	
110302		备案/许可证号	
110303		审核通过时间	
110304		客户服务电话	
110305		客户服务E-mail	
110306		网站办公地址	
110307		网站注册标号	

B.2 交易专项信息

交易专项信息见表B.2。

表B.2

编码	类别	数据项名称	说明
1201	合同信息		
120101		合同编号	
120102		合同名称	
120103		合同类型	
120104		合同签订时间	采用GB/T 7408
120105		合同期限	

表 B.2(续)

编码	类别	数据项名称	说明
120106		交易方式	现货/期货
120107		交易载体	自建网站/第三方网站
120108		交易对方名称	
120109		合同金额	
120110		合同履约情况	
120111		合同取消原因	
1202	产品专项信息		
120201		产品认证标志	
120202		产品编(代)码	
120203		产品重量(单)	
120204		产品类别	
120205		产品原产地	
120206		产品型号	
120207		产品规格	
120208		产品保修期	
120209		产品保质期	
1203	服务专项信息		
120301		服务类别	
120302		服务方式	
120303		服务内容	
120304		服务期限	
1204	知识产权信息		
120401		知识产权名称	
120402		知识产权属性	著作权、专利、商标
120403		知识产权所有人姓名	
120404		知识产权批准部门	
120405		知识产权批准方式	
120406		知识产权批准时间	采用 GB/T 7408
120407		知识产权交易签约时间	采用 GB/T 7408
120408		知识产权交易签约地点	
120409		知识产权使用地域范围	境内、境外

B.3 交易关联专项信息

交易关联专项信息见表 B.3。

表 B.3

编码	类别	数据项名称	说明
1301	物流专项信息		
130101		物流服务提供商名称	
130102		物流支付方式	
130103		运输方式	海运/陆运/空运
130104		交货期限	采用 GB/T 7408
130105		发货日期	采用 GB/T 7408
130106		到货日期	采用 GB/T 7408

表 B.3（续）

编码	类别	数据项名称	说明
130107		损耗计算方式	
130108		损耗承担方	
1302	保险信息		
130201		险别	
130202		保险单名称	
130203		承保单位	
130204		投保范围	
130205		保险标的	
130206		基本保险费	
130207		固定保险费总保险金额	
130208		保险期间	
130209		保险责任	
130210		保险责任免除	
1303	支付专项信息		
130301		支付服务提供商	
130302		付款期限	采用 GB/T 7408
130303		付款日期	采用 GB/T 7408
1304	担保/抵押信息		
130401		对外担保额度	
130402		反担保措施	
130403		担保方式	
130404		担保标的	
130405		担保标的额	
130406		担保期限	
130407		担保服务提供商名称	
130408		担保服务提供商住所	
130409		担保服务提供商注册资本	
130410		担保服务提供商信用等级	
130411		担保服务提供商成立日期	采用 GB/T 7408
130412		财产抵押	
1305	银行开户信息		
130501		开户银行	
130502		基本账户账号	
130503		一般账户账号	

B.4 财务信息

财务信息见表 B.4。

表 B.4

编码	类别	数据项名称	说明
1401	资产负债信息		
140101		存货	
140102		流动资产合计	

表 B.4（续）

编码	类别	数据项名称	说明
140103		非流动资产合计	
140104		资产总计	
140105		流动负债合计	
140106		非流动负债合计	
140107		负债合计	
140108		股本	
140109		资本公积	
140110		股东权益合计	
140111		负债和股东权益总计	
1402	现金流量信息		
140201		经营活动现金流入合计	
140202		经营活动现金流出合计	
140203		投资活动现金流入合计	
140204		投资活动现金流出合计	
140205		筹资活动现金流入合计	
140206		筹资活动现金流出合计	
140207		期初现金及现金等价物余额	
140208		期末现金及现金等价物余额	
1403	损益信息		
140301		营业收入	
140302		营业成本	
140303		利润总额	
140304		净利润	
140305		盈利企业利润总额	
140306		亏损企业亏损总额	（用“—”号表示）

B.5 提示信息

提示信息见表 B.5。

表 B.5

编码	类别	数据项名称	说明
1501	法院判决信息		
150101		判决机关	
150102		判决书名称	
150103		判决书编号	
150104		案件类型	
150105		诉讼地位	
150106		立案日期	采用 GB/T 7408
150107		结案日期	采用 GB/T 7408
150108		判决结果	
150109		执行期限	
150110		执行结果	

表 B.5（续）

编码	类别	数据项名称	说明
1502	欠缴税收信息		
150201		主管税务机关	
150202		欠税次数	
150203		欠税税种	
150204		欠税余额	
150205		欠税补缴日期	
150206		税收滞纳金欠缴余额	
150207		税收滞纳金欠缴起始日期	
150208		欠缴税收滞纳金补缴日期	
1503	劳动及社会保障保险信息		
150301		欠薪时段	
150302		欠薪总额	
150303		欠薪人(次)数	
150304		欠薪记录机关	
150305		社会保险参保险种	
150306		社会保险缴费状态	
150307		住房公积金个人缴存比例	
150308		住房公积金单位缴存比例	
150309		单位住房公积金缴存状态	
1504	公共事业欠费信息		
150401		公共事业单位名称	
150402		公共事业欠费业务种类	
150403		公共事业欠费金额	
150404		公共事业欠费次数	
150405		公共事业欠费所属时段	
150406		拖欠天数	
150407		公共事业欠费补缴日期	
1505	电信欠费信息		
150501		电信运营商名称	
150502		电信欠费事项	
150503		电信欠费业务种类	
150504		电信欠费金额	
150505		电信欠费次数	
150506		电信欠费所属时段	
150507		拖欠天数	
150508		电信欠费补缴日期	
1506	行政处罚信息		
150601		行政处罚机关	
150602		行政处罚决定文书编号	
150603		违法违规事项	
150604		行政处罚种类	
150605		行政处罚次数	

表 B.5(续)

编码	类别	数据项名称	说明
150606		行政处罚定性依据	
150607		行政处罚日期	采用 GB/T 7408
150608		行政处罚执行情况	
1507	行政强制信息		
150701		行政强制机关	
150702		行政强制决定文书编号	
150703		行政强制事项	
150704		行政强制次数	
150705		行政强制依据	
150706		行政强制日期	采用 GB/T 7408
150707		行政强制执行情况	
1508	荣誉信息		
150801		荣誉名称	
150802		荣誉事项	
150803		证书编号	
150804		评(认)定单位	
150805		评(认)定日期	采用 GB/T 7408
1509	其他信息		
150901		信息类型	
150902		信息发布单位	
150903		信息发布时间	采用 GB/T 7408
150904		信息内容摘要	

B.6 评价专项信息

评价专项信息见表 B.6。

表 B.6

编码	类别	数据项名称	说明
1601	第三方信用评价(级)信息		
160101		信用评价(级)名称	
160102		信用评价(级)等级	
160103		信用评价(级)机构	
160104		信用评价(级)时间	采用 GB/T 7408
160105		信川评价(级)结果适用范围	
160106		信用评价(级)结果有效起始日期	采用 GB/T 7408
160107		信用评价(级)结果有效终止日期	采用 GB/T 7408

ICS 03.080.99
A 20

中华人民共和国国家标准

GB/T 26842—2011

基于电子商务活动的交易主体企业信用评价指标与等级表示规范

Transaction subject based upon activities of electronic commerce—Specification for enterprise credit assessment index and credit grade

2011-07-29 发布　　2011-12-01 实施

中华人民共和国国家质量监督检验检疫总局
中国国家标准化管理委员会　发布

前　　言

本标准由全国电子业务标准化技术委员会提出并归口。

本标准主要起草单位：中国标准化研究院、北京神州商桥技术服务有限公司、阿里巴巴（中国）网络技术有限公司、中国电子商务协会。

本标准主要起草人：钱玉民、李安渝、马辉、尹彦、丁于思、刘颖、李向华、宋黎、韩爱红、高卿、吕艳美、樊坤、郭富贵、顾晓亮。

引　言

加快发展电子商务，是贯彻落实科学发展观，全面实现信息化的客观要求和必然选择。开展电子商务，信用是基础。随着我国电子商务的快速发展，电子商务信用体系建设已成为规范电子商务市场经济秩序的重要基础。制定电子商务信用系列标准对规范我国电子商务行业健康可持续发展具有重要意义。

电子商务信用系列标准预计包括通用基础系列、电子商务活动交易主体系列、电子商务活动服务主体系列等。《基于电子商务活动的交易主体》系列标准是电子商务信用体系建设的重要组成部分。

电子商务活动的交易主体分为企业、个人、个体工商户、其他经营商户等，根据交易主体不同，可分别研制相应的标准。本标准可与 GB/T 26841《基于电子商务活动的交易主体　企业信用档案规范》配套使用。

本标准的使用主体包括但不限于行业管理部门、电子商务平台运营商、信用评价服务机构等。

基于电子商务活动的交易主体
企业信用评价指标与等级表示规范

1 范围

本标准规定了电子商务活动中企业的信用评价基本原则、评价要素、评价指标、评价流程和信用等级表示方法。

本标准适用于电子商务活动中对企业信用的评价。

2 规范性引用文件

下列文件中的条款通过本标准的引用而成为本标准的条款。凡是注日期的引用文件，其随后所有的修改单(不包括勘误的内容)或修订版均不适用于本标准，然而，鼓励根据本标准达成协议的各方研究是否可使用这些文件的最新版本。凡是不注日期的引用文件，其最新版本适用于本标准。

GB/T 22117 信用 基本术语

GB/T 26841 基于电子商务活动的交易主体 企业信用档案规范

3 术语和定义

GB/T 22117 确立的以及下列术语和定义适用于本标准。

3.1

电子商务活动 electronic commerce activity

基于网络技术开展的信息交流、商品或服务交易活动。

3.2

交易主体 transaction subject

从事商务活动的买卖双方。

3.3

信用评价 credit assessment

根据相应的指标和评估方法，以客观公正的立场，对被评估对象的履约能力及其可信程度进行评价，并以符号表示其信用等级的一种有组织的活动。

4 基本原则

4.1 全面性

企业信用评价指标应包括能反映企业信用的关键信息。

4.2 系统性

企业信用评价指标各要素应相互之间既独立，又不重复，构成一个完整的体系，以准确反映从事电子商务活动企业的信用状况。

4.3 可操作性

企业信用评价指标应具有实用性，相关信息要素可采集、可量化，便于操作。

5 评价要素

5.1 基础信息

反映企业合法存在的基本信息。

5.2 资质信息

反映企业实体所具有的专项特征情况。

5.3 交易信息

反映企业在电子商务活动中的交易规模和实现状况。

5.4 财务信息

反映企业经营盈利能力、偿债能力及发展状况。

5.5 提示信息

社会公共机构掌握的有关企业信用方面的信息,综合反映企业的社会信用状况。

5.6 评价信息

反映企业在电子商务活动中的信用评价状况和第三方机构的信用评价状况。

6 评价指标体系

企业信用评价指标体系表见表1。

表1 评价指标体系表

评价要素	评价指标	指标解释
基础信息	信息申报	向第三方机构所提供各类信息材料的准确性、真实性情况
	企业成立时间	反映企业在工商行政管理局取得合法地位的时间长短
	备案审核通过时间	反映企业在国家行政管理机构网站备案的时间长短
	最新工商年检结果	企业工商年检获得的结果情况
资质信息	行政许可资质信息	企业获得政府机关的资质认证情况(失效资质证书视为无资质)
	其他资质信息	企业获得不同机构的资质认证情况(失效资质证书视为无资质)
交易信息	活跃度	包括用户登录次数、信息更新率等
	累积交易金额	企业在参与评价时电子商务交易中累积金额
	交易频率	企业每月电子商务交易次数
	交易达成率	反映企业在电子商务交易中成功达成交易的情况
	交易实现率	反映企业在电子商务交易中成功完成交易的情况
财务信息	资产负债率	反映企业在总资产中有多大比例是通过借贷筹资的
	流动比率	反映企业资产的变现能力
	净资产收益率	反映股东权益的收益水平
	资本积累率	反映企业当年资本的积累能力
	营业收入增长率	反映企业营业收入的增长情况
提示信息	不良信息	企业在社会公共机构等各方面违法违规情况
	荣誉信息	企业获得荣誉情况(守合同重信用称号、商标荣誉、法定代表人荣誉、纳税先进、文明单位、社会公益等)
评价信息	交易方评价信息	反映企业在电子商务活动中合同履行等情况
	投诉信息	反映企业在电子商务活动中被投诉的情况,包括质量与服务、客户信息及交易数据管理等
	第三方信用评价(级)信息	银行评级或信用机构评价情况(按四级十挡制信用等级划分或相应等级划分)

7 评价流程

7.1 评价准备

信用评价机构应做好以下准备工作：

——根据企业信用评价指标确定应采集的信用数据项，可见 GB/T 26841 中的信用数据项；

——根据行业、地区确定指标权重，建立评价系统；

——对评价流程、评价结果等级表示方法进行公示。

7.2 初评阶段

7.2.1 信息采集

可以通过计算机或者人工方式采集企业的信用信息。

7.2.2 初评结果

根据评价指标及信用等级划分方法得出企业的信用等级初评结果。

7.2.3 公示

将初评结果公示在网站上，公示期不少于 15 d，并公布接受异议的方式。

7.3 终评阶段

7.3.1 终评

若在初评公示期内对评价结果没有异议，则初评结果为评价的最终信用等级。在公示期结束后，正式发布最终信用等级，同时注明信用等级的最新评价日期。

7.3.2 复评

若对初评结果有异议，并且能够在规定时限内提供充分、有效的补充材料，评价主体应根据补充的材料进行复评，复评主要针对补充材料进行重新评价。复评仅限一次，将复评结果进行公示，复评结果为评价的最终信用等级。

若对评价结果有异议，但不能在规定时限内提供充分、有效的补充材料，评价主体可不受理复评请求。

7.3.3 跟踪

对被评主体定期或不定期进行跟踪。

7.4 评价等级变更

受评主体 6 个月内没有任何信用信息的更新，则取消信用评价等级。当某些信息或某事件可能导致被评价对象的信用等级发生变化时，应主动重新审查或取消信用评级结果。

8 信用等级表示

企业信用评价结果分为五个等级，从高到低分别用“五星级”、“四星级”、“三星级”、“二星级”、“一星级”表示，等级符号分别用对应数量的“★”表示。等级符号可以根据实际情况调整，但需明示其与本标准符号的转化及对应关系。信用等级表示如表 2 所示。

表 2 信用的等级划分

序号	等级	等级符号	说明
1	五星级	★★★★★	信用状况优秀
2	四星级	★★★★	信用状况良好
3	三星级	★★★	信用状况较好
4	二星级	★★	信用状况一般
5	一星级	★	信用状况合格

ICS 59.080.60
W 56

中华人民共和国国家标准

GB/T 26843—2011

地毯　背衬剥离强力的测定

Carpet—Determination of resistance to delamination of the backing

(ISO 11857:1999, Textile floor coverings—Determination of resistance to delamination, MOD)

2011-07-29 发布　　2011-12-15 实施

中华人民共和国国家质量监督检验检疫总局
中国国家标准化管理委员会　发布

前　言

本标准使用重新起草法修改采用 ISO 11857:1999《纺织铺地物　抗脱衬性能的测定》(英文版)。

本标准相对于 ISO 11857:1999 的技术性差异及其原因如下:

——用修改采用国际标准的 GB/T 6529—2008 代替原文中 ISO 139。

为了便于使用,本标准还对 ISO 11857:1999 做了下列编辑性修改:

——按我国地毯系列标准命名惯例改变了标准名称;

——用"本标准"代替"本国际标准",用"地毯"代替"纺织铺地物";

——删除了国际标准的前言,增加了本标准的前言。

本标准由中国轻工业联合会提出。

本标准由全国地毯标准化技术委员会(SAC/TC 150)归口。

本标准起草单位:中国工艺美术协会地毯专业委员会、天津市东方蓝宝地毯研究中心。

本标准主要起草人:张玉芬、陈桂生、刘畅、赵曜。

地毯 背衬剥离强力的测定

1 范围

本标准规定了将地毯的组合层剥离下来所需要的力的测定方法。

本标准适用于带有二级背衬或泡沫背衬的所有类型的地毯。

本试验方法所得出的结果对生产过程的监控是很有用的，但不能将此作为使用性能的可靠指标。

2 规范性引用文件

下列文件中的条款通过本标准的引用而成为本标准的条款。凡是注日期的引用文件，其随后所有的修改单（不包括勘误的内容）或修订版均不适用于本标准，然而，鼓励根据本标准达成协议的各方研究是否可使用这些文件的最新版本。凡是不注日期的引用文件，其最新版本适用于本标准。

GB/T 6529—2008 纺织品 调湿和试验用标准大气(ISO 139:2005,MOD)

ISO 1957 机制地毯物理试验的取样和试样的截取法(Machine-made textile floor coverings—Selection and cutting of specimens for physical tests)

3 术语和定义

下列术语和定义适用于本标准。

3.1

剥离力 delamination force

将地毯的背衬层在 50 mm 的宽度上剥离所需要的力，以 N(牛顿)来表示。

4 原理

将受检试样的一端用手剥离，然后在规定的条件下，在自动记录的拉伸强度测试机上测量继续拉伸所需的力。

5 设备

5.1 拉伸测试机，能够以 300 mm/min±10 mm/min 的等速伸长速率(CRE)进行操作。

5.2 夹紧系统，带有面积至少为 25 mm×75 mm 的齿状钳口或加有衬垫的钳口表面，其设计应可以防止试验进行中夹具的滑动。

5.3 载荷延伸曲线自动记录仪，接入或不接入计算机后援设备均可，但应按拉伸测试机的同样速率操作。

5.4 自粘型地毯胶粘带，50 mm 宽。

6 受检试样

6.1 按 ISO 1957 取样后，沿生产方向和垂直于生产方向各截取 50 mm 宽、200 mm 长的五块试样，以较长的一边作为测试方向。对于泡沫背衬的地毯，在背衬上粘贴一条 50 mm 宽的自粘型地毯胶粘带(5.4)以防止泡沫撕裂。

6.2 取下每块试样，用手从一端将背衬层剥离开大约 50 mm 的距离。

注：对于带有网眼的或稳定性较差的二级背衬的地毯，可以使用 50 mm 长的胶粘带在二级背衬上横向粘贴，以辅助试样保持方形并使其夹固在试样夹上。

7 用于调节和试验的大气

7.1 将受检试样单个、使用面朝上放在调节纺织品的标准大气(7.2)中，放置至少 24 h。

7.2 用于调节和测试的大气符合 GB/T 6529—2008 规定的温度为 20 ℃±2 ℃和相对湿度为 65%±4%的要求。

8 试验程序

8.1 将受检试样剥离开的背衬层的全宽夹紧在拉伸测试机(5.1)的一个钳口上，剥离开的另一层夹紧在另一个钳口上，应确保拉伸力能够均匀地施加上去，并确保剥离的方向和试样的边缘成直角。

8.2 打开载荷延伸曲线自动记录仪，启动横动夹头，使其以 300 mm/min±10 mm/min 的恒定速度运行，记录剥离过程中剥离力的起伏曲线图。试验继续进行到受检试样的另一端，然后轮流测试其他试样。

8.3 如果试样的某一组合层发生断裂或剥离发生在其他位置上(如绒头被拉出主背衬之外或在泡沫层的内侧发生撕裂)，记录这类问题，并报告发生问题时的拉伸力。

9 计算和结果的表达

9.1 载荷延伸曲线自动记录仪(5.3)的曲线线迹包括一系列的波峰和波谷。每个波峰都代表背衬层剥离时的力，波谷代表该力的撤出。典型的记录曲线见图 1。

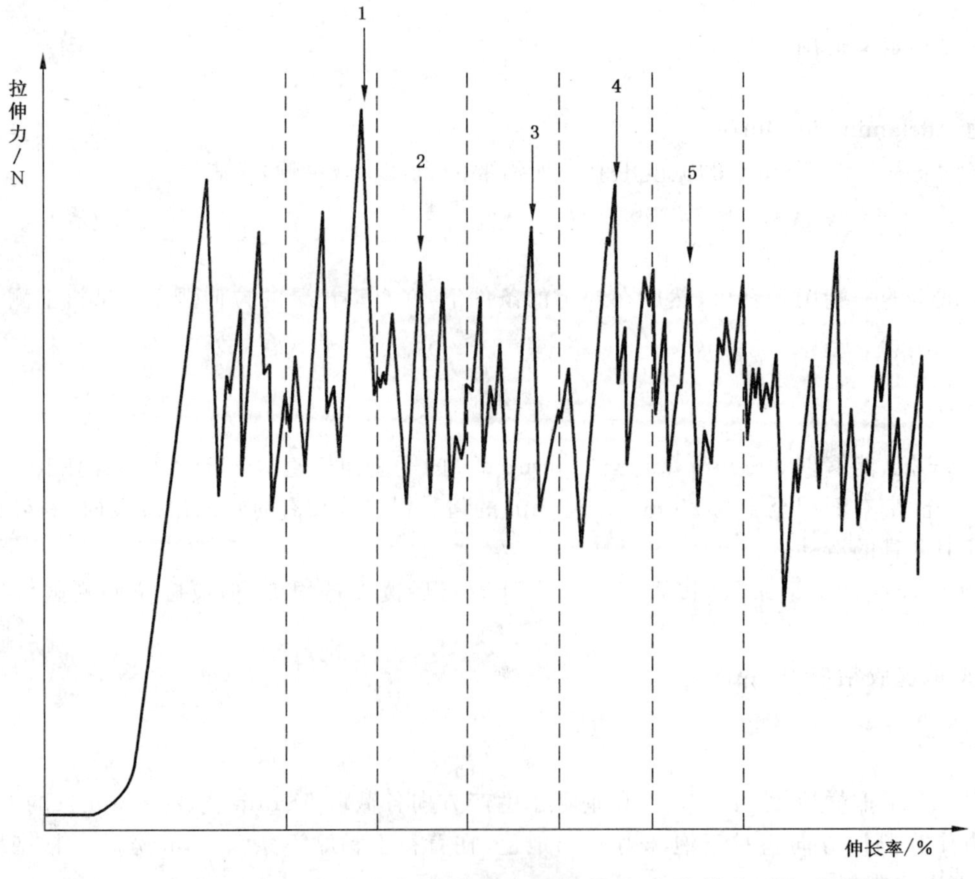

图 1 显示五个长度间隔内的最大峰值的具代表性的自动记录图线

9.2 从每个试样的记录曲线线迹中，标出曲线长度的最初的 25%，并将其忽略不计。将随后的曲线长度的 50%分割成五个等宽长度。

9.3 确定每个等宽长度中记录的最大峰值载荷。

9.4 确定每个试样的最大峰值载荷的平均值。

9.5 计算每个方向上的五个试样的平均值，并将最后结果的力用N(牛顿)表示。

9.6 如果曲线线迹没有明显划分的峰值，可以用眼睛观察，在曲线的中心部分划出与底线平行的一条线，记录下这个数值作为力的平均值。计算每个方向上的五个试样的平均值，并将其结果用N(牛顿)表示出来。

10 试验报告

试样报告应包括下列内容：

a) 试验采用了本标准；

b) 说明二级背衬的类型；

c) 每个试样的峰值的平均值和每个方向上的峰值的平均值；

d) 计算该结果所依据的条款编号；

e) 如果没有进行正常的剥离操作而受检试样发生8.3中的问题，报告其具体情况以及发生问题时所记录下来的力；

f) 与本标准的方法有无偏离。

ICS 59.080.60
W 56

中华人民共和国国家标准

GB/T 26844—2011

地毯　利用威特曼鼓轮和六足滚筒产生外观变化试验

Carpet—Production of changes in appearance by means of Vettermann drum and Hexapod tumbler testers

(ISO 10361:2000, Textile floor coverings—Production of changes in appearance by means of Vettermann drum and Hexapod tumbler testers, MOD)

2011-07-29 发布　　2011-12-15 实施

中华人民共和国国家质量监督检验检疫总局
中国国家标准化管理委员会　发布

前　言

本标准使用重新起草法修改采用 ISO 10361:2000《纺织铺地物　利用威特曼鼓轮和六足滚筒试验仪产生的外观变化》(英文版)。

本标准相对于 ISO 10361:2000 的技术性差异及其原因如下:

——用等同采用国际标准的 GB/T 26845 代替 ISO 9405;

——用修改采用国际标准的 GB/T 6529—2008 代替原文中的 ISO 139:1973。

为了便于使用,本标准还对 ISO 10361:2000 做了下列编辑性修改:

——按我国地毯系列标准命名惯例改变了标准名称;

——用"本标准"代替"本国际标准",用"地毯"代替"纺织铺地物";

——删除了国际标准的前言和引言,增加了本标准的前言;

——根据 GB/T 6529—2008,将 5.2 和 6.2 的相对湿度由(65±2)%改成(65±4)%;

——引用文件中部分文件采用了已由国际标准转化的国家标准。

本标准由中国轻工业联合会提出。

本标准由全国地毯标准化技术委员会(SAC/TC 150)归口。

本标准起草单位:中国工艺美术协会地毯专业委员会、天津市东方蓝宝地毯研究中心。

本标准主要起草人:张玉芬、陈桂生、刘畅、赵曜。

地毯　利用威特曼鼓轮和六足滚筒产生外观变化试验

1　范围

本标准规定了使用威特曼鼓轮和六足滚筒试验仪在机械方式的作用下，使地毯产生毯面结构的变化和色彩变化的试验程序。

地毯由鼓轮试验机产生的外观变化按照 GB/T 26845 进行评价。

本标准适用于所有需进行外观变化评价的地毯产品。

2　规范性引用文件

下列文件中的条款通过本标准的引用而成为本标准的条款。凡是注日期的引用文件，其随后所有的修改单(不包括勘误的内容)或修订版均不适用于本标准，然而，鼓励根据本标准达成协议的各方研究是否可使用这些文件的最新版本。凡是不注日期的引用文件，其最新版本适用于本标准。

GB/T 6529—2008　纺织品　调湿和试验用标准大气(ISO 139:2005,MOD)

GB/T 26845　地毯毯面外观变化的评价(ISO 9405:2001,IDT)

ISO 868:1985　塑料和硬质合金　利用硬度测试器(肖氏硬度)测定压痕硬度[Plastics and ebonite—Determination of indentation hardness by means of a durometer (shore hardness)]

ISO 1957　机制纺织铺地物　物理试验样品的选取和试样的截取(Machine-made textile floor coverings—Selection and cutting of specimens for physical tests)

ISO 2424　纺织铺地物　专业术语(Textile floor coverings—Vocabulary)

3　术语和定义

本标准采用 ISO 2424 中所规定的定义。

4　原理

在转动着的鼓轮测试仪的内壁上装有地毯的试样，有一个带有柱头的钢球或六足在试样上无序地滚动。

经过疲劳后，按照 GB/T 26845 对试样的外观变化进行评价。

5　方法 A—威特曼鼓轮方法

5.1　设备

5.1.1　威特曼鼓轮测试仪，其金属鼓轮的尺寸如下：

——内径：730 mm±10 mm；

——内部深度：270 mm±5 mm；

——有效深度：240 mm±7 mm；

——曲面厚度：8 mm±0.5 mm。

鼓轮应能以 16 r/min±1 r/min 的速度转动并使其每 5 min 改变一次转动方向，并约有 1 s 的静止时间。

在鼓轮系统上应组装有转数计数器，试样应由鼓轮的每个侧壁上的可调定位卡(厚度为 15 mm±1 mm)将其固定住。

松散绒头纤维应由附装的可自由转动的刷子与试样表面轻轻接触，而将其刷下，然后由真空吸尘器吸出。

图 1 标示出鼓轮的横向剖面图。

一块硬板背衬垫片，尺寸为 2 320 mm×270 mm×1.5 mm，温度为 20 ℃，密度为 1.1 g/cm^3～1.3 g/cm^3，铺放在鼓轮壳的工作一侧的内表面上。

该背衬垫片可永久地放在鼓轮内。

单位为毫米

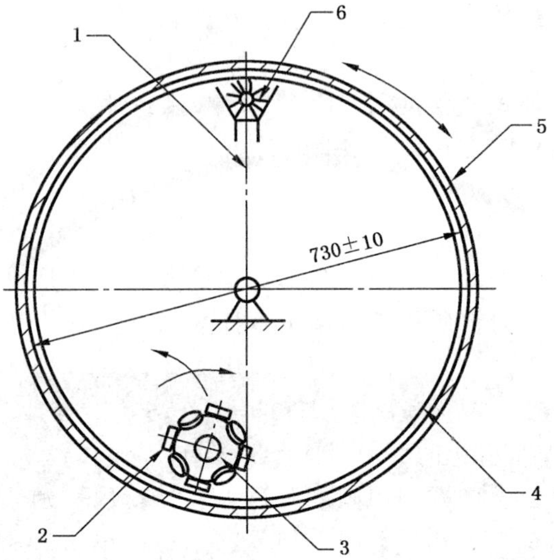

1——吸入刷掉的纤维；
2——橡胶柱头；
3——钢球；
4——硫化纤维背衬垫；
5——金属鼓轮；
6——转动刷。

图 1 威特曼鼓轮测试仪

5.1.2 钢球，装有均匀定位在球面上的 14 个圆柱形橡胶柱头。柱头应当是可更换的，用螺纹将其旋入球面上经机械切削出的平面内(见图 2)。

球直径：120 mm±0.2 mm；

相对的柱头安装表面的直径距离：118 mm±0.1 mm；

质量(不带柱头)：6 800 g±100 g；

质量(装有 14 个柱头)：7 600 g±100 g；

每个柱头都有一个浅灰色的合成橡胶圆片附装在带有必要的安装螺纹的钢制背衬圆片上；

柱头直径：40 mm±0.5 mm；

总高度(包括背衬圆片但不包括安装螺纹)：15 mm±0.5 mm；

可用螺纹长度：20 mm；

钢制背衬圆片厚度：3 mm；

橡胶硬度，按 ISO 868:1985 测量：48±3；

在每次测试(22 000 r)之后，用新柱头更换两个相对的柱头[1]。应该首先更换使用时间最长的两个柱头。

1) 威特曼鼓轮测试仪的柱头可以从以下地址买到：Schonberg GmbH, Postfach 200364, 40777 Monheim, Germany。本信息是为了给使用本标准的用户提供方便，并不构成对这些产品的授权委托。

单位为毫米

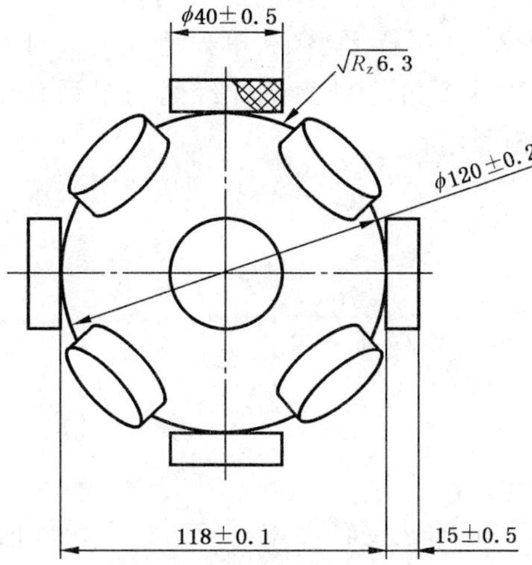

图 2　钢球

5.1.3　立式真空吸尘器，带有至少等于试样宽度的吸口。

5.2　用于调节和试验的大气

在调节和试验中均采用 GB/T 6529—2008 中规定的相对湿度为 65%±4% 和温度为 20 ℃±2 ℃ 的大气。

5.3　试样的选择和准备

5.3.1　选择

按 ISO 1957 的规定选择试样，使其尽量具有整批地毯的代表性。在剪切试样之前，应在样品上做标记，并在每块试样的背面用箭头标明绒头的倒向。

注：色彩和图案在评价毯面保持力方面起很大作用，在选择试样时请务必牢记这一点。

5.3.2　数量和尺寸

以生产方向为长度切割 570 mm 长和 265 mm 宽的试样四块。再切割同样尺寸同样位置的试样用来做对比。

注：只要不发生纤维转移和整理剂的转移，以生产控制为目的，可以将来自最多四块不同样品的相同试样同时进行测试。

对有明显绒头倒向的样品，试样应进行沿生产方向和与生产方向成直角的两个方向测试。

5.3.3　准备

将受检试样和对比试样按 5.4 的规定，用立式真空吸尘器(5.1.3)进行清洁，然后将其平整地、单独地、绒头向上地放置 24 h 进行调节。

为防止卷边，使用胶粘带贴在试样的边缘上。

5.4　程序

将试样装到鼓轮(5.1.1)内，毯面面向鼓轮的中心，两侧则压在定位卡的下面。应确认试样的两端位于定位卡的中心附近，并确保夹紧。

如有要求，无泡沫背衬的地毯可以按前面所述的方法，在将试样装入鼓轮前，把地毯衬垫装入鼓轮内，使地毯在衬垫上进行试验。

注：其试验结果只适用于地毯和特定的衬垫。对于其他衬垫组合是无效的。为了识别所用衬垫，建议说明下列细节：材料，单位面积质量和厚度。

检查金属球(5.1.2)是否装上了柱头，柱头是否清洁而无污染物。必要时，使用干净的纱布和适用的溶剂将其擦净。将金属球放入鼓轮，将转数计数器定在 22 000 r（约需 23 h 完成），模仿在长时间重磨损的场合；或定在 5 000 r，模仿在不太重的磨损毯面的场所的早期变化，然后将机器启动，开始试验。

试验后,用立式真空吸尘器(5.1.3)对试样进行清洁,然后沿长度方向做四个向前和向后的行程,确保覆盖所有的面积而且最后的一个行程是沿绒头倒向的方向。

在按 GB/T 26845 进行评价前,应使试样平整地、单独地及绒头向上地进行调节至少 24 h。

如果需要,也可以进行中间次数的评价。只要试样经过与最后评价相同的真空吸尘和检查即可。只不过不需经过重新调节而立即进行评价。

6 方法 B—六足方法

6.1 设备

6.1.1 六足滚筒测试仪,其中塑料鼓轮的尺寸如下:

——内径:305 mm±1 mm;

——壁厚:约 8 mm;

——内部深度:200 mm±1 mm。

鼓轮应当能以 35 r/min±2 r/min 的速度转动,并能在每 15 min 内改变一次方向。鼓轮系统应当装有转数计数器,而且鼓轮的底面和盖子上都应有定位槽,以使其能将试样背衬垫片(6.1.2)固定住,并使垫片平整地贴附在鼓轮的内壁上。图 3 中图示了鼓轮和拆卸下来的盖子。图 4 中图示了鼓轮的横断面。

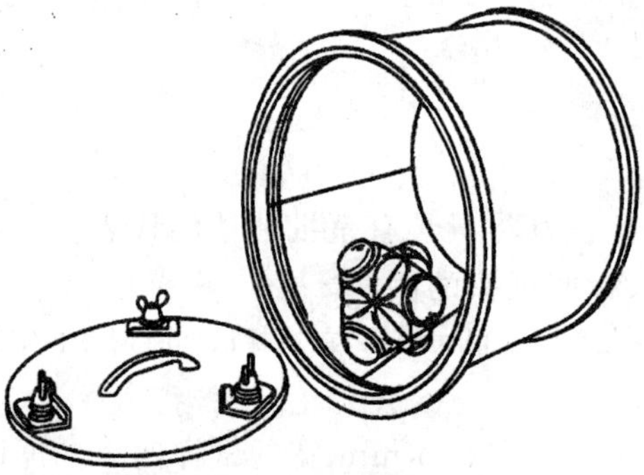

图 3 六足滚筒测试仪

单位为毫米

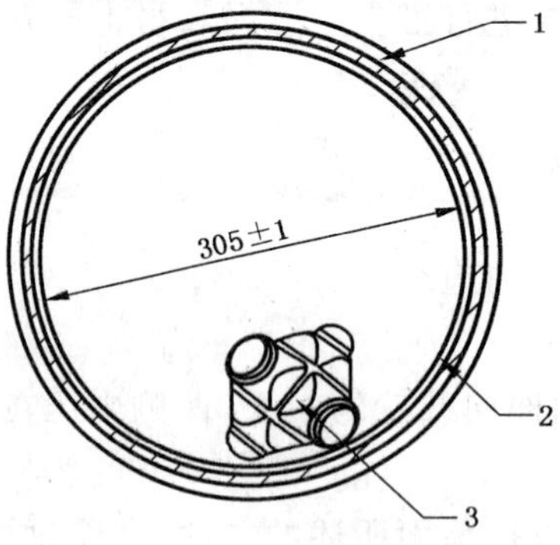

1——塑料滚筒;

2——聚乙烯试样背衬垫片;

3——六足。

图 4 六足滚筒测试仪横断面

6.1.2　聚乙烯试样背衬垫片，尺寸为 950 mm×215 mm×2 mm。

6.1.3　六足，由一个 50 mm 的低碳钢正方体构成，在其各个平面上焊接有 25 mm 厚的钢板。钢板的外角均倒成圆弧，使其在装上柱头后，将六足放在平整表面上时，没有任何金属部分会接触平整表面(见图 5)。

在六足的每个平面的中心位置上，都用螺纹旋入一个可以更换的并带有钢制后背的聚氨酯柱头。

柱头直径：40 mm±1 mm；

柱头高度：15 mm±1 mm；

柱头倒圆直径：15 mm±1 mm；

钢制后背厚度：3 mm±0.25 mm；

按 ISO 868：1985 测定的肖氏硬度：85～100；

装有六个柱头的六足总质量：3.8 kg±0.1 kg；

柱头在磨损或损坏后，无论如何在使用两年之后均应更换[2]。

单位为毫米

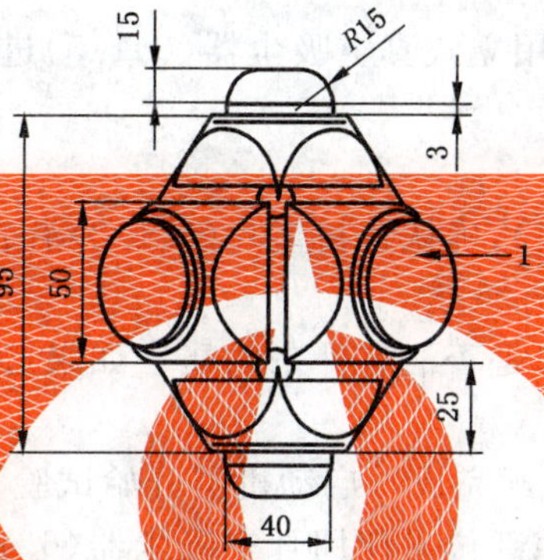

图 5　六足

6.1.4　双面胶带，50 mm 宽。

6.1.5　立式真空吸尘器具有至少和试样宽度相等的吸口。

6.1.6　矩形除尘框，外部周边为 1 000 mm×300 mm，中心部位为 940 mm×200 mm，用以放置试样。除尘框应由与受检试样同样厚度的材料制成，并铺放在刚性的背衬垫片上。

6.2　用于调节和试验的大气

调节和试验中均采用 GB/T 6529—2008 中规定的相对湿度为 65%±4% 和温度为 20 ℃±2 ℃的大气。

6.3　试样的选择和准备

6.3.1　选择

按 ISO 1957 的规定选择试样，使其尽量具有整批地毯的代表性。在剪切试样前，在样品背面标明绒头倒向。

注：色彩和图案在评价毯面保持力方面起很大作用，在选择试样时请务必牢记这一点。

6.3.2　数量和尺寸

选择 a)或 b)：

a)　沿生产方向为长度，剪切 940 mm×200 mm 宽的试样一块，再切割一块同样尺寸同样位置上的试样用来做对比；

---

2)　六足滚筒测试仪的六足的更换可以在下列地址买到：BTTG，Wira House，West Park Ring Road，Leeds LS 16 6OL，UK。本信息是为了给使用本标准的用户提供方便，并不构成对这些产品的授权委托。如果能够得到同样的结果，相应的其他产品也可以使用。

b) 只要不发生纤维转移或整理剂的转移，就可以同时测试四块同样厚度的小试样。在这种情况下，可以切割出小试样使各试样保持5 mm～10 mm的间隙，使它们的总长包括间隙在内为940 mm，应确保每块试样的绒头倒向都在同一方向，并与鼓轮的转向一致，而不是与鼓轮的横向一致。

任何场合切割边缘都应适当密封。判断有绒头倒向的样品，试样应进行机器生产方向和与机器生产方向成直角的两个方向的测试。

6.3.3 准备

将双面胶带(6.1.4)沿背衬垫片(6.1.2)的两侧和两端贴附，并在边缘处留出5 mm～10 mm的间隙，然后压紧使其粘合。如果测试多个试样，应在每个交接处也贴上胶带。将试样装到垫片上，毯面朝上，在试样两端各留出5 mm空隙，在各试样间留出5 mm～10 mm的间隙，以使背衬垫片在装入鼓轮(6.1.1)发生弯曲时给绒头留出空间。当背衬垫片装入鼓轮时，检查每块试样是否平整。如果必要，适当调整试样长度。

如有要求，无泡沫背衬的地毯也可以将地毯试样装到背衬垫片上，再将试样装到地毯衬垫上，在地毯衬垫上进行试验，并用双面胶带将地毯衬垫四周贴附。当背衬垫片装入鼓轮时，检查试样是否平整。如果必要，适当调整试样长度。

受检试样应按(6.4)所述方法使用立式真空吸尘器(6.1.5)进行清洁，然后将其平整、单独放置，绒头朝上，进行至少24 h的调节。

6.4 程序

将装配好的试样装入鼓轮(6.1.1)，确认背衬垫片(6.1.2)沿鼓轮内圆周平整放置，并由定位槽将其固定住。

检查六足(6.1.3)柱头是否清洁，是否沾有外来物质。如果必要，可以用清洁纱布蘸以适用溶剂加以擦拭。将六足放入，并盖好盖子。

将转数计数器定在2 000 r(约1 h完成)，启动机器开始试验。当达到2 000 r后，将装配好的试样取出，放在除尘框(6.1.6)的中心空隙部位。使用真空吸尘器(6.1.5)沿着装配好的试样的长度方向做四次向前和四次向后的除尘。确保覆盖试样的全部面积，并使最后一次除尘动作为顺绒头倒向的方向。

将试样放回滚筒，重复上述程序直到完成12 000 r。模仿在重磨损情况下长时间使用，或完成4 000 r，模仿在较轻磨损场所的早期毯面变化。

对试样进行上面提到过的最后一次真空吸尘清洁。

将试样平整地、单独放置，绒头向上进行至少24 h的大气调节，然后按GB/T 26845规定的方法进行评价。

如果需要，也可以进行中间评价。只要试样经过与最后评价相同的真空吸尘和检查即可。也就是说，可以不经过重新进行大气调节而立即进行评价。

7 试验报告

试验报告应包括以下内容：

a) 按ISO 2424的规定，对受检试样的特征加以说明；

b) 所采用的方法(方法A或方法B)；

c) 采用的转数；

d) 是否使用了地毯衬垫，如果使用了，加以详细说明；

e) 按GB/T 26845的规定，对毯面变化评价的中间值以及对最严重毯面变化的说明；

f) 所使用的真空吸尘器类型；

g) 有关受检试样的特殊观察；

h) 与本标准的程序有所偏离的详细说明。

ICS 59.080.60
W 56

中华人民共和国国家标准

GB/T 26845—2011/ISO 9405:2001

地毯　毯面外观变化的评价

Carpet—Assessment of changes in appearance

(ISO 9405:2001, Textile floor coverings—Assessment of changes in appearance, IDT)

2011-07-29 发布　　　　2011-12-15 实施

中华人民共和国国家质量监督检验检疫总局
中国国家标准化管理委员会　发布

前　言

本标准使用翻译法等同采用 ISO 9405:2001《纺织铺地物　毯面外观变化的评价》(英文版)。

本标准相对于 ISO 9405:2001 主要做了如下编辑性修改:

——按我国地毯系列标准命名惯例改变了标准名称;

——用“本标准”代替“本国际标准”,用“地毯”代替“纺织铺地物”;

——删除了国际标准的前言和引言,增加了本标准的前言。

本标准附录 A 为规范性附录。

本标准由中国轻工业联合会提出。

本标准由全国地毯标准化技术委员会(SAC/TC 150)归口。

本标准起草单位:中国工艺美术协会地毯专业委员会、天津市东方蓝宝地毯研究中心。

本标准主要起草人:张玉芬、陈桂生、刘畅、赵曜。

地毯 毯面外观变化的评价

1 范围

本标准规定了地毯利用威特曼鼓轮和六足滚筒测试仪按照ISO 10361进行测试引起的地毯总体外观变化的评定程序。

2 规范性引用文件

下列文件中的条款通过本标准的引用而成为本标准的条款。凡是注日期的引用文件，其随后所有的修改单(不包括勘误的内容)或修订版均不适用于本标准，然而，鼓励根据本标准达成协议的各方研究是否可使用这些文件的最新版本。凡是不注日期的引用文件，其最新版本适用于本标准。

ISO 105-A02 纺织品 色牢度试验 A02部分：通用原理 评价颜色变化的灰卡(Textiles—Tests for colour fastness—Part A02:General principles—Grey scale for assessing change in colour)

ISO 2424 纺织铺地物 词汇(Textile floor coverings—Vocabulary)

ISO 10361 纺织铺地物 利用威特曼鼓轮和六足滚筒试验仪产生外观变化(Textile floor coverings—Production of changes in appearance by means of Vettermann drum and hexpod tumbler testers)

3 术语和定义

下列术语和定义适用于本标准。

3.1

毯面外观总体变化 overall change in surface appearance

经过疲劳试验后的试样和未经过疲劳的试样的差别。变化的程度用一个等级数字来表示，或者利用经过疲劳的标准参照标样来评价或者利用灰卡来评价；5级表示没有变化，1级表示极大的变化。

注：地毯的结构变化，粗糙度的变化，颜色变化和/或图案花纹变化可以构成外观总体变化。一般并不能清楚地辨别出这四种因素之间的差别，因为各种因素在互相作用。

4 原理

经受疲劳的试样的外观变化采用标准数字图像标样进行视觉比较加以评定。对占主导地位的毯面外观变化的因素(结构，粗糙度，颜色和/或图案花纹)进行观察和记录。

5 标样

5.1 数字图像标样，用来评价毯面外观变化(见表1)。

11套8个级别的标样反映了毯面的总体外观变化从5.0级(没有变化)到1.0级(最大变化)的各个级别，包括中间的半级。每个标样包括两个区域：

——“外观未发生变化”的区域(5.0级)；

——“经过疲劳”的区域，代表外观变化的规定等级。

表1 数字图像标样[1)]

标 样	说 明
ISO A	圈绒,低绒头
ISO B	割绒(针织)
ISO C	割绒(带泡沫背衬的簇绒)
ISO D	割绒(十字花纹簇绒)
ISO E	天然色(羊毛簇绒)
ISO F	割绒(长绒头)
ISO G	割绒(机织阿克明斯特)
ISO H	割绒(羊毛)
ISO I	凸纹组织(针刺绒头)
ISO J	天鹅绒(绒头针刺)
ISO K	发毛(绒头针刺)

6 试样的选择和准备

选择能够代表整个地毯的试样进行疲劳评价,该试样应在未经过疲劳的样品上拥有一块至少为20 cm×20 cm 的相应面积。在试样上标出参照方向(如果已知生产方向,则可以标明此方向)用以将其校准,进行评价。

7 总体外观变化的评价——方法A

7.1 设备

7.1.1 照明装置,应由相对色温达到5 000 K～6 000 K的数量足够的荧光灯管组成,安装在观测台的正上方,能够发射出使整个观测平台上都能达到1 500 lx±200 lx的照射强度的光线,并且应由正上方垂直照射到试样上去,同时还要使对试样的观测不致中断(距观测台的正上方的高度至少为1 600 mm)。其周围环境应当是中性的或黑暗的。

灯光照射强度应当在每一系列评价之前使用勒克斯测量计检查。灯管的使用寿命不要超过生产厂家规定的使用期限。

7.1.2 转动式观测台,能够使试样转动,这样就使得在标准照明下,从各个方向都能够看到试样。观测台的直径至少为1 000 mm,以使试样和参照标样能够并排地放在一起。台子的颜色应当是无光泽的深灰色或无光泽的黑色。观测台的结构应当使其与地面尽可能地接近,以使观测员的眼睛与其成45°角。

7.1.3 大型灰卡[2)],由5对灰色标样组成(200 mm×150 mm),每一块标样都代表相应的5.0、4.0、3.0、2.0或1.0级的对比色(见ISO 105-A02)。这样的灰卡用来评价颜色的变化。包括两级之间的半级在内的灰卡(9对)也可以使用。

注:使用标准灰卡(35 mm×28 mm)有可能导致错误的评价,因此不能使用。

7.2 评价员

至少应有三个评价人员进行单独评价。如果在评价小组内,单独评价结果的差别超过一级,评价人

1) 本产品可由美国地毯研究所(CRI)供应,地址是Box 2048,310 Holiday Avenue,Dulton,Geogia 30722;也可由欧洲地毯协会(ECA)供应,地址是24,rue Montoyer,B-1000,Brussels,Belgium。本信息是为了给使用本标准的用户提供方便,但并不构成对这些产品的授权委托。

2) 由BSI供应,地址是389 Chiswick High road,London W4 4AL,UK。本信息是为了给使用本标准的用户提供方便,但并不构成对这个产品的授权委托。

员的数目应当再增加两人，所进行的评价应由增加的两个评价员作出。

评价人员应围绕着转动式观测台坐在与台子的边缘距离 0.5 m 的地方，这样，他们可以在距离试样大约 1.5 m～1.8 m 的地方并以大约 45°的角度看到试样。

每个评价员应不与其他评价员讨论而独自作出评价。

7.3 试验程序

在进行试验的至少 1 h 之前，打开照明装置，使荧光灯灯管达到其全部的输出功率。

选择与要进行评价的地毯结构最接近相像的一套数字图像标样(见表 1)。

确保试样按照产生毯面变化的处理方法进行真空吸尘清洁和温湿调节(见 ISO 10361)。

将经过疲劳的和未经疲劳的试样并排放置在转动式观测台上，参照方向应当一致，其位置应当在照明装置的正下方环行围绕。将所选择的参照标样与试样并排放在一起。

选择适当的观测位置尽可能地消除数字图像标样表面的反光引起的不便。

用与相应级别的参考标样比较的方法对经过疲劳和未经疲劳的试样之间的对比进行评价。慢慢转动观测台，从各个不同角度来评价这种对比。

转动观测台时，试样外观有可能不一样。这种情况下，各评价员应作出最好和最坏印象的综合评价。

在进行评价过程中，应当考虑到结构、粗糙度、颜色和/或图案花纹引起的外观变化，也应当考虑到其绒簇压倒、绒簇清晰度减少和毡并之类的特性，最后评定的级别应当是经过从各个角度观测后，对所有因素引起变化的组合平均情况作出的。可以给出半级。

一种或多种因素有可能对最后评定的级别产生交互影响，如果出现这样的情况，每个评价员应当记录下这些因素作为参考资料。

7.4 颜色变化的评价

除了将颜色变化包括在上述的总体变化评价以外，还需要对颜色变化的因素作出单独评价。对在最坏方向上的颜色变化应当用大型灰卡进行评价。当颜色变化的评价为 2.0 灰卡级或更低时，就应当对各个总体变化级别加以校正，即加上半级。

注：对于经过处理的试样外观变化的总体评价有时会受到严重的色彩对比的影响，这种色彩对比在受检试样上表现为在很短的距离上的极鲜明的对比。可是，在实际上，任何由于倒伏、原纤化作用及白垩化而引起的颜色变化一般都会因为脏污和逐渐发生变化而且是发生在较大的距离内而变得模糊且不明显。因而，对于所作的评价加以校正是很必要的，从而更清楚地反映在实际的使用中更明确的关系。

7.5 精确性

五个欧洲实验室利用方法 A 和数字图像标样对八块地毯样品进行评价，与使用实体的地毯标样进行了比较(参见 EN 1471)。虽然发现数字图像标样有反光的现象，对进行评价带来了一些困难，但全体评价员的平均结果同这两种类型的标样是有可比性的。

8 评价程序——方法 B

8.1 设备

8.1.1 遮光板，用来观测未经疲劳和经过疲劳的试样。它们用纸板或其他适用的材料制成，颜色是无反光的深灰色，带一个 300 mm×200 mm 的方孔。

8.1.2 评价用的照明系统，照明系统可以是便携式光源或固定式光源，只要它能够在表面照明上提供至少为 1 500 lx±100 lx 并且主要是从正上方射来的光源。来自北方的日光或冷白色的荧光灯即可满足要求。

8.1.3 直立式真空吸尘器。

8.2 评价员

至少三名评价员给试样作出评价，每个评价员应当独立于其他评价员为每一块试样定出级别。

在单独的测试结果中，如果在评价小组内差别大于一级，评价员的数目应增加两名。

8.3 试验程序

在评级之前，对每一块试样进行真空吸尘，并使其在室温下不受打扰，调节至少 24 h。

注：不宜将试样叠起放置。注意避免接触毯面。

将未经疲劳的和经过疲劳的试样放在规定的照明装置的下方和垂直方向上，使未经疲劳的试样紧挨着经过疲劳的试样的最大磨损的位置上。

将遮光板(8.1.1)放在试样上，使其方孔的一半暴露出未经疲劳的试样，另一半暴露出经过疲劳的试样的最大磨损的部分。确保两个试样都在相对于绒头倒向的同一方向。

选择一套与要评价的绒头地毯的结构最相似的合适数字图像标样(见表 1)。注意观察压皱、绒簇清晰度减损和毡并等特性，选择与暴露的试样毯面外观变化最接近的数字图像标样的级别。

注：一些试样在同一经过疲劳的区域上会显示出明显的外观变异。如果有这种现象存在，在报告中应注明变异的类型，如：绒头反向、小面积扭曲、颜色变化、起毛或其他。

从 0.5 m～1 m 的距离，以 45°～90°的角度，沿不同的方向对试样进行观察作出评价并给出毯面最大变化的等级。

8.4 精确度

对于方法 B，目前还没有对精确度的要求。

9 试验报告

试验报告应当包括下列内容：

a) 能对试样鉴别的所有必要的说明；

b) 对试样进行疲劳的方法和持续的时间；

c) 所作出的评价是按本标准进行的；

d) 试验完成的日期；

e) 进行评价的方法是 A 还是方法 B；

f) 对方法 A(如果适用的话)，毯面外观总体变化的各个评价级别(经过校正)的平均值；

g) 对方法 B(如果适用的话)，毯面外观最大变化的级别的平均值；

h) 7.3 或 8.3 中所列出的变化特性；

i) 对方法 A(如果适用的话)，按 7.4 得出的颜色变化的平均值；

j) 对本标准有无任何偏离。

附 录 A
（规范性附录）
用于产品开发的附加评价

A.1 毯面外观变化

每一个评价员都应当对照参照标样的级别对毯面外观变化的最坏方向上的变化进行评价。也可以评定出半级，而且任何颜色的变化都应当忽略。对于带有图案的纺织铺地物，应当评价其总体变化，而不是其颜色变化。还应当记录下引起外观变化的主导因素（结构、粗糙度、图案）。

A.2 颜色变化

使用1.0～5.0级的大型灰卡对同一块试样的颜色变化进行评价，也可以评定出半级。

参 考 文 献

[1] EN 1471:1996,Textile floor coverings—Assessment of changes in appearance

ICS 43.150
Y 14

中华人民共和国国家标准

GB/T 26846—2011

电动自行车用电机和控制器的引出线及接插件

Lead-out wire and connector of motor and controller used for electric bicycles

2011-07-29 发布　　2011-12-15 实施

中华人民共和国国家质量监督检验检疫总局
中国国家标准化管理委员会　发布

前言

本标准按照GB/T 1.1—2009给出的规则起草。

请注意本文件的某些内容可能涉及专利。本文件的发布机构不承担识别这些专利的责任。

本标准由中国轻工业联合会提出。

本标准由全国自行车标准化技术委员会(SAC/TC 155)归口。

本标准负责起草单位:国家电动自行车产品质量监督检验中心/无锡市产品质量监督检验所。

本标准参加起草单位:新大洋机电集团有限公司、江苏新日电动车股份有限公司、江苏雅迪科技发展有限公司、山东英克莱电动车有限公司、常州市吉庆机电有限公司、无锡市星伟车辆配件有限公司、无锡市晶汇电子有限公司、无锡吉翔高新电子科技有限公司、宁波北斗科技有限公司、乐清市华邦企业有限公司。

本标准主要起草人:吴建国、叶震涛、黄晓东、陈方立、张崇舜、董经贵、陈延玉、岳晓波、周伟、杨振荣、张纪根、李乃骁、林诚达。

电动自行车用电机和控制器的引出线及接插件

1 范围

本标准规定了电动自行车用电机和控制器的引出线及接插件的术语和定义、技术要求、试验方法、检验规则。

本标准适用于电动自行车用电机和控制器的引出线及接插件。

2 规范性引用文件

下列文件对于本文件的应用是必不可少的。凡是注日期的引用文件,仅注日期的版本适用于本文件。凡是不注日期的引用文件,其最新版本(包括所有的修改单)适用于本文件。

GB/T 2423.17 电工电子产品环境试验 第2部分:试验方法 试验Ka:盐雾

GB/T 2828.1—2003 计数抽样检验程序 第1部分:按接收质量(AQL)检索的逐批检验抽样计划

GB/T 2951.11—2008 电缆和光缆绝缘和护套材料通用试验方法 第11部分:通用试验方法——厚度和外形尺寸测量——机械性能试验

JB/T 8139—1999 公路车辆用低压电缆(电线)

QC/T 417.2—2001 车用电线束插接器 第2部分 试验方法和一般性能要求(摩托车部分)

QC/T 730—2005 汽车用薄壁绝缘低压电线

3 术语和定义

下列术语和定义适用于本文件。

3.1

引出线 lead-out wire

电动自行车用电机和控制器与接插件连接的导线。

3.2

接插件 connector

接插器和插接件的组合件。

3.3

插接件 connector terminal

插头和插座的统称。

3.4

插头 plug

插入插座可完成电气连接的插接件。

3.5

插座 socket

接受插头形成电子连接的插接件。

3.6

接插器　connector jacket

安装插头和插座的护套。

3.7

主回路　main circuit

电机和控制器的功率线组成的电路。

3.8

控制回路　control circuit

电机和控制器的信号线组成的电路。

4　技术要求

4.1　外观

插接件表面应无锈蚀、毛刺、断裂或裂纹；接插器表面应无裂纹和明显变形，匹配接插器的配合部分不应有影响连接性能的变形。

4.2　材料与结构

4.2.1　接插器材料为PA66，也可选择耐温大于120 ℃的其他材料。

4.2.2　主回路引出线采用F46阻燃高温线，也可选择耐温大于200 ℃的阻燃高温线；控制回路引出线采用RV-90阻燃线，也可选择耐温大于90 ℃的阻燃线。

4.2.3　导线截面积、单丝直径等关系见表1。经供需双方同意，其他绞合结构也可以采用。

表 1

截面积 mm^2		0.2	0.3	0.4	0.5	0.75	1.0	1.2	1.5	2.0	2.5
单丝直径 mm		0.15	0.15	0.15	0.20	0.20	0.20	0.20	0.20	0.20	0.25
标称绝缘厚度 mm	薄壁	0.28	0.28	0.28	0.28	0.30	0.30	0.30	0.30	0.35	0.35
	超薄壁	0.20	0.20	0.20	0.20	0.20	0.20	—	—	—	—
最小绝缘厚度 mm	薄壁	0.22	0.22	0.22	0.22	0.24	0.24	0.24	0.24	0.28	0.35
	超薄壁	0.16	0.16	0.16	0.16	0.16	0.16	—	—	—	—
最大导体直流电阻(20 ℃) mΩ/m		符合JB/T 8139—1999的规定			符合QC/T 730—2005的规定						
峰值载流量 A		7	7	8.5	9.5	12.5	15	17	19	22	26

注：截面积为1.2 mm^2 铜芯导体的最大导体直流电阻为15.5 mΩ/m。

4.2.4　接点应符合下列要求：

插接件与导线连接采用压接时，在插接件的导线压接处和绝缘压接处之间应能看见导线的绝缘层和线芯。导线的线芯应伸出插接件的导线压接处，但不能影响插接件连接；所有线芯在插接件的导线压接处被包住，线芯不应被切断(见图1)。插接件应固定住导线的绝缘层而不损坏，其横断面应符合附录A的要求。

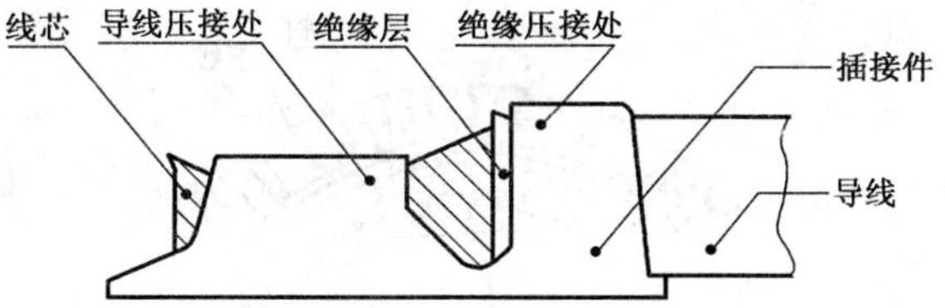

图 1　导线与插接件的压接连接

插接件与导线采用钎焊时，不允许使用腐蚀性焊剂；焊点应光滑，不允许存在漏焊、未焊透、焊剂夹杂等缺陷。

4.3　插拔力

匹配的插接件按 5.4 规定进行插拔试验，单线片式插接件和单线柱式插接件的插拔力应符合 QC/T 417.2—2001 中 4.3.2 的规定。

4.4　拉脱力

按 5.5 规定进行拉脱力试验，拉脱力应不小于表 2 的规定（多根导线与单个插接件端子压接时，每根导线应分别符合表 2 的规定）。

表 2

导线标称截面 mm^2	插接件材料厚度 mm	最小拉脱力 N
0.2	0.25～0.4	40
0.3		50
0.4		60
0.5	0.25～0.5	70
0.75		90
1.0		115
1.5	0.35～0.5	155
2.0		195
2.5	0.4～0.6	235
注：插接件材料厚度为推荐使用厚度。		

4.5　电动自行车用直流电机的引出线及接插件

4.5.1　引出线

电机引出线应有套管，电机轴出线部位应具有必要的引出线保护措施。

4.5.2　引出线颜色

电动自行车用无刷直流电机的引出线相线颜色为：黄色（A）、绿色（B）、蓝色（C）。

注：A 相绕组无刷直流电机定子绕组在下线初始槽位的绕组，见图 2。

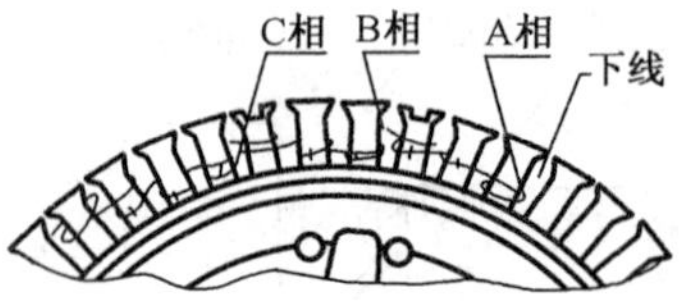

图 2

电动自行车用无刷直流电机的引出线霍尔信号线颜色为:红色(正)、黑色(负)、黄色(A)、绿色(B)、蓝色(C)。

4.5.3 引出线接插件(型式)

相线引出线插头型式可参见第 B.1 章,霍尔引出线端子接插器型式可参见第 B.4 章,引出线相线颜色位置见图 3。

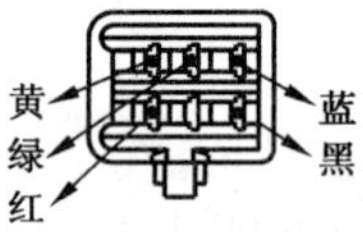

图 3

4.6 电动自行车用控制器引出线及接插件

4.6.1 电源线

控制器的电源引出线端子接插器型式可参见第 B.3 章,电源线颜色位置见图 4。

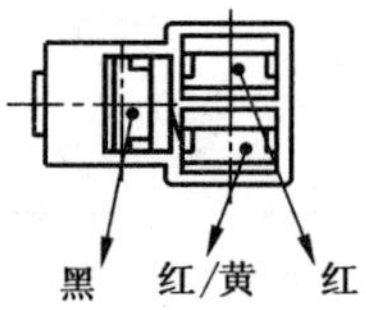

图 4

4.6.2 相线

控制器的相线引出线插座型式可参见第 B.2 章。

A 相为黄色,B 相为绿色,C 相为蓝色。

4.6.3 霍尔信号线

控制器的霍尔引出线端子接插器型式可参见第 B.5 章。

霍尔信号线颜色为:红色(正)、黑色(负)、黄色(A)、绿色(B)、蓝色(C)。

4.6.4 控制器的调速转把和断电刹车引出线

接插器型式可参见第 B.6 章。

+5 V 调速电源线为红色,调速地线为黑色,调速信号线为蓝/白双色,断电刹车信号线为黄/绿双色,对应引出线颜色位置见图 5。

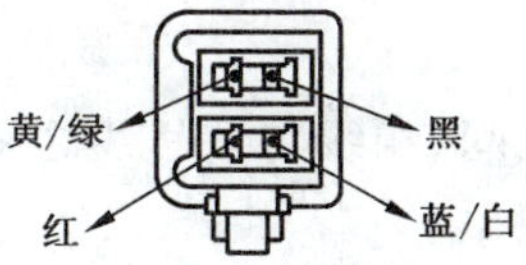

图 5

4.6.5 速度信号输出线

控制器的输出速度信号(相线信号)引出线插头型式可参见第 B.1 章;速度信号线为绿/白双色。

4.6.6 助力信号线

控制器的助力信号线接插器可参见第 B.10 章。

+5 V 电源线为红色,地线为黑色,助力信号线为棕色,对应引出线颜色位置见图 6。

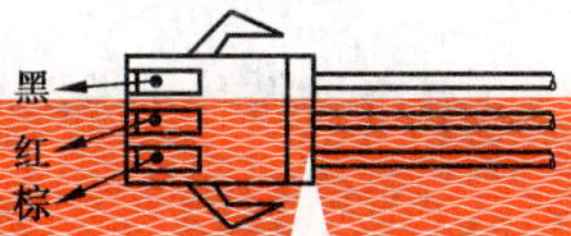

图 6

如其他功能引出线和接插器使用,其颜色和接插器型式应区别于已规定的规格。

4.7 绝缘电阻和绝缘介电强度

4.7.1 绝缘电阻

4.7.1.1 各不连通导线之间常态绝缘电阻均应符合表 3 的各项要求。

表 3

单位为兆欧

测试的部位	绝缘电阻			
	常态	低温	高温	恒定湿热
线芯与绝缘护套之间	>150	>50	>50	>50
相线与相线之间	>150	>50	>50	>50
相线与信号线之间	>150	>50	>50	>50
接插器与导线线芯之间	>150	>50	>50	>50

4.7.1.2 当环境温度达到 −25 ℃±2 ℃时(低温),持续 120 min 后,导线及接插件无明显变形,绝缘电阻应满足表 3 的要求。

4.7.1.3 当环境温度达到 90 ℃±2 ℃时(高温),持续 120 min 后,导线及接插件无明显变形,绝缘电阻应满足表 3 的要求;对阻燃高温线应当在 150 ℃±2 ℃环境温度下进行试验。

4.7.1.4 当环境温度为 40 ℃±3 ℃,相对湿度为 90%~95%的条件下进行恒定湿热试验,24 h 后,检查绝缘电阻应满足表 3 的要求。

4.7.2 绝缘介电强度

线芯与绝缘护套之间、相线与相线之间、相线与信号线之间应能承受电压为500 V,1 min绝缘介电强度试验,试验过程中应无击穿或飞弧现象。

对批量生产的产品,进行绝缘介电强度试验时,允许用试验电压600 V,试验时间缩短至1 s。

4.8 接触电阻

每对插接件应接插到位。初次插接后接触电阻最大为5 mΩ。经过10次插拔、温湿度循环后,接触电阻最大为10 mΩ。

4.9 弯曲试验

将一导线固定位置上连续(1次/s)往复弯曲10 000次,导线的绝缘层和护套不应当出现裂纹和破损。

4.10 温湿度循环

匹配插接件的导线-导线连接进行24 h温湿度循环试验,试验后检验绝缘电阻、绝缘介电强度符合4.7的规定,接触电阻应符合4.8的规定。

4.11 盐雾

按5.12试验后,接触电阻应符合4.8的规定。

5 试验方法

5.1 试验条件

应符合下列试验条件:

——环境温度为5 ℃～30 ℃;

——相对湿度为45%～75%;

——大气压力为86 kPa～106 kPa;

——电气测量仪表精度应不低于0.5级。

5.2 外观检查

目测。

5.3 结构检查

导线绝缘厚度:在大约3 m长导线上,每间隔1 m取样共取三个试样。试样是垂直导线轴线取得的绝缘断面的薄片,从导线上取下绝缘切片时要防止试样变形。如果导线标志使绝缘层出现凹痕,首先在这个凹痕处取得试样,测量使用符合GB/T 2951.11—2008测量装置和方法的规定。测量时切片和光轴应垂直。

5.4 插拔力试验

5.4.1 插接件无锁紧装置

在50 mm/min～150 mm/min范围内以恒速进行插拔。施加的速度应记录在案。插接件进行前

10 次插拔。测定第 1 次插入力，第 1 次拔出力和第 10 次拔出力。

5.4.2 插接件有锁紧装置

在 50 mm/min～150 mm/min 范围内以恒速进行插拔。施加的速度应记录在案。将插接件进行前 10 次插拔，每次插拔均操作锁紧装置。测定第 1 次插入力，第 1 次拔出力和第 10 次拔出力。

5.5 拉脱力试验

采用一合适的试验装置，在 50 mm/min～150 mm/min 范围内以恒速进行拉脱力试验。施加的速度应记录在案。

若插接件外覆一个导线绝缘卷筒，应取出导线绝缘卷筒，再进行试验。

多根导线与单个插接件连接时，应在每根导线上单独施加规定的力。

5.6 电动自行车用直流电机的引出线及接插件检验

目测检查引出线色线的颜色、接插器的规格，使用游标卡尺检验接插件尺寸。

5.7 电动自行车用控制器的引出线及接插件检验

目测检查引出线色线的颜色、接插器的规格，使用游标卡尺检验接插件尺寸。

5.8 绝缘电阻和绝缘介电强度试验

在插接器中不相连通的插接件之间以及插接件与包复壳体的金属箔之间，用 500 V 兆欧表测量绝缘电阻值；用耐压试验仪进行绝缘介电强度试验，试验设备的容量不小于 0.5 kVA，频率为 50 Hz，波形为实际正弦波，试验过程中，跳闸电流值应不大于 5 mA，其结果均应符合 4.7 的要求。为安全计，金属箔应接地。

5.9 接触电阻试验

测量应在 5 A/mm^2 电流强度下，达到热平衡后使用直流低电阻测试仪进行试验。如图 7 所示测量接触电阻。相关导体的电阻应从测量值中减去。

单位为毫米

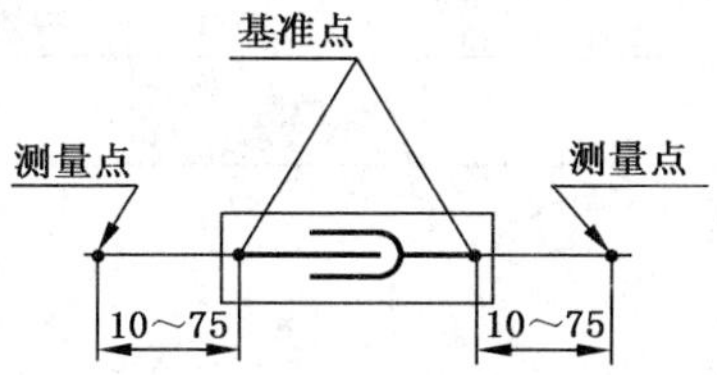

图 7

如果用来试验的导线被焊在测量点上，则不应影响插接件连接。

5.10 弯曲试验

取适当长的导线试样，固定在如图 8 所示的设备上，在其一端悬挂 0.5 kg 的重锤，导线通过约为 0.1 A的电流。

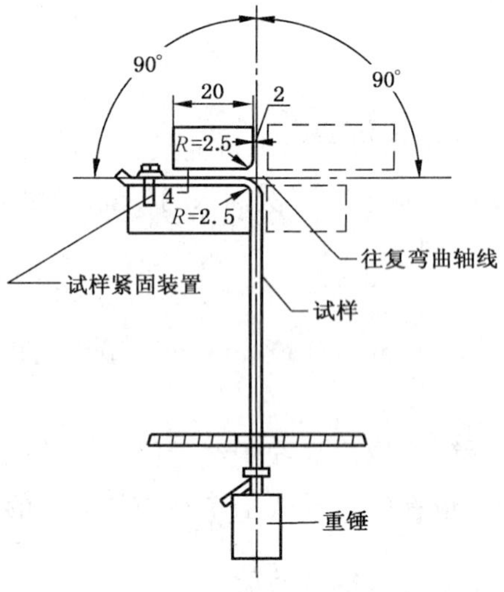

图 8

试样应朝垂直于导体轴线的平面做 180°的往复弯曲运动，弯曲到极端位置时，应与导体轴线的两边各呈 90°。

弯曲频率为 1 次/s。

5.11 温湿度循环试验

采用匹配插接件的导线-导线连接进行温湿度循环试验。

将匹配插接件放入一合适的试验设备中，按下列试验程序进行 24 h 循环变化，共进行 10 次循环试验。温度类别根据环境条件按表 4 规定。

表 4

单位为摄氏度

类　　别	工作环境温度	试 验 温 度
1	－40～＋70	85
2	－40～＋85	100
3	－40～＋100	125
4	－40～＋125	155

温湿度循环试验顺序如下：

a) 保持设备内温度 23 ℃±5 ℃，相对湿度 45%～75%，4 h；

b) 在 0.5 h 内，将设备内温度升高至 55 ℃±2 ℃，相对湿度为 95%～99%；

c) 保持设备内温度 55 ℃±2 ℃，相对湿度 95%～99%，10 h；

d) 在 2.5 h 内，将设备内温度降低至－40 ℃±2 ℃；

e) 保持设备内温度－40 ℃±2 ℃，2 h；

f) 在 1.5 h 内，将设备内温度从－40 ℃±2 ℃升高至分类试验温度±2 ℃；

g) 保持设备内温度在分类试验温度±2 ℃，2 h；

h) 在 1.5 h 内恢复至设备内温度 23 ℃±5 ℃。

在一次循环结束时，试验可以中断。中断期间，试样应放在 a)规定的试验设备温度条件下。中断时间应记录在试验报告中。

注 1：在 d)、e)、f)、g)和 h)阶段，湿度不受控制。

注 2：如果试验设备内温度需要在 1.5 h 以上才能达到分类试验温度，可将 f)段的时间延长，在这种情况下，a)段时间可以相应减少。

注 3：见图 9 所示的循环试验。

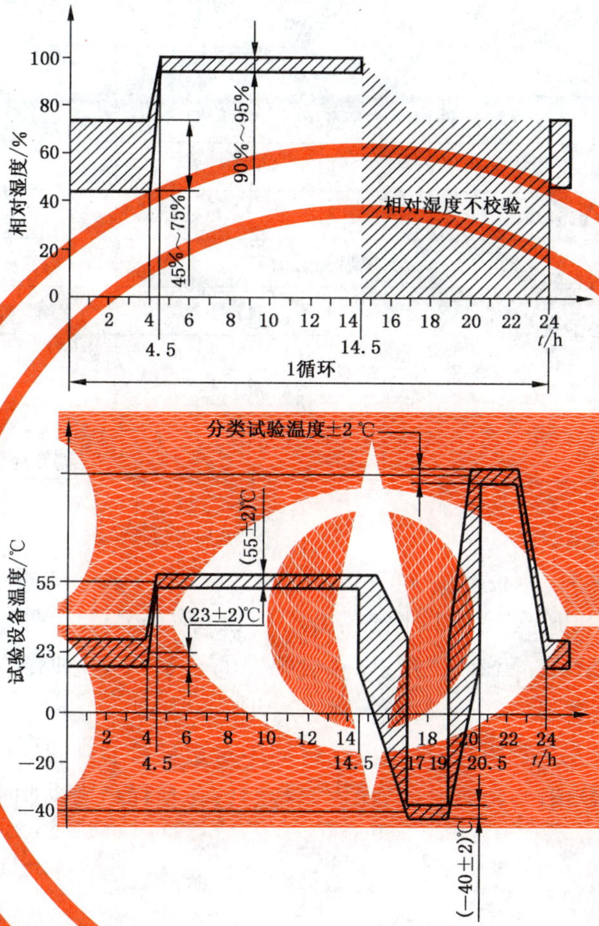

注：阴影部分表示允许的温湿度时间公差。

图 9

试验后，应按 5.8、5.9 检验。

5.12 盐雾试验

按 GB/T 2423.17 规定试验。试验时间为 48 h。

试验后，应按 5.9 检验。

6 检验规则

6.1 检验分类

检验分出厂检验和型式检验，检验分类见表 5。

表 5

项　　目	技术要求	试验方法	出厂检验	型式检验
外观	4.1	5.2	√	√
结构	4.2	5.3	—	√
插拔力	4.3	5.4	—	√
拉脱力	4.4	5.5	—	√
电动自行车用直流电机的引出线及接插件	4.5	5.6	√	√
电动自行车用控制器引出线及接插件	4.6	5.7	√	√
绝缘电阻和绝缘介电强度	4.7	5.8	—	√
（绝缘电阻）	4.7.1.1	5.8	√	—
接触电阻	4.8	5.9	—	√
弯曲试验	4.9	5.10	—	√
温湿度循环	4.10	5.11	—	√
盐雾	4.11	5.12	—	√

6.2 出厂检验

6.2.1 产品按表 5 所列出厂检验项目检查，出厂检验（除外观全检外）采用抽样方法，抽样采用 GB/T 2828.1—2003。单位产品：套；批质量：以不合格品百分数表示；抽样方案：一般检验水平Ⅱ，正常检验一次抽样方案，接收质量限 AQL=2.5。

6.2.2 检验批用于供需双方交货验收时，可以在合同中对出厂检验项目、抽样方案等另行作出规定。

6.2.3 检验批用于监督部门监督检验时，抽样方案按照监督抽样检验细则执行。

6.3 型式检验

6.3.1 型式检验

下列条件之一时进行：

——新产品设计定型时；

——当设计、工艺或材料变更，可能影响产品性能时；

——正常生产时，每 100 000 件或半年进行一次。

6.3.2 抽样方法

型式检验的样品应从出厂检验合格的产品中随机抽取。

附 录 A
（规范性附录）
端子与导线压接处和压接点处横断面的要求

A.1 如图 A.1 所示，导线中所有单线的断面应呈不规则多边形，导线与端子相接部位、单线与单线之间应无明显缝隙，端子压接部位应包住全部导线。端子压接的卷曲部分 a、b 必须相接，且对称。

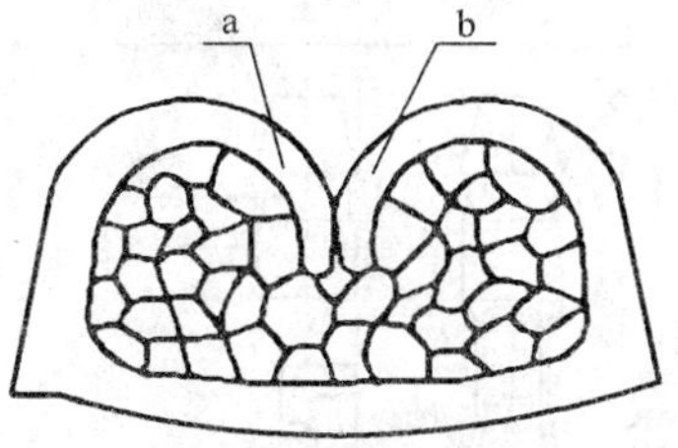

图 A.1

A.2 如图 A.2 所示，端子压接卷曲部分 a、b 端部距底部 c 的距离 d 不小于单线标称直径的二分之一。

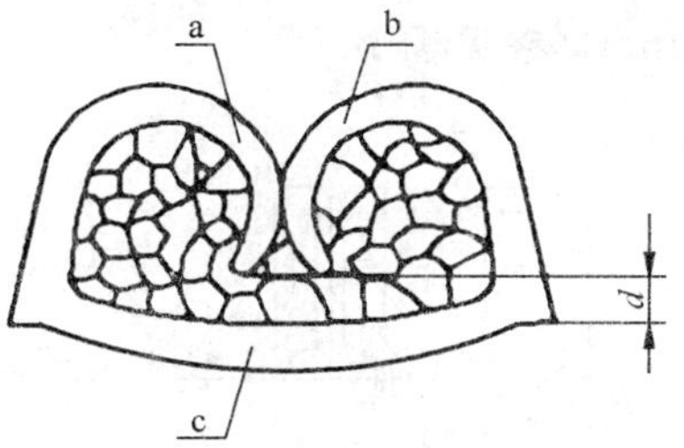

图 A.2

A.3 如图 A.3 所示，横断面底部两侧的毛刺高 e 应不超过端子压接后的厚度 g，毛刺宽度 f 应不超过二分之一。

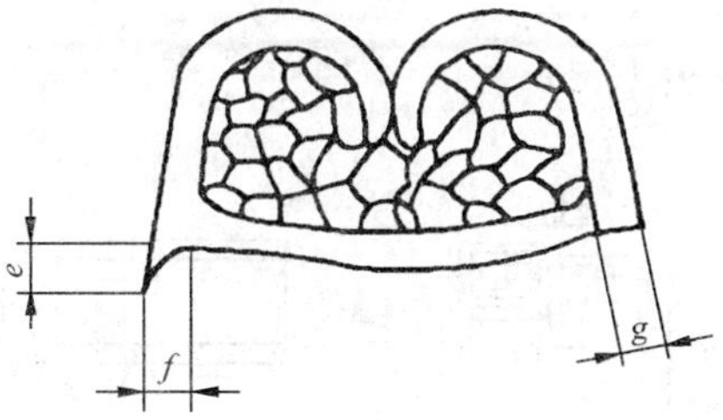

图 A.3

附　录　B
（资料性附录）
接插件规格型号

B.1　DJ211-4A 插头（厚度 T=0.5 mm）（参见图 B.1）

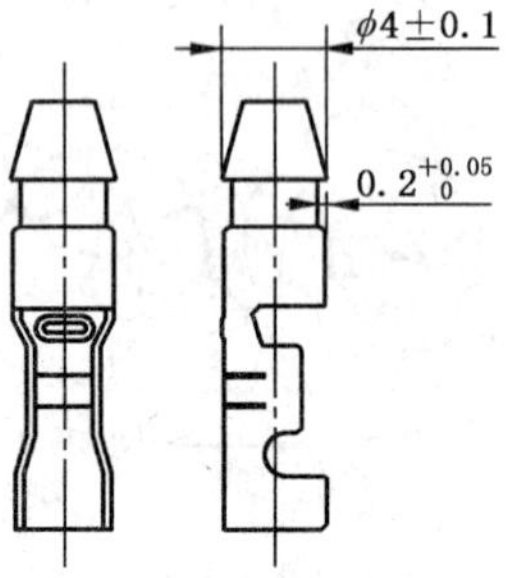

图 B.1

B.2　DJ221-4A 插座（厚度 T=0.4 mm）（参见图 B.2）

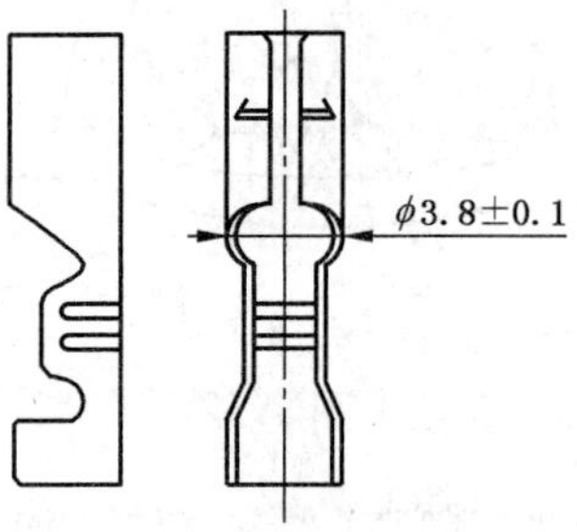

图 B.2

B.3　DJ7031-6.3-21 接插器（参见图 B.3）

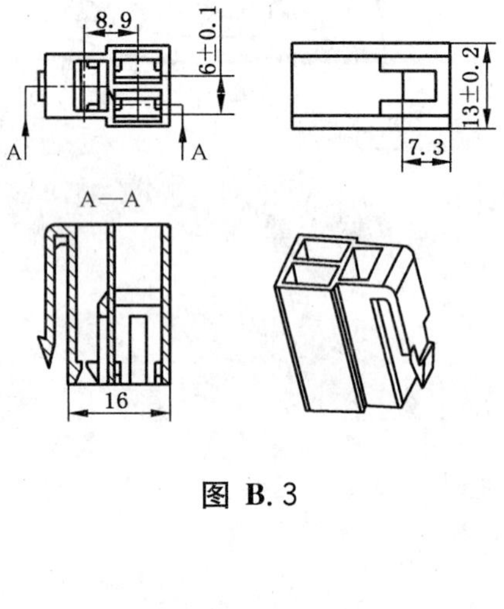

图 B.3

B.4　DJ7061A-2.8-11 接插器(参见图 B.4)

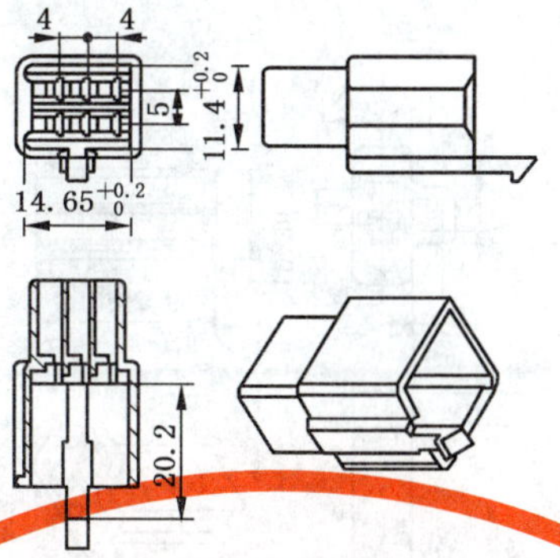

图 B.4

B.5　DJ7061A-2.8-21 接插器(参见图 B.5)

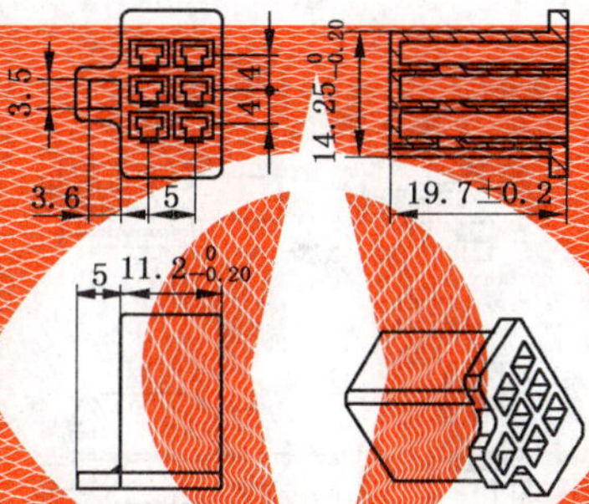

图 B.5

B.6　DJ7041A-2.8-11 接插器(参见图 B.6)

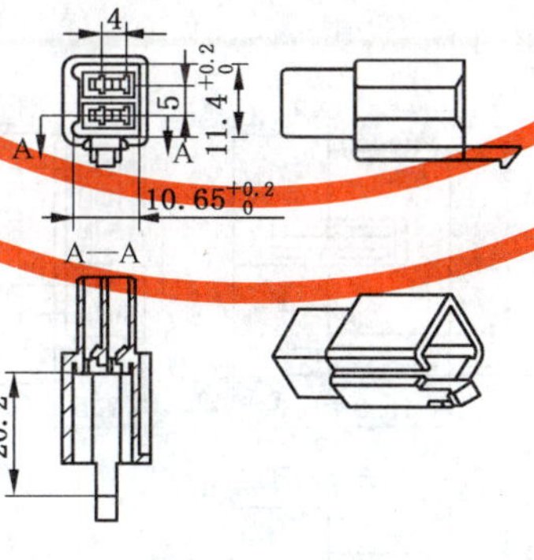

图 B.6

B.7　DJ7021-2.8-21 接插器(参见图 B.7)

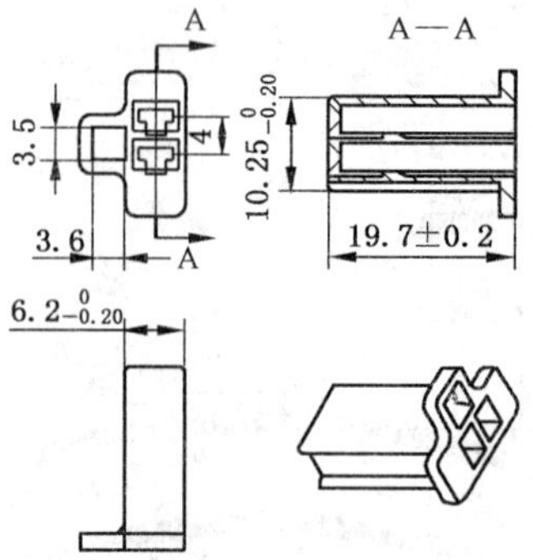

图 B.7

B.8　DJ7021-2.8-11 接插器(参见图 B.8)

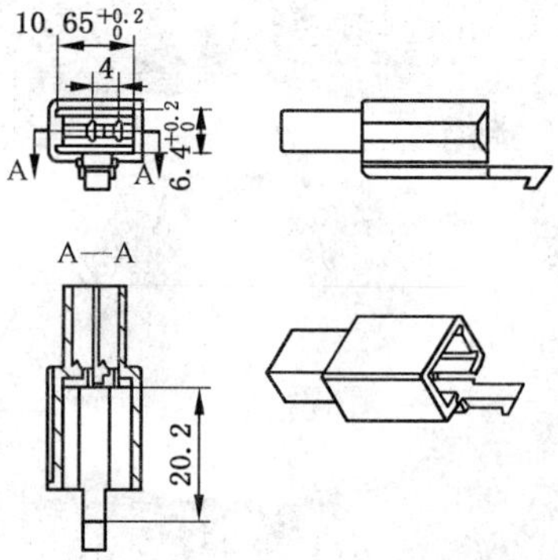

图 B.8

B.9　SM-A 接插器(参见图 B.9、表 B.1)

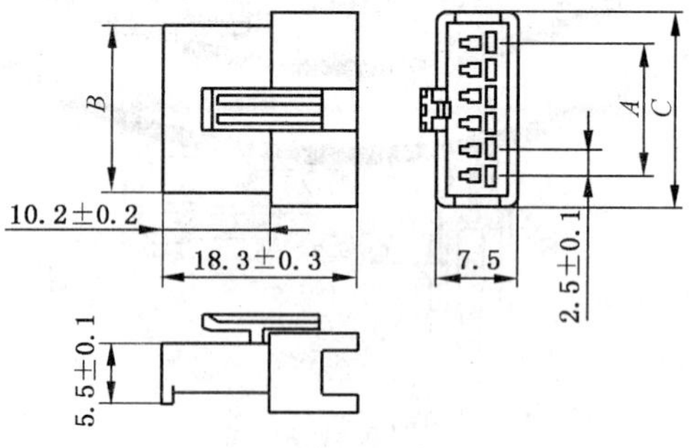

图 B.9

表 B.1

芯数	编号	*A*	*B*	*C*	芯数	编号	*A*	*B*	*C*
2	SM-2A	2.5	5.6	8.1	5	SM-5A	10.0	13.1	15.6
3	SM-3A	5.0	8.1	10.6	6	SM-6A	12.5	15.6	18.1
4	SM-4A	7.5	10.6	13.1	7	SM-7A	15.0	18.1	20.6

B.10 SM-Y 接插器(参见图 B.10、表 B.2)

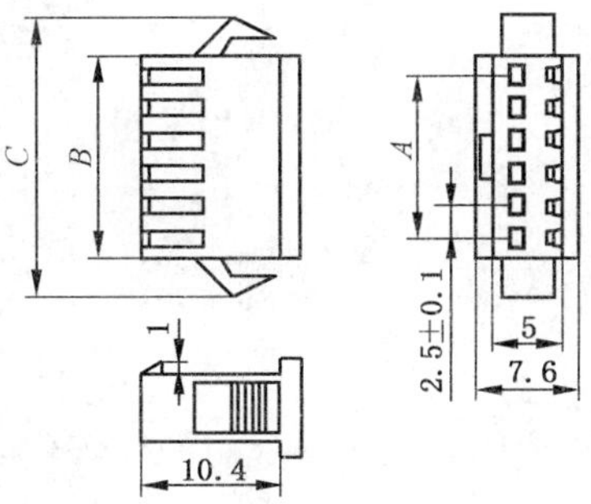

图 B.10

表 B.2

芯数	编号	*A*	*B*	*C*	芯数	编号	*A*	*B*	*C*
2	SM-2Y	2.5	5.5	10.5	5	SM-5Y	10.0	13.0	19.0
3	SM-3Y	5.0	8.0	14.0	6	SM-6Y	12.5	15.5	21.5
4	SM-4Y	7.5	10.5	16.5	7	SM-7Y	15.0	18.0	24.0

ICS 59.080.60
W 56

中华人民共和国国家标准

GB/T 26847—2011

纺织铺地物 词汇

Textile floor covering—Vocabulary

(ISO 2424:2007,MOD)

2011-07-29 发布　　2011-12-15 实施

中华人民共和国国家质量监督检验检疫总局
中国国家标准化管理委员会　发布

前　言

本标准使用重新起草法修改采用ISO 2424:2007《纺织铺地物　词汇》(英文版)。

ISO 2424:2007《纺织铺地物　词汇》是以机制地毯为主,对纺织铺地物的分类和术语定义,考虑我国地毯产品的实际情况,在本标准中补充了手工打结地毯的内容。

本标准与ISO 2424:2007相比,主要变化如下:

——增加4.1.2.1机制簇绒地毯;

——增加4.1.2.2手工簇绒地毯(手工枪刺胶背地毯);

——增加4.1.7.1.1手工波斯结(8字结)地毯;

——增加4.1.7.1.2手工土耳其结(马蹄结)地毯;

——增加4.1.7.1.3手工连环结地毯;

——增加4.2.5手工编织无绒头纺织铺地物。

本标准由中国轻工业联合会提出。

本标准由全国地毯标准化技术委员会(SAC/TC 150)归口。

本标准起草单位:中国工艺美术协会地毯专业委员会、天津市地毯研究所。

本标准主要起草人:武淑雯、张玉芬、赵曜。

纺织铺地物　词汇

1　范围

本标准规定了与纺织铺地物相关专业术语的定义，并对其产品进行了分类。

2　规范性引用文件

下列文件中的条款通过本标准的引用而成为本标准的条款。凡是注日期的引用文件，其随后所有的修改单(不包括勘误的内容)或修订版均不适用于本标准，然而，鼓励根据本标准达成协议的各方研究是否可使用这些文件的最新版本。凡是不注日期的引用文件，其最新版本适用于本标准。

QB/T 1188　地毯质量测定(QB/T 1188—2001，eqv ISO8543:1998)

3　基本词汇

3.1　纺织铺地物　textile floor coverings

地毯　carpet

具有由纺织材料构成的使用面(毯面)，一般用于铺设地面的覆合物品。

3.1.1　有绒头纺织铺地物　textile floor coverings with pile

绒头地毯　pile carpet

用机制或非机制的方法生产的，具有由毯基向外突出的一层纱线或纤维构成的纺织材料毯面的铺地物。

3.1.2　无绒头纺织铺地物　textile floor coverings without pile

由无绒头纺织材料构成的使用面或不带有毯基的铺地物。

3.2　使用面(毯面)　use-surface

纺织铺地物外露的上表面直接经受踩踏的部分。

3.3　底基(毯基)　substrate

一种由一层或多层底材构成并与毯面结合在一起的结构，其作用是支撑毯面。

3.4　地组织　ground weave

绒头纱线伸到机织背衬中，并与其结合在一起的组织。

4　纺织铺地物按其结构功能划分的定义和品种

4.1　有绒头纺织铺地物　textile floor coverings with pile

绒头地毯　pile carpet

4.1.1　机织有绒头纺织铺地物　woven textile floor coverings with pile

机织绒头地毯　woven pile carpet

由织机生产的使绒头与背衬纱线交织在一起而固定的有绒头地毯。

4.1.1.1　穿条威尔顿地毯　wire Wilton carpet

用纬向的穿条置入威尔顿地毯织机而织成的绒头地毯(见图1和图2)。

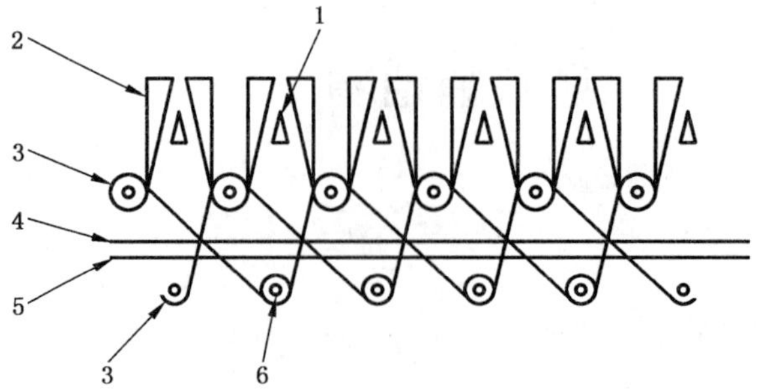

1——起绒头穿条；

2——割绒绒头；

3——背衬：链经，松经或接结经；

4——组合埋头绒头；

5——背衬：填充经或紧经；

6——背衬：纬纱。

图 1　割绒绒头的穿条威尔顿地毯(经向剖面)

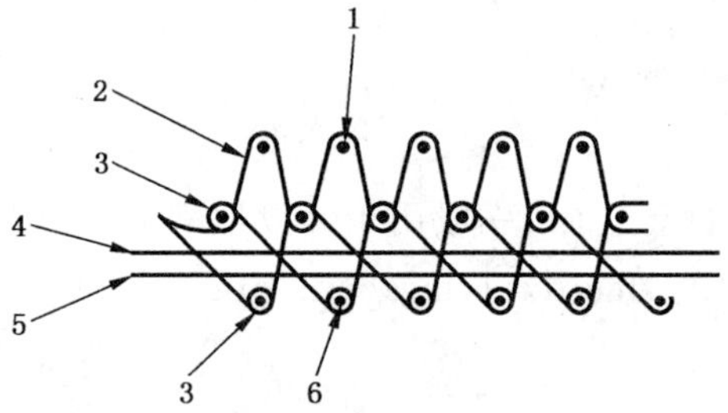

1——圈绒起绒头穿条；

2——圈绒纱线；

3——背衬：链经，松经或接结经；

4——组合埋头绒头；

5——背衬：填充经或紧经；

6——背衬：纬纱。

图 2　圈绒绒头的穿条威尔顿地毯(经向剖面)

4.1.1.1.1　平素穿条威尔顿地毯　plain wire Wilton carpet

通常只用一种颜色在同样的经线上织成的绒头地毯，在生产过程中不提供选择绒头纱线的功能(见图 3)。

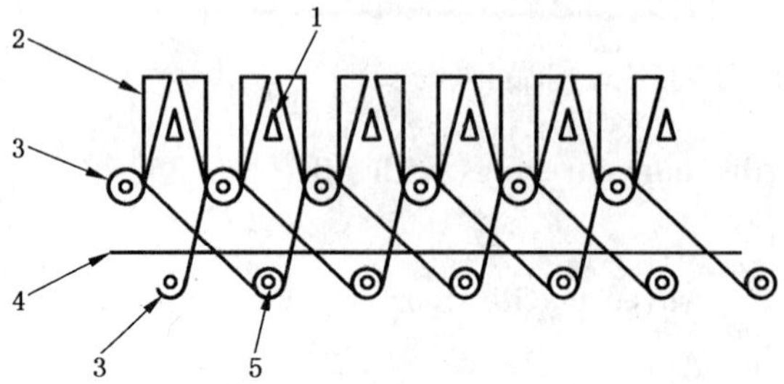

1——割绒起绒头穿条；

2——割绒头；

3——背衬：链经，松经或接结经；

4——背衬：填充经或紧经；

5——背衬：纬纱。

图 3　割绒绒头的穿条威尔顿地毯(经向剖面)

4.1.1.1.2 **花纹穿条威尔顿地毯 patterned wire Wilton carpet**

用一个提花机构或其他种类的花纹成型装置，从相应的剪绒图案上提取预选的所要颜色的绒头纱线织成图案并将其余的绒头纱线作为组合的埋头绒头纱线织入地组织中而织成的地毯(见图 4～图 6)。

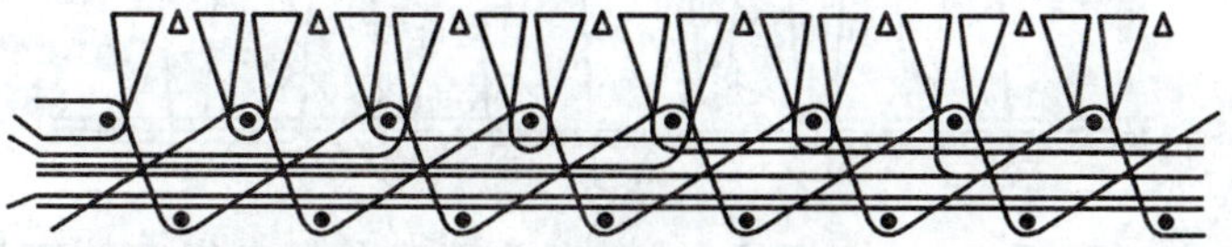

图 4 1/2 V 组织(双纬组织)绒头不穿入毯背并带有组合的底衬绒头

图 5 1/2 V 组织(双纬组织)绒头穿入毯背并带有组合的底衬绒头

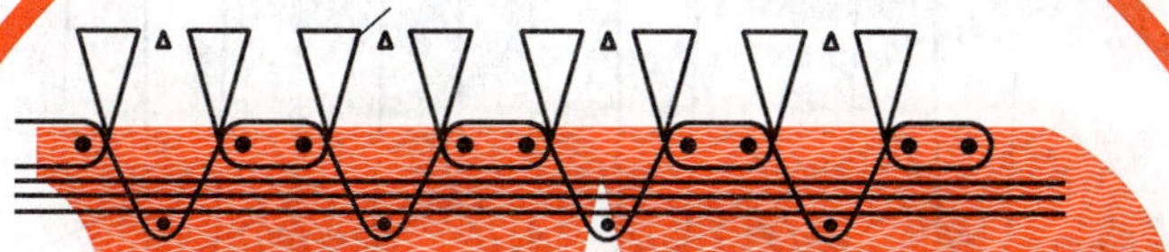

图 6 2/3 V 组织(三纬组织)绒头不穿入毯背并带有组合的底衬绒头

4.1.1.2 **双层机织绒头地毯 face-to-face woven pile carpet**

在一台地毯织机上同时织出面对面的两块毯基并用绒头纱线将两块毯基连接在一起，随着割刀的切割在织机上分割成两块绒头地毯，由此而得到一块上层地毯和一块下层地毯(见图 7)。

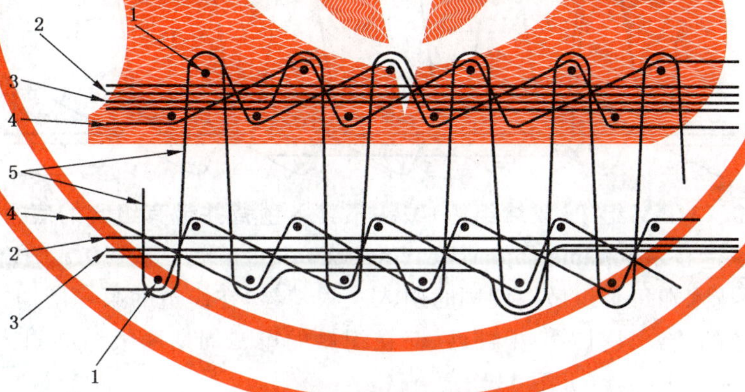

1——纬纱；

2——背衬：紧经或填充经；

3——组合埋头绒头；

4——背衬：链经，松经或接结经；

5——绒头。

图 7 双层地毯(经向剖面)

4.1.1.2.1 **单箭杆织造技术 single rapier weaving technique**

使用单箭杆织造技术在每个织造周期只引进一根纬纱。在第一个织造周期，形成的梭口用于织做下层地毯(见图 8)。

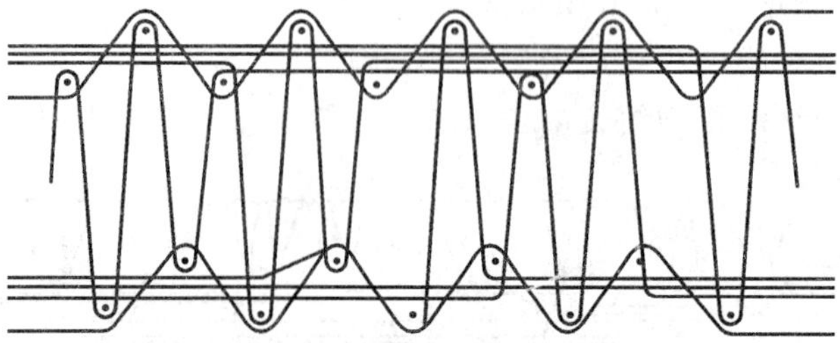

图 8　1/1 V 组织(单纬组织)绒头穿入毯背并带有组合的底衬绒头

4.1.1.2.2　双箭杆织造技术　**double rapier weaving technique**

使用双箭杆织造技术在每个织做周期同时引入两根纬纱。一根纬纱引入上层地毯的梭口,另一根纬纱引入下层地毯的梭口(见图 9 和图 10)。

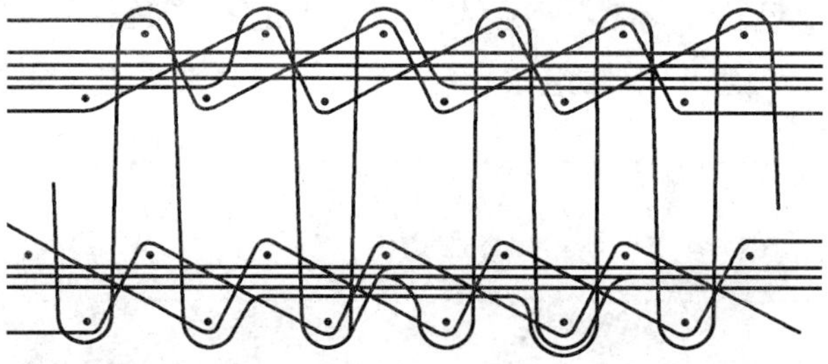

图 9　1/2 V 组织(双纬组织)绒头穿入毯背并带有组合的底衬绒头

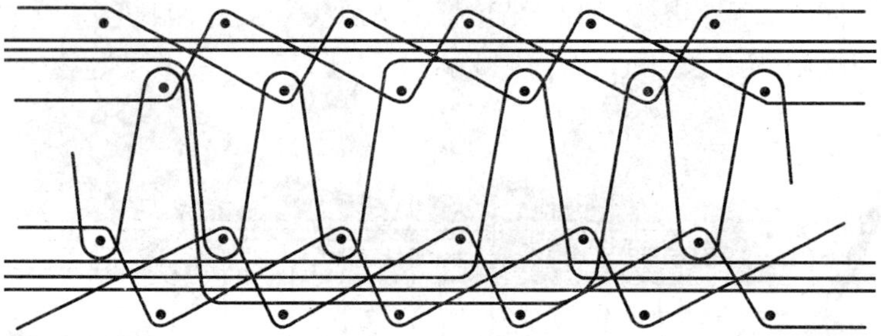

图 10　1/2 V 组织(双纬组织)绒头不穿入毯背并带有组合的底衬绒头

4.1.1.2.3　三箭杆织造技术　**triple rapier weaving technique**

使用三箭杆织造技术在每个织做周期同时引入三根纬纱,在织造的第一周期,两根纬纱引入上层地毯的梭口,在下层地毯的梭口只引入一根纬纱,而在织做的第二周期两根纬纱引入下层地毯的梭口,在上层地毯的梭口只引入一根纬纱(见图 11)。

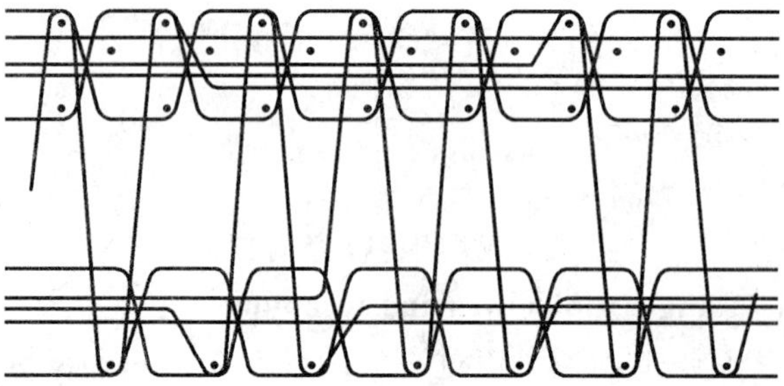

图 11　2/3 V 组织(三纬组织)绒头穿入毯背并带有组合的底衬绒头

4.1.1.3　阿克明斯特地毯　**Axminster carpet**

在织做过程中按预定顺序排列色纱,将绒簇一行一行连续不断地嵌入而织成的割绒地毯。

4.1.1.3.1 筒子阿克明斯特地毯 spool Axminster carpet

织机将每一行纬向绒簇纱线根据花纹设计所需要的色纱绕在各自的筒子上，将纱线栽入毯基之后，在制造点上把纱线断开形成绒簇而织成的绒头地毯(见图12)。

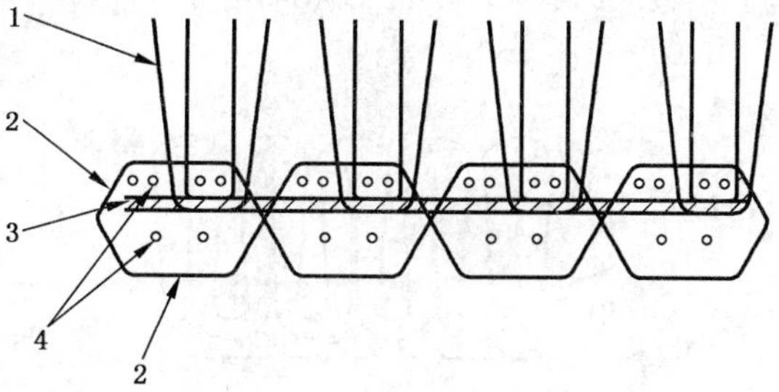

1——割绒；
2——链经；
3——填充经；
4——纬纱。

图12 筒子阿克明斯特地毯(经向剖面)

4.1.1.3.2 夹纱阿克明斯特地毯 gripper Axminster carpet

在提花织机上把绒簇纱线从适当纱架的提纱器上选出后割断，利用夹纱器将绒簇栽入织造点上而织成的绒头地毯(见图13和图14)。

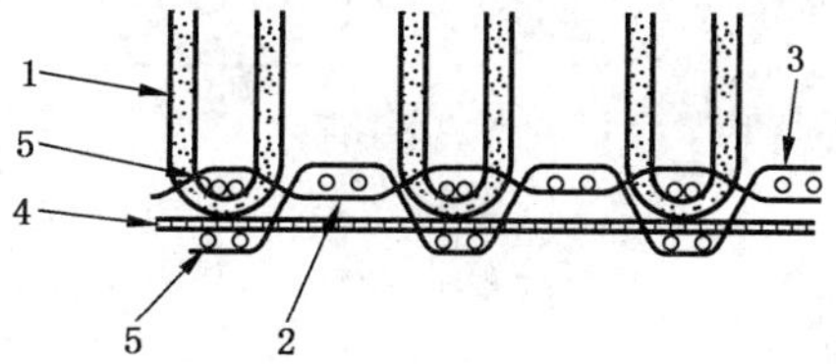

1——割绒；
2——短链经；
3——长链经；
4——填充经；
5——纬纱。

图13 夹纱阿克明斯特地毯(经向剖面)

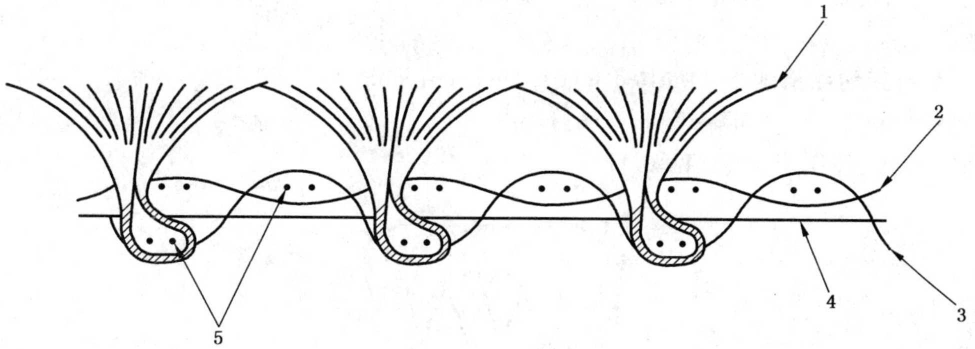

1——割绒；
2——短链经；
3——长链经；
4——填充经；
5——纬纱。

图14 夹纱阿克明斯特地毯(卡尔达克斯结构)

4.1.1.3.3 夹纱-筒子阿克明斯特地毯 gripper-spool Axminster carpet

在织机上像筒子阿克明斯特地毯织法将每行纬向绒头纱线绕在各自的筒子上，像夹纱阿克明斯特地毯织法将纱线割断后，用夹纱器在织造点上栽入绒簇织成的绒头地毯。

4.1.2 有绒头簇绒纺织铺地物 tufted textile floor covering with pile

见图15和图16。

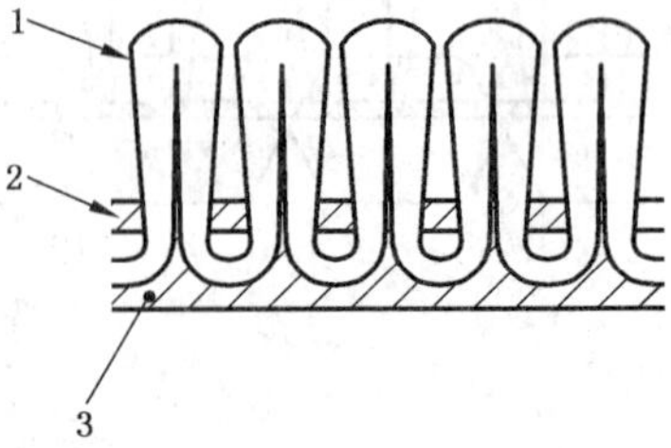

1——圈绒；
2——底基布(一级背衬)；
3——涂胶层。

图15 簇绒圈绒绒头地毯(纵向剖面)

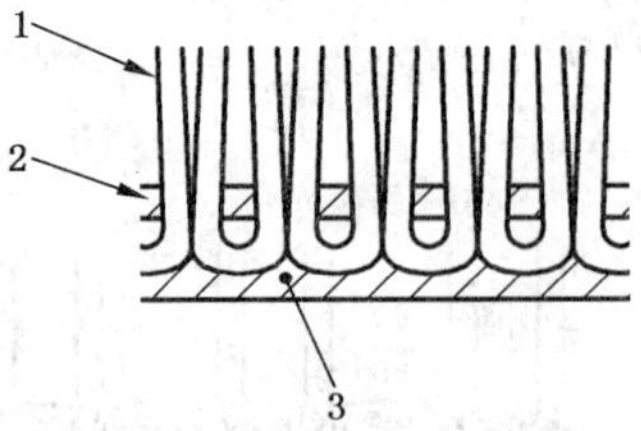

1——割绒；
2——底基布(一级背衬)；
3——涂胶层。

图16 簇绒割绒绒头地毯(纵向剖面)

4.1.2.1 机制簇绒地毯(簇绒地毯) machine-made tufted pile carpet

将绒头纱线通过簇绒机栽入预先制成的底基布上形成绒头，然后用涂层或粘合剂加以固定生产的绒头地毯。

4.1.2.2 手工簇绒地毯(手工枪刺胶背地毯) hand-tufted pile carpet

经手工通过针枪专用工具将绒头纱线刺入底基布形成绒头，并在背面涂敷胶粘剂加以固定的地毯。绒头为割绒或圈绒。

4.1.3 有绒头针织纺织铺地物 knitted textile floor covering with pile

针织绒头地毯 knitted pile carpet

由经编针织机上生产的地毯(见图17)。

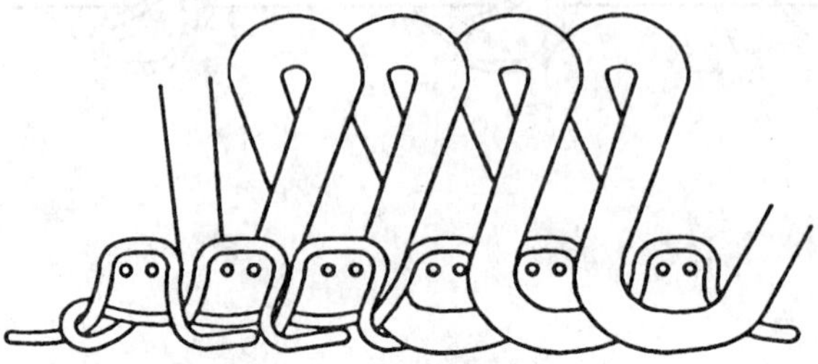

图17 经编绒头地毯(纵向剖面)

4.1.4 有绒头热粘合纺织铺地物 **fusion-bonded textile floor covering with pile**

粘合绒头地毯 bonded pile carpet

毯面绒头由纺织纱线或纤维褶裥片，并由热熔的粘合剂固定在支撑织物上或直接固定在聚合物等形成的整体背衬支撑物上制成的地毯（见图 18 和图 19）。

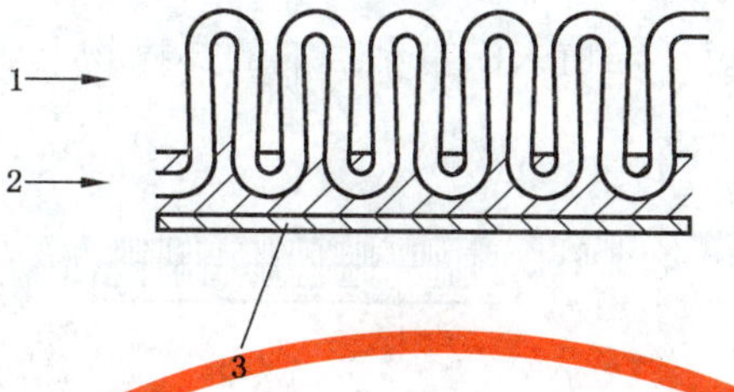

1——打褶的纱线片（圈绒）；

2——胶粘剂（涂层）；

3——基底支撑织物。

图 18 粘合绒头地毯（圈绒）（纵向剖面）

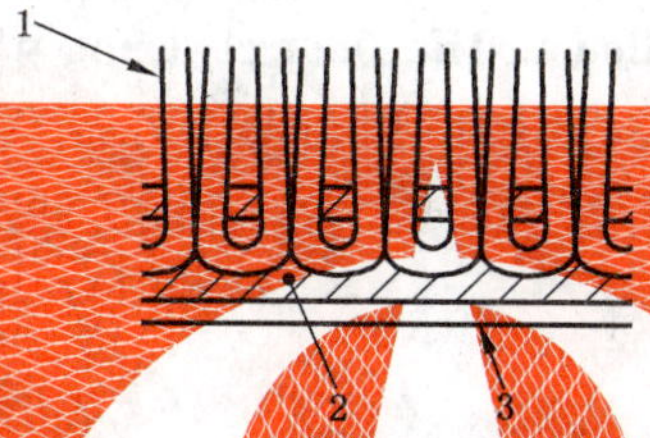

1——打褶的纱线片（割绒）；

2——胶粘剂（涂层）；

3——基底支撑织物。

图 19 粘合绒头地毯（割绒）（纵向剖面）

4.1.4.1 有绒头双层粘合地毯 **face-to-face bonded-pile carpet**

在生产双层纺织铺地物的机器上将形成绒头的材料交错地植入两层毯基之间，并用粘合剂分别固定在两层毯基上而制成的绒头地毯（见图 20）。

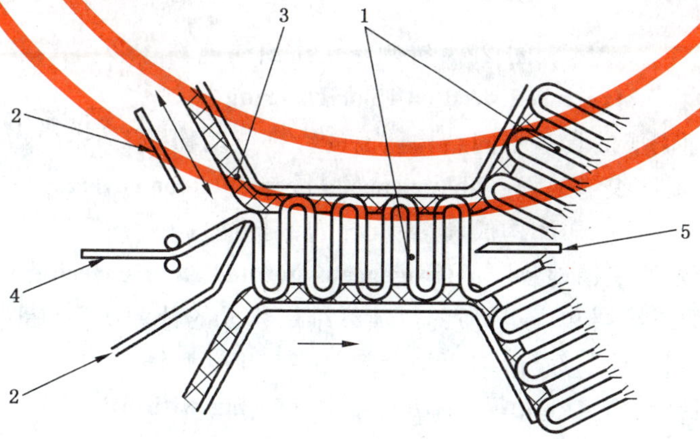

1——毯面（绒头）；

2——成圈压臂；

3——毯基；

4——纱线；

5——割刀。

图 20 双层粘合绒头地毯（纵向剖面）

4.1.4.2 **有绒头热熔粘合铺地物(花纹型) fusion-bonded textile floor covering with pile (patterned)**

在热熔粘合加工之前,将纱线经过花样成型装置植入毯基制成的具有阿克明斯特毯面外观或杂色斑点外观的地毯。

4.1.5 **有绒头植绒纺织铺地物 flocked textile floor covering with pile**

植绒绒头地毯 flocked pile carpet

利用静电或其他力的作用使短纤维植入涂有粘合剂的支撑物上而制成的绒头地毯(见图21)。

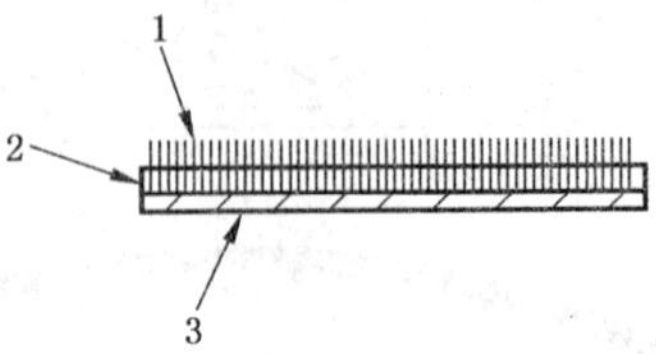

1——打褶的纱线片(割绒);
2——胶粘剂(涂层);
3——基底支撑织物。

图21 植绒绒头地毯

4.1.6 **有绒头针刺纺织铺地物 needled textile floor covering with pile**

针刺绒头纺织铺地物 needled pile textile floor covering

将纺织材料进行针刺并用物理或化学方法或二者兼用的方法加以固定而制成的绒头地毯(见图22)。

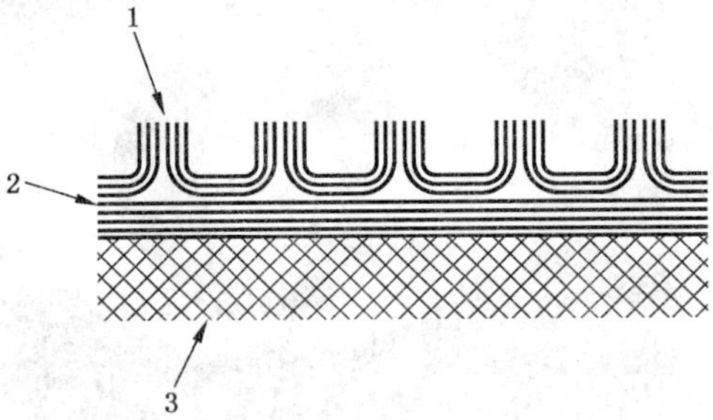

1——构成绒头的纤维;
2——留在毯基里的纤维;
3——毯背涂层。

图22 针刺绒头纺织铺地物

4.1.6.1 **结构针刺铺地物 structured needled floor covering**

由附加的针刺操作而制成的具有不同结构毯面的针刺铺地物。

4.1.6.2 **有绒头均质针刺纺织铺地物 homogeneous needled floor covering with pile**

整个针刺铺地物产品具有同样的构成和/或同样的粘合材料。

4.1.6.3 **有绒头异质针刺纺织铺地物 heterogeneous needled floor covering with pile**

由异质的差别清晰的纤维层和/或异质的浸渍纤维层构成的针刺纺织铺地物,其中粘合化合物只涂敷在铺地物的背面,不会到达毯面部分,因而粘合剂仅存在于针刺铺地物的下部。

4.1.7 **有绒头打结纺织铺地物 knotted textile floor covering with pile**

打结绒头地毯 knotted pile carpet

将形成绒头的纱线绕在毯基的经线上打结而织出的绒头地毯。波斯结和土耳其结见图23和图24。

图23 波斯结(纬向剖面)

图 24 土耳其结(纬向剖面)

4.1.7.1 手工打结绒头地毯 **hand-knotted pile carpet**

将构成绒头的纱线经手工打结(波斯结、土耳其结、连环结等)织成的绒头地毯。

4.1.7.1.1 手工波斯结地毯 **hand-knotted carpet with persian knots**

波斯结地毯即 8 字结地毯。

4.1.7.1.2 手工土耳其结地毯 **hand-knotted carpet with turkish knots**

土耳其结地毯即马蹄结地毯。

4.1.7.1.3 手工连环结地毯 **hand-knotted carpet with chain knots**

例如藏毯。

4.1.7.2 机织打结绒头地毯 **machine-knotted pile carpet**

由机器自动打结织成的绒头地毯。

4.2 无绒头纺织铺地物 **textile floor covering without pile**

由非绒头的纺织物毯面构成的铺地物,有毯基或无毯基。

4.2.1 机织无绒头纺织铺地物 **woven textile floor covering without pile**

在织机上生产的无绒头纺织铺地物。

4.2.2 针织无绒头纺织铺地物 **knitted textile floor covering without pile**

在针织机上生产的无绒头纺织铺地物。

4.2.3 粘合无绒头纺织铺地物 **bonded textile floor covering without pile**

毯面是用机械、物理或化学处理方法或兼用其中两种或多种方法把缠结的纺织材料粘合到一起形成的无绒头纺织铺地物。

4.2.3.1 针刺无绒头纺织铺地物 **needled textile floor covering without pile**

平面针刺铺地物 flat needled floor covering

利用倒刺针在一层或多层纤维上进行多次穿刺而造成纤维缠结使纤维毛网加固(见图 25)。

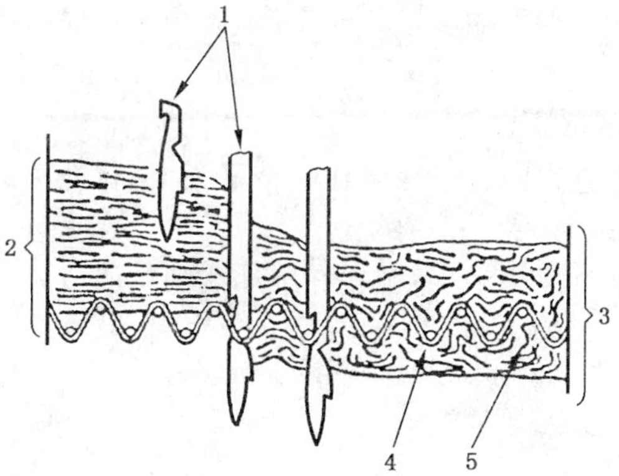

1——倒刺针;

2——叠加的纤维片;

3——缠结纤维;

4——支撑织物;

5——通过针刺的方法插入支撑织物中的纤维。

图 25 带有基底支撑织物的针刺纺织铺地物制造原理

4.2.4 编织无绒头纺织铺地物 **braided textile floor covering without pile**

由机器编织成辫子样的绳条缝在一起制成的无绒头纺织铺地物。

4.2.5 **手工编织无绒头纺织铺地物 hand-braided textile floor covering without pile**

由手工编织成的无绒头纺织铺地物。例如手工编织奥比松-皇宫地毯。

4.3 **椰壳纤维毯垫 coir mats**

用椰壳纤维制成的毯垫。

4.3.1 **椰壳纤维 coir**

用腐烂剥离或机械剥离的方法,从椰子的外壳上取得的纤维。

4.3.2 **短绒椰纤毯垫 bit mat**

在每次变换经纱时,植入一些短的椰壳纤维纱线头构成的有绒头毯垫。

4.3.3 **走廊椰纤毯垫 corridor mat**

用连续的椰壳纤维经纱和纬纱,没有接结或塞接,编结的毯垫。

4.3.4 **鱼篮椰纤毯垫 creel mat**

由两根或多根经纱组成的毯垫,一组是紧的,用来形成接合纱线,其余是松的,用来产生绒头。将松经纱绕过穿入松紧经纱之间的钢条上,用切割经纱的方法产生绒头而编织成的毯垫。

4.3.5 **纤维椰纤毯垫 fibre mat**

用两组经纱,一组是紧经纱,另一组用做接合纱线。在变换经纱时,将椰壳纤维的绒簇植入进去形成绒头而编织成的毯垫。

4.3.6 **体操椰纤毯垫 gymnasia mat**

用三根或多根椰壳纤维纱线合股,随着经纱端的变换,缠绕在带槽的钢条上,再将纱线割开构成带绒头的毯垫。

4.3.7 **圈绒椰纤毯垫 loop mat**

在织做过程中,用三组经纱,一组是紧的,其他两组是松的,用做绒头纱或将由松经纱形成的绒圈构成的绒头结合起来的接合纱线而制成的毯垫。

4.3.8 **网眼椰纤毯垫 mesh mat**

将椰壳纤维纱线十字形纵横交叉用铁钉钉于框架之上,并在交叉点上用椰壳纤维纱线打结而制成的毯垫。

4.3.9 **穿条椰壳毯垫 rod mat**

用两根或多根椰壳纤维纱线合股,随着经纱的变换,缠绕在带槽的穿条上,再将纱线割开,形成绒头而制成的毯垫。

4.3.10 **绳条椰纤毯垫 rope mat**

将椰壳纤维的绳条导入,把直立的钉子固定在一个平面上,将绳条穿绕而制成的毯垫。

4.3.11 **绳编毯垫 sinnet mat**

在一个框架上将编成辫子(打成辫子)的椰壳纤维纱线的三股或多股合股缝合在一起制成的毯垫。

5 同毯面相关的术语

5.1 **绒头 pile**

由纺织纱线或纤维构成的,从地毯的毯基上突伸出来作为毯面的呈割绒或圈绒形状的纺织铺地物部分。

5.1.1 **绒头倒伏方向 pile lay**

在刚生产出来,没有受到压力的情况下地毯上绝大多数绒头倒伏的倾斜方向(相对于垂直毯基的方向)。

5.2 **毛圈 loop**

绒头由毯基束缚住的两个相邻的最低点之间的纱线或纤维的长度(见图 26)。

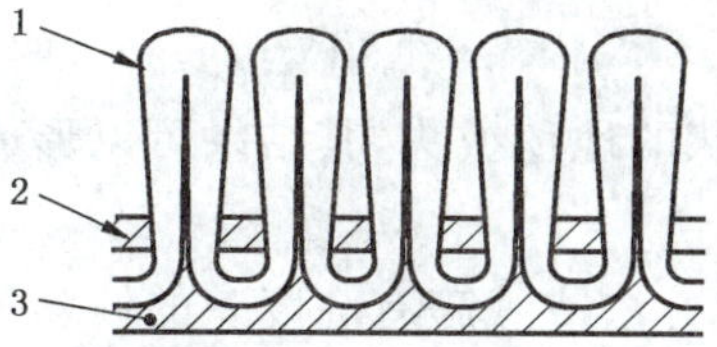

1——圈绒；
2——底基布；
3——毯背涂层。

图 26　绒头中的连续毛圈(纵向剖面)

5.3　绒簇　tuft

一定长度呈 U、W 或 J 形状的纱线，或一定长度成打结形状的纱线，其纱线束形成地毯的绒头(见图 27 和图 28)。

图 27　U 形、W 形和 J 形绒簇

图 28　绒结形状的绒簇

5.4　圈绒绒头　loop pile

由未经切割的毛圈组成的地毯绒头。

5.5　割绒绒头　cut pile

由绒簇的绒簇股(纱线束)或单独的纤维束组成的地毯绒头。

5.6　圈割绒头　cut-and-loop pile

在生产过程中，用不同长度或相同长度的毛圈或绒簇形成的地毯绒头(见图 29)。

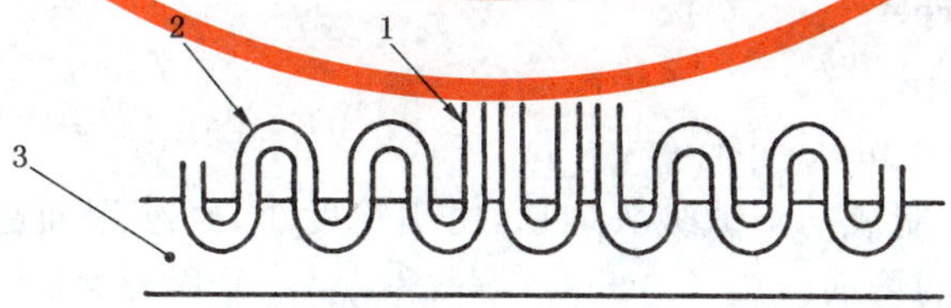

1——绒簇；
2——毛圈；
3——毯基。

图 29　割绒和圈绒混合绒头

5.7　平齐绒头　level pile

所有的毛圈或绒簇股基本都是同样高度的绒头。

5.8　多层绒头　multi-level pile

绒头中，一些毛圈或绒簇股与其他的毛圈或绒簇股相比明显要高一些，由此而产生雕花的毯面外观或花纹效果。

5.9 卷曲绒头 curled pile

以强捻或其他方法产生卷曲形状的地毯绒头，其结果可以形成起绒地毯的风格。

5.10 花式毯面 textured surface

使用簇绒方法、凹凸花纹的编织方法或绒簇有高度差的针刺等方法形成的毯面绒头的高度变化。

5.11 顶部剪绒 tip-sheared pile

最初由不同高度的毛圈构成的绒头地毯制成后，经过剪绒加工，将较长的绒头毛圈的顶部剪断(见图 30)。

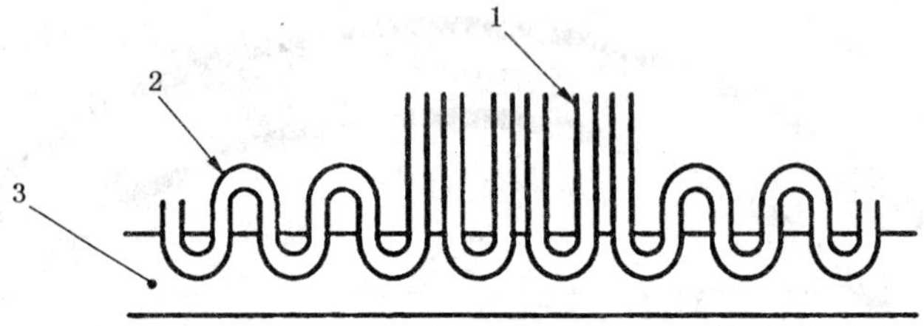

1——绒簇；

2——毛圈；

3——毯基。

图 30 顶部剪绒(纵向剖面)

5.12 剪花绒头 carved pile

这种绒头地毯在制成以后进行有选择性的剪片加工，使绒头形成不同的高度，一般在绒头构成图案的某些纹样的边缘上剪片。

5.13 雕刻绒头 sculptured pile

这种绒头的图案是由不同高度的绒头分布在不同区域和/或在某些区域不植入绒头构成的。

5.14 萨克森地毯 Saxony

使用直线性好的加捻定型纱线，制成的绒簇轮廓清晰、毯面平滑的割绒绒头地毯。

5.15 长绒地毯 shag

用松散的绒簇制成的割绒绒头地毯，绒头高度和绒簇之间的距离都明显高于和大于一般的地毯。

5.16 天鹅绒地毯 velour carpet

绒头均匀一致，相对紧密的割绒绒头地毯一般绒头高度较低，绒簇轮廓不清晰或不太清晰，因而毯面显示出平行排列的纤维端面。

5.17 丝绒地毯 velvet carpet

长毛绒地毯 plush carpet

丝绒长毛绒地毯 velvet plush carpet

由捻度很小的绒头纱线制成的割绒绒头地毯，由于捻度小，经纱端面趋于混合为整体，从而产生平滑、不间断绒簇界限不清晰的毯面。

5.18 绒簇横列 tuft row

与机器生产方向垂直排列成行的绒簇或毛圈。

5.18.1 横列数 row count

沿机器生产方向的单位长度的绒簇横列数或绒圈横列数。

5.18.2 针迹数(针迹密度) stitch rate

沿机器生产方向单位长度的针迹数。

5.19 绒圈横列 loop row

与机器生产方向垂直排列成行的毛圈。

5.20 绒簇纵列 tuft

基本与机器生产方向平行的绒簇的线性排列。

5.20.1 绒簇纵列数 column count

与机器生产方向垂直的单位长度的绒簇数或绒圈数。

5.20.2 隔距 gauge

垂直于机器生产方向测得的绒簇纵列或绒圈纵列中心至中心的线性距离。

5.21 绒圈纵列 loop column

基本与机器生产方向平行的绒圈的线性排列。

5.22 绒结密度 pitch

手工地毯绒头每平方英寸中的绒结数。

5.22.1 威尔顿地毯经密 pitch

在 686 mm(27 in)的宽度上的结点数。

5.22.2 阿克明斯特地毯经密 pitch

在 25.4 mm(1 in)的宽度上的结点数。

5.23 全部绒头 total pile

在毯基之内和毯基之上用来构成绒簇或绒圈的所有纱线和纤维,包括底衬纱。

5.24 有效绒头 effective pile

毯基以上的绒头部分。

5.25 绒头根 pile root

绒簇和/或绒圈嵌入毯基中的部分。

5.26 有效绒头厚度 effective pile thickness

毯基以上绒头厚度 thickness above the substrate

在毯基以上的绒头被剪去之前和之后,在标准压力下测得的地毯厚度之差。

5.27 有效绒头长度 length of effecive pile

纤维或绒簇的一根绒束,从它伸出毯基的位置到其顶端的长度,或绒圈伸出毯基两点间长度的一半。

5.28 单位面积绒头总质量 total pile mass per unit area

单位面积上,包括形成绒簇的根部或固定在毯基里的绒头纱线在内部的绒头纱线的质量,不包括任何粘结在绒头纱线上的背衬化合物,测定与其他组成分割开的绒头纱线的质量。

5.29 毯基以上单位面积绒头质量 mass of pile unit area above substrate

在毯基以上的绒头被剪去之前和之后的地毯的质量之差。

5.30 实测的表面绒头密度 measured surface pile density

在标准压力下测得的毯基以上的绒头的体积和质量之比。这是根据毯基以上的绒头质量和厚度来测得的。

5.31 实测的绒头纤维体积比 measured pile fibre volume ratio

在绒头体积中,由纤维实际所占有的比例。

5.32 框架数 frameage

框架的数量 number of frames

框架数 chores

在用穿条织造的地毯和双层地毯及夹纱阿克明斯特地毯中,由提花机构根据纹样选择相同或不同颜色纱线的各个纱线片层的数目。

5.33 绒头膨胀 pile bursting

不同工艺处理的割绒地毯,其绒头体外观积较处理前表现出明显的增大。

5.34 **胶粘剂 bonding agent**

施加于纤维或纱线的集合体上，以使其集合体保持所要求的结构的材料。

5.35 **毛网 batt**

在生产无纺织铺地物过程使用的纤维絮片。

5.36 **绒簇粘合强力 tuft bind strength**

绒簇锁固强力 tuft lock strength

从地毯上把绒簇股拔出所需要的力。

5.37 **纤维粘合力 fibre bind**

用机械或化学的方法将纺织铺地物的毯面上的纤维固结性。

6 同毯基相关的术语

6.1 **经线 warp yarn**

在机织纺织铺地物中沿着长度方向的纱线。

6.2 **纬线 weft yarn**

纬纱(线) filling (yarn)

在机织纺织铺地物上与经线垂直，由毯边延伸至毯边的纱线。

6.3 **填充纱线 stuffer yarns**

机织地毯中用来加固毯基的经线。

6.4 **筘纱 broche**

嵌入织机筘座的筘齿中的一组纱线集合体，通常包括两根链经以及填充纱线和绒头纱线。

6.5 **链经 chain warp**

通常成对使用的经线，从一根下纬(纬纱)和一根或多根上纬的上面和下面交替穿过，从而紧固纬纱并束缚住填充纱线和构成绒头的绒簇或绒圈。

6.6 **织边 selvedge**

在机织纺织铺地物幅宽的两侧边缘上的经纬线交织部分，其组织结构可以防止散边。

6.7 **绒头根 pile root**

绒簇和/或绒圈嵌入毯基中的部分，不包括底衬纱(见图31)。

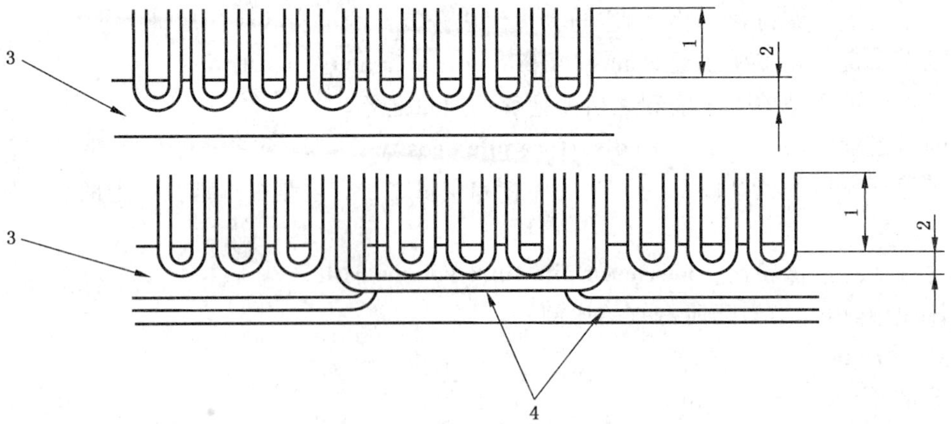

1——毯基以上的绒头厚度；

2——绒头根；

3——毯基；

4——底衬纱。

图 31 绒头根(纵向剖面)

6.8 **埋头绒头 dead pile**

在多框架地毯织造中，未被提花机构提起的绒头纱线，它不包括构成毯基以上的绒头厚度及全部绒头根的全部纱线。

6.9 **死纤维 dead fibre**

在针刺纺织铺地物中，形成毯基或结合在毯基内，不形成毯基以上绒头厚度的那一部分纤维。

6.10 **底衬框纱 dead frame yarn**

这是一种绒头型纱线，其完全埋入毯基以代替一架或多架用以形成绒头的纱线，底衬纱可避免毯基的厚度不均，还可以将整个框架作为毯基的填充和衬垫材料，并在这种情况下代替填充经纱埋入毯基。

6.11 **纬纱 pick**

一根单独的纬纱。

6.12 **纬数 shot**

机织绒头铺地物中，纬纱一次操作植入开口机构植入的纬线根数。

6.13 **地毯背衬 carpet backing**

绒头铺地物中绒头纱线以外的所有其他材料。

6.14 **一级背衬 primary backing**

支撑织物 support fabric

底基布 base fabric

用来作为毯面的载体并经常附带作为毯基其他部分的依托材料。

6.15 **二级背衬 secondary backing**

附加或粘贴在一级背衬的底面上的附属稳定层。

6.16 **机制背衬 woven backing**

在地毯制作前或制作过程中，编制而制成的背衬。

6.17 **针织背衬 knitted backing**

在地毯制作前或制作过程中，由针织方法而制成的背衬。

6.18 **无纺背衬 non-woven backing**

用机织或针织技术以外的技术生产的地毯背衬。

6.19 **非纺织品背衬 non-textile backing**

不含有纺织材料，一般由塑料材料或橡胶构成的地毯背衬。

6.20 **上浆背衬 sized backing**

为了使绒簇更好地固结并取得一定程度的坚挺性而轻度上浆的地毯背衬。

6.21 **涂层背衬 coated backing**

在纺织铺地物上涂敷有一层聚合物的背衬。

6.22 **附加衬垫 attached underlay**

组合背衬 combined backing

软垫背衬 cushion backing

附加在纺织铺地物背面的预制衬垫用以增强稳定性、增加厚度的衬垫。

6.23 **泡沫背衬 foam backing**

涂在纺织铺地物背面的，用机械或化工方法发泡的泡沫聚合物。

6.24 **拷花背衬 embossed backing**

附加在纺织铺地物背面的发泡或不发泡聚合物，其表面压成凸凹的花式结构。

6.25 **不渗透背衬 impervious backing**

由不渗透液体的聚合物制成的二级背衬。

6.26　预涂胶　**pre-coating**

在纺织铺地物背面涂胶粘剂，以保证其渗入支撑织物和绒头根部而不渗透到毯面的作业。

6.27　浸渍　**impregnation**

在纺织铺地物上涂敷胶粘剂和/或整理剂的操作。

6.28　背衬的蠕变收缩　**creep of the backing**

在连续的力的作用下，背衬所显示的依据时间变化而产生的背衬变形。

6.29　泡沫背衬的剥落性　**friability of foam backing**

在施加应力下，泡沫背衬破坏或剥落的难易性。

6.30　贴毡背衬　**felt backing**

将针刺纺织品贴附在纺织铺地物的背面。

6.31　单层背衬　**unitary backing**

聚酯背衬涂层材料，例如：橡胶含量较高的胶乳或热熔树脂化合物，采用单项操作涂敷到背衬上，用以增加强度，增强绒簇粘合力和尺寸稳定性。

7　与纺织铺地物的纹样和色彩相关的术语

7.1　平素　**plain**

毯面是单一颜色纤维或纱线并具有同一组织或结构的纺织铺地物。

7.2　色调效果　**heather**

纺织铺地物的毯面上具有不同颜色的纤维或纱线，但没有清晰可辨的花纹。

7.2.1　杂色效果　**heather**

将不同颜色的纤维混合到一起或将多根不同颜色的细丝合并为一股长丝形成绒头纱线并产生可辨别的多种颜色的效果。

7.2.2　柏柏尔　**berber**

一种由北部非洲部落民族使用当地羊毛的手纺纱线用手工编织的方块地毯，这些地毯包含有一定比例的天然着色的羊毛，可能带有简朴的部落主题图案。

7.3　花纹效果　**patterned**

在毯面上，根据预先安排，在明显划分的区域里分别由两种或两种以上颜色的纤维或纱线构成的，或单一颜色但在不同区域出现不同组织结构制成的纺织铺地物。

7.4　紧捻起绒　**frieze**

使用非常紧的捻度的绒头纱线制成的使成品毯面带有扭曲或弯曲绒头效果的地毯。

8　与纺织铺地物的铺设和使用相关的术语

8.1　满铺　**wall-to-wall**

铺设整个房间面积的纺织铺地物。

8.2　宽幅地毯　**broadloom**

传统上以 1.83 m(2 码)或更大的幅宽制成的地毯。

8.3　通道地毯　**runner**

用于铺设于地面的整个长度和部分宽度的纺织铺地物。

8.4　块毯　**rug**

毯垫　mat

有预定形状和限定尺寸的纺织铺地物，其本身是一块完整的地毯但拟将铺设于地面的某一部分上或铺设到另外的铺地物上面。

8.5　拼块地毯　carpet tile

组合地毯　modular carpet

以预定形状做为标准模块用以拼接组合的纺织铺地物。

8.6　纵拼　seaming

沿机器生产方向将两块或更多块纺织铺地物拼接在一起。

8.7　横接　cross-joining

横拼　cross-seaming

按垂直于机器生产方向将两块或更多块纺织铺地物拼接在一起。

8.8　整边　edge-finishing

加固纺织铺地物的边缘使其在使用中不会散边。

8.9　衬垫　underlay

软垫　cushion

放在纺织铺地物和地面之间的一层由纺织材料和/或其他材料制成的弹性层。

8.10　隔垫　interlay

为了满足不同需要而放在地毯或衬垫下面的一层薄而软的铺垫层。

8.11　拉伸铺设　installation by stretching

将纺织铺地物通过不同手段产生的拉力使地毯拉伸并固定在地面上的一种铺设方法。

8.12　全部胶粘铺设　installation by full adhesion

将纺织铺地物粘合在需要覆盖的整个地面上的铺装方法。

8.13　周边固定胶粘铺设　installation by perimeter fixing

将纺织铺地物粘合在需要覆盖的部分地面上的铺设方法。例如粘在各个边缘上和/或间隔的区域上。

8.14　松散铺设　loose installation

自由铺设　free installation

不用任何固定物而把纺织铺地物铺设在地面上的铺装方法。

8.15　家用地毯　residential use

居室地毯　domestic use

供家庭或非营业性的个人使用的地毯。

8.16　商业用地毯　commercial use

合同地毯　contract use

用于酒店、办公室、购物中心的地毯。

8.17　楼梯突沿　stair nosing

楼梯的梯面顶部边缘与踏面前缘的结合部。

8.18　楼梯突沿护板　protective stair nosing

用金属、乙烯树脂、木材等预制的，具有装饰性的，带角度的加固板条，用来消除地毯在楼梯突沿上所需要的弯曲，从而延长地毯的使用寿命。

8.19　接口　crotch

楼梯的踢面下部边缘与楼梯踏面最后部边缘的结合部位。

8.20　双重粘合铺设法　double stick method

双重胶粘　double glue

将衬垫粘合到地面上，随后再将地毯粘合在衬垫上的铺设方法。

9 与纺织铺地物使用性能评价相关的术语

9.1 耐磨特性 wear characteristics

9.1.1 毯面材料减损 loss of use-surface material

9.1.1.1 磨损 wear out

由于摩擦或其他机械作用使纺织铺地物的毯面材料逐渐减损。

9.1.1.2 脱毛 shedding

浮毛 fluffing

在制造过程中未固定的，在使用初期浮出纺织铺地物的毯面的可以用刷子或吸尘器除去的短纤维（绒毛）。

9.1.1.3 绒簇脱落 tufting out

纺织铺地物的毯面上的绒簇减损。

9.1.1.4 背衬磨损 wear to backing

纺织铺地物的毯基或背衬被暴露出来的磨损程度。

9.1.2 厚度减损 loss of thickness

纺织铺地物由于在使用过程中纤维或附加衬垫或泡沫背衬弹性的降低和/或材料的减少造成的倒伏和厚度下降。

9.1.2.1 弹性 resilience

在经过静压缩或动压缩之后回复到原来厚度的能力。

9.1.3 外观变化 change in appearance

纺织铺地物的结构、厚度、颜色和/或花纹的变化。

9.1.3.1 质地变化 textural change

结构变化 change in structure

纺织铺地物的毯面的毛圈和绒簇和/或纤维结构发生了可见的变化。

9.1.3.1.1 绒簇清晰度降低 loss of tuft definition

纺织铺地物割绒或圈绒毯面绒头纱线出现裂开、松散、退捻和/或纤维伸直导致绒头清晰度降低。

9.1.3.1.2 压倒 crushing

倒伏 flattening

纺织铺地物在静负载或动负载作用下的厚度减损。

9.1.3.1.3 原纤维化 fibrillation

单根长丝纵向解体成更细的小纤维使纤维损坏。

9.1.3.1.4 毡化 felting

毡并 matting

由于绒头纤维缠结和压缩使纺织铺地物绒头清晰度降低。

9.1.3.1.5 起毛 hairiness

拔丝 filamentation

纺织铺地物的毯面纤维伸出正常厚度以上，使用刷子或吸尘器都不能将其除掉。

9.1.3.1.6 丝网 cobwebbing

起毛或拔丝的一种最坏形式，在这种情况下，纤维在毯面上缠结在一起形成了交织丝网状。

9.1.3.1.7 起球 pilling

起毛或拔丝的一种最坏形式，在这种情况下，纤维在毯面上缠结在一起形成小团，这些小团可能含有或不含有其他外来的纤维。

9.1.3.1.8 **绒簇突出 sprouting**

超长的绒簇股在纺织铺地物的生产过程中偶然被埋在绒头中，而在使用过程中松弛和外露。

9.1.3.1.9 **绒头倒向的变化 change in pile lay**

纺织铺地物的毯面由于纤维、绒簇或毛圈方向的改变而形成的外观变化。

9.1.3.1.9.1 **暂时色差 temporary shading**

纺织铺地物在正常使用过程中绒头反向造成的可回复的局部变化。

9.1.3.1.9.2 **条痕 tracking**

由于人在同一区域反复行走导致绒头方向局部变化而且可能成为不可恢复的变化从而引起的纺织铺地物的一窄条从边缘至中间的外观的逐步变化。

9.1.3.1.9.3 **绒头反向 pile reversal**

永久色差 permanent shadding

水印 water-marking

失色 paling

纺织铺地物绒头方向不可恢复的局部变化，其边界处由于正向和反向的绒头交接在一起而呈现毯面质地的粗糙和色调暗淡。

9.1.3.2 **色彩变化 change in colour**

9.1.3.2.1 **退光发白 chalking**

发白 whitening

纺织铺地物由于使用而发生的颜色明显变浅，不是由于绒头褪色或绒头方向变化所引起的。

9.1.3.2.2 **褪色 fading**

纺织铺地物局部或全部颜色强度逐渐而且不可恢复的减弱，导致了色彩的变浅或变异，这是由于外界物质，例如光照、烟熏等对染料或颜料的作用所引起的。

9.1.3.2.3 **起光 glossing**

纺织铺地物的毯面上逐渐的而且不可恢复的反光度增加。

9.1.3.2.4 **渗色 colour bleeding**

纺织铺地物的染料在液体的影响下从一个区域转移到另一个区域。

9.1.3.2.5 **脱色 crocking**

耐磨牢度 rubbing fastness

在进行干摩擦或湿摩擦时纺织铺地物的染料转移到其他物质上。

9.1.3.2.6 **沾色 staining**

难以用标准清洁方法清除的纺织铺地物染料转移到纺织铺地物上导致的意外脱色。

9.1.3.2.7 **花纹清晰度的变化 change of pattern definition**

由于机械作用有花纹的纺织铺地物的着色外观的变化。

9.1.4 **其他因素 other factors**

9.1.4.1 **脱衬 delamination**

纺织铺地物的毯面和/或一级背衬与二级背衬分离。

9.1.4.2 **散边 fraying**

纺织铺地物的绒头或毯基材料在切割边缘上的损伤或脱落。

9.1.4.3 **纵向脱散 laddering**

脱散 shooting

相同纵列的连续毛圈从纺织铺地物的毯面上脱落。

9.1.4.4 **折皱 creasing**

纺织铺地物在铺设之前形成的折叠、起皱或隆脊。

9.1.4.5 **皱折 rucking**

起皱 buckling

纺织铺地物在铺设之后形成的折叠、起皱或隆脊。

9.1.4.6 **弓经(弓纬) bowing**

平行或垂直于机器生产方向的纺织铺地物的经纱或纬纱产生的弯曲。

9.1.4.7 **歪斜 skewness**

纺织铺地物中平行或垂直于机器生产方向上虽然都是直的,但经纬纱相互之间不垂直。

9.2 **其他性质 other properties**

9.2.1 **燃烧反应 reaction to fire**

相对的易点燃性和维持燃烧的能力。

9.2.2 **静电习性 electrostatic propensity**

人体在铺地物的使用面上走动产生和积累静电荷的趋向。

9.2.3 **热传导率 thermal conductance**

通过某材料或结构的表面单位面积的热量传导除以在稳定状态下热表面与冷表面温度之间的温度差别。

9.2.4 **热传导性 thermal conductivity**

当表面产生温度的单位差别时,通过同一材料或结构的表面单位面积的热量传导。

9.2.5 **吸音性 acoustic absorption**

纺织铺地物降低噪音和噪音的传递及吸收周围噪音的能力。

9.2.5.1 **对在空气中传播的声音的吸音性 airborne sound absorption**

通过纺织铺地物降低依靠空气传递的声音,例如讲话的声音或音频设备发出的声音。

9.2.5.2 **对冲击噪音的隔音性 acoustic insulation from impact noise**

纺织铺地物在共用地板之间或通过共用地板来降低因撞击而传播的声音的能力。

9.2.6 **沾污 soiling**

污物和其他异物留在毯面中的过程,这一过程引起外观变化。

9.2.7 **抗污性 stain resistance**

纺织铺地物的毯面减少沾色物质吸收率的能力。

9.2.8 **去污性 cleanability**

纺织铺地物用适当处理方法,不损害纤维、颜色和毯基条件下的去除脏污能力。

9.2.9 **尺寸稳定性 dimensional stability**

纺织铺地物受机械作用、环境温度和/或湿度变化及浸水干燥后保持其尺寸的能力。

9.2.10 **非平面变形 distortion out-of-plane**

在各种特定的湿热条件处理下地毯所显现的纵向变形。

9.2.11 **色牢度 colour-fastness**

纺织铺地物经受各种因素的作用而保持其颜色的能力,其因素例如光、水、清洁产品。

9.2.12 **行走舒适性 walking comfort**

人对纺织铺地物能减弱行走时产生动能能力的感觉。

9.2.13 **耐磨损性 abrasion resistance**

通过与其他表面摩擦使毯面任何一部分的磨损。

9.2.14 **抗菌性 antimicrobial properties**

纺织铺地物抵抗或阻止细菌/微生物生长的能力。

汉语拼音索引

Z

英文对应词索引

A

B

C

D

E

F

I

K

L

M

N

O

P

R

S

T

U

V

W

ICS 97.140
Y 81

中华人民共和国国家标准

GB/T 26848—2011

家具用天然石板

Natural slate for furniture

2011-07-29 发布　　2011-12-15 实施

中华人民共和国国家质量监督检验检疫总局
中国国家标准化管理委员会　发布

前　言

本标准按照 GB/T 1.1—2009 给出的规则起草。

请注意本文件的某些内容可能涉及专利。本文件的发布机构不承担识别这些专利的责任。

本标准由中国轻工业联合会提出。

本标准由全国家具标准化技术委员会(SAC/TC 480)归口。

本标准起草单位:广东省东莞市质量技术监督标准与编码所、上海市质量监督检验技术研究院、广东省质量监督石材产品检验站、国家家具产品质量监督检验中心(广东)、云南省产品质量监督检验研究院、佛山市顺德区质量技术监督标准与编码所、环球石材(东莞)有限公司、东莞市东成石材有限公司。

本标准主要起草人:宛霞、李向真、罗岳泰、罗菊芬、黄乃航、谷历文、罗锐球、游飞飙、黄伟、欧阳丹、赵宏洁、尹达明、李毅、陈新颖。

家具用天然石板

1 范围

本标准规定了家具用天然石板的术语和定义、产品分类、要求、试验方法、检验规则以及标志、包装、运输、贮存。

本标准适用于家具用天然大理石石板、天然花岗石石板(以下简称石板)。其他材质的家具用天然石板可参照采用。

2 规范性引用文件

下列文件对于本文件的应用是必不可少的。凡是注日期的引用文件,仅注日期的版本适用于本文件。凡是不注日期的引用文件,其最新版本(包括所有的修改单)适用于本文件。

GB/T 191 包装储运图示标志

GB/T 1182 产品几何技术规范(GPS) 几何公差 形状、方向、位置和跳动公差标注

GB/T 1800.1 产品几何技术规范(GPS) 极限与配合 第1部分:公差、偏差和配合的基础

GB/T 1801 产品几何技术规范(GPS) 极限与配合 公差带和配合的选择

GB/T 2828.1—2003 计数抽样检验程序 第1部分:按接收质量限(AQL)检索的逐批检验抽样计划

GB 6566 建筑材料放射性核素限量

GB/T 9966.1 天然饰面石材试验方法 第1部分:干燥、水饱和、冻融循环后压缩强度试验方法

GB/T 9966.2 天然饰面石材试验方法 第2部分:干燥、水饱和弯曲强度试验方法

GB/T 9966.3 天然饰面石材试验方法 第3部分:体积密度、真密度、真气孔率、吸水率试验方法

GB/T 13890 天然石材术语

GB/T 13891 建筑饰面材料镜向光泽度测定方法

GB/T 17670 天然石材统一编号

3 术语和定义

GB/T 1182 和 GB/T 13890 界定的术语和定义适用于本文件。

4 产品分类

4.1 分类

4.1.1 按材料分为天然大理石石板和天然花岗石石板。

4.1.2 按形状分为普型石板(PX)、圆弧石板(HM)和异型石板(YX)。

4.1.3 按表面加工程度分镜面石板(JM)、细面石板(YG)和粗面石板(CM)。

4.2 等级

4.2.1 普型石板按规格尺寸允许偏差、平面度允许公差、角度允许公差和外观要求分为优等品(A)、一

等品(B)和合格品(C)。

4.2.2 圆弧石板按规格尺寸允许偏差、直线度允许公差、线轮廓度允许公差、角度允许公差和外观要求分为优等品(A)、一等品(B)和合格品(C)。

4.3 命名与标记

4.3.1 命名:GB/T 17670 规定的石材名称+石板。

4.3.2 标记:按 GB/T 17670 规定的编号、类别、规格尺寸、等级、本标准号顺序标记。

示例:

用云南河口雪花白大理石(M5306)加工的普型(PX)、镜面(JM)、规格尺寸为 900 mm×900 mm×20 mm、优等品(A)石板命名与标记应按如下表示:

命名:河口雪花白石板

标记:M5306 PX JM 900×900×20 A GB/T 26848—2011

5 要求

5.1 尺寸偏差

5.1.1 普型石板尺寸偏差

5.1.1.1 嵌入式普型石板尺寸偏差

应符合表1的规定。

表 1 单位为毫米

<table>
<tr><th colspan="2" rowspan="2">项　　目</th><th colspan="3">细面和镜面石板</th><th colspan="3">粗面石板</th></tr>
<tr><th>优等品</th><th>一等品</th><th>合格品</th><th>优等品</th><th>一等品</th><th>合格品</th></tr>
<tr><td colspan="2">长度、宽度</td><td>0
−0.5</td><td>0
−0.8</td><td>0
−1.0</td><td>0
−0.5</td><td>0
−0.8</td><td>0
−1.0</td></tr>
<tr><td rowspan="2">厚度</td><td>≤10</td><td>±0.5</td><td>±0.5</td><td>±0.8</td><td>—</td><td>—</td><td>—</td></tr>
<tr><td>>10</td><td>±0.8</td><td>±0.8</td><td>±1.0</td><td>±1.0</td><td>±1.5</td><td>±2.0</td></tr>
</table>

5.1.1.2 非嵌入式普型石板尺寸偏差

应符合表2的规定。

表 2 单位为毫米

<table>
<tr><th colspan="2" rowspan="3">项　目</th><th colspan="6">花　岗　石</th><th colspan="3">大　理　石</th></tr>
<tr><th colspan="3">细面和镜面石板</th><th colspan="3">粗面石板</th><th rowspan="2">优等品</th><th rowspan="2">一等品</th><th rowspan="2">合格品</th></tr>
<tr><th>优等品</th><th>一等品</th><th>合格品</th><th>优等品</th><th>一等品</th><th>合格品</th></tr>
<tr><td colspan="2">长度、宽度</td><td colspan="2">0
−1.0</td><td>0
−1.5</td><td colspan="2">0
−1.0</td><td>0
−1.5</td><td colspan="2">0
−1.0</td><td>0
−1.5</td></tr>
<tr><td rowspan="2">厚度</td><td>≤10</td><td>±0.5</td><td>±1.0</td><td>+1.0
−1.5</td><td colspan="3">—</td><td>±0.5</td><td>±0.8</td><td>±1.0</td></tr>
<tr><td>>10</td><td>±1.0</td><td>±1.5</td><td>±2.0</td><td>+1.0
−2.0</td><td>±0.5</td><td>±0.5</td><td>±1.0</td><td>±1.5</td><td>±2.0</td></tr>
</table>

5.1.2 圆弧石板尺寸偏差

圆弧石板部位名称见图1。

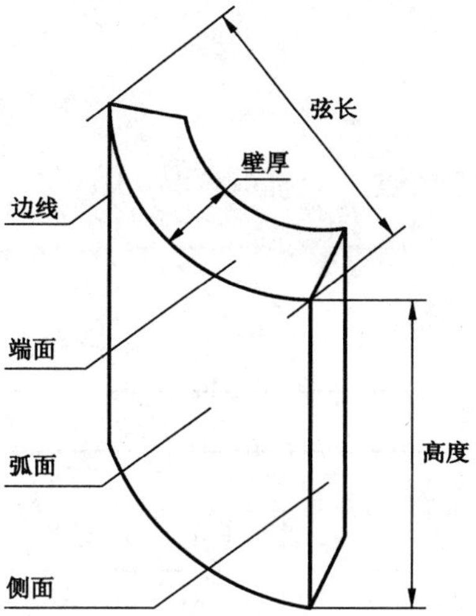

图1 圆弧石板部位名称

5.1.2.1 嵌入式圆弧石板尺寸偏差

嵌入式圆弧石板尺寸偏差应符合表3的规定。

表3

单位为毫米

项　目	细面和镜面石板			粗面石板		
	优等品	一等品	合格品	优等品	一等品	合格品
弦长	0 −1.0	0 −1.0	0 −1.5	0 −1.5	0 −2.0	0 −2.0
高度	0 −1.0	0 −1.0	0 −1.5	0 −1.0	0 −1.0	0 −1.5

5.1.2.2 非嵌入式圆弧石板尺寸偏差

非嵌入式圆弧石板尺寸偏差应符合表4的规定。

表4

单位为毫米

项目	花岗石						大理石		
	细面和镜面石板			粗面石板			优等品	一等品	合格品
	优等品	一等品	合格品	优等品	一等品	合格品			
弦长	0 −1.0		0 −1.5	0 −1.5	0 −2.0	0 −2.0	0 −1.0		0 −1.5
高度				0 −1.0	0 −1.0	0 −1.5	0 −1.0		0 −1.5

5.1.3 异型石板尺寸偏差

由供需双方协商确定。

5.2 平面度公差

5.2.1 普型石板平面度允许公差

5.2.1.1 嵌入式普型石板平面度允许公差

应符合表5的规定。

表5

单位为毫米

石板长度(L)	优等品	一等品	合格品
L≤700	0.20	0.35	0.50
700<L≤1 400	0.50	0.65	0.80
L>1 400	0.70	0.85	1.00
注：特殊情况由供需双方商定。			

5.2.1.2 非嵌入式普型石板平面度允许公差

应符合表6的规定。

表6

单位为毫米

<table>
<tr><th rowspan="3">石板长度(L)</th><th colspan="6">花　岗　石</th><th colspan="3">大　理　石</th></tr>
<tr><th colspan="3">细面和镜面石板</th><th colspan="3">粗面石板</th><th rowspan="2">优等品</th><th rowspan="2">一等品</th><th rowspan="2">合格品</th></tr>
<tr><th>优等品</th><th>一等品</th><th>合格品</th><th>优等品</th><th>一等品</th><th>合格品</th></tr>
<tr><td>L≤700</td><td>0.20</td><td>0.35</td><td>0.50</td><td>0.60</td><td>0.80</td><td>1.00</td><td>0.2</td><td>0.3</td><td>0.5</td></tr>
<tr><td>700<L≤1 400</td><td>0.50</td><td>0.65</td><td>0.80</td><td>1.20</td><td>1.50</td><td>1.80</td><td>0.5</td><td>0.6</td><td>0.8</td></tr>
<tr><td>L>1 400</td><td>0.70</td><td>0.85</td><td>1.00</td><td>1.50</td><td>1.80</td><td>2.00</td><td>0.7</td><td>0.8</td><td>1.0</td></tr>
</table>

5.2.2 圆弧石板直线度与线轮廓度允许公差

应符合表7的规定。

表7

单位为毫米

<table>
<tr><th colspan="2">项　目</th><th>优等品</th><th>一等品</th><th>合格品</th></tr>
<tr><td rowspan="2">直线度
(按石板高度)</td><td>石板长度≤700</td><td>0.6</td><td>0.8</td><td>1.0</td></tr>
<tr><td>石板长度>700</td><td>0.8</td><td>1.0</td><td>1.2</td></tr>
<tr><td colspan="2">线轮廓度</td><td>0.8</td><td>1.0</td><td>1.2</td></tr>
</table>

5.2.3 异型石板线轮廓度允许公差

由供需双方协商确定。

5.3 角度公差

5.3.1 普型石板角度允许公差

应符合表8的规定。

表8

单位为毫米

石板长度(L)	优等品	一等品	合格品
L≤700	0.3	0.4	0.5
L>700	0.4	0.5	0.7

5.3.2 圆弧石板端面角度允许公差

圆弧石板端面角度允许公差：优等品为0.4 mm，一等品为0.6 mm，合格品为0.8 mm。

5.3.3 普型石板拼缝板材正面与侧面的夹角

普型石板拼缝石板正面与侧面的夹角不应大于90°。

5.3.4 圆弧石板侧面角 α

圆弧石板侧面角 α 应不小于90°。

5.3.5 异型石板角度公差

由供需双方协商确定。

5.4 外观质量

5.4.1 同一块石板的色调应基本调和，花纹应基本一致。

5.4.2 石板正面的外观缺陷应符合表9的规定。

表9

缺陷名称	规定内容	优等品	一等品	合格品
缺棱	长度≥2 mm，宽度≥1 mm(长度<2 mm，宽度<1 mm不计)	外露面不允许		
缺角	沿板边长长度≥2 mm，宽度≥2 mm(长度<2 mm，宽度<2 mm不计)	外露面不允许		
色斑	面积≤15 mm×20 mm，每块板允许个数(面积小于10 mm×10 mm不计)	0	1	2
色线	长度不超过两端顺延至板边总长度的1/10，每块板允许条数(长度<30 mm不计)	0	1	2
裂纹	长度>20 mm(长度≤20 mm不计)	不允许		

5.5 镜向光泽度

5.5.1 花岗石镜面石板的镜向光泽度应不低于80光泽单位或按供需双方协商确定。

5.5.2 大理石镜面石板的镜向光泽度应不低于70光泽单位或按供需双方协商确定。

5.6 物理性能

石板的物理性能技术指标应符合表 10 的规定。

表 10

项目			大理石	花岗石
体积密度 g/cm³		≥	2.30	2.56
吸水率 %		≤	0.50	0.40
干燥压缩强度 MPa		≥	50.0	100.0
干燥 水饱和	弯曲强度 MPa	≥	7.0	8.0

5.7 放射性要求

家具用天然石板使用的石材放射性应符合 GB 6566 中 A 类的规定。

6 试验方法

6.1 规格尺寸

6.1.1 普型石板规格尺寸

用游标卡尺或能满足测量精度要求的量器具测量石板的长度、宽度、厚度。长度、宽度分别在石板的三个部位测量(见图 2);厚度测量 4 条边的中点部位(见图 3)。分别用偏差的最大值和最小值表示长度、宽度、厚度的尺寸偏差。测量值精确到 0.1 mm。

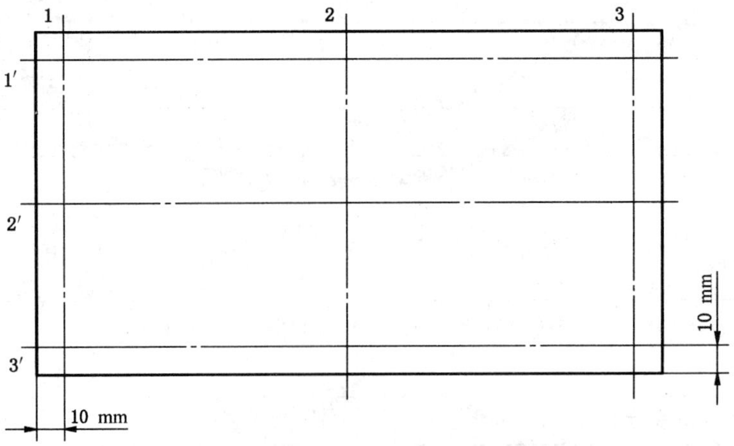

说明:

1,2,3——宽度测量线;

1′,2′,3′——长度测量线。

图 2 石板规格尺寸测量位置

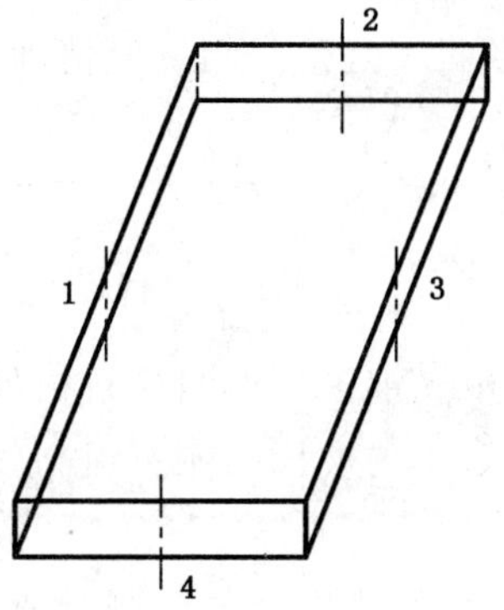

说明：
1,2,3,4——厚度测量线。

图3　石板厚度测量位置

6.1.2　圆弧石板规格尺寸

用游标卡尺或能满足测量精度要求的量器具测量圆弧石板的弦长、高度。在圆弧石板的两端面处测量弦长(见图1)；圆弧石板高度测量部位如图4所示。分别用偏差的最大值和最小值表示弦长、高度的尺寸偏差。测量值精确到0.1 mm。

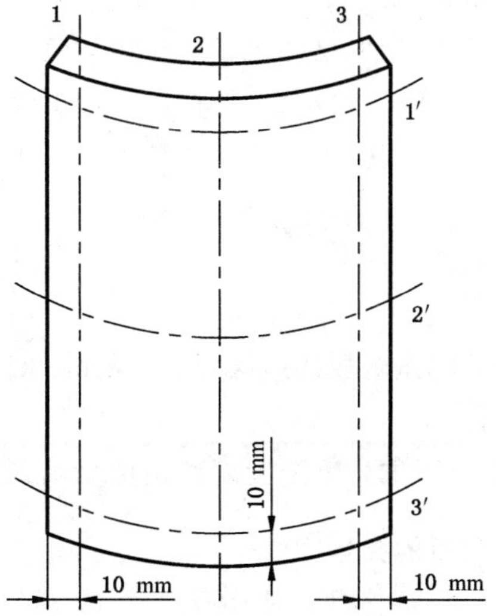

说明：
1,2,3——高度和直线度测量线；
1′,2′,3′——线轮廓度测量线。

图4　圆弧石板测量位置

6.2　平面度

6.2.1　普型石板平面度

将平面度公差为0.1 mm的1 000 mm钢平尺分别贴放在距板边10 mm处和被检平面的两条对角线上，用塞尺测量尺面与板面的间隙。当被检面周边和对角线长度大于1 000 mm时，用长度为

1 000 mm 的钢平尺沿周边和对角线分段检测，重叠位置不小于钢平尺长度的三分之一。

以最大间隙的测量值表示石板的平面度公差。测量值精确到 0.1 mm。

6.2.2 圆弧石板直线度与线轮廓度

6.2.2.1 圆弧石板直线度

将平面度公差为 0.1 mm 的 1 000 mm 钢平尺沿圆弧石板母线方向贴放在被检弧面上，用塞尺测量尺面与板面的间隙，测量位置如图 4 所示。当被检圆弧石板高度大于 1 000 mm 时，用 1 000 mm 的平尺沿被检测母线分段测量。

以最大间隙的测量值表示圆弧石板的直线度公差。测量值精确到 0.1 mm。

6.2.2.2 圆弧石板线轮廓度

按 GB/T 1800.1 和 GB/T 1801 的规定，采用尺寸精度为 JS7(js7)的圆弧靠模贴靠被检弧面，用塞尺测量靠模与圆弧面之间的间隙，测量位置如图 4 所示。

以最大间隙的测量值表示圆弧石板的线轮廓度公差。测量值精确到 0.1 mm。

6.3 角度

6.3.1 普型石板角度

用内角垂直度公差为 0.13 mm，内角边长为 500 mm×400 mm 的 90°的钢角尺检测。将角尺短边紧靠石板的短边，长边贴靠石板的长边，用塞尺测量石板长边与角尺长边之间的最大间隙。当石板的长边小于或等于 500 mm 时，测量石板的任一对对角；当石板的长边大于 500 mm 时，测量石板的四个角。

以最大间隙的测量值表示石板的角度公差。测量值精确到 0.1 mm。

6.3.2 圆弧石板端面角度

用内角垂直度公差为 0.13 mm，内角边长为 500 mm×400 mm 的 90°的钢角尺检测。将角尺短边紧靠圆弧石板端面，用角尺长边贴靠圆弧石板的边线，用塞尺测量圆弧石板边线与角尺长边之间的最大间隙。用上述方法测量圆弧石板的四个角。

以最大间隙的测量值表示圆弧石板的角度公差。测量值精确到 0.1 mm。

6.3.3 普型石板拼缝板材正面与侧面的夹角

用内角垂直度公差为 0.13 mm，内角边长为 500 mm×400 mm 的 90°的钢角尺检测。将角尺短边紧靠装饰面，用角尺长边贴靠侧面，观测间隙的位置确定夹角的大小。

6.3.4 圆弧石板侧面角

将圆弧靠模贴靠圆弧石板装饰面并使其上的径向刻度线延长线与圆弧石板边线相交，将小平尺沿径向刻度线置于圆弧靠模上，测量圆弧石板侧面与小平尺间的夹角(见图 5)。

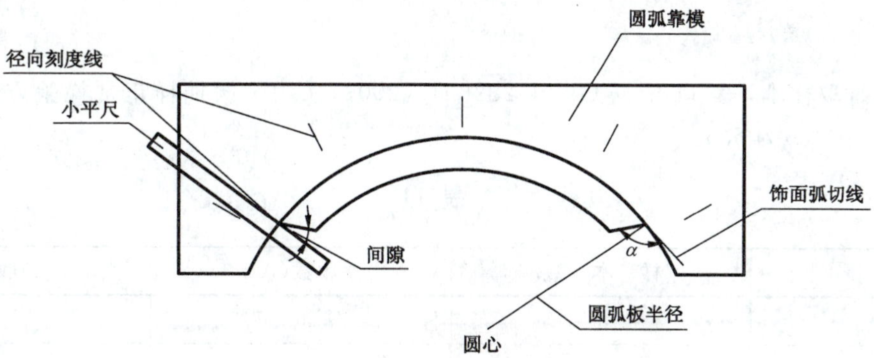

图5 侧面角测量

6.4 外观质量

6.4.1 花纹色调：将试样平放在地上，在自然光线下目测。
6.4.2 缺陷：用游标卡尺测量，测量值精确到0.1 mm。

6.5 镜向光泽度

采用入射角为60°的光泽仪，样品尺寸不小于300 mm×300 mm，按GB/T 13891的规定检验。

6.6 物理性能

6.6.1 体积密度、吸水率

按GB/T 9966.3的规定检验。

6.6.2 干燥压缩强度

按GB/T 9966.1的规定检验，样品可从荒料中制取。

6.6.3 弯曲强度

按GB/T 9966.2的规定检验。

6.7 放射性

按GB 6566的规定检验。

7 检验规则

7.1 出厂检验

7.1.1 检验项目

普型石板：尺寸偏差，平面度公差，角度公差，镜向光泽度，外观质量。
圆弧石板：尺寸偏差，角度公差，直线度公差，线轮廓度公差，镜向光泽度，外观质量。

7.1.2 组批

同一品种、类别、等级的石板为一批。

7.1.3 抽样

根据表 11 抽取样本，表 11 依据 GB/T 2828.1—2003，采用一次抽样正常检验方式，检查水平为Ⅱ，接收质量限(AQL)为 6.5。

表 11

单位为块

批量范围	样本数	接收数(Ac)	拒收数(Re)
≤25	5	0	1
26～50	8	1	2
51～90	13	2	3
91～150	20	3	4
151～280	32	5	6
281～500	50	7	8
501～1 200	80	10	11
1 201～3 200	125	14	15
≥3 201	200	21	22

7.1.4 判定

单块石板的所有检验结果均符合技术要求中相应等级时，则判定该石板符合该等级，否则为不符合该等级。

根据样本检验结果，若样本中发现的等级不合格品数小于或等于接收数(Ac)，则判定该批符合该等级；若样本中发现的等级不合格品数大于或等于拒收数(Re)，则判定该批不符合该等级。

7.2 型式检验

7.2.1 检验项目

第 5 章要求中的全部项目。

7.2.2 检验条件

有下列情况之一时，进行型式检验：

a) 新建厂投产；

b) 荒料、生产工艺有重大改变；

c) 正常生产时，每一年进行一次；

d) 国家质量监督检验机构提出进行型式检验的要求时。

7.2.3 组批

同出厂检验。批量和识别批的方式由检验方和生产方协商确定。

7.2.4 抽样

尺寸偏差、平面度公差、角度公差、直线度公差、线轮廓度、镜向光泽度、外观质量的抽样同出厂检验；吸水率、体积密度、弯曲强度、干燥压缩强度、放射性试验的样品从抽样合格的产品中制取双倍样品，放射性试验的样品应能代表该批产品的放射性水平。

7.2.5 判定

产品的综合判定按以下规定进行：

a) 优等品(A)：体积密度、吸水率、弯曲强度、干燥压缩强度、放射性水平的试验结果均符合相应要求，出厂检验项目符合优等品等级要求；

b) 一等品(B)：体积密度、吸水率、弯曲强度、干燥压缩强度、放射性水平的试验结果均符合相应要求，出厂检验项目符合一等品等级要求；

c) 合格品(C)：体积密度、吸水率、弯曲强度、干燥压缩强度、放射性水平的试验结果均符合相应要求，同时，该批石板出厂检验合格，则判定该批石板合格；或有一项不符合相应要求，利用备样对该项目进行复检，复检结果合格，同时，该批石板出厂检验合格，则判定该批石板合格；

d) 不合格品：不满足合格品判定要求时，判定该批石板不合格。

8 标志、包装、运输、贮存

8.1 标志

8.1.1 石板外包装应注明：企业名称、商标、标记；应有“向上”和“小心轻放”的标志并符合 GB/T 191 的规定。

8.1.2 对安装顺序有要求的石板，应在每块石板上标明安装序号。

8.2 包装

8.2.1 按石板的品种、等级等分别包装，并附产品合格证(包括产品名称、规格、等级、批号、检验员、出厂日期)；板面光面相对且加垫。

8.2.2 包装应满足在正常条件下安全装卸、运输的要求。

8.3 运输

石板运输过程中应防碰撞、滚摔。

8.4 贮存

8.4.1 石板宜在室内贮存，室外贮存应加遮盖。

8.4.2 按石板品种、规格、等级或供货批分别码放。

ICS 29.140.99
K 74

中华人民共和国国家标准

GB/T 26849—2011

太阳能光伏照明用电子控制装置性能要求

Electronic controllers for solar photovoltaic (PV) lighting—Performance specifications

2011-07-29 发布　　2011-12-15 实施

中华人民共和国国家质量监督检验检疫总局
中国国家标准化管理委员会　发布

前　言

本标准由中国轻工业联合会提出。

本标准由全国照明电器标准化技术委员会(SAC/TC 224)归口。

本标准起草单位:杭州能源工程技术有限公司、浙江省能源研究所、佛山市华全电气照明有限公司、绍兴晶彩光电技术有限公司、宁波大学。

本标准主要起草人:陈哲艮、朱萃汉、金步平、区志杨、谢炳高、柯柏权、汪鹏君。

太阳能光伏照明用电子控制装置 性能要求

1 范围

本标准规定了太阳能光伏照明用电子控制装置(以下简称"产品")的术语和定义、分类与命名、技术要求、试验方法、检验规则、标志、包装、运输和贮存。

本标准适用于自动控制太阳电池组件向蓄电池充电、蓄电池向光源放电以及对光源进行光控和时控的电子控制装置,此产品应与太阳能光伏照明用直流灯配套工作。

符合本标准的产品在相对湿度≤93%(无凝露)和环境温度-5 ℃~+40 ℃范围内应能正常工作。

2 规范性引用文件

下列文件中的条款通过本标准的引用而成为本标准的条款。凡是注日期的引用文件,其随后所有的修改单(不包括勘误的内容)或修订版均不适用于本标准,然而,鼓励根据本标准达成协议的各方研究是否可使用这些文件的最新版本。凡是不注日期的引用文件,其最新版本适用于本标准。

GB/T 191 包装储运图示标志(GB/T 191—2008,ISO 780:1997,MOD)

GB/T 2828.1 计数抽样检验程序 第1部分:按接收质量限(AQL)检索的逐批检验抽样计划(GB/T 2828.1—2003,ISO 2859-1:1999,IDT)

GB/T 2829 周期检查计数抽样程序及表(适用于生产过程稳定性的检查)

GB/T 19064—2003 家用太阳能光伏电源系统技术条件和试验方法

GB 19510.1 灯的控制装置 第1部分:一般要求和安全要求(GB 19510.1—2009,IEC 61347-1:2007,IDT)

GB 19510.4 灯的控制装置 第4部分:荧光灯用交流电子镇流器的特殊要求(GB 19510.1—2009,IEC 61347-2-3:2006,IDT)

GB 24460 太阳能光伏照明装置总体技术规范

3 术语和定义

GB/T 24460 规定的以及下列术语和定义适用于本标准。

3.1

太阳能光伏照明用电子控制装置 electronic controllers for solar photovoltaic (PV) lighting (PV supplied electronic control equipments for lighting)

自动控制太阳电池组件向蓄电池充电、蓄电池向照明部件放电以及对灯进行光控和时控的电子控制装置,此种装置应与太阳能光伏照明用直流灯配套工作。

3.2

直流灯 D.C supplied lamps

采用直流电源供电的灯,分为两类:一类为直流自镇流灯,包含灯头和与之结合的光源以及为光源启动和稳定工作所必需的附加器件,它是不可拆卸的;另一类为类似于自镇流灯,但设计为元件和光源启动装置可方便地替换,包括光源元件和启动装置可方便地替换,但镇流器部件是不可替换的,每次更换光源不必更换镇流器。

4 分类与命名

4.1 产品分类

4.1.1 按额定电压分为 12 V 和 24 V。

4.1.2 按额定电流分为 6 A、8 A、10 A、12 A、14 A 和 16 A。

4.2 型号编写规则

产品型号由四部分组成，第一部分表示产品代号（GZK 代太阳能光伏照明用电子控制装置），第二部分表示产品的额定电压和额定电流，第三部分表示产品的最大充电电流，第四部分为补充部分，如由制造商指定的型号代码和/或其他信息。

型号示例

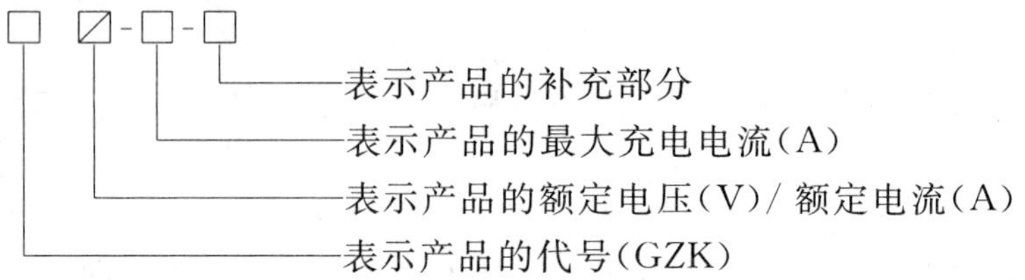

示例："GZK 12/8-20　××××"表示额定电压为 12 V、额定电流为 8 A、最大充电电流 20 A。制造商指定的型号为××××的太阳能光伏照明用电子控制装置。

5 技术要求

5.1 一般要求

产品的一般要求应符合 GB 19510.1 的规定。

5.2 对蓄电池的控制要求

5.2.1 充满断开和恢复功能

设定标称值为 12 V 的蓄电池，对于接通/断开式控制，充满断开和恢复连接的电压参考值如表 1。

表 1 接通/断开式控制的产品充满断开和恢复连接的电压　　单位为伏特

蓄电池类型	充满断开电压	恢复电压
起动型铅酸蓄电池	15.0～15.2	13.6～13.9
固定型铅酸蓄电池	14.8～15.0	13.4～13.7
密封型铅酸蓄电池	14.1～14.5	13.1～13.4

对于脉宽调制式控制，其充电回路没有特定的恢复点，充满电压的参考值如表 2。

表 2 脉宽调制式控制的产品充满电压　　单位为伏特

蓄电池类型	充满断开电压
起动型铅酸蓄电池	15.0～15.2
固定型铅酸蓄电池	14.8～15.0
密封型铅酸蓄电池	14.1～14.5

设定标称值为 24 V 的蓄电池时，上述电压参考值加倍。

如果蓄电池供应商另有规定的，则按其规定执行。

5.2.2 欠压断开和恢复功能

设定标称值为 12 V 的蓄电池，其欠压断开和恢复电压的参考值如下：

欠压断开：10.8 V～11.4 V；自动或手动恢复：13.2 V～13.5 V。

设定标称值为 24 V 的蓄电池时，上述电压参考值加倍。

如果蓄电池供应商另有规定的，则按其规定执行。

5.2.3 蓄电池的养护、激活功能

每半年应对蓄电池进行一次的全放电、全充电。

5.3 充放电控制温度补偿

对于温度变化大的工作环境，产品应根据蓄电池性能要求设置温度补偿功能。

5.4 充放电控制充放电回路压降

在充电或放电过程中产品的电压降应不超过系统额定电压的5%。

5.5 保护功能

产品应具有如下保护功能：

a) 负载短路保护；

b) 蓄电池通过太阳能电池组件反向放电的保护；

c) 太阳能电池组件、蓄电池与产品的输入、输出端正负极反接保护；

d) 雷击保护。

5.6 空载损耗

产品的最大空载电流应不超过其额定电流的1%。

5.7 耐电压和电流冲击性能

对产品施加1.25倍的标称电压持续1h后，产品应不损坏。

当产品充电回路电流达到标称电流的1.25倍并持续1h时，产品应不损坏。

5.8 蓄电池的荷电状态指示

产品应设置蓄电池的荷电状态指示：充满指示、欠压指示、负载切离指示。

5.9 耐久性

产品通过5.11规定的试验后，仍应能使灯正常启动并工作15 min以上。

5.10 灯的开关控制方式和要求

a) 灯的开关控制方式包括光控、时控或两者结合的方式；

b) 时控的开、关灯时间应可调，时间误差应不大于±1 min；

c) 光控值宜设定在地面天然光照度为5 lx时；

d) 具有防止在开、关光源时出现反复接通、断开的措施。

5.11 环境条件

5.11.1 产品应能适应GB/T 19064—2003的6.3.1.1规定的正常使用环境条件。

5.11.2 产品应能适应GB/T 19064—2003的6.3.1.2规定的贮存运输条件。

6 试验方法

6.1 试验一般要求

6.1.1 试验环境

各项试验应在无对流气流，环境温度为20℃～27℃的室内进行，空气相对湿度不大于65%。

6.1.2 供电电压

6.1.2.1 试验电压

被试验产品应在其额定直流电压下工作。直流电源电压误差应保持在±0.5%以内。在实际测量时，电压应调整到所规定的试验电压的±0.2%范围以内。

6.1.2.2 电源电压纹波

直流电源电压的纹波系数应不大于3%。

6.1.3 仪表特性

所用电工仪表的精度应不低于0.5级。

6.2　对蓄电池的控制要求(5.2)试验

6.2.1　充满断开和恢复功能(5.2.1)试验

对于接通/断开式控制，充满断开和恢复功能的测试电路如图1。将直流电源接到蓄电池的输入端子上，模拟蓄电池的电压。调节直流电源的电压使其达到充满断开点时，产品的充放电控制部分应当断开充电回路；当降低电压到恢复充电点时，产品的充放电控制部分应能重新接通充电回路。

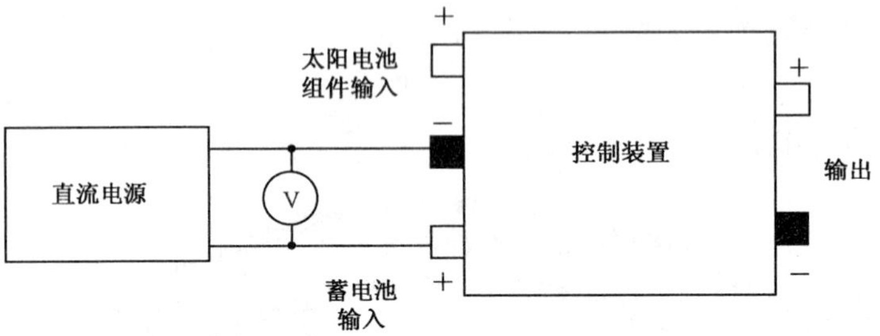

图1　接通/断开式控制的产品充满断开和恢复功能测试电路

对于脉宽调制式控制，充满断开和恢复功能的测试电路如图2。用直流稳压电源代替太阳能电池组件通过产品的充放电控制部分给蓄电池充电。当蓄电池电压达到充满值时，充电电流应接近于0。当蓄电池电压由充满点向下降时，充电电流应逐渐增大。

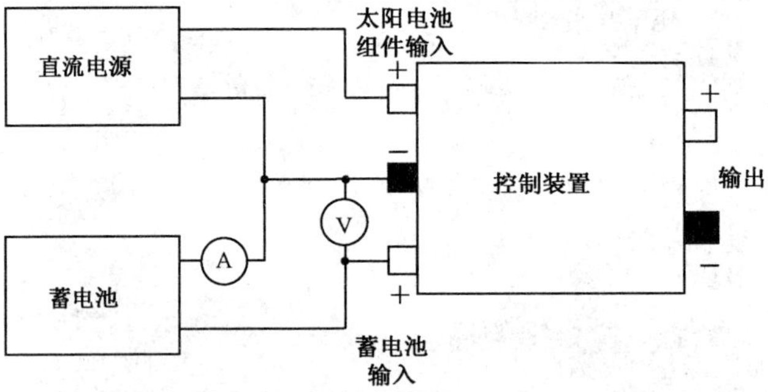

图2　脉宽调制式控制的产品的充满断开功能测试电路

6.2.2　充放电控制欠压断开和恢复功能(5.2.2)试验

充放电控制欠压断开和恢复功能的测试电路如图3。将直流电源接到蓄电池输入端，模拟蓄电池的电压。将可变电阻接到负载端，模拟负载。将放电回路的电流调到额定值，然后将直流电源的电压调至欠压断开点，产品的充放电控制部分应能自动断开负载；将电压回调至恢复点，产品的充放电控制部分应能再次接通负载。如果是带欠压锁定功能的控制，当直流输入电压达到欠压恢复点之上，产品的充放电控制部分复位后应能接通负载。

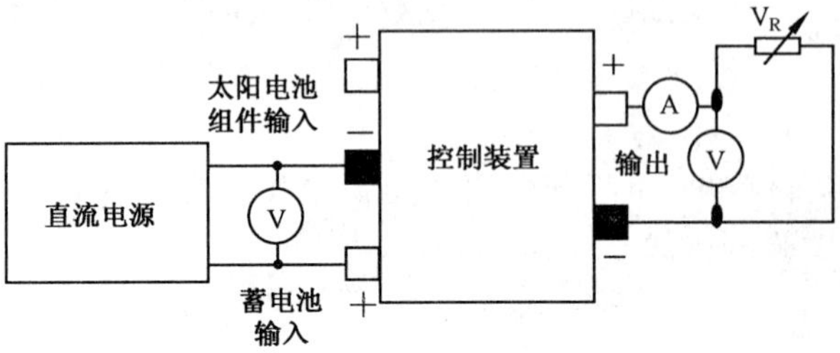

图3　欠压断开和恢复功能测试电路

6.3　空载损耗(5.6)试验

产品的空载损耗(静态电流)的测试电路如图 4。断开太阳电池组件输入和负载输出,直流电源接在产品的蓄电池端,测定产品的最大自身耗电。

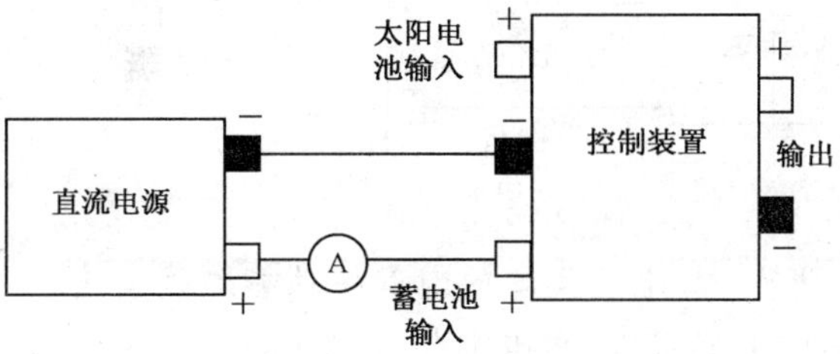

图 4　空载损耗测试电路

6.4　温度补偿(5.3)试验

温度补偿系数的测试电路见图 1 和图 2,将产品的充放电控制部分的温度传感器放入恒温箱,根据充满断开点的电压随温度的变化可以绘出一条温度系数曲线。充放电控制部分的温度补偿系数应满足蓄电池的技术要求。

6.5　充放电回路压降(5.4)试验

充放电回路压降试验如图 5 和图 6。调节产品的充电回路电流至额定值,用电压表测量充电回路的电压降;调节产品的放电回路电流至额定值,用电压表测量放电回路的电压降。

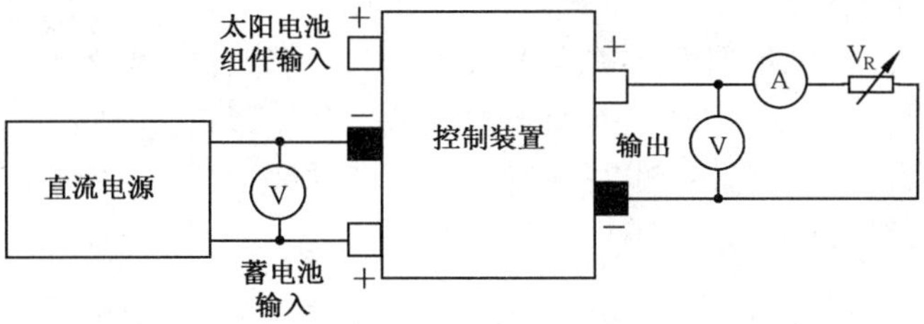

图 5　放电回路压降测试电路

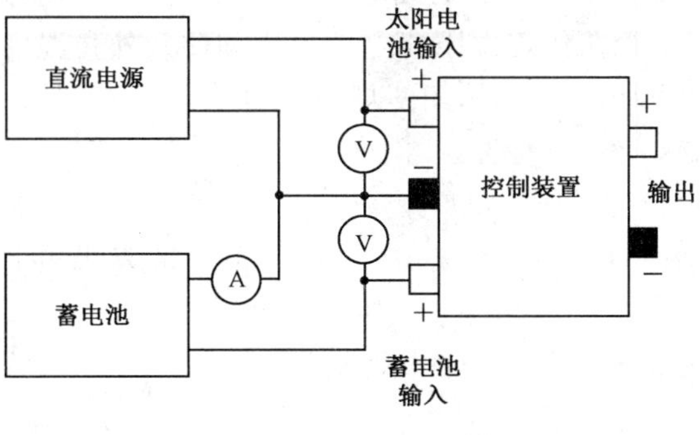

图 6　充电回路压降测试电路

6.6　保护功能(5.5)试验

负载短路保护:检查产品的输出回路是否有短路保护电路。

内部短路保护:检查产品的输入回路是否有短路保护电路。

反向放电保护:充放电控制装置的反向放电保护的测试电路如图 7。将电流表加在太阳电池的正、负端子之间(相当于将太阳电池端短路);调节接在蓄电池端的直流电源电压,检查应无电流流过。

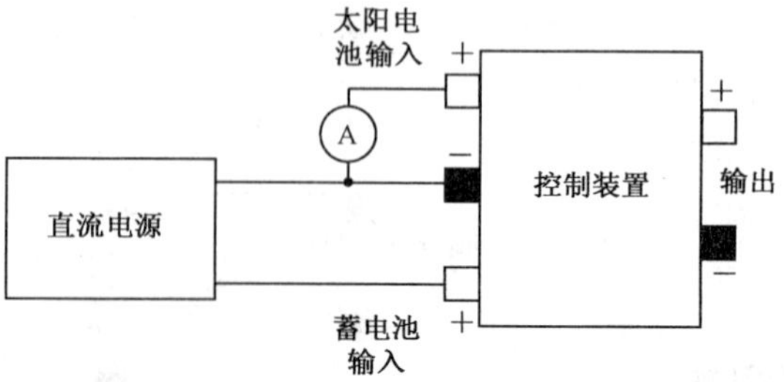

图 7　蓄电池反向放电保护功能测试电路

极性反接保护：分别将太阳能电池组件、蓄电池与控制装置的输入、输出端正负极反接，检查产品或其部件是否损坏。

雷击保护：目测避雷器的类型和额定值是否能确保吸收预期的冲击能量。

6.7　耐电压和电流冲击性能(5.7)试验

将直流电源加到产品的太阳电池组件输入端，施加 1.25 倍的标称电压持续 1 h 后，检查产品是否损坏。

将直流电源接在产品的充电输入端，可变电阻接在蓄电池端，调节电阻使充电回路电流达到标称电流的 1.25 倍并持续 1 h，检查产品是否损坏。

6.8　蓄电池的荷电状态指示(5.8)试验

目测检查产品的蓄电池荷电状态是否正常指示：充满指示；欠压指示；负载切离指示。

6.9　开关灯控制(5.10)试验

时间控制：开、关灯时间应能根据季节需要调节，照明时间用计时器检测。

光照控制：用照度计检测开、关灯时地面的天然光照度值。

光控加时控：光控开灯，用照度计检测开灯时地面的天然光照度值；时控关灯，应能根据季节需要调节，照明时间用计时器检测。

6.10　耐久性(5.9)试验

a)　产品先在下限环境温度下放置 1 h，然后在温度为 T_c 的环境温度下放置 1 h，进行 5 个周期；如未规定下限值，则采用 10 ℃为存放温度；

b)　然后产品输出端开路，在额定太阳能电源电压下重复开关 1 000 次，每次开和关各 30 s；

c)　最后，产品与相应的灯配套在额定太阳能电源电压和使其外壳温度达到 T_c 的环境温度下工作 200 h。然后将温度恢复到室温，产品能使灯正常启动并工作 15 min。

试验期间，灯周围的环境温度为 25±5 ℃。

6.11　环境条件(5.11)试验

环境条件(5.11)试验按 GB/T 19064—2003 的 8.4.11 规定的方法测量。

6.12　标志(8.1)试验

试验按 GB 19510.4 的规定方法进行。

7　检验规则

7.1　为了检验产品是否符合本标准规定，制造厂应进行交收检验和例行检验。

7.2　交收检验按 GB/T 2828.1 规定进行。

7.2.1　属于交收检验的项目有 5.2.1、5.2.2、5.4、5.7、5.8、5.10 和 8.1。

7.2.2　抽样方案采用二次正常检查抽样方案，一般检查水平Ⅰ，合格质量水平(AQL)取 4.0。

7.3　例行检验每年应不小于一次，按 GB/T 2829 规定进行。

7.3.1　属于例行检验的项目有 5.2.1、5.2.2、5.3、5.5、5.6、5.7、5.9、5.10、5.11 和 8.1。

7.3.2 例行试验按判别水平Ⅰ的一次抽样方案,不合格质量水平(RQL)取50,判定数取[1,2]。

8 标志、包装、运输、贮存

8.1 标志

产品应有下列符合GB 19510.1规定的清晰、耐久标志。

a) 制造厂名称或注册商标;

b) 额定电压和额定电流,以及由制造商提供的有关电特性的参数,如最大充电电流等;

c) 制造日期(年、季或月)。

注:年和月用数字表示,季用罗马字表示。

8.2 包装

8.2.1 产品应有单独的包装,包装盒上应有符合8.1有关规定的标志和包装日期。

8.2.2 包装箱应牢固,有防潮措施。

8.2.3 包装箱上应有如下标志:

a) 符合8.1有关规定的标志;

b) 产品数量;

c) 装箱日期;

d) 标准编号。

8.2.4 包装盒或包装箱应附有产品说明书和合格证,外包装箱上还应有符合GB/T 191中规定的有关标志。

8.3 运输

运输时应防雨雪淋袭和强烈震动。

8.4 贮存

产品使用前应存放在原包装箱内,存放产品的仓库应通风良好,相对湿度不超过80%。仓库内不允许有各种有害气体和易燃、易爆物品及有腐蚀性化学物品,设备不可重压,并且应无强烈机械振动、冲击和强磁场作用。

ICS 59.080.60
W 56

中华人民共和国国家标准

GB/T 26850—2011

浴 室 地 毯

Carpets using in bathroom

2011-07-29 发布　　2011-12-15 实施

中华人民共和国国家质量监督检验检疫总局
中国国家标准化管理委员会　发布

前　言

本标准按照GB/T 1.1—2009给出的规则起草。

请注意本标准的某些内容可能涉及专利。本标准的发布机构不承担识别这些专利的责任。

本标准由中国轻工业联合会提出。

本标准由全国地毯标准化技术委员会(SAC/TC 150)归口。

本标准负责起草单位:江苏开利地毯股份有限公司、中国工艺美术协会地毯专业委员会。

本标准参加起草单位:广州梦都美织物有限公司、浙江大达家居用品有限公司、宁波惠多织造有限公司、天津市东方蓝宝地毯研究中心、威海市山花地毯集团有限公司、捷成地毯(青岛)有限公司。

本标准主要起草人:蒋夕生、张玉芬、李成日、林忠义、余鹏里、李孝文、穆麟、陈杰村。

引　言

浴室地毯适合在浴室或游泳池、温泉等与其相关湿滑场所使用，要求具有特殊的功能特性，如良好的防滑性、背衬的耐水性、耐洗涤色牢度以及抗菌和抗霉卫生处理等，它是国内外近年来新兴的一种地毯制品。其品种繁多，除适用性外还具有豪华、精美及多样文化的特点，深受消费者的青睐。

目前市场销售的各类毯垫应用的场合从星级饭店到普通家用，如浴室、门前、床头、客厅等毯垫品质及价格差别很大，甚至有些毯面原材料采用下脚料及废、尾纱制作，其加工工艺粗糙，使制标覆盖面受到限制很难包容。现在为了拓宽市场，毯垫名称多改为“居室毯垫和多用毯垫等”，以“门前用毯垫”命名的极少。为了市场快速发展需要新起草的标准名称为《浴室地毯》，仅适用于浴室用块毯及毯垫。

为了确保消费者使用毯垫的安全性和适用性，将其他毯垫如门前、客厅、床头等毯垫也可参照使用，以达到合理制标的目的。

本标准根据出口浴室地毯有关进口国技术要求及相关标准、文献资料，结合国内毯垫生产、使用等实际情况和浴室地毯的特点进行功能分析确定评价体系。试验方法主要采用国际标准和国外先进标准。

浴 室 地 毯

1 范围

本标准规定了浴室地毯(含浴室用块毯和毯垫)的术语和定义、产品分类、要求、试验方法、检验规则、标志、标签和包装、运输、贮存。

本标准适用于以化纤、棉、羊毛及混纺纤维构成的毯面原材料制作的有绒头或无绒头的机制或手工浴室用地毯和毯垫的品质判定。其他如门前、客厅、床头毯垫以及多用毯垫等或以其他纤维材料制作的浴室地毯也可参照使用。

2 规范性引用文件

下列文件对于本文件的应用是必不可少的。凡是注日期的引用文件,仅注日期的版本适用于本文件。凡是不注日期的引用文件,其最新版本(包括所有修改单)适用于本文件。

GB/T 2910(所有部分) 纺织品定量化学分析

GB/T 3512 硫化橡胶或热塑性橡胶 热空气加速老化和耐热试验

GB/T 3920 纺织品 色牢度试验 耐摩擦色牢度

GB/T 6529 纺织品 调湿和试验用标准大气

GB/T 8427 纺织品 色牢度试验 耐人造光色牢度:氙弧

GB/T 12490 纺织品 色牢度试验 耐家庭和商业洗涤色牢度

GB/T 23164 地毯抗微生物活性测定

FZ/T 01053 纺织品 纤维含量的标识

QB/T 1087 机制地毯 物理试验的取样和试验的截取法

QB/T 1188 地毯质量的试验方法

QB/T 1555 地毯毯基上绒头厚度的试验方法

QB/T 2214 地毯尺寸及毯形测定

ASTM F 609-05 使用水平牵引滑动试验仪的试验方法(Standard test method for using a haorizontal pull slipmeter)(HPS)

3 术语和定义

下列术语和定义适用于本文件。

3.1

毯垫 mat

以纺织纤维构成的有绒头或无绒头的机制地毯或手工地毯、有背衬或无背衬的有预定形状和限定尺寸的小型地毯块。

注:毯垫和块毯都有预定形状和限定尺寸,其本身是一块完整的地毯,都将铺设于地面的某一部分上。毯垫主要铺放在浴室、卫生间、门前、客厅和床头等处毯垫,根据使用场所不同,起到装饰性、抗污染性、耐水性等各种不同作用。尺寸大小没有具体规定。块毯主要铺放在房间中央或房间某部分,多数都是富有装饰性的花纹制品,作为毯上毯使用较多。

3.2

浴室毯垫　bathroom mat

铺放在浴室、游泳池、温泉等与其相关湿滑场所使用的毯垫，具有特殊的功能。

注：浴室毯垫功能特性，如良好的防滑性和背衬的耐水性、耐洗涤色牢度以及卫生处理等。

3.3

门前毯垫　walk-off mat

铺放在房间、门廊、过道、客厅、厨房等出入口处使用的脚踏毯垫。

注：门前毯垫主要具有刮除接落泥尘和除去水分的功能，以保持室内清洁。

3.4

静态防滑性能　static slip resistance

处于水平面上静止状态的物体被移动时的瞬间所体现出来的最大摩擦力为防滑能力。

3.5

静摩擦系数　coefficient of friction

物体静止时最大摩擦力与该物体重力的比值。

4　产品分类

4.1　按加工方式分类：

a)　机制浴室地毯；

b)　手工制浴室地毯。

4.2　按毯面结构分类：

a)　有绒头浴室地毯；

b)　无绒头浴室地毯。

4.3　根据地毯背衬及涂层处理分类：

a)　喷胶背衬；

b)　涂胶背衬；

c)　贴合背衬；

d)　热熔背衬；

e)　其他背衬；

f)　无背衬。

5　要求

5.1　内在质量

浴室地毯内在质量技术要求应符合表1的规定。

表 1

特性	序号	项　目		单位	优级品	合格品
地毯结构技术要求	1	毯面纤维类型及含量	标称值	%	主要规格不作规定，由生产企业提供标称值数据	
	2	毯基上绒头厚度和(或)长度	标称值	mm		
	3	毯基上单位面积绒头质量	标称值	g/m^2		
	4	尺寸(宽×长)	标称值	cm		
			允差	%	最大尺寸≤1 m：±1.5 最大尺寸>1 m：±1.0	最大尺寸≤1 m：±2.0 最大尺寸>1 m：±1.5

表 1（续）

特性	序号	项　　目		单位	优级品	合格品
地毯基本技术要求	5	耐光色牢度:氙弧		级	≥4～5 ≥3～4(浅)	不考核
	6	耐摩擦色牢度	干	级	≥4	≥4
			湿		≥3～4	≥3～4
	7	耐洗涤色牢度	变色	级	≥4	≥3～4
			沾色			
	8	浴室地毯防滑性能 (静摩擦系数)	湿	—	≥0.4	≥0.4
	9	耐老化性能(天然胶覆底)		h	≥72 不龟裂、不变黏	≥48 不龟裂、不变黏
卫生技术要求	10	抗菌率[a]	金黄色葡萄球菌	%	≥95.0	
			大肠杆菌	%	≥95.0	
		抗霉性[a]	黑曲霉	mm	无霉菌生长	

[a] 若标识抗菌率、抗霉性浴室地毯时，必须通过此项考核。

5.2　外观质量

浴室地毯外观质量技术要求应符合表2的规定。

表 2

序号	外观疵点	要　求
1	破损	不允许
2	污渍	不明显
3	条痕、缺绒簇、修补痕迹	
4	毯形不正(异型毯除外)、毯面不平、毯边不平直	
5	错色、色差	
6	锁边不良	
7	背胶龟裂、变黏、变色、背胶不均匀、脱衬	
8	手工地毯图案不规整	

5.3　合同要求

供需双方另有要求时可按合同或协议执行。

6　试验方法

6.1　外观质量

检验人员按表2要求对毯面、毯边、毯背进行目测和手感检验。

6.2 内在质量

6.2.1 试验条件(另有规定的除外)

调湿和试验用标准大气采用 GB/T 6529 中规定的温度(20±2)℃,相对湿度(65±4)%。

6.2.2 调湿处理(另有规定的除外)

试验前在 6.2.1 规定的试验用标准大气条件下将试样的毯面朝上,平整单块地放置,至少保持调湿 24 h。

6.2.3 试样

按 QB/T 1087 规定的方法截取试样。

6.2.4 毯面纤维类型及含量

需要进行纤维含量分析时,应按组分不同采用 GB/T 2910 进行定量分析。

6.2.5 毯基上绒头厚度、绒头长度

绒头厚度按 QB/T 1555 进行试验。

测量绒头长度的方法是将带刻度的小钢直尺插入绒头中至毯基,读取绒头长度,精确到 0.5 mm。

6.2.6 毯基上单位面积绒头质量

按 QB/T 1188 进行试验。

6.2.7 地毯尺寸

按 QB/T 2214 规定的方法进行测量。

6.2.8 耐光色牢度:氙弧

按 GB/T 8427 进行试验。

6.2.9 耐摩擦色牢度

按 GB/T 3920 进行试验。

6.2.10 耐洗涤色牢度

按 GB/T 12490 进行试验(试验条件 A2S)。

6.2.11 防滑性能

按 ASTM F 609-05 进行湿摩擦试验。

根据需要将干摩擦改为湿摩擦,试样放在试验平面上,以蒸馏水为润滑剂进行试验。

6.2.12 抗微生物活性

6.2.12.1 抗菌率

按 GB/T 23164 进行试验。

试验用标准菌种采用美国模式菌种:

——革兰氏阳性菌：金黄色葡萄球菌，菌号：ATCC 6538；
——革兰氏阴性菌：改为大肠杆菌，菌号：ATCC 25922。

6.2.12.2 抗霉性

按 GB/T 23164 进行试验。
试验用标准菌种：黑曲霉，菌号：ATCC 6275。
上述菌种应由国家级菌种保藏管理中心提供。

6.2.13 耐老化性能

按 GB/T 3512 进行试验。测试评定方法见附录 A。

7 检验规则

7.1 检验分类

7.1.1 出厂检验（交收检验）

每批产品交货前，应经检验合格后方可出厂。

7.1.2 型式检验（例行检验）

型式检验一般每年进行一次，若有下列情况之一时应及时进行检验：
a) 停产后复产；
b) 产品的原材料、工艺有重大改变；
c) 合同约定；
d) 国家质量监督机构提出要求。

7.2 检验项目

7.2.1 出厂检验项目

出厂检验项目包括外观质量（见表 2）和内在质量（见表 1）中的尺寸（长×宽），应进行全数检验。

7.2.2 型式检验项目

型式检验项目包括外观质量（见表 2）和内在质量（见表 1），应在出厂检验的合格批中随机抽样检验。

7.3 抽样规定

抽样按批以块为单位，随机抽取，其批量数和样本数量见表 3。外观质量检验，对随机抽取的样本进行全数检验；内在质量检验，在外观质量检验合格的样本中随机抽取。

表 3

单位为块

抽样规定	批量数	样本数量
外观质量	≤100	5
	＞100	8
内在质量	≤100	3
	＞100	5

7.4 判定规则

产品等级按内在质量和外观质量的检验结果评定，并以其中最低一项定等级，低于合格品为不合格品。

内在质量分为优级品和合格品，当外观质量合格时，以内在质量所定的等级作为该产品的等级。

7.5 复验规则

外观质量检验项目中，有一块不合格时，允许从该批产品中加倍抽样；如全部合格，则判定该批产品外观质量合格。

内在质量检验项目中，有一项不合格时，可加倍对该批产品的不合格项进行复验；如全部合格，则判该批产品内在质量合格。

8 标志、标签、包装、运输、贮存

8.1 产品标签

每块地毯都需附上标签，产品标签需要标明的内容：

a） 生产企业名称、地址、商标；
b） 产品名称、品种；
c） 毯面纤维类型及含量（纤维含量标识应符合 FZ/T 01053）；
d） 地毯尺寸；
e） 背衬类型；
f） 浴室地毯防滑警示标志及防滑指导参见附录 B；
g） 洗涤方法；
h） 产品执行的标准编号；
i） 产品等级、检验合格证。

8.2 附加信息

除应标明的内容外，还可包括需向消费者说明的其他信息：

a） 地毯主要规格[毯基上绒头厚度和（或）长度，以及单位面积绒头质量等]；
b） 在产品显著位置标注抗菌、抗霉标志；
c） 其他信息。

8.3 包装标志

包装标志需要标明的内容：

a） 生产企业名称；
b） 产品名称、品种；
c） 地毯尺寸；
d） 产品质量等级；
e） 成包日期；
f） 提示语："不准用钩"、"防潮"、"勿重压"等。

8.4 包装

地毯包装应保证产品不受损伤，能防污、防潮，便于贮存和运输。

8.5 运输、贮存

地毯在运输和贮存时不应重压，应避免雨淋和长期曝晒，注意防潮、防火等。

附　录　A
（规范性附录）
耐老化性测试评定方法

A.1　测试评定原理

天然胶覆底地毯，经热空气加速老化试验，通过感官检验，将对背衬涂层老化时产生的变黏或龟裂现象进行评定。

A.2　试样

在地毯样品中至少截取一块 10 cm×30 cm 的大试样，再分割成六块 10 cm×5 cm 的小试样，试样排布如图 A.1 所示。

单位为厘米

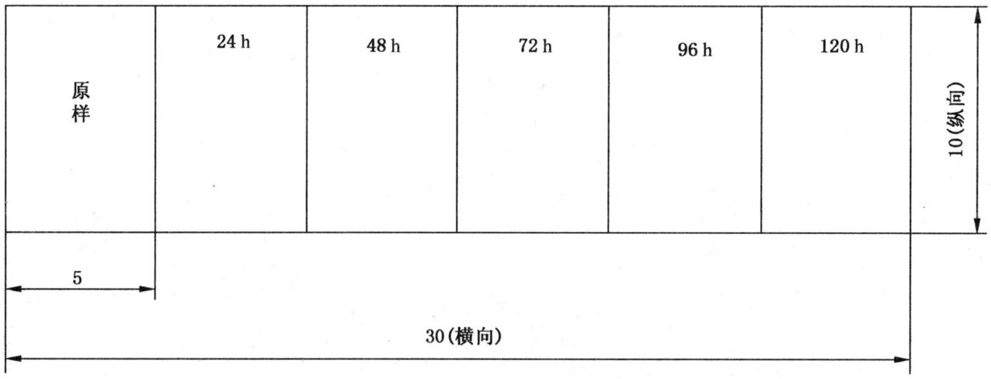

图 A.1

A.3　程序

将试样放置在 120 ℃的老化箱内。第一次评定是在 24 h 之后取出一块小试样，这个程序在每 24 h 之后重复一次(48 h,72 h,96 h,120 h 等)，对每一个取出的小试样都要求与原试样(未经老化的)进行比对评定。

每次取出的小试样需在大气中调湿 24 h 后进行评定。

A.4　评定

A.4.1　龟裂评定

用拇指和食指弯曲试样，肉眼观察试样背衬弹性的变化，记录掉渣、破裂、粉碎的时间。如图 A.2 所示。

A.4.2　变黏评定

手感判定试样背衬涂层开始黏手的时间。

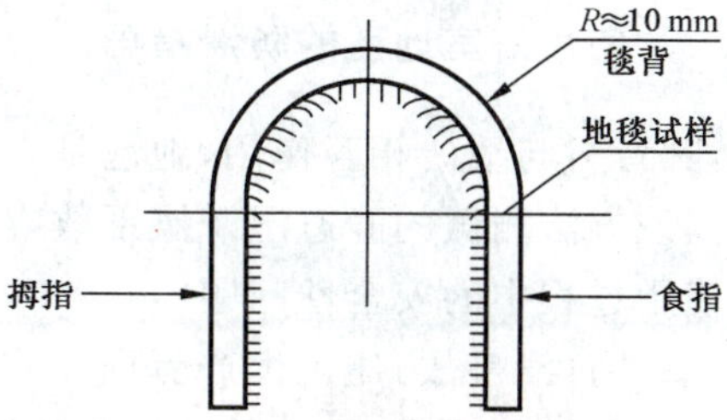

图 A.2

A.5　结果表示

用龟裂、变黏刚出现的时间档次表示。

附　录　B
（资料性附录）
使用浴室地毯的防滑指导

洗澡时，脚踩踏在浴室地毯上，其背衬与地砖相互作用，地毯是否打滑有赖于接触表面的状态，因此摩擦系数是防滑性能的惟一指标，以该方法测试的静态湿摩擦系数应不小于 0.4，可以标识该产品为防滑浴室地毯，但这种测试并不涉及使用过程中的安全性问题。

为了防止浴室地毯与地砖发生意外打滑事故，建议生产者向用户提供在浴室内使用地毯的安全措施，如清洗液等污染物是地面变滑最有争议的物质，用户采用恰当的清洁和维护保养程序是不可缺少的环节。另外用户应选用有合格防滑浴室地毯标志的产品。

本附录提供的信息旨在提高生产者和用户对滑倒、摔伤情况原因的认识，我们给出如何帮助您尽量避免此类事故的发生，建议只能起到指导作用。

ICS 13.220.20
C 81

中华人民共和国国家标准

GB 26851—2011

火灾声和/或光警报器

Audible and/or visual fire alarm signaling appliances

2011-07-29 发布　　　　2012-01-01 实施

中华人民共和国国家质量监督检验检疫总局
中国国家标准化管理委员会　发布

前　言

本标准的第4、6、7章为强制性的，其余为推荐性的。

本标准按照GB/T 1.1—2009给出的规则起草。

本标准参考了EN 54-3:2001《火灾探测报警系统　第3部分：火灾声警报器》。

请注意本文件的某些内容可能涉及专利。本文件的发布机构不承担识别这些专利的责任。

本标准由中华人民共和国公安部提出。

本标准由全国消防标准化技术委员会(SAC/TC 113)归口。

本标准负责起草单位：公安部沈阳消防研究所。

本标准参加起草单位：西安盛赛尔电子有限公司、湖南高城消防实业有限公司、浙江恒洲电子实业有限公司。

本标准主要起草人：王学来、林强、李瑞、邓丽红、邵宇、赵宇、关明阳、吴礼龙、丁宏军。

本标准为首次发布。

火灾声和/或光警报器

1 范围

本标准规定了火灾声和/或光警报器的分类、要求、试验、检验规则和标志。

本标准适用于一般工业与民用建筑中安装使用的火灾声和/或光警报器。其他环境中安装的、具有特殊性能的火灾声和/或光警报器，除特殊要求由有关标准另行规定外，亦应执行本标准。

2 规范性引用文件

下列文件对于本文件的应用是必不可少的。凡是注日期的引用文件，仅注日期的版本适用于本文件。凡是不注日期的引用文件，其最新版本(包括所有的修改单)适用于本文件。

GB 4208 外壳防护等级(IP 代码)

GB/T 9969 工业产品使用说明书 总则

GB 12978 消防电子产品检验规则

GB 16838 消防电子产品 环境试验方法及严酷等级

GB/T 17626.2 电磁兼容 试验和测量技术 静电放电抗扰度试验

GB/T 17626.3 电磁兼容 试验和测量技术 射频电磁场辐射抗扰度试验

GB/T 17626.4 电磁兼容 试验和测量技术 电快速瞬变脉冲群抗扰度试验

GB/T 17626.5 电磁兼容 试验和测量技术 浪涌(冲击)抗扰度试验

GB/T 17626.6 电磁兼容 试验和测量技术 射频场感应的传导骚扰抗扰度

3 分类

3.1 按用途分为：

a) 火灾声警报器；

b) 火灾光警报器；

c) 火灾声光警报器；

d) 气体释放警报器。

3.2 按使用场所分为：

a) 室内型(包括住宅内使用、非住宅内使用)；

b) 室外型。

4 要求

4.1 基本功能要求

4.1.1 火灾声警报器的性能要求

4.1.1.1 室外型和非住宅内使用室内型火灾声警报器的声信号至少在一个方向上 3 m 处的声压级应不小于 75 dB(A 计权)，且在任意方向上 3 m 处的声压级应不大于 120 dB(A 计权)。

4.1.1.2 住宅内使用室内型火灾声警报器的声信号从开始发出至达到稳定应采用从低到高变化的方

式运行，且从开始发出至达到稳定的时间应为 3 s～5 s。开始发出的声信号在任意方向上 3 m 处的最大声压级应不大于 45 dB(A 计权)，达到稳定后的声信号至少在一个方向上 3 m 处的声压级应不小于 75 dB(A 计权)，且在任意方向上 3 m 处的声压级应不大于 120 dB(A 计权)。

4.1.1.3 采用变调的火灾声警报器的变调周期应为 0.2 s～5.0 s。

4.1.1.4 具有 2 种及 2 种以上不同音调的火灾声警报器，其每种音调应有明显区别。

4.1.1.5 具有语音警报功能的火灾声警报器应采用 1 个周期警报音—2 个周期语音—1 个周期警报音或 1 个周期警报音—1 个周期语音—1 个周期警报音的反复循环警报方式。

4.1.1.6 多只火灾声警报器在同一方向上分别测得的声压级中的最大值与最小值的差值，或同一只火灾声警报器在环境试验前后同一方向上分别测得的声压级中的最大值与最小值的差值应不大于 6 dB。

4.1.2 火灾光警报器的性能要求

4.1.2.1 火灾光警报器的闪光频率应为 1 Hz～2 Hz。

4.1.2.2 火灾光警报器的光信号在 100 lx～500 lx 环境光线下，25 m 处应清晰可见。

4.1.2.3 通过显示器以文字形式发出火灾光信号的火灾光警报器应能以自动和手动两种方式使显示器显示清晰、稳定的火灾光警报信号，并保持至手动复位。

4.1.3 火灾声光警报器的性能要求

火灾声光警报器应同时满足 4.1.1 和 4.1.2 的要求。

4.1.4 气体释放警报器的性能要求

4.1.4.1 气体释放警报器应具有文字标志，文字标志应为红色发光标志，背景应为白色，文字高度应不小于 100 mm。

4.1.4.2 仅使用红色文字信息、背景不发光的气体释放警报器的文字表面最小亮度不应小于 50 cd/m^2，最大亮度不应大于 300 cd/m^2；使用红色文字信息、白色发光背景的气体释放警报器的文字表面最小亮度不应小于 5 cd/m^2，最大亮度不应大于 300 cd/m^2，白色背景与红色文字本身最大亮度与最小亮度比值不应大于 10，白色与相邻红色交界两边对应点的亮度比应不小于 5 且不大于 15。

4.1.4.3 气体释放警报器的闪亮频率应为 1 Hz～2 Hz，点亮与非点亮时间比应不小于 3∶2。

4.1.4.4 具有声警报功能的气体释放警报器还应满足 4.1.1 的要求。

4.2 运行可靠性

火灾声和/或光警报器应能在 4 h 内可靠运行，并满足下述要求：

a) 试验期间，应持续发出警报信号；

b) 试验后，基本功能应符合 4.1 的要求。

4.3 电压波动

火灾声和/或光警报器应能在制造商规定的供电电压上、下限值(如未规定，则上、下限参数分别为额定工作电压 110%和 85%)之间保持正常工作状态，基本功能应符合 4.1 的要求。

4.4 绝缘电阻

火灾声和/或光警报器有绝缘要求的外部带电端子与机壳间的绝缘电阻值应不小于 20 MΩ；火灾声和/或光警报器的电源输入端与机壳间的绝缘电阻值应不小于 50 MΩ。

4.5 电气强度

火灾声和/或光警报器的外部带电端子与外壳间应能耐受频率为 50 Hz、有效值为 1 250 V 的交流电压历时 1 min 的电气强度试验，并满足下述要求：

a） 试验期间，不应发生击穿现象；

b） 试验后，基本功能应符合 4.1 的要求。

4.6 电磁兼容性

火灾声和/或光警报器应能适应表 1 所规定的电磁兼容条件下的各项试验，并满足下述要求：

a） 试验期间，应保持正常监视状态；

b） 试验后，基本功能应符合 4.1 的要求。

注：正常监视状态指火灾声和/或光警报器与控制和指示设备连接并接通电源，且未发出火灾声和/或光警报信号或故障信号时的状态。

表 1 电磁兼容性试验条件

试验名称	试验条件				
静电放电抗扰度试验	放电电压 kV	放电极性	放电间隔 s	每点放电次数	工作状态
	空气放电（外壳为绝缘体）：8 接触放电（外壳为导体）：6	正、负	≥1	10	正常监视状态
电快速瞬变脉冲群抗扰度试验	电压峰值 kV	重复频率 kHz	极性	时间 min	工作状态
	AC 电源线：2×(1±0.1) 其他连接线：1×(1±0.1)	AC 电源线：2.5×(1±0.2) 其他连接线：5×(1±0.2)	正、负	每次 1	正常监视状态
浪涌（冲击）抗扰度试验	浪涌（冲击）电压 kV	极性	持续时间 ms	试验次数	工作状态
	AC 电源线 线-线：1×(1±0.1) AC 电源线 线-地：2×(1±0.1) 其他连接线 线-地：1×(1±0.1)	正、负	10 （下滑 100%）	AC 电源线：5 其他连接线：20	正常监视状态
射频电磁场辐射抗扰度试验	场强 V/m	频率范围 MHz	扫描速率 10 oct/s	调制幅度	工作状态
	10	80～1 000	$\leqslant 1.5\times10^{-3}$	80%（1 kHz，正弦）	正常监视状态
射频场感应的传导骚扰抗扰度试验	频率范围 MHz	电压 dB μV	调制幅度		工作状态
	0.15～80	140	80%（1 kHz，正弦）		正常监视状态

4.7 气候环境耐受性

4.7.1 火灾声和/或光警报器应能耐受住表 2 所规定的气候环境条件下的各项试验，并满足下述要求：

a） 试验期间，应保持正常监视状态；

b） 试验后，应无破坏涂覆和腐蚀现象，基本功能应符合 4.1 要求。

表 2　气候环境条件(运行试验)

试验名称	试验条件			
高温(运行)试验	温度 ℃	持续时间 h	工作状态	
	55±3(室内使用型) 70±3(室外使用型)	16	正常监视状态	
低温(运行)试验	温度 ℃	持续时间 h	工作状态	
	0±3(室内使用型) −40±3(室外使用型)	16	正常监视状态	
恒定湿热(运行)试验	温度 ℃	相对湿度 %	持续时间 d	工作状态
	40±2	90～95	4	正常监视状态

4.7.2　火灾声和/或光警报器应能耐受住表 3 所规定的气候环境条件下的试验。试验后,应无破坏涂覆和腐蚀现象,基本功能应符合 4.1 的要求。

表 3　气候环境条件(耐久试验)

试验名称	试验条件				
SO_2 腐蚀(耐久)试验	温度 ℃	相对湿度 %	SO_2 浓度 10^{-6}	持续时间 d	工作状态
	25±2	93±3	25±5	21	不通电状态

4.8　机械环境耐受性

火灾声和/或光警报器应能耐受住表 4 所规定的机械环境条件下的各项试验,并满足下述要求:

a)　试验期间(包括冲击试验后 2 min),应保持正常监视状态;

b)　试验后,不应有机械损伤和紧固部位松动现象,基本功能应符合 4.1 要求。

表 4　机械环境条件

试验名称	试验条件					
冲击(运行)试验	峰值加速度 m/s^2		脉冲持续时间 ms	冲击方向	冲击次数	工作状态
	$(100-20\ M)\times 10$ (质量 $M\leqslant 4.75$ kg 时)		6	6 (3 个相互垂直轴线中的每个方向)	每个方向 3 次	正常监视状态
振动(正弦)(运行)试验	频率循环范围 Hz	加速幅值 m/s^2	扫频速率 oct/min	每个轴线扫频次数	振动方向	工作状态
	10～150	0.981	1	1	X、Y、Z	正常监视状态

4.9 外壳防护等级

室外型火灾声和/或光警报器的外壳防护等级应达到 GB 4208 规定的 IP33 的要求。

4.10 使用说明书

火灾声和/或光警报器应有相应的中文使用说明书。使用说明书应满足 GB/T 9969 的要求,并与产品性能一致。

5 试验

5.1 总则

5.1.1 试验环境条件

试验应在下述大气条件下进行:

——温度:15 ℃~35 ℃;

——湿度:25 % RH~75 % RH;

——大气压力:86 kPa~106 kPa。

5.1.2 试样状态

试验时,如果要求试样处于正常监视状态,应将试样与控制和指示设备连接并接通电源。

5.1.3 试样安装

试验时,应按制造商规定的正常安装方式安装。如说明书给出多种安装方式,试验中应采用对试样工作最不利的安装方式。

5.1.4 容差

试验数据的容差应为±5%。环境条件参数偏差应符合 GB 16838 要求。

5.1.5 试样

试样的数量为 6 只,并在试验前予以编号。

5.1.6 试验前检查

5.1.6.1 试验前对试样进行外观检查,应符合下述要求:

a) 表面无腐蚀、涂覆层脱落和起泡现象,无明显划伤、裂痕、毛刺等机械损伤;

b) 紧固部位无松动。

5.1.6.2 按 4.10 要求检查使用说明书。

5.1.7 试验程序

试验程序见表 5。

表 5 试验程序

序号	章条	试验项目	试样编号
1	5.2	基本功能试验	1～6
2	5.3	运行可靠性试验	1
3	5.4	电压波动试验	2
4	5.5	绝缘电阻试验	2
5	5.6	电气强度试验	2
6	5.7	射频电磁场辐射抗扰度试验	3
7	5.8	射频场感应的传导骚扰抗扰度试验	3
8	5.9	静电放电抗扰度试验	3
9	5.10	电快速瞬变脉冲群抗扰度试验	3
10	5.11	浪涌(冲击)抗扰度试验	3
11	5.12	高温(运行)试验	4
12	5.13	低温(运行)试验	4
13	5.14	恒定湿热(运行)试验	4
14	5.15	SO_2 腐蚀(耐久)试验	5
15	5.16	冲击(运行)试验	6
16	5.17	振动(正弦)(运行)试验	6
17	5.18	外壳防护等级试验	2

注 1：5.6 的试验仅对额定工作电压大于 50 V 的警报器进行。

注 2：仅具有电阻、二极管等类电子元件的试样不进行 5.7～5.11 项试验。

注 3：5.18 的试验仅对室外型警报器进行。

5.2 基本功能试验

5.2.1 火灾声警报器的基本功能试验

在自由声场中，使火灾声警报器发出声警报信号。以试样的安装点为圆心，以 3 m 为半径，在水平和垂直两个平面的半圆上以 30°为间隔，从 15°到 165°的各点分别测量并记录声压级。对于住宅使用的室内型火灾声警报器，分别测量并记录其最小和最大声压级，以及由最小声压级升到最大声压级的时间。采用变调的火灾声警报器，测量并记录其声警报信号的变调周期。具有 2 种及 2 种以上不同音调的火灾声警报器，检查其每种音调区别情况。对于具有语音警报功能的火灾声警报器，检查其警报音循环警报情况。

5.2.2 火灾光警报器的基本功能试验

5.2.2.1 使火灾光警报器发出光警报信号，测量并记录试样基本闪光频率。在距其 25 m 处观察光警报信号的可见度。

5.2.2.2 对于采用显示器发出火灾光警报信号的火灾光警报器，使火灾光警报器处于自动状态，输入报警信号，然后手动复位，观察显示器显示情况；使火灾光警报器处于手动状态，手动启动警报器使其发出光警报信号，然后手动复位，观察显示器显示情况。

5.2.3 火灾声光警报器的基本功能试验

对于火灾声光警报器，应按5.2.1和5.2.2的要求进行试验。

5.2.4 气体释放警报器的基本功能试验

检查气体释放警报器文字标志，测量并记录试样表面亮度、闪亮频率和点亮与非点亮时间比。具有声警报功能的气体释放警报器还应按5.2.1进行试验。

5.2.5 其他功能试验

对于各型火灾声和/或光警报器，检查使用说明书中描述的其他功能。

5.3 运行可靠性试验

5.3.1 使试样发出声和/或光警报信号，保持4 h。

5.3.2 按5.2规定的方法进行基本功能试验。

5.4 电压波动试验

5.4.1 按制造商规定的供电电压上限值(如未规定，则上限参数为额定工作电压110%)给试样供电，按5.2规定的方法进行基本功能试验。

5.4.2 按制造商规定的供电电压下限值(如未规定，则下限参数为额定工作电压85%)给试样供电，按5.2规定的方法进行基本功能试验。

5.5 绝缘电阻试验

5.5.1 试验步骤

通过绝缘电阻试验装置，分别对试样的下述部分施加500 V±50 V直流电压，持续60 s±5 s后，测量其绝缘电阻值：

a) 有绝缘要求的外部带电端子与外壳之间；

b) 对于采用交流220 V电压供电的试样，电源线输入端与外壳之间。

试验时，应保证可靠接触，引线间的绝缘电阻应足够大，以保证读数准确。

5.5.2 试验设备

采用满足下述技术要求的绝缘电阻试验装置(也可用兆欧表或摇表测试)：

——试验电压：500 V±50 V；

——测量范围：0 MΩ～500 MΩ；

——最小分度：0.1 MΩ；

——记时：60 s±5 s。

5.6 电气强度试验

5.6.1 试验步骤

5.6.1.1 通过试验装置，以100 V/s～500 V/s的升压速率，对试样的电源线与外壳间施加50 Hz、1 250 V的试验电压。持续60 s±5 s，观察并记录试验中所发生的现象。

5.6.1.2 以100 V/s～500 V/s的降压速率使电压降至低于额定工作电压值后，切断试验装置的电压输出。

5.6.1.3 按5.2规定的方法进行基本功能试验。

5.6.2 试验设备

采用满足下述条件的试验装置：

——试验电压：电压0 V～1 250 V(有效值)连续可调，频率50 Hz，短路电流10 A(有效值)；

——升、降压速率：100 V/s～500 V/s；

——计时：60 s±5 s。

5.7 射频电磁场辐射抗扰度试验

5.7.1 试验步骤

5.7.1.1 将试样按GB/T 17626.3的规定进行试验布置，接通电源，使试样处于正常监视状态20 min。

5.7.1.2 按GB/T 17626.3规定的试验方法对试样施加表1所示条件的电磁干扰，观察并记录试样状态。

5.7.1.3 按5.2规定的方法进行基本功能试验。

5.7.2 试验设备

采用符合GB/T 17626.3规定的试验设备。

5.8 射频场感应的传导骚扰抗扰度试验

5.8.1 试验步骤

5.8.1.1 将试样按GB/T 17626.6规定进行试验配置，接通电源，使试样处于正常监视状态20 min。

5.8.1.2 按GB/T 17626.6规定的试验方法对试样施加表1所示条件的电磁干扰，观察并记录试样状态。

5.8.1.3 按5.2规定的方法进行基本功能试验。

5.8.2 试验设备

采用符合GB/T 17626.6规定的试验设备。

5.9 静电放电抗扰度试验

5.9.1 试验步骤

5.9.1.1 将试样按GB/T 17626.2的规定进行试验布置，接通电源，使试样处于正常监视状态20 min。

5.9.1.2 按GB/T 17626.2规定的试验方法对试样及耦合板施加表1所示条件的电磁干扰，观察并记录试样状态。

5.9.1.3 按5.2规定的方法进行基本功能试验。

5.9.2 试验设备

采用符合GB/T 17626.2规定的试验设备。

5.10 电快速瞬变脉冲群抗扰度试验

5.10.1 试验步骤

5.10.1.1 将试样按GB/T 17626.4的规定进行试验配置，接通电源，使其处于正常监视状态20 min。

5.10.1.2 按 GB/T 17626.4 规定的试验方法对试样施加表 1 所示条件的电磁干扰,观察并记录试样状态。

5.10.1.3 按 5.2 规定的方法进行基本功能试验。

5.10.2 试验设备

采用符合 GB/T 17626.4 规定的试验设备。

5.11 浪涌(冲击)抗扰度试验

5.11.1 试验步骤

5.11.1.1 将试样按 GB/T 17626.5 的规定进行试验配置,接通电源,使其处于正常监视状态 20 min。

5.11.1.2 按 GB/T 17626.5 规定的试验方法对试样施加表 1 所示条件的电磁干扰,观察并记录试样状态。

5.11.1.3 按 5.2 规定的方法进行基本功能试验。

5.11.2 试验设备

采用符合 GB/T 17626.5 规定的试验设备。

5.12 高温(运行)试验

5.12.1 试验步骤

5.12.1.1 将试样放入试验箱内,使试样处于正常监视状态。在正常大气条件下保持 1 h,然后以不大于 1 ℃/min 的升温速率将温度升到 55 ℃±3 ℃(室外型警报器将温度升到 70 ℃±3 ℃),在此条件下稳定 16 h,观察并记录试样状态。

5.12.1.2 关断控制和指示设备,以不大于 1 ℃/min 的降温速率降温至环境温度,取出试样,在正常大气条件下恢复 1 h 以上。

5.12.1.3 按 5.2 规定的方法进行基本功能试验。

5.12.2 试验设备

采用符合 GB 16838 规定的试验设备。

5.13 低温(运行)试验

5.13.1 试验步骤

5.13.1.1 将试样放入试验箱内,使试样处于正常监视状态。在正常大气条件下保持 1 h,然后以不大于 1 ℃/min 的降温速率将温度降至－10 ℃±3 ℃(室外型警报器将温度降到－25 ℃±3 ℃),在此条件下稳定 16 h,观察并记录试样状态。

5.13.1.2 关断控制和指示设备,以不大于 1 ℃/min 的升温速率升温至环境温度,取出试样,在正常大气条件下恢复 1 h 以上。

5.13.1.3 按 5.2 规定的方法进行基本功能试验。

5.13.2 试验设备

采用符合 GB 16838 规定的试验设备。

5.14 恒定湿热(运行)试验

5.14.1 试验步骤

5.14.1.1 将试样在正常大气条件下放置 2 h～4 h 后放入湿热试验箱中,使试样处于正常监视状态。调节试验箱,使温度为 40 ℃±2 ℃,温度稳定后,再调节试验箱使相对湿度为 90%～95%,保持 4 d。
5.14.1.2 取出试样,在正常大气条件下恢复 1 h～2 h。
5.14.1.3 按 5.2 规定的方法进行基本功能试验。

5.14.2 试验设备

采用符合 GB 16838 规定的试验设备。

5.15 SO_2 腐蚀(耐久)试验

5.15.1 试验步骤

5.15.1.1 给试样连接足够长的非镀锡铜导线,以保证腐蚀环境后可直接进行基本功能试验;腐蚀环境期间试样不通电。
5.15.1.2 将试样安装在一个温度为 25 ℃±2 ℃、SO_2 浓度为(25±5)×10^{-6}(体积比)、相对湿度为 93%±3%的试验箱中,持续 21 d。
5.15.1.3 腐蚀环境后,将试样放置在温度为 40 ℃±2 ℃、相对湿度低于 50%的试验箱中干燥 16 h 后,再将试样取出,在正常大气条件下恢复 1 h 以上。
5.15.1.4 按 5.2 规定的方法进行基本功能试验。

5.15.2 试验设备

采用符合 GB 16838 规定的试验设备。

5.16 冲击(运行)试验

注:质量大于 4.75 kg 的试样不进行此项试验。

5.16.1 试验步骤

5.16.1.1 将试样刚性安装在冲击试验台上,使试样处于正常监视状态。
5.16.1.2 启动冲击试验台,对质量为 M (kg)的试样,以峰值加速度为(100－20 M)×10 m/s^2,脉冲持续时间为 6 ms 的半正弦波脉冲,对试样的三个相互垂直的轴线中的每个方向连续冲击 3 次,总计 18 次。冲击结束后,保持 2 min。观察并记录试样状态。
5.16.1.3 检查试样外观及紧固部位。
5.16.1.4 按 5.2 规定的方法进行基本功能试验。

5.16.2 试验设备

采用符合 GB 16838 规定的试验设备。

5.17 振动(正弦)(运行)试验

5.17.1 试验步骤

5.17.1.1 将试样按正常安装方式刚性安装,使试样处于正常监视状态。

5.17.1.2 依次在三个互相垂直的轴线上，在 10 Hz～150 Hz 的频率循环范围内，以 4.905 m/s^2 的加速度幅值、1 oct/min 的扫频速率，各进行 1 次扫频循环。观察并记录试样的工作状态。

5.17.1.3 检查试样外观及紧固部位。

5.17.1.4 按 5.2 规定的方法进行基本功能试验。

5.17.2 试验设备

采用符合 GB 16838 规定的试验设备(振动台及夹具)。

5.18 外壳防护等级试验

按 GB 4208 的规定进行。

6 检验规则

6.1 产品出厂检验

6.1.1 生产企业在产品出厂前至少应对火灾声和/或光警报器进行下述项目的试验：

a) 基本功能试验；
b) 耐久性试验；
c) 电压波动试验；
d) 绝缘电阻试验；
e) 电气强度试验；
f) 低温(运行)试验。

6.1.2 生产企业应规定抽样方法、检验和判定规则。

6.2 型式检验

6.2.1 型式检验项目为第 5 章规定的试验项目。

6.2.2 有下列情况之一时，应进行型式检验：

a) 新产品或老产品转厂生产时的试制定型鉴定；
b) 正式生产后，产品的结构、主要部件或元器件、生产工艺等有较大的改变，可能影响产品性能时，或正式投产满 5 年时；
c) 产品停产 1 年以上，恢复生产时；
d) 出厂检验结果与上次型式检验结果差异较大时；
e) 质量监督机构提出进行型式检验要求时。

6.2.3 检验结果按 GB 12978 中规定的型式检验结果判定方法进行判定。

7 标志

7.1 总则

7.1.1 每只火灾声和/或光警报器应有清晰、耐久的标志。

7.1.2 标志不应贴在螺丝或其他易被拆卸的部件上。

7.2 产品标志

7.2.1 每只火灾声和/或光警报器应清晰标志如下信息：

a) 产品名称、型号；

b) 执行标准编号；

c) 主要技术参数(声压级、变调周期、闪光频率等)；

d) 制造日期和产品编号；

e) 产地；

f) 制造商名称或商标；

g) 接线端子标注。

7.2.2 产品标志信息中如使用不常用符号或缩写时，应在火灾声和/或光警报器的使用说明书中说明。

7.3 质量检验标志

火灾声和/或光警报器应有质量检验合格标志。

ICS 29.020
K 04

中华人民共和国国家标准

GB/T 26852—2011/IEC/PAS 62515:2007

CAx系统中机电和电气应用之间的互操作要求

Requirements concerning the interoperability between electromechanical and electrical applications in CAx-systems

(IEC/PAS 62515:2007,IDT)

2011-07-29 发布　　2011-12-01 实施

中华人民共和国国家质量监督检验检疫总局
中国国家标准化管理委员会　发布

前　言

本标准按照 GB/T 1.1—2009 给出的规则起草。

本标准等同采用 IEC/PAS 62515:2007《CAx 系统中机电和电气应用之间的互操作要求》(英文版)。

本标准对 IEC/PAS 62515:2007《CAx 系统中机电和电气应用之间的互操作要求》进行了编辑性的修改。

本标准由全国电气信息结构文件编制和图形符号标准化技术委员会(SAC/TC 27)提出并归口。

本标准负责起草单位:中机生产力促进中心、中国航天科工集团第二研究院七〇六所、中国航空工业规划设计研究院、工业和信息化部电子工业标准化研究所。

本标准主要起草人:高永梅、苏威积、陈泽毅、徐云驰。

CAx 系统中机电和电气应用之间的互操作要求

1 范围

本标准规定了机电应用环境，特别是电气应用环境及其在现实或虚拟三维世界中的机械表示需要的数据元素类型集合。

本标准适用于工业用户评价 CAx 软件在机电领域应用时编制检查清单和指南。

现有标准化的数据元素类型已在 GB/T 17564.4 中列出。

本标准出版时，现有的数据元素类型用标识号来指明，在 GB/T 17564.4 中还给出了数据元素类型的名称和定义。

标准化的数据元素类型用于支持开发产品、系统和成套设备时的设计过程自动化。

2 规范性引用文件

下列文件对于本文件的应用是必不可少的。凡是注日期的引用文件，仅注日期的版本适用于本文件。凡是不注日期的引用文件，其最新版本(包括所有的修改单)适用于本文件。

GB 3101～3102(所有部分) 量和单位(GB 3101～3102—1993，eqv ISO 31:1992)

GB/T 5094.1—2002 工业系统、装置与设备以及工业产品 结构原则与参照代号 第1部分：基本规则(IEC 61346-1:1996，IDT)

GB/T 10609.4—2009 技术制图 对缩微复制原件的要求(ISO 6428:1982，IDT)

GB/T 14690—1993 技术制图 比例(eqv ISO 5455:1979)

GB/T 16901.3—2009 技术文件用图形符号表示规则 第3部分 连接点、网络的分类及其编码(IEC 81714-3:2004，IDT)

GB/T 17564.4—2009 电气元器件的标准数据元素类型和相关分类模式 第4部分：IEC 标准数据元素类型和元器件类别基准集(IEC 61360-4:2005，IDT)

GB/T 18656—2002 工业系统、装置与设备以及工业产品 系统内端子的标识(IEC 61666:1997，IDT)

GB/T 19334—2003 低压开关设备和控制设备的尺寸 在成套开关设备和控制设备中作电器机械支承的标准安装轨(IEC 60715:1981，IDT)

IEC 60027(所有部分) 电气技术用字母符号

ISO 128(所有部分) 技术制图 图样画法

ISO 129 技术制图 尺寸和允许偏差

ISO 406 技术制图 线值和角值公差

ISO 3098(所有部分) 技术产品文件-字体

ISO 5457:1999 技术制图 图纸幅面和格式

ISO 7200:2004 技术产品文件 标题栏和文件标题的数据区(Technical product documentation—Data fields in title blocks and document headers)

ISO 10303-42:2003 工业自动化系统与集成 产品数据表达与交换 第42部分：集成通用资源：几何与拓扑表达

ISO 10303-212:2001　工业自动化系统与集成　产品数据表示与交换　第212部分:应用协议:电工设计和安装

ISO 10303-214:2003　工业自动化系统与集成　产品数据表示与交换　第214部分:应用协议:自动机械设计程序的核心数据

3　术语和定义

下列术语和定义适用于本文件。

3.1

项目　object

物体

在设计、工艺、建造、运营、维修和拆除和处理过程中所面对的实体。

注1:实体可以指实在的或非实在的"物",或指与之有关的一组信息。

注2:项目相关的信息。

3.2

系统　system

有内在联系的成套项目。

注1:系统的实例:驱动系统、供水系统、立体声系统、计算机。

注2:当系统为另一系统的一部分时,应把它视为项目。

3.3

(方)面　aspect

选择有关系统或系统内项目的信息或描述它们的特定途径。

注:这样的途径可以是:

——系统或项目的作用(功能视点);

——系统或项目的构成(产品视点);

——系统或项目的位置(位置视点)。

3.4

功能　function

项目的作用。

3.5

产品　product

自然或人工劳动过程的预期或已完成的结果。

注1:产品通常有零件号、订货号、型号和/或名称。

注2:可把系统或成套设备视为产品。

3.6

结构　structure

描述系统组成关系(全部关系或部分关系)的系统各项目之间关系的组合。

3.7

参照代号　reference designation

作为系统组成部分的特定项目按该系统的一方面或多方面相对于系统的标识符。

3.8

端子　terminal

项目(物体)与外部网络的连接点。

注:连接可能指:

a)　导线和/或触点间提供信号或能量路径的物理接口;

b)　为传输信息,在逻辑元件、软件模块之间确立的功能特性的结合。

3.9

端子代号 terminal designation

根据项目的一个方面确定的项目端子的标识符。

3.10

端子功能代号 terminal function designation

根据项目的面确定的项目功能所属的端子标识符。

3.11

端子产品代号 terminal product designation

根据项目的面确定的项目产品所属的端子标识符。

3.12

端子位置代号 terminal location designation

根据项目的面确定的项目位置所属的端子标识符。

3.13

端子板 terminal strip

有同一标识的不同端子的集合。

3.14

连接点 connect node

一种连接到特定网的节点,例如:电气。

3.15

二维直角坐标空间 2D Cartesian coordinate space

一种由两个相互垂直的轴线定义的直角坐标空间。

3.16

三维直角坐标空间 3D Cartesian coordinate space

一种由三个相互垂直的轴线定义的直角坐标空间。

4 项目的分类和标识

关于成套设备或系统内项目的标识规则见 GB/T 5094.1。

4.1 项目标识

应用环境中的每个项目可按以下方面标识:

——功能面结构;

——位置面结构;

——产品面结构。

在其应用环境内至少要有一个参照代号来明确标识项目,也可能有需要提供三种参照代号的情况,每个参照代号可以明确标识项目或三者一起唯一标识项目。

当所有的参照面通过其参照代号与同一个项目相关时,将所有的这些参照面收集到参照代号集中。

由于机械和电气 CAx 系统之间需要数据互操作性与日俱增,在数据交换期间或在数据库内,两个应用环境需要共同的参照代号来表示同一个项目。

在不同学科参与开发设备的协作阶段,需要多组代号集及其初始知识。最后,如果数据合并到一个一致的数据库中,参照代号必须是唯一的。

例如:无需知道元器件之间最终的物理或虚拟布线,就可基于布线清单、电路图或结构单元的最终参照代号(包括建造于其内的元器件)来准备结构单元的物理布局。

在这些情况中,只包含数量和标识位置。

对于这些情况,标识位置号可用作专门的参照代号(这里为位置面参照代号),因为从机械或工艺学科看,它是按位置集合所有的项。这就导致项目按要求在特定期间可能不只与一个参照代号集相关;然而根据上下文它仅与一个学科相关。

考虑到安全和经济的原因,最后,在设备的安装、试验和工作阶段,推荐用一个一致的参照代号,该代号需要在参与的学科之间协调一致。

项目需要参照代号集数据元素类型。

参照代号集组成部分有:

——产品面参照代号;

——功能面参照代号;

——位置面参照代号。

注:集合的其他成分不必标识所关注的项目,而标识作为构成部分的其他项目。

4.2 项目连接点的标识

每个项目可能与零个、一个或多个连接点有关,即:将端子(电气技术用术语),或连接器(非电气领域用术语)例如管道等,连接到周围环境。

本标准研究通过电气、光学或任何其他类型的网络将项目连接到其他项目的这类连接点,见GB/T 16901.3。项目的连接点不必与图形表示有关。

正如项目本身,每个连接点可按以下方面标识:

——功能面结构;

——位置面结构;

——产品面结构。

至少要有一个参照代号在其应用环境内明确标识项目。也可能有提供全部三种参照代号的情况。每个参照代号本身可能很明确或者全部在一起可唯一标识项目。

由于所有的参照面通过其参照代号可能与同一个项目相关,它们在端子代号集中构成集合。

由于机械和电气 CAx 系统之间需要数据互操作,在数据交换过程中或在一个数据库内,需要用通用的端子代号标识两个应用环境中的相同项目。

每个连接点需要有下面的数据元素类型。

端子代号集:

每个代号从项目的不同方面标识同一个端子的端子代号集合[GB/T 18656]。

组成部分是:

——产品面端子代号

用于唯一标识产品组合网络的特定端子的字母数字符号[GB/T 18656];

——功能面端子代号

用于唯一标识功能组合网络的特定端子的字母数字符号[GB/T 18656];

——位置面端子代号

用于唯一标识位置组合网络的特定端子的字母数字符号[GB/T 18656]。

4.3 项目连接点的分类

由于在多数情况下,可用的产品不仅只有电气连接点,而且也有其他类的连接点,这就要求连接点与其类型分类相关联。这包括在数据元素类型 AAF391 连接点代码中。

可能只连接同类的连接点。

下面的数据元素类型适用。

AAF391;

连接点代码;

元器件连接点的代码类型。

注:完整的信息见 GB/T 16901.3。

4.4 网络分类

连接连接点的网络要合适,并且这些连接点应该属于同一类。

连接点和网络分类可集中管理元器件和网络的所有连接点。这对于机械和电工 CAx 系统之间的互操作非常重要。

网络代码分类(网络的类型代码)数据元素类型适用网络分类。

注:完整的信息见 GB/T 16901.3。

5 CAx 应用软件

本章规定需要考虑的一般问题。

5.1 应用软件的单位

对于这里列出的数据元素类型,分别来自 GB/T 17564.4,其中所有的定量数据元素符合 GB 3101～3102 或 IEC 60027 的不带任何十进制前缀符号的基本 SI 单位(例如:m、kg、s)。

在软件工具中,根据用户习惯或工业环境,可能需要各种十进制前缀符号。因此,尽管系统以 SI 单位储存数值,还是建议软件允许用户根据其需要分别用 GB 3101～3102 或 IEC 60027 列出的任何前缀符号改变定量数据元素类型的表示。

5.2 一般要求

首先考虑下列标准:ISO 128、ISO 129、ISO 406、ISO 3098、GB/T 14690、ISO 5457、GB/T 10609.4 和 ISO 7200 作为本章的前提。

5.3 坐标系

设计用的图形表示是以正投影方式放置在 2D 坐标空间内。

当在制图页上表示 2D 图形时,局部参考点覆盖图形表示局部坐标系的数据。

切纸的左下角规定为制图(山水画、肖像画)的坐标系原点(见 ISO 5457)。

5.4 2D/3D 图示参考点

2D 模拟空间的原点定义为 2D 空间中设计用图形表示的参考点(见图 1)。该参考点对项目的所有投影视角保持不变。

3D 模拟空间内也采用同样的参考点。

5.5 2D/3D 路线选择

为了在 CAx 系统中产生计算机支持的连接路线,每个连接点应该关联到相应的类。

因而,例如在 2D/3D 几何模型内,要求连接点的位置与特定数据(例如,连接点类别和连接方向)相关。当电气 CAx 系统产生的、网络清单中的逻辑数据与几何模型的数据组合时,网络的路线选择过程可能开始。这适用于各种类型的网络。

赋给连接点的连接方向,可在 2D 空间被定义为象限或在 3D 空间定义为矢量。

当规定连接性(例如在电路图内)时,应定义连接点连接到其他连接点的连接信息。当在路线选择过程期间，给该功能连接指派元器件时，连接可以支持规定元器件类型的交叉、彩色和弯曲半径等。当规定（例如，安装在结构单元内的）元器件的布局时会用到这些信息。

路由结果为 2D 或 3D 空间中的开口折线，用 2D（或 3D）中的 2D 点（或 3D 点）序列，定义两个连接点间的连接构成的几何路线。在路由过程中，有关数据元素类型，如 AAF352 终端接触角指明了方向，如何指挥可能访问连接节点，临界提供路由加权因素，AAF470 弯曲半径，电缆外直径 AAE022 等，都需要加以考虑。

当不同的产品类指派或将指派给产品时，需要数据元素类型 AAF391 连接点代码。例如：电动空气阀有电和空气连接点，或者汽车中的水压制动控制器有电和水连接点。如果没有赋值给数据元素类型连接点代码，假定值 E 表示电气连接节点。

分类支持在构造单元里安装的连接点类别的全貌。连接点分类信息也可以像元器件的连接点一样选择表示和管理网络的不同类。

注：本标准中的连接路线可能与印制电路板上的路线不同。

6 布置图

为了编制布置图，CAx 系统中能按工业上使用的、以与项目表示相关的比例为基础确定尺寸，例如：比例（见 GB/T 14690）。

6.1 2D 投影图

确立构造单元（例如，机壳）里 2D 元器件表示的数据要求。

在工业电气应用中，多采用 2D 表示。而在其他情况下，例如，需要了解碰撞或其他安装特性时，建议采用 3D 空间模型表示。

本标准中，2D 空间视图对应按 ISO 128 建立的投影图。见图 1。

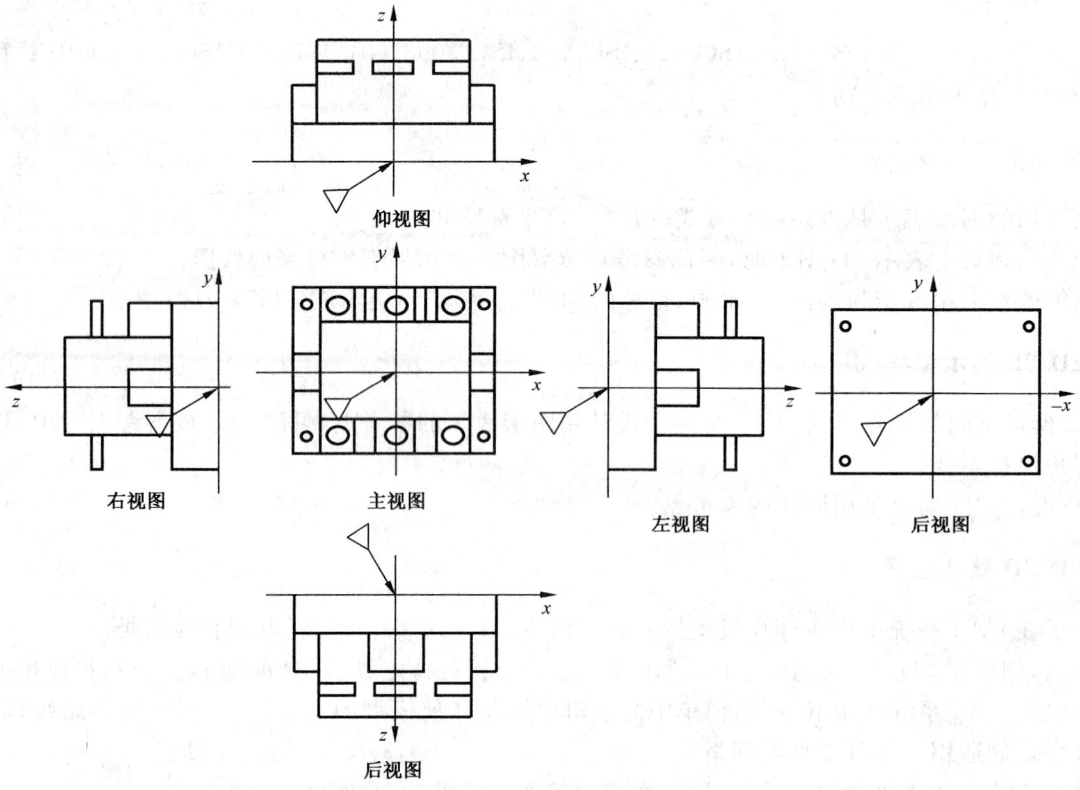

图 1 根据 ISO 128 指明基准点的投影图定义

参考点规定为与元器件/装置的几何图相关的三维点。

习惯上，物体的主视图常常确定为3D空间中的 x/y 空间。

由于每个投影图分别与给定产品或产品类相关，它反映出2D空间内考虑物体的真实尺寸(实际上由比例因数计算)。

包括详细资料的全部投影图可能与几个产品型号相关。这将减少数据库内的存储容量。

下面的数据元素类型适用。

AAF392

投影图代码

项的二维投影图的编码缩写。

AAF396

比例

模型幅值与实体幅值之比。

6.2 净尺寸和总尺寸

对每个元器件投影图，需要区分不同的表示程度。某些图形表示充当净尺寸表示，而一些是总尺寸。

基于净值的图形表示由比例因数缩小或放大来表示物体的真实尺寸。

基于总值的图形表示包括下列要求的、附加空间的尺寸：

——布线/端子连接；

——开关装置的作业空间；

——装置安装、操作、服务和拆卸需要的空间；

——物体间散热所需的最小间距。

装置的总(净)尺寸的简化表示程度相当于全部总(净)尺寸的公共包围外壳。

这些也适用于3D空间表示。

下面的数据元素类型适用。

AAF397

净面积

定义几何物体的有效物理轮廓的二维平面的面积值(m^2)。

AAF398

总面积

由于安装、保护、操作、服务和维护等原因，与几何物体相关的二维平面的面积值(m^2)。

AAF399

净空间

定义几何物体的有效物理轮廓的三维空间的体积值(m^3)。

AAF400

总空间

由于安装、保护、操作、服务和维护等原因，与几何物体相关的三维空间的体积值(m^3)。

注1：总空间完全包括几何物体的净空间。

注2：总空间通常不可能被其他几何物体占据。

6.3 表示程度

为了降低制作几何模型的成本、减少存储容量和系统的反应时间，每个投影图可以表达得简化或详细。简化表示通常限制在矩形、圆形等图形基本单元，而表示的详细程度以投影图的形式能够描绘物体的完整轮廓即可。见图 2。

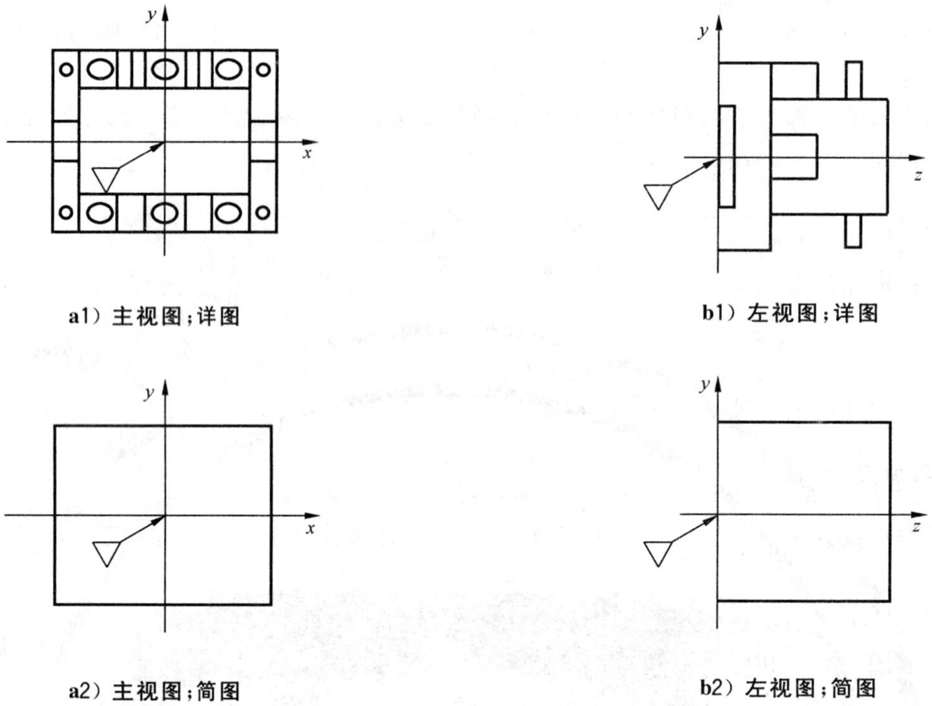

a1）主视图；详图　b1）左视图；详图

a2）主视图；简图　b2）左视图；简图

图 2　表示程度

当采用简化表示时，相关实体模型的数据元素类型需要与数据元素类型 AAF396 比例以及主视图一起提供。

用这些数据，接收系统可自动产生缺失的投影图或由相关的比例值缩小或放大产生简单的 3D 几何模型。

6.4　详图

与表示程度无关的投影图（见数据元素类型 AAF392，投影图代码）可能与零个、一个或多个详细图清单相关，每个可有单独的比例值。然而，建议这些图采用相同的比例。

6.5　基座图

基座图表示装置或元器件类型的安装要求。通过在规定的物理位置放置构造单元，给出固定点和安装特性，例如：通过螺钉、铆钉、C 状轮廓，并因此可传送到 NC 系统，以制造支撑金属片。

有关预定义与图案相关的痕迹的信息可在 IEC 元器件数据库中类别树：几何/封装外形下找到。

如果机壳放置在墙上、地面或建筑物的任何其他构造项上，安装图以图形示出地层的穿孔或挖洞数据。因此，这些要求可被民用工程师参考用于 CAx 系统中的结构工程和地下及表面层建筑。

安装图：基座图

根据安装特征，器件可能与一个或几个指明设计将器件固定在其安装平面的安装要求的图形相关。

示例 1：

示出需要钻孔、尺寸及更多的信息的图，例如使用数控（NC）机床加工计划将装置安装其上的基础平面。

示例 2：

示出控制面板前平面、安装计量仪器需要切口的图。

示例 3：

示出墙角用于线缆进出机壳切口的图。

数据传输，例如，NC 制造安装板、支撑金属片，或者数据传输到结构工程和地下及表面建筑的要求，不是本报告的部分。

6.6 其他数据元素类型

由于 GB/T 17564.4 数据库是与产品相关的数据元素类型资源，这里列出的所有数据元素类型并不都在数据库中。

AAG001

安装平面的距离

安装元器件/装置的平面相对于元器件置于其中(上)的构造单元的参考平面之间距离。

预留区域

将来安装元器件/装置的二维封闭平面。

预留空间

将来安装元器件/装置的三维封闭空间。

布线区域

专为电缆和电线的物理路线保留的二维区域。

注 1：定义该虚拟区域与(例如)电缆托盘的物理存在无关。这些物件可能放置在该区域里，但不会超过它们。然而，物件(例如：电缆输送管、或者托盘)也可能定义为路线区域。

布线空间

专为电缆和电线的物理布线保留的三维空间。

注 2：定义该虚拟空间与(例如)电缆托盘的物理存在无关。这些物件可能放置在该空间里，但不会超过它们。然而，物件(例如：电缆输送管，或者托盘)也可能定义为布线空间。

6.7 2D 空间中(电的)端子板的表示方式

考虑到经济因素，定义了两种表示方式。

——详图

端子板构成部分的每个端子类型与单独的几何图形相关。

——简图

用简单矩形或像 3D 空间中的直角方块进行 2D 空间中的简化表示。

以前视图为基础，端子板的总净长(沿 x 轴)按构成端子板的每个端子类型的宽度计算。端子板的总高度(沿 y 轴)认为是构成端子板的全部端子类型的最大高度。端子板的最大深度(沿 z 轴)认为是构成端子板的全部端子类型的最大深度。

这些数据可由 CAx 系统产生。

任何情况下，端子板都可被认为是多个元器件的组合，单个端子以规定的顺序(清单)排列。

注：如果需要分配单独的端子板，例如在单个 C-条上，并希望该条上的所有端子板作为一个单元来处理，那么，建议给每个端子板指派单独的参照代号。这就可以建立提供标识组件、组件内的每个端子板、每个端子板内的每个端子的分层组件结构：例如，-X1X2X30A，其中：-X1 是 C-条上的端子板组件，-X2 是-X1 内许多端子板之一，-X30 是-X2 内的端子，而 A 是端子-X2 可用的自然连接点之一。该例假设端子至少有两个连接点。

端子的个别端子板可由供应商提供几种固定的可能性，见 AAE006 安装特性；然而，只采用一种可能性。

7 设备/装置的 3D 空间建模

本章规定了在构造单元(例如：机壳)中 3D 空间的装置安装要求。

7.1 连接器的产品数据

考虑经济原因,需要区分:

——单一连接点类型;和

——综合连接点类型。

单一连接点依据其尺寸和连接结果能明确几何建模,例如:条、棒形物体连接或较大的插入单元。这种情况下,单一连接点在3D空间定义为包括有向空间矢量的几何模型;后者定义连接方向——其配对体要求以便正确连接。

综合连接点类型定义为多极端子,由于其数量或物理尺寸小,不必在3D空间明确地几何建模。综合连接点在3D空间是包括有向空间矢量的点。后者定义连接方向——其配对体要求以便正确连接。

当CAx系统具有足够的功能时,上述特征能避免互连的零件倾斜或弯曲。

如果是插入连接器,接触类别信息需要与连接节点相关联,避免设计出具有相同接触类别的连接。见数据元素类型AAE353接触类别。

7.2 净尺寸和总尺寸

下面的净尺寸和总尺寸适用。

AAF362

(x-轴)重心 重心的x-轴移位

相对于元器件参考点的元器件重心的x-位移(m)的标称值。

AAF363

(y-轴)重心 重心的y-轴移位

相对于元器件参考点的元器件重心的y-位移(m)的标称值。

AAF472

(z-轴)重心 重心的z-轴移位

z轴方向上,元器件重心对元器件参考点位移的标称值。

重心是物体的重力势能等于位于该点的相同质量单个质点的重力势能,并且可以认为是物体组成粒子重力的合力穿过的物体内的点,或有时是外部的点。

注:如果采用实心模型,可以计算重心。

AAF399

净空间

定义几何物体的有效物理轮廓的三维空间的体积值(m^3)。

注:净空间应该描述为体积模型,即:要么是边界表示(brep),要么是接近有面的边界表示(faceted brep),由于当采用其他表示方法时(例如,导线框)物体不能明确定义和不能进行碰撞研究。

AAF400

总空间

由于安装、保护、操作、服务和维护的原因,与几何物体相关的三维空间的体积值(m^3)。

注1:总空间完全包括几何物体的净空间。

注2:总空间定义为通常不可能被其他几何物体占据的空间。

注3:考虑到碰撞研究,总空间需要描述为体积模型。为了在屏幕上可区别两种物体表示,总物体显示为导线框表示。可以用不同的颜色或不同的线型制作导线框体表示。

7.3 安装位置

装置与其推荐安装位置和可能变形等信息有关联。目前它们大部分已有目录中表示的图形符号,计算机解释不可标识。因此,本报告建立了可用于 CAx 系统、检查在规定界限里安装装置正确性的数据元素类型(见图 1)。

AAF401

x-坐标优选安装位置

元器件优选安装位置在 x-轴方向上的距离值(m)。

AAF402

y-坐标优选安装位置

元器件优选安装位置在 y-轴方向上的距离值(m)。

AAF403

z-坐标优选安装位置

元器件优选安装位置在 z-轴方向上的距离值。

注:如果没有规定值,推荐安装位置相当于 y 轴方向规定装置所处的位置。

AAF404

安装偏差 y/z

指明在装置完成其工作期间、三维坐标系统的 y/z 平面里 y-轴最大旋转偏差的角度(°)的绝对值。当没有提供该数据元素类型值时,假设可能没有推荐安装位置偏差。

AAF405

安装偏差 y/x

指明在装置完成其工作期间,三维坐标系统的 y/x 平面里 y-轴最大旋转偏差的角度(°)的绝对值。当没有提供该数据元素类型值时,假设可能没有推荐安装位置偏差。

7.4 更多定义

预留空间　keep-out space

用于将来安装元器件/装置的三维空间。

布线空间　routing space

专门为电缆和电线敷设保留的三维空间。

注:规定着这一区域与如电缆托架的物理存在无关。这种项目可置于这些区域但是不能超过它们。然而,项目例如电缆管道或托架可以定义为路线空间。

7.5 3D 空间内器件参数的描述

E-CAx 系统通常不提供在 3D 空间内产生实心体的能力。为了在 3D 模型内产生简单的物体几何形状,这些物体的参数描述常常足够了。如果知道不同物体类型的单个参数,3D 模型能产生物体,而且它们能在配置里交互放置。然而,这样产生的物体不支持有关连接点之间的任何连通性,因为连接点不明显地与这些物体有联系。

本节定义几何元素与它们是否用于线框、表面、CSG 或实心模型内等环境无关的要求。几何元素及其参数准备用于采用 3D 模型的应用区域内,参数可在二维几何应用环境内规定,并可用来规定物体。

与不同几何元素有联系的参数以简单的形式描述每个基本几何元素,然而,这些形式常常能满足冲突查询等。

应当承认,简化几何元素不能满足这种要求,包括表示这些几何图形之间通过导体、电缆、管道等的互连性。在这些情况下,相关的物体必须有端子或连接器的信息,即:几何位置,其方向和属于关注对象的每个端子或连接器的标识。

在布局图中,如果元器件数量有限和重复使用,在实心模型内,用户本人根据制造商提供的数据规定几何形状也许更经济。

我们认为只有这些产品的制造商为其客户提供这些几何形状并且也提供更新这些数据时，投入到用实心模型创建几何表示的工作量才经济。

7.6 根据 GB/T 17564.4 或 ISO 10303-42 的实心原型参数的描述

下面的数据元素类型用于物体的参数描述。

7.6.1 位置和方向

下面数据规定实心体在 3D 空间内的局部位置定位和轴向方向。

AAF406

x-坐标位置定位

构件实心体几何原型对称轴上的点定位的 x-坐标的长度（m）的等级（miNoMax）所规定的值。

AAF407

y-坐标位置定位

构件实心体几何原型对称轴上的点定位的 y-坐标的长度（m）的等级（miNoMax）所规定的值。

AAF408

z-坐标位置定位

构件实心体几何原型对称轴上的点定位的 z-坐标的长度（m）的等级（miNoMax）所规定的值。

AAF411

轴与 x-轴的角度

构件实心体几何原型的轴的方向与放置坐标系统的 x-轴定向之间的角度值（°）。

AAF412

轴与 y-轴的角度

构件实心体几何原型的轴的方向与放置坐标系统的 y-轴定向之间的角度值（°）。

AAF413

轴与 z-轴的角度

构件实心体几何原型的轴的方向与放置坐标系统的 z-轴定向之间的角度值（°）。

7.6.2 长方体

下面的数据元素类型适用于描述长方体。

AAE019

物体长度

元器件物体在 x-方向的长度（m）的等级（miNoMax）所规定的值。

AAE020

物体高度

元器件物体在 z-方向的高度（m）的等级（miNoMax）所规定的值。

AAE021

物体宽度

元器件物体在 y-方向的宽度（m）的等级（miNoMax）所规定的值。

7.6.3 直圆柱体

下面的数据元素类型适用于描述直圆柱体。

AAF409

圆柱半径

圆柱半径(m)的等级(miNoMax)规定的值。

AAF410

圆柱高度

圆柱的两个平圆周面之间的距离(m)的等级(miNoMax)所规定的值。

7.6.4 直圆管

为了描述直圆管,可采用下面的数据元素类型。

AAE753

内径

有圆形横切面体的元器件的内径(m)的等级(miNoMax)所规定的值。

AAE022

外径

有圆形截面体的元器件的外径(m)的等级(miNoMax)所规定的值。

AAF410

圆柱高度

圆柱的两个平圆周面之间的距离(m)的等级(miNoMax)所规定的值。

7.6.5 直截圆锥

直圆锥用下面数据元素类型描述。

AAF414

锥形半径

直圆锥顶的轴向上的锥形轴向半径(m)的值。

注:如果半径是零,锥形在该点是顶点。如果半径大于零,锥形是截圆锥。

AAF415

锥形高度

如果半径大于零,为直角圆锥的两个平圆周面之间的距离(m)的等级(miNoMax)所规定的值;若半径等于零,则为底到顶的距离(m)的等级(miNoMax)所规定的值。

AAF416

半角

圆锥轴与直角圆锥形的锥形表面的母线之间的角度值(°)。

7.6.6 直圆锥体

直圆锥体是圆平面和斜边在顶点中心相交的实体。

用描述直截圆锥的数据元素类型定义直圆锥体。如果数据元素类型圆锥半径的值为零,几何形状相当于直圆锥体。这时,数据元素圆锥体高是圆基本平面与圆锥顶点之间的距离。

7.6.7 球体

球体用下列数据元素类型描述。

AAF417

球体半径

球体半径(m)的长度值。

AAF418

中心的 x-坐标

对球体中心在 x-轴上的距离(m)等级(miNoMax)所规定的值。

AAF419

中心的 y-坐标

对球体中心在 y-轴上的距离(m)等级(miNoMax)所规定的值。

AAF420

中心的 z-坐标

对球体中心在 z-轴上的距离(m)等级(miNoMax)所规定的值。

7.6.8 椭圆环面

椭圆环面用下列数据元素类型描述。

位置描述轴上中心点的定位和轴的方向。这就定义了准线的中心和平面。

AAF421

椭圆环面的主半径

椭圆环面的准线的半径(m)的等级(miNoMax)所规定的值。

AAF422

椭圆环面的小半径

椭圆环面的母线的半径(m)的等级(miNoMax)所规定的值。

7.6.9 直角楔形

直角楔形用下列数据元素类型描述。

AAF423

楔形 x-规格

沿放置 x-轴的直角楔形的长度(m)的等级(miNoMax)所规定的值。

AAF424

楔形 y-规格

沿放置 y-轴的直角楔形的长度(m)的等级(miNoMax)所规定的值。

AAF425

楔形 z-规格

沿放置 z-轴的直角楔形的长度(m)的等级(miNoMax)所规定的值。

AAF×××

Itx

楔形较小表面正方向的长度(ISO 10303-42,6.4.5.6)。

7.6.10 直截棱锥

直截棱锥用下列数据元素类型描述。

AAF426

主边缘

直角截棱锥的正方形底面的边缘的长度(m)的等级(miNoMax)所规定的值。

AAF427

小边缘

直角截棱锥的正方形顶面的边缘的长度(m)的等级(miNoMax)所规定的值。

AAF428

基本单元高度

直角构件实体几何基本单元的顶端与底面之间或两平行面之间的距离(m)的等级(miNoMax)所规定的值。

7.6.11 直角棱锥

直角棱锥是正方形平面和斜边在顶点中心相交的实体。

该实体用描述直角棱锥的数据元素类型定义。如果数据元素类型小半径规定为零,几何形状相当于直角棱锥。这时,基本单元高是正方形基本平面与棱锥顶点之间的距离。

7.6.12 N-边正棱柱

N-边正棱柱用下列数据元素类型描述。

AAF429

边缘长度

正 *N* 边正棱柱的边缘的长度(m)的等级(miNoMax)所规定的值。

AAF428

基本单元高度

直角构件实体几何基本单元的顶端与底面之间或两平行面之间的距离(m)的等级(miNoMax)所规定的值。

AAF437

正棱柱类型

指明定义正棱柱类型的拐角个数的值。

7.6.13 半球

半球是球形的特殊化,并用下列数据元素类型描述。

AAF417

球体半径

球体半径(m)的长度值。

AAF418

中心的 x-坐标

球体中心在 x-轴上的距离(m)的等级(miNoMax)所规定的值。

AAF419

中心的 y-坐标

球体中心在 y-轴上的距离(m)的等级(miNoMax)所规定的值。

AAF420

中心的 z-坐标

球体中心在 z-轴上的距离(m)的等级(miNoMax)所规定的值。

AAF×××

球面角

球体圆面母线与球体轴线之间的角度(°)的值。

注:半球时,角度为 90°。

7.6.14 球截形

球截形用下列数据元素类型描述。

AAF418
中心的 x-坐标
球体中心在 x-轴上的距离(m)的等级(miNoMax)所规定的值。
AAF419
中心的 y-坐标
球体中心在 y-轴上的距离(m)的等级(miNoMax)所规定的值。
AAF420
中心的 z-坐标
球体中心在 z-轴上的距离(m)的等级(miNoMax)所规定的值。
AAF417
球体半径
球体半径(m)的长度值。
AAF432
小半径
球截形的圆形平面的半径的长度(m)的等级(miNoMax)所规定的值。
AAF×××
扇形高度
球截形面与平面圆面之间的距离的长度(m)的等级(miNoMax)所规定的值。

8 通用产品数据

需要有下列数据元素类型。
AAE834
元器件描述
根据制造商对元器件的描述。
注：其他数据元素中结构化数据之外的自由文本描述。
AAH547
型号
制造商给元器件的型号。
注：该型号通常唯一标识零件。如果元器件足够大，它将是标志于元器件上的产品代码并在数据单中引用。
AAH549
订单代码
发出订单时，元器件制造商或供应商要求、标识元器件的代码。
注：订单代码可能与型号一样，也可能不一样。有时，它可能由型号用值、等级、速度等附加信息补充来组成。
AAE006
安装特性
设计用来将元器件固定到其配对件上的安装特性的代码。
值清单：
通过端子：
NS=插入；
SMD=带螺纹零件的表面安装。
带螺纹零件：
TAP=攻丝孔；

STD＝螺栓；

HOL＝穿孔。

钳夹：

BRC＝固定夹。

符合 GB/T 19334 的 C-外形：

C20＝宽 20 mm；

C30＝宽 30 mm；

C40＝宽 40 mm；

C50＝宽 50 mm。

吸咬顶帽杆：

35×15＝宽 35 mm，高 15 mm，符合 GB/T 19334；

35×7.5＝宽 35 mm，高 7.5 mm，符合 GB/T 19334；

75×25＝宽 75 mm，高 25 mm，符合 GB/T 19334。

注：产品可能提供一种或多种安装可能性；但是在应用中，只有一种安装特性会用到。

AAE752

质量

元器件的标称质量(kg)。

AAE433

安装说明

给出元器件安装附加信息的文本。

8.1 附加数据

AAE027

安装高度

以底座平面为基准，元器件安装高度(m)的等级(miNoMax)所规定的值。

注：

BSI：安装高度：

以垂直于基准面所测得的元器件距基准面最高部位的距离。

BSI：底座平面(基准平面)：

基准平面上垂直于该平面方向元器件最远部分的距离。

安装元器件的电路的表平面。

8.2 导体和电缆的通用数据

描述适用于结构单元(例如：机壳)几何外形和拓扑设计环境的数据元素类型。这些需要分别由相关产品的供应商提供的数据将在来自用户的设计过程期间规定。

实际的数据元素类型限制在电导体。

AAF470

弯曲半径

当将导体弯曲成平面曲线时，相对其中线测得允许半径的最小和典型值。

注：采用比最小值更小的弯曲半径可导致导体损害，影响其功能或缩短其寿命。

最小值适用于导体的单个弯曲，而典型值适用于导体的多个弯曲。最小弯曲半径常常用模板实现。

AAF471

弯曲半径因数

表达为标称外径倍数的弯曲半径的最小和典型比值。

允许的半径定义为DET AAF470和外径定义为DET AAE022。

AAF242

导体形状

导体的导电件形状的代码。

AAF246

导体直径

圆形导体导电件的直径(m)的等级(miNoMax)所规定的值。

AAE022

外径

有圆截面体的元器件的外径(m)的等级(miNoMax)所规定的值。

计算长度

在虚拟3D空间,通过计算从其物理位置派生的电缆或导体的长度(m)。

绝对长度公差

附加在电缆或导体计算长度上,定义为绝对值的长度(m)。

相对长度公差

附加在电缆或导体计算长度上,定义为相对值的长度(%)。

切割长度

导体或电缆的绝对长度(m),例如从电缆盘上切割。

剥落长度

电缆末端剥去绝缘的长度(m)。

危险程度;额外因素

指明在相关网络中的优先等级的数字。以在给定结构单元或不同位置之间(例如:在印制电路板上、在一排机壳里)优化物理布线。

1=最高优先权;

256=最低优先权。

8.3 连接点的通用数据

需要下述数据元素类型。

AAA×××

产品面端子代号

用来唯一标识产品集合网中特定功能的字母数字符号(GB/T 18656)。

AAA×××

功能面端子代号

用来唯一标识功能集合网中特定功能的字母数字符号(GB/T 18656)。

AAA×××

位置面端子代号

用来唯一标识位置集合网中特定功能的字母数字符号(GB/T 18656)。

注:产品、功能和位置面端子代号被认为是端子代号集,所有的元器件应该在其中。

AAF359

可置换性指示符

指明一个功能或一个元器件的端子是否可以置换的标志。

注:详细信息见GB/T 16901.2。

AAF358

交换性指示符

指明一个功能或一个元器件的端子对或端子组是否可以交换的标志。

注：详细信息见 GB/T 16901.2。

AAE353

接触类别

连接器接触件的类型的 IEC 代码。

AAE352

端子到接触件的角度

连接器端子与接触件之间的角度的代码。

AAE007

端子形状

电气/电子或机电元器件的端子形状的代码。

AAF435

引出端连接类型

为引出端或连接器设计的连接类型代码。

为引出端设计的连接类型代码。

不可释放连接

01＝锡接；

02＝熔接。

可释放连接

05＝螺纹连接；

06＝绕接线；

07＝接点 2.4×0.8 mm；

08＝绝缘置换连接。

符合 IEC 760 的可释放平坦连接：

10＝平坦 2.8×0.5 mm；

11＝平坦 2.8×0.8 mm；

12＝平坦 4.8×0.5 mm；

13＝平坦 4.8×0.8 mm；

14＝平坦 6.3×0.8 mm；

15＝平坦 9.5×1.2 mm。

8.4 热数据

AAE257

功率损耗

电气/电子或机电元器件在温度类型的规定温度下可能连续损耗的最大功率(W)。

AAE685＝温度；

AAE683＝温度类型。

AAF436

同时性因子

元器件 1)处理的有效时间与 2)处理的最大可用时间的比值。

8.5 环境数据

涉及影响选择产品及其工作的环境数据元素类型的强制性资源。任何可应用的、环境相关的数据元素类型应仅从该资源中选择。

有关类及相关数据元素类型的全部信息，应根据类 AAA233 特征类及子类 AAA×××环境条件参考 GB/T 17564.4。

9 E-CAD 设计系统需要的功能

9.1 一般要求

管理项目需要根据不同的方面可选(例如：产品、功能和位置方面)。

可用由“与”和“或”组合成的几种选择标准进行逻辑运算。

项目清单内的其他选择：考虑其他标准，即：在本阶段的进一步选择中，不提供但会示出无关的标准。

在单独的窗口提供选择的项目。可以选择采用自动或者交互放置。需要一个标记来区分装置是手动还是自动放置。通过放置项目，建立起了项目之间(例如，支撑金属片和安装在该金属片上的所有器件之间)的层次结构关系。

交互(手动)放置应通过挑选和张贴进行。已经放置好的项目应该从选择列表中取消。

自动放置选择项目，按递增/递减的顺序分类。并且放置在规定的项目上，例如：符合单个标准(如：重量)或可能用“与”和“或”逻辑组合成的几个标准的支撑金属片。

可以在图中(例如，电路图)后面的注解中交叉引用(器件放置之后)。这将在电路图中的功能表达和配置图中的物理表达之间提供允许交叉引用的可能性。

确认电路图中表达的所有项目是否也放置在配置图中，并且，可产生不同的清单。

支持项目分层设计以产生形成结构树的更大组合；例如：项目“机壳”包括……，项目“PLC1”包括……。

删除和复制树结构。

每个项目至少与标识、分类和描述数据元素类型相关。

可在不同的制图页上放置图形表示。例如：在电路图页里定义为一个图形符号的装置可能必须安装在不同的支撑金属片上，每个在不同配置图上表达。

可用机械 2D-CAD 系统的一般几何结构惯例。例如：

当在图中表达时，能用不同的比例自动确定项目的尺寸；

图形项目处理的可能性(例如：整理线、角、边等)；

表达的可能性(例如，线宽、阴影、引出线)；

选择不同确定尺寸的可能性(例如，平行、递增、坐标尺)。

每个元件上处理元件的独特着眼点(角、中心等)。

沿自由选择的图形元素(例如，沿辅助线)排列图形项目。

通过有前视图和参数深度(z-轴)可产生右、左、下和上视图。

在任意规定的位置的不同高度产生平行截面(例如：机壳的)，以便目查可能的冲突。

可用层次方法或相当的机制进行不同项目类的不同表示。包括能使项目与一个或几个类有关联。

一个或几个项目的参照代号改变时，选择的项目以及后面的注解全面改变，例如，在电路图中。

可以放置所有的项目，即器件。如果数据库还没有计算器件的相关图形表示(例如，前视图)，应该不必先在通用库视图中定义该项目而应在应用视图中定义它。这将允许只有单个项目实例与某些细节有联系，在通用库中细节可与其他有用的项目也有某些联系。

用预先定义的集合结构和文件或已建成项目的现有集合结构或文件工作。多余的项目应该删去，补充其他的项目。完成排列文件后，将在电路图和配置图之间产生有关的交叉引用。

9.2 通用3D要求

应用提出的要求只有在限定的产品或产品类别中采用才经济。如果不限定产品范围,仅当产品制造商或供应商采用计算机可理解的信息格式时,采用完全与连接点相关的3D空间模型才经济。

建议采用这种情形下适用的STEP标准ISO 10303-212和ISO 10303-214。

按本标准里确立的要求,系统中的任何附加功能及提升工程设计和制造过程中的生产力和质量的先决条件是器件及相关标识、其连接节点的描述和分类的三维捕获。

只有这时,用户可考虑这些功能为:

——网络清单衍生的3D空间内网络自动路线选择;

——计算导体和电缆的长度;

——为电缆/导体末端半自动或自动写字;

——预先定义的导体和电缆用作产品组件;

——调查路线空间内有关充满空间的关键区域/空间;

——调查热集中(热点),热流动和相关的反馈作用;

——自动计算机壳内的元器件热损失;

——调查电磁可靠性及相关的反馈作用;

——用机器人安装装置;

——用机器人半自动布线;

——用NC-系统为金属片打孔。

参 考 文 献

[1] GB/T 16656.201—1998 工业自动化系统与集成 产品数据表达与交换 第201部分 应用协议:显式绘图

[2] GB/T 16901.2—2000 图形符号表示规则 产品技术文件用图形符号 第2部分 图形符号(包括基准符号库中的图形符号)的计算机电子文件格式规范及其交换要求

[3] IEC 60760 扁平式快速连接线终端

ICS 29.020
K 04

中华人民共和国国家标准

GB/T 26853.1—2011/IEC 61355-1:2008

成套设备、系统和设备文件的分类和代号 第1部分:规则和分类表

Classification and designation of documents for plants, systems and equipment—Part 1: Rules and classification tables

(IEC 61355-1:2008, IDT)

2011-07-29 发布　　　　2011-12-01 实施

中华人民共和国国家质量监督检验检疫总局
中国国家标准化管理委员会　发布

前　言

本部分按照 GB/T 1.1—2009 给出的规则起草。

本部分等同采用 IEC 61355-1:2008《成套设备、系统和设备文件的分类和代号　第 1 部分:规则和分类表》(英文版)。

本部分对 IEC 61355-1:2008《成套设备、系统和设备文件的分类和代号　第 1 部分:规则和分类表》进行了编辑性的修改。

本部分由全国电气信息结构、文件编制和图形符号标准化技术委员会(SAC/TC 27)提出并归口。

本部分负责起草单位:中机生产力促进中心、中国航天科工集团第二研究院二十三所、中国建筑标准设计研究院、中国航空综合技术研究所。

本部分主要起草人:高永梅、李萍、徐玲献、沈兵。

成套设备、系统和设备文件的分类和代号 第1部分:规则和分类表

1 范围

本部分规定了基于信息的特定内容的文件分类以及文件种类级的代号编制规则和指南。

本部分适用于一切技术领域中在成套设备、系统和设备的寿命期内使用的文件。

注:定义的分类和代码是为了作为值与元数据一起在文件管理系统中使用。

2 规范性引用文件

下列文件对于本文件的应用是必不可少的。凡是注日期的引用文件,仅注日期的版本适用于本文件。凡是不注日期的引用文件,其最新版本(包括所有的修改单)适用于本文件。

GB/T 4880.1—2005 语种名称代码 第1部分:2字母代码(ISO 639-1:2002, MOD)

GB/T 6988.1—2008 电气技术用文件的编制 第1部分:规则(IEC 61082-1:2006, IDT)

GB/T 19529—2004 技术信息与文件的构成(IEC 62023:2000,IDT)

ISO 3166:2006 世界各国和地区名称代码

ISO 7200:2004 技术产品文件 标题栏和文件标题的数据区(Technical product documentation—Data fields in title blocks and document headers)

3 术语和定义

下列术语和定义适用于本文件。

3.1

数据媒体 data medium

能够进行数据记录和读取的介质。

3.2

文件 document

用户和系统间可成组管理和交换的、确定并结构化的用于相互间交流的一定数量的信息。

注1:"文件"不仅仅限于其法律意义上的含义。

注2:文件可与信息类型和表达形式规定一致,如概略图、接线表、功能表图。

3.3

复合文件 composite document

文件包含不同部分的信息,各部分涉及不同的文件种类级。

3.4

文件集 document set

各类文件的集合,可视做一个整体。

注:文件集可由文件和复合文件组成。

3.5

成套文件 documentation

涉及某一项目的文件的集合。

注：1） 成套文件可包括技术文件、商业文件和/或其他文件。

2） 在GB/T 5094或其他一些出版物中这个术语有可能指项目。

3） 一份成套文件可由文件、复合文件和文件集组成。

4） 按照不同的用途，一份成套文件中包含的文件数量和种类可不同。

3.6

文件种类 document kind

按文件表示的信息内容和表达方式所定义的文件种类。

注：有时术语document type用于同一概念。

3.7

文件种类 document kind class

信息内容有相似特征而与表达方式无关的文件种类族。

3.8

项目 object

物体

在设计、工艺、建造、运营、维修和拆除和处理过程中所面对的实体。

注1：实体可以指实在的或非实在的“物”，或指与之有关的一组信息。

注2：项目相关的信息。

3.9

系统 system

可完成一个共同功能的有内在联系的成套项目。

3.10

成套设备 plant

特定现场各种系统的组合。

3.11

设备 equipment

为特定用途使用的或需要的部件和零件组合。

3.12

工程 project

与特定项目有关的商业活动和技术活动之和的统称。

3.13

物体代号 object designation

特定项目在给定环境下的识别符。

注：此类代号的示例有：参照代号、型号、序号、名称。

3.14

文件代号 document designation

与所表示的项目相关的特定文件的识别符。

3.15

页码计数序号 page counting number

文件代号所确定的文件中特定页的标识。

3.16

文件页码代号　document page designation

用文件代号和页码组成的多页文档中某一特定页的标识。

4　文件及文件集的基本概念

4.1　总则

文件提供成套设备、系统或设备在寿命周期内各种功能和用途所需的信息。术语"文件"不局限于信息的纸基表达方式,也包括信息储存的其他方式,如电子媒体上或数据库中的数据文件。

信息需要容易被读者理解的一致的表达形式。多数情况下,此类形式只为传统的纸基文件或类似表达方式的文件定义。在本部分中,对文件种类的描述参照纸基文件。其他的可视形式,如在视频屏幕上的表示方式,则被假定与纸基表达方式等同或至少相似。

本部分中,需要区别下列概念及其相互关系(见图1):

- 文件种类;
- 文件;
- 复合文件;
- 文件集;
- 成套文件。

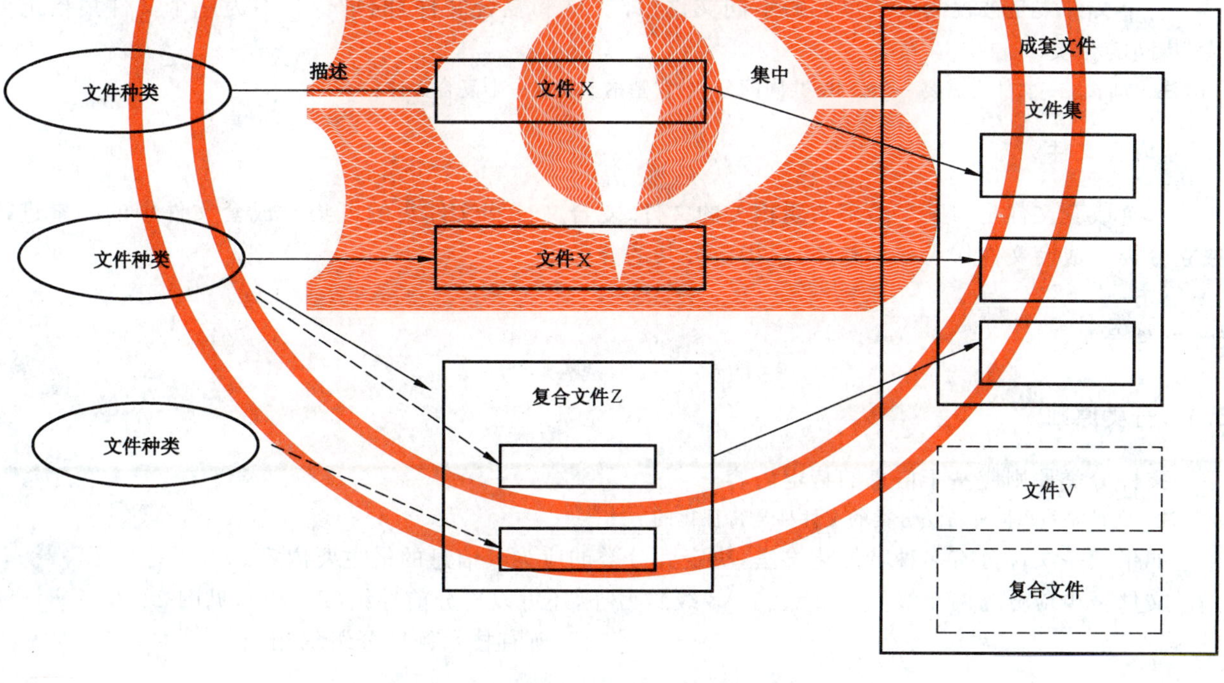

图1　成套文件术语间相互关系

4.2　文件种类

文件种类被定义为:

- 文件种类包含特定信息类型的一般描述;和
- 表达形式。

两个不同的文件,当它们的信息内容具有相似的特征且具有相同的表达方式时,是属于同一种类文件。

文件种类的定义与其描述的项目和用途无关。

每个文件种类指定一个文件种类级，见第5章。

4.3 文件

一个文件：

- 可提供一个项目及与其相关的特定的信息；

注1：在没有明确标识项目关系的情况下，文件可以存在。

- 可按相关的文件种类级进行分类；
- 可参考其用途（须有活动）；
- 可用商定的表达形式表示。

注2：一个文件可包含一个或多个文件页。

4.4 复合文件

一个复合文件含有信息内容的不同部分，每个部分通常与不同文件种类级相关。如，一个文件呈现为电路图加上元件表，可视为一个复合文件。

将一个文件种类级指定为复合文件时，需要特定的规则，见5.3。

4.5 文件集

一个文件集是被视为一个单元的不同文件（即文件和复合文件）的集合。不为一个文件集指定公共/共同的分类。

注：如果某一文件集需要一个公共/共同的分类，它基本上变成一个复合文件。

4.6 成套文件

一个成套文件是与某个给定主题相关的文件、复合文件和文件集的汇集。成套文件中的元素进行独立分类。成套文件作为一个整体，不指定公共的分类。

5 文件分类

5.1 分类原则

文件分类原则应基于信息的特定内容。

注：文件是被以同样方法分类的文件种类特征化的。

如果某一文件可有多种特征化方法，决定其分类的应为其信息的最主要内容。

文件至少应分为两个级别（A2级和A3级），另外，还可以再分前导级（A1级），见图2。

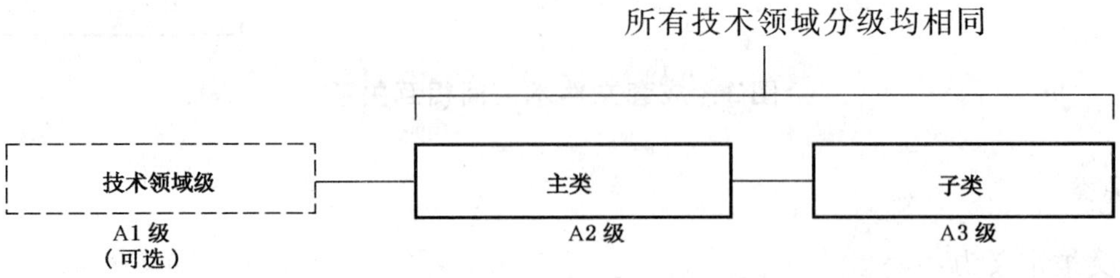

图2 文件的分级结构

A1级代表包含特定技术领域用的信息文件。它是可选的，也适用于当文件是由来自不同技术领域的信息组合而成的情况，如，在同一个项目中，需要文件相互间进行明确区分。每个技术领域分类应适用于由 A2 级和 A3 级所表达的主类和子类。

注：不是每个技术领域都适用主类和子类。

A2 级代表文件的主类。当文件包含相同的特征信息时，则它们属于相同的主类。

A3 级代表文件的特定主类下的子类。当文件在相应的主类和子类中具有共同的信息内容描述时，则它们属于相同的子类。

本部分通过对信息特征内容的简短描述来定义每个主类和子类(见表 A.2)。子类的描述仅与主类的描述在一起时才是有效的。

5.2 文件归类

如果文件信息的主要特征内容完全匹配或至少部分匹配主类和子类的说明时，则应把该文件归入该主类和子类。

存在这样情况：文件信息符合主类的描述，但不是完全或部分符合子类的描述，此时，作为一个特例，可用字母 Z 来表示一个不特定的子类。对此种子类的使用需加以限制，如果已使用，则需要在文件或支撑成套文件中加以说明。

注：用字母 Z 分类是最基本的，鼓励使用者申请缺少的类定义使之标准化。

5.3 复合文件归类

复合文件的主类和子类应对应其最主要的文件种类。

如，包含元件表的电路图，若其中电路图是主导部分，则应称为电路图。

如果不存在明显的主导元素，则可选择任意元素的文件种类。

注：复合文件中的每个独立元素文件可指定独立的文件种类。这有利于计算机辅助成套文件系统的使用。

5.4 文件种类分类编码(DCC)的设计

图 3 给出了本部分中定义的文件种类分类编码(DCC)它由前置符号“&”构成，紧接着的是三个字母组成的代码，该三个字母代码已由本部分定义。每个字母代码的位置用 A1、A2、A3 示出。使用时，如果不致产生误解，前缀置符号可以省略。

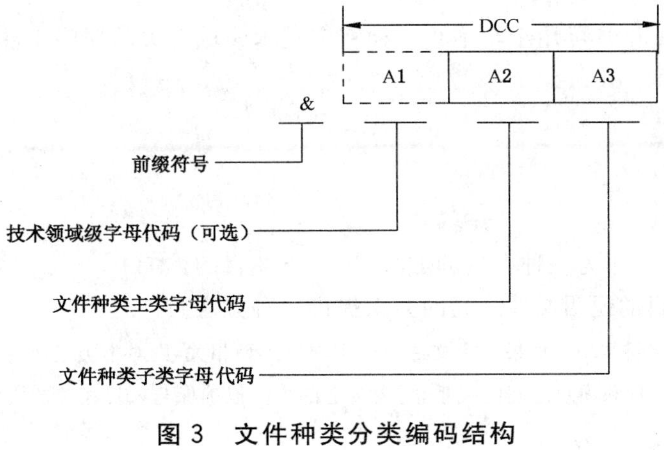

图 3 文件种类分类编码结构

DCC 中的每个位置定义如下：

- A1 代表分类结构 A1 级，可选，表示技术领域级别(见表 A.1)；

注 1：术语“技术领域”取其广义，也包括例如管理方面。

- A2 代表分类结构 A2 级，强制性的，代表文件种类主类(见表 A.2)；
- A3 代表分类结构 A3 级，强制性的，代表文件种类子类，而子类分属于各自的主类(见表 A.2)。

一个文件种类分类编码(DCC)应包含一个两级代码(A2,A3)或一个三级代码(A1,A2,A3)。

注 2:DCC 对文件分类,但不能明确标识文件种类。为了标识文件种类,IEC 61355DB 中引入了一个分隔符。

对 A1、A2 和 A3 来说,只有在表 A.1 和表 A.2 中给出的字符才可使用。

注 3:只有从 A～Z 间除 O 和 I 外的字符可使用。

表 A.2 提供了文件种类的主类和子类的字母代码。任何时候只要应用了 DCC,代表 A2 和 A3 的字母代码都必须使用。

表 A.1 提供了字母代码,当不同技术领域的文件汇集到一个设计项目并可能引起混淆时,应使用该字母代码。表 A.1 中所示字母以外的其他字母,如果有关团体同意,也可用于特定目的。

文件应该按照其信息的主要内容指定一个技术领域级,而不是按照其机构(该文件的提供者)所属的技术领域。

示例:

- 建筑师编制的建筑图,将被标上"土木工程"的标记;
- 电气工程部门编制的建筑图将被标上"土木工程"的标记。

在某些情况下,当信息内容在其生命周期内发生变化,则技术领域分类也可能发生变化,例如:由建筑师编制的建筑图,再由电气工程师加以补充而成的电气安装图,其技术领域分类由"土木工程"变为"电气技术"(在这种情况下,它实际上成为新的文件种类)。电气安装图是基于建筑图的拷贝,同时,为了其他目的,原始的建筑图还要继续存在(见图 4)。

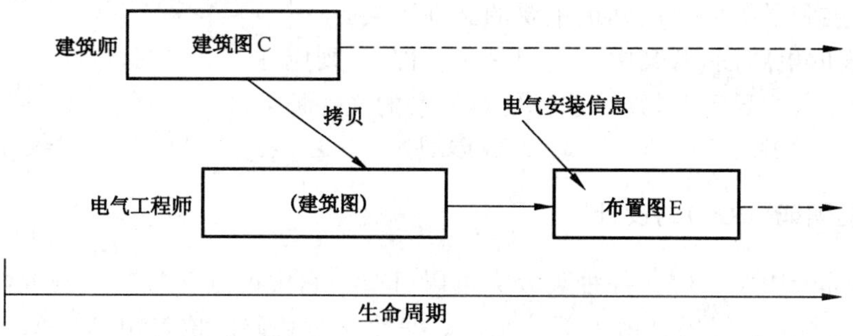

图 4 改变技术领域分类的文件示例

A1 级中字母代码 A 和 B 可用于与不止一种特定技术领域有关的那些文件。

6 文件代号

6.1 文件及文件页代号

按照本部分,文件代号作为一种可选的方法,用于下述目的:

——为文件和其项目的说明文件之间的关系提供一种方法。

注 1:术语"项目"包括项目类型。如果一个文件与一个项目类型相关,则对本类型所有项目有效。

注 2:用文件代码表示文件和项目之间的关系,需要合适的方法以确保与项目相关的文件都可以找到,如,一个项目关联文件列表。

——为项目相关的文件集提供指定分类标准的可能。

——为区分某个项目相关的不同文件种类提供可能。

——提供一个项目相关的方法,用于引用文件和文件页,如,来自其他文件。

出于上述目的,引入了一个可编码的文件代号,它是文件所属对象的物体代号和 DCC 与文件计数序号的组合。而且,可用页码来补充文件代号(见图 5)。

注 3:为标识文件,通常使用文件计数系统或其他计数系统。多数情况下,在组织内部和组织需求中,它们可以满足这一目标。根据本部分制定的文件代号无意于替代任何计数系统，只作为一种补充方法。

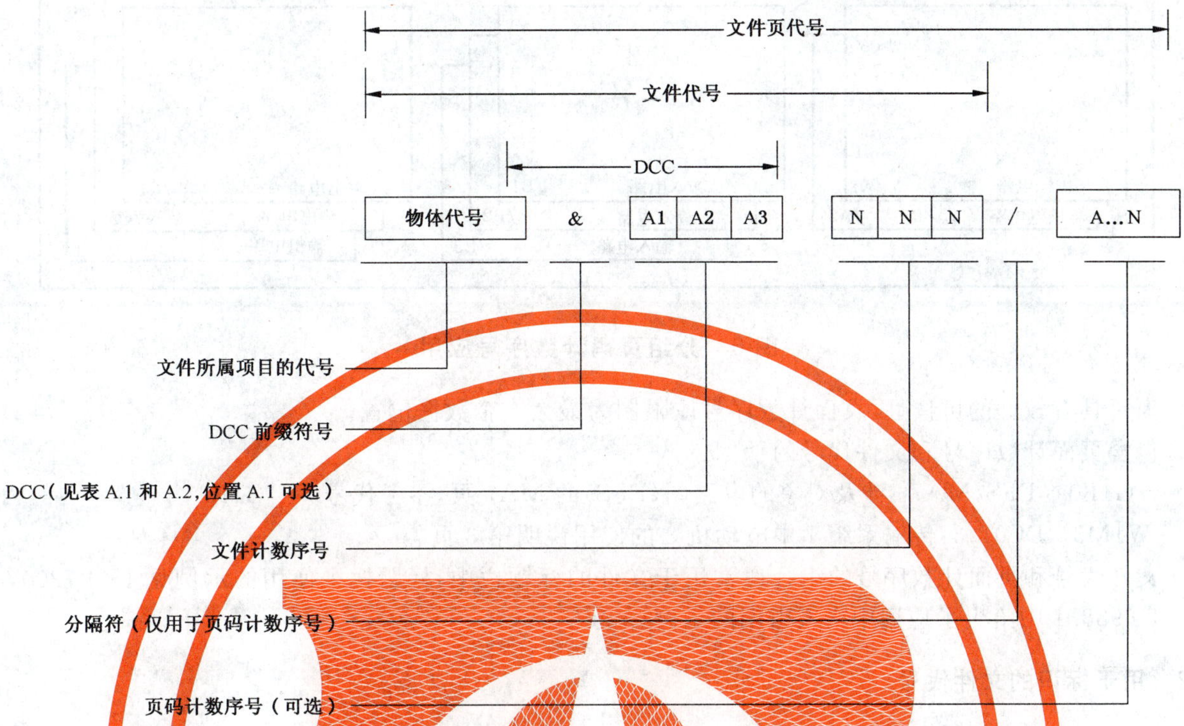

图 5　文件代号的构成规则

物体代号应明确指定文件所属的项目。这意味着在特定环境下，物体代号应该是明确的。

注 4：参照代号自身满足明确的要求。对于没有参照代号的项目，可使用任何其他代号（如，产品 ID、类型代号、项目号、甚至纯文本术语）提供明确的字符串。

涉及同一项目的各种文件，可以用 DCC 来区分，如果不够，还可以用文件计数序号（最多 3 位数字）加以补充（如使用说明和维护说明都可用 EDC 分类）。文件计数序号不被指定特定的意义，通常，补充到 DCC 的计数序号的应用是任意的，并且可按照其他目的来选取。

注 5：文件计数序号既无意于也不推荐和 DCC 组合来作为文件种类标识用。一个标识符服务一个不同的目的，如果需要，推荐对其单独建立和维护。

文件代号的示例：

-W1M3&DA：传输系统 1 中电动机 3 的数据表；

-W1M3&EDC1：传输系统 1 中电动机 3 的使用说明；

-W1M3&EDC2：传输系统 1 中电动机 3 的维护说明；

项目 XYZ&ABE：来自项目 XYZ 的全部项目管理时间表；

项目 XYZ&EBE：来自项目 XYZ 的电气工程时间表。

页面计数序号是可选的，应适用字母符号（字母 A～Z，I 和 O 除外）和/或数字符号（数字 0～9），和文件代号之间用分隔符“/”隔开，在不引起歧义的情况下，可以省略分隔符。比如，当页面计数序号为文件标题栏中单独的部分，或是在表中单独地列中。

在一个多页文件中，页面计数序号结合文件代号标识每个页面的代号。而且，可用于强化一个预期的组，或对文件中的页排序，见图 6。

注 6：页面计数序号通常不同于页码，涉及文件 ID 或图号。

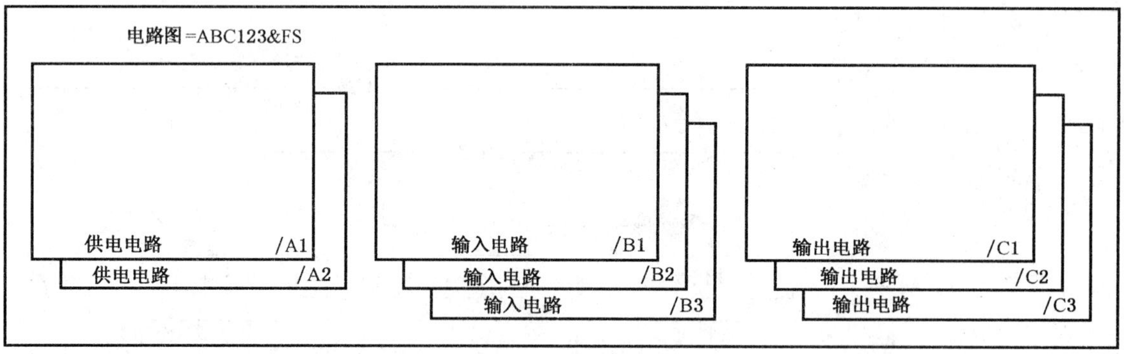

图 6　分组页码计数序号应用

为了具有较好的可读性，页面计数序号应限制为最大 6 个数据位置。

包含页面计数序号和文件代号的示例：

=G1K1&EFS/MA7 ：涉及对象的电路图(EFS)的 MA7 页，参考代号为=G1K1；

-W1M3&DC01/3：传输系统 1 中电动机 3 的使用说明第 3 页。

文件代号和页面计数序号的组合通常用于文件的标题栏中，标题栏中使用的示例见 ISO 7200，在 GB/T 6988.1 中给出了应用中交叉引用的示例。

6.2　用于标识的文件代号

文件在其生命周期内的内容可能发生变化，然而按照 6.1 编制的文件代号却保持不变。因此，在一定的生命周期阶段，文件代号本身不能识别文件的实际信息内容。需要提供补充信息，例如文件版本标识或状态代号(见 IEC 82045-1 和 IEC 82045-2；关于状态信息还可见 B.2)。

这类补充标识符(版本标识符、版本索引或状态代号)应该视作一个独立的信息元素，独立于文件代号。

通常情况下还需要附加信息来使得文件代号可用于标识，为此，可考虑下列补充信息：

——按 ISO 3166-1 的国际国家代码(2 字母代码)，用于表明所讨论的文件的编制国家。

——负责编制文件的组织。如与国际的国家代码一起使用，组织机构代码可以按国家标准。

——以组织机构内部代码或类似的形式所规定的工程物体代号。

——按 GB/T 4880.1 的语种代码(2 字母代码)。

注：如果使用了组织指定的文件编号系统，而且依照 ISO 7200 在文件标题栏中使用了文件标识符，则适用相同的规则。

7　文件集

一个项目的文件集可以包含许多不同种类的文件。正如项目可以由不同的项目元素组成，每个项目元素可指定一个独立的包含不同文件种类的文件集。因此，一个项目的文件集可能变得非常复杂，需要适当地结构化。一个项目的文件集通常拆分成几个不同部分，具有不同的用途，例如，不同类型的规范、信息使用和验证文件。

文件集恰当分组的一种推荐方法是把其分成与文件所属项目(成套设备、系统等)相关的若干文件集。

注 1：可能存在其他的组建成套文件的方法，本部分中不再处理。

第 6 章中的文件代号正是基于此目的而设计的。它允许为项目和子项目指定所属文件，以及不同文件种类之间的差异。属于同一项目的所有文件形成其对应的文件集。

应采用下述方法来建立项目关联的文件集：

a) 每个项目指定一个主文件，它引用所有的补充文件（见 GB/T 19529）；或

b) 为文件集中的每个文件指定相同的物体代号。

对于第 2 个方法，下述情况可适用：

图 7 给出了某个系统的两种不同结构（面向功能和面向产品）的文件集的例子。树形结构中节点（项目）表示指定的文件，相应地，利用对应节点的参照代号结合 DCC 来为文件编号，如果需要，还可以使用文件计数序号。这样，就组成了一个文件集，并可以如图 7 所示那样归档。

注 2：需要哪种文件种类、如何关联它们并归档，取决于合同各方之间的协议。

应当遵循如下原则：

——某一特定项目相关的文件应包括，直接或间接引用的，所需的其子项目信息；

——对于结构中由下层节点所代表的子项目，往往指定单独的文件提供更详细的信息，而后应将这些文件中包含的信息从高层节点所属的文件中排除以避免重复；

——子项目关联的文件不应包含高级项目关联的文件的引用；

——指定给一个项目或子项目的文件，也可以引用那些在参照代号结构中没有指定到项目的文件，比如，一个项目类型的文件集。

图 7 中，用虚三角形演示了上述原则。三角形顶部包含附上文件种类的结构内的节点。

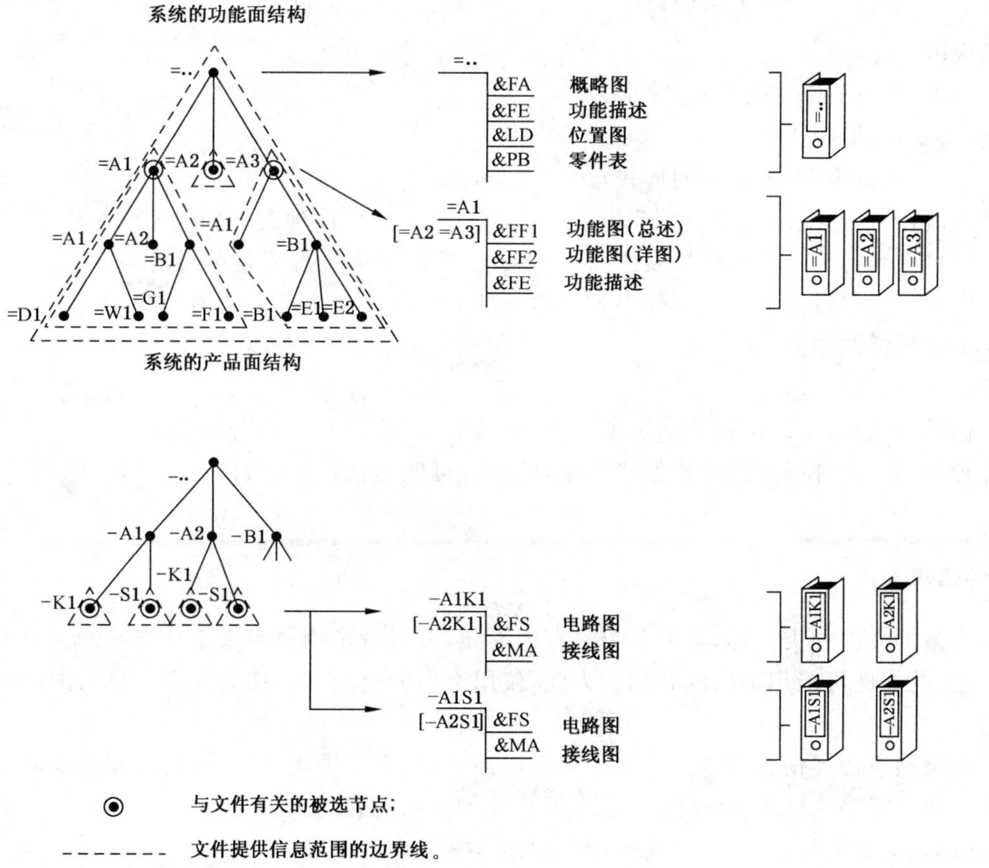

图 7 系统结构及文件集项目相关结构的示例

文件集的内容，取决于需求和用途。例如，以下方面就需要考虑：

- 项目中的不同阶段（如规划、工程、制造、安装、试运转）需要不同的信息；
- 文件集的不同用途（如市场、维护、管理、认证）。

8 文件种类命名和交流原则

8.1 文件种类和文件命名惯例

文件种类的名称应与文件提供的信息的特征相符。应考虑以下因素：

- 所含信息的种类；
- 用途(如果文件种类标识有明确的用途)；
- 表达形式。

例：

接线图

信息种类:连接信息；

用途:未指定(可能有多种用途)；

表达形式:图。

维护说明

信息种类:活动说明；

用途:用于维护活动；

表达形式:未指定(可能有不同形式)。

需求规范

信息种类:对象的需求规范；

用途:未指定,但暗含；

表达形式:未指定(可能有不同形式)。

只要可能,就首选依照"信息种类"和"表达形式"来命名文件种类(见第一个例子)。对使用单一表达类型且信息内容可用一个术语来表达的文件来说,这在大多情况下是可行的。

文件所关联的项目不应为文件种类名称的一部分(例如,一个不准确的名称:电动机连接表)。项目的名称应由文件标题指定,如：

文件种类名:接线表；

文件标题:传输带1的电机驱动装置。

文件种类名和文件标题都应该保持独立,但两者可能紧挨在一起表述,比如,依照ISO 7200中的文件标题栏。

8.2 文件信息交流

采用大量的文件种类名称,其中多数没有标准化,但对特定用户组来说是熟知的。对于不同的用户组,相同种类的文件可能用不同的名称。为此,仅用文件种类的名称作为各方信息需求的标识进行交流是不够的。

为了在交换或传递信息的各方之间能够达成共识,除文件种类名称外,还应使用本部分制定的文件种类分类编码(DCC)。DCC的分类定义提供了预期信息内容的大致概念。如果需要标准化的文件种类,就应该制定对相关标准的参照,其中指定的内容常常更为准确。

在很多情况下,特别是对于没有标准化的文件种类,需要提供对文件内容的更详细的描述。建议将对信息内容的描述分成"强制信息"和"可选信息"两类。

附录B中给出了文件交换的交流工具的补充信息。

附 录 A
（规范性附录）
字母代码表

表 A.1 和表 A.2 给出了使用的字母代码。

表 A.1 技术领域字母代码

& D C C A1 A2 A3 ↑	技术领域	& D C C A1 A2 A3 ↑	技术领域
A	综合管理	E	电气工程、仪表和控制工程 （包括信息和通信技术）
B	综合技术	M	机械工程 （通常包括加工工程）
C	建筑工程 （建筑结构和土木工程）	P	加工工程 （仅要求独立于 M 时）

注：表中所列的字母代码仅用于文件的分类和代号，并非在某种普遍的意义上以之对技术领域标准化。

表 A.2 CC 和文件种类等级的说明

主级总览（A2 数据位置）

A 文件描述文件
B 管理文件
C 合同和非技术文件
D 一般技术信息文件
E 技术要求和尺寸标注文件
F 功能描述文件
L 位置文件
M 连接描述文件
P 产品编目
Q 质量管理文件；安全描述文件
T 外形尺寸相关文件
W 运行记录

注：DCC 栏中的字母表示 DCC 中 A2 和 A3 数据的位置。

表 A.2（续）

& D C C A1 A2 A3	文件种类级 （主类/子类）	信 息 内 容	文件种类举例*)
A …	文件描述文件	提供文件自身信息的文件信息要素包括： • 图/文件号 • 文件种类分级代码 • 总张数 • 文件（或文件集）标题 • 文件结构	
AA	管理性文件	文件集前的文件，它提供文件集内容及相互关系总的信息	封页*) 标题页
AB	目录（与文件相关）	提供文件、文件集或成套文件内容的信息	文件清单*) 目录*) 索引
AC	解释性文件（与文件相关）	提供文件集及其结构的信息的文件	文件说明 文件集结构图
AD…AY	IEC 未来标准化备用		
AZ	使用者自由选用		
B…	管理文件	主要提供有关资源信息的文件，如在计划、制造、运输、安装、试运转、运行等各种业务所需的人员、费用、材料、工作时间等，以及/或主要包含各种业务有关程序和规则的信息的文件	
BA	登记册	提供有关商业伙伴如供应方、用户、顾问等信息的文件	卖方清单 供应方清单 分发清单
BB	报告	提供涉及管理方面观察结果的信息的文件 **注**：如果报告的主题涉及质量管理方面，则可把它们归入 QA 类，或者，如果它们较多涉及安全方面，则可归入 QB 类。	会议报告 状态报告 技术报告 故障报告 移交议定书

表 A.2（续）

& D C C A1 A2 A3	文件种类级（主类/子类）	信息内容	文件种类举例*)
BC	函件	例如不能归入其他类的信件一类的文件	信件 记录
BD	工程管理文件	提供有关工程管理和监督工作信息的文件	文件交换清单*) 时间表
BE	资源计划文件	提供有关工时、人员和材料计划信息的文件	时间进度表*) 工作网络计划*) 资料负荷图表*)
BF	发货、贮存和运输文件	提供货物发送所需信息的文件	发货详细说明 运输清单 包装清单 空运清单 提货单 原产证书 贮存详细说明*) 运输详细说明*)
BG	工地计划和工地机构文件	提供工地所需人员、工作和设备信息的文件	工地人员详细说明*)
BH	关于更改的文件	提供有关更改发生信息的文件 更改可以指各种工作的程序和规定或指错误或误差必要的改正	更改通知 更改申请
BJ…BR	为 IEC 未来标准化备用		
BS	安全文件	提供有关防止项目(人员和包括文件和数据在内的财产)因外界影响而引起的危险和损害的安全信息	逃逸方案 应急须知 防火方案 防噪声方案
BT	培训专用文件	提供培训专门信息的文件，例如： • 培训对象 • 培训时间和持续期 • 培训地点 • 受训人员数 • 受训人员条件	训练说明*)
BU…BY	IEC 未来标准化备用		
BZ	使用者自由选用		

表 A.2(续)

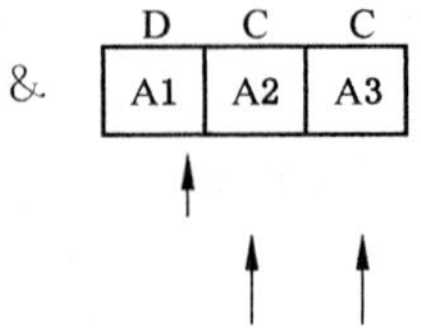	文件种类级 (主类/子类)	信 息 内 容	文件种类举例[a)]
C…	合同和非技术文件	主要提供有关成套设备、系统或设备的合同(技术和商务的)和非技术方面信息的文件	
CA	问价、计算和报价文件	提供用户所需设备和/或服务,为计算元件、材料费用和工时所需信息的文件 按提供所列货物和/或服务提供有关费用计算信息的文件 提供由供应方提出的有关价格、进度表以及元件、材料和服务信息的文件	问价 计算表(商务) 报价 意向函 承诺函
CB	批准文件	提供有关权威机构或授权人根据法定或其他规范所给予的批准信息的文件	报批申请 承诺/核准 许可证
CC	合同文件	合同的一部分或附属于合同的文件,或者提供合同结果正式信息的文件	合同 最终承诺证书 交货期限
CD	定购和交付文件	提供定购货物和服务信息的文件	定购单 交货记录
CE	发货单文件	提供发送的货物和服务、价格以及付款期限信息的文件	发货单
CF	保险文件	提供有关保险事项信息的文件	保险单 损失评估
CG	担保文件	提供担保事项信息的文件	保证书
CH	鉴定书	提供专家意见或知识信息的文件	鉴定书
CJ…CY	为 IEC 未来标准化备用		
CZ	使用者自由选用		
D…	一般技术信息文件	主要提供成套设备、系统或设备一般技术方面信息的文件,它们不包括在任何其他较多的特定机组之内	

表 A.2（续）

&. D C C A1 A2 A3	文件种类级 （主类/子类）	信 息 内 容	文件种类举例a)
DA	数据单	提供材料、产品或系统技术数据和特性信息的文件，这些技术数据和特性是其自身得以实现所必需的，例如： • 电源电压 • 功率消耗 • 热极限 • 密度 • 量程 • 重量 • 特性 • 尺寸 • 固定信息	数据单 外形尺寸图 a)
DB	说明性文件	提供有助于对系统的技术理解和/或对其他文件的阅读和理解的一般信息的文件	系统说明 成套设备结构说明 代号系统说明 文件结构说明
DC	说明书和手册	提供如何掌握产品、单机、系统、成套设备或成套装置的一般信息的文件，例如： • 拆包 • 组装 • 安装 • 试车 • 运行 • 防止损坏 • 一旦出现故障的反应 • 维修	制造说明书 安装说明书 使用说明书 a) 检查说明书 维修说明书 a) 操作手册
DD	技术报告	提供有关技术方面的观察、检验、检测、试验等结果的一般信息的文件	技术报告 研究与发展报告
DE	产品样本 广告文件	提供供应方出售的产品和服务范围信息的文件	产品样本 产品活页

表 A.2（续）

& D C C A1 A2 A3	文件种类级 （主类/子类）	信　息　内　容	文件种类举例[a)]
DF	技术出版物	提供出版物形式的有关技术或科学课题的一般信息的文件	技术出版物
DG…DY	为 IEC 未来标准化备用		
DZ	使用者自由选用		
E…	技术要求和选定尺寸的文件	主要提供成套设备、系统或设备总的技术方面的或寿命周期内任何相关工作的信息的文件	
EA	法定要求文件	提供权威机构规定的技术限制或许可的信息的文件	建筑规程 操作规程 环境规程
EB	标准与规程	由标准机构发布的国际或国家同意的规则以及当无标准可用时，作为现有国际或国家标准的补充或提供指南的特定用途的规则 例如可以由用户、供应方或被认可的感兴趣团体建立的规程 **注**：大多数情况下，只提供所用标准和规程的目录即可。	IEC 标准 ISO 标准
EC	技术规范/要求文件	提供满足买主要求的合适设备、系统、成套设备和业务的设计和交付所需信息的文件 应明确说明规范所适用的对象 可以包含这样的信息： • 工作条件 • 数量 • 功能要求 • 限制值 • 环境条件 • 设计尺寸数据、设计标准 • 接口 • 电源和附属设备要求 • 未来的扩展	要求规范[a)] 技术规范 消耗品清单 测试仪表和控制设备元器件清单 测量点和标准清单 电动机和负载清单 测试规范[a)] 材料规范

表 A.2（续）

& D C C A1 A2 A3	文件种类级 （主类/子类）	信 息 内 容	文件种类举例[a]
ED	尺寸选定文件	提供用于选择合适的系统解决方案、元件或材料以及处理和评价这些数据的方法等信息的文件	计算单（技术的）[a]
EE…EY	为 IEC 未来标准化备用		
EZ	使用者自由选用		
F…	功能描述文件	用图形或文字主要描述对象的功能、任务或特性的文件 包含的信息要素有： • 功能描述符号 • 符号间的互连线 • 相关性 • 命令、动作 • 时间关系	
FA	功能概略文件	主要以图形形式提供系统功能特性或结构概貌的文件	概略图[a] 网络图[a] 结构图[a]
FB	流程图	提供成套设备或系统的工艺、操作程序以及成套设备或系统内机器、器械、装置和设备间的物流信息的文件	结构图[a] 加工流程图[a] 管道和仪表图（P&ID）[a] 实用流程图（UFD）[a]
FC	MMI 布局文件（MMI＝人-机接口）	提供有关 MMI 设备布局和性能信息的文件	屏幕显示布局
FD	为 IEC 未来标准化备用		
FE	功能说明	主要以文字说明形式提供有关系统、子系统、成套装置、设备、软件等信息的文件它们应在正常工作条件、本身的条件、工作参数。或更一般地说，其输入和输出值在所描述对象边缘的情况下说明其各种功能。说明可用图形来补充	功能说明[a]

表 A.2(续)

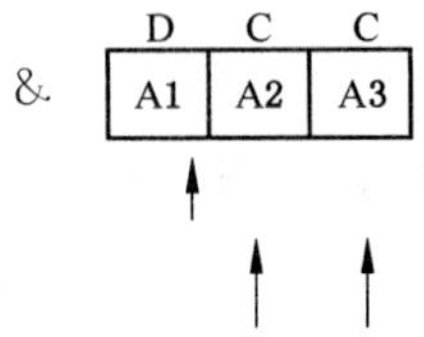	文件种类级 (主类/子类)	信 息 内 容	文件种类举例*)
FF	功能图	表示主要与实现方法无关的功能特性的文件	功能图*) 逻辑功能图*) 功能表图* 程序表图 等效电路图*) 时序图(表)*)
FG…FN	为 IEC 未来标准化备用		
FP	信号说明	提供定义为功能单元输入或输出信号信息的文件	信号表*)
FQ	设定值文件	提供有关设定值和/或置值信息的文件	设定表
FR	为 IEC 未来标准化备用		
FS	电路文件	表示用图形符号及其互连线表示的系统、部件、装置的电路的文件	电路图*) 端子功能图*)
FT	软件专用文件	提供软件专用信息的文件信息既表示软件本身,也涉及只与相关软件一起存在的对象(不能与其他等级之一相关的仅有的那些文件)	程序图*) 代码表*) 设计说明*)
FU…FY	为 IEC 未来标准化备用		
FZ	使用者自由选用		
L…	位置文件	主要描述对象的地形位置或几何位置的文件 信息要素有: • 真实对象的简化形状 • 主要尺寸 • 对象的图形表示法	
LA	开发和勘测文件	提供有关建筑工地开发(例如道路出入口、水源、电源)和勘测信息的文件	大地平面图
LB	土方工程和基础工程文件	提供有关建筑工地土方工程和/或基础工程信息的文件	挖土平面图地基图

表 A.2（续）

& D C C A1 A2 A3	文件种类级 （主类/子类）	信 息 内 容	文件种类举例[a)]
LC	建筑构架文件	提供有关建筑如墙壁、顶板、楼层、拐角的位置和特征信息的文件	钢筋平面图 静力图
LD	现场位置文件	提供有关现场设施位置信息的文件	总平面图[a)] 布置图(现场) 安装图(现场)[a)] 安装表(现场)[a)] 电路图(现场)[a)] 接地平面图(图)(现场)[a)]
LE…LG	为 IEC 未来标准化备用		
LH	建筑物内位置文件 **注**：“建筑物”一词也适用于船舶、飞机等。	提供有关建筑物、船舶、飞机等内部或上面的设施、元件和项目信息的文件	总平面图[a] 建筑图 安装图(建筑物)[a)] 电路图(建筑物)[a)] 接地图(建筑物)
LJ…LT	为 IEC 未来标准化备用		
LU	设备内/上位置文件	提供设备如机柜、面板、外壳或印制板内/上的小元件和项目位置信息的文件	装配图[a)] 布置图(设备)[a)]
LV…LY	为 IEC 未来标准化备用		
LZ	使用者自由选用		
M…	连接描述文件	主要描述对象间物理连接的文件，着重于它们本身的连接及其实现方法 信息要素有： • 端子代号 • 信号代号 • 两端的代号 • 连接物体的位置代号 • 连接型式	
MA	接线文件	提供例如部件、装置、组件和成套装置间物理连接信息的文件 接线文件用于设备组装、安装或维修之时(IEC 61082-3)	接线图 接线表[a)] 单元接线图(表) 接线图(表) 端子接线图(表)[a)]

表 A.2（续）

& D C C A1 A2 A3	文件种类级（主类/子类）	信息内容	文件种类举例[a]
MB	布缆和布管线文件	提供现场布缆或布管线所需信息的文件	接线图 接线表[a] 电缆图(表)[a] 电缆牵引卡[a] 管道表
MC…MY	为 IEC 未来标准化备用		
MZ	使用者自由选用		
P…	产品列表	主要将建造成套设备、系统或设备所用材料和元件列成表格的文件信息要素有： • 型号 • 技术数据 • 标识码 • 数量 • 制造商 • 引用标准	
PA	材料表	提供不同工作，主要为成套设备安装和试车所需材料信息的文件材料可以是电缆、管子、螺栓、螺钉、工具、测量仪表等	材料表
PB	元件表	提供设计对象的组成元件或为将来交换保存在库中的元件信息的文件	元件表 备用元件表 标牌表
PC	项目表	提供例如制造所需元件、材料、机床和工具信息的文件、但未列出数量	项目表
PD	产品表和产品型号表	提供规范应用所用产品型号信息的文件，而不计及数量和使用地点	产品表 产品型号表
PE	为 IEC 未来标准化备用		
PF	功能表	提供表达设计对象的功能的元素对象的信息	功能表
PG…PK	为 IEC 未来标准化备用		

表 A.2（续）

& D C C A1 A2 A3	文件种类级 （主类/子类）	信　息　内　容	文件种类举例[a]
PL	位置表	提供表达设计对象的位置的元素对象的信息	位置表
PG…PY	为 IEC 未来标准化备用		
PZ	使用者自由选用		
Q…	质量管理文件和安全描述文件	主要提供满足质量要求的证明和质量保证体系功能的信息的文件和主要提供有关防止人身、环境和设备损害信息的文件	
QA	质量管理文件	提供有关质量保证工作信息的文件 这可能是如下有关信息： • QA 体系的建立或展开 • 质量有关课题如交付者、生产过程、设备、训练程序等的评价 • 符合产品要求的测试	质量手册 质量计划 （质量）记录 （质量）方针 审核计划 审核报告 不合格报告单 合格声明[a] 纠正和预防措施表 审核意见报告 审核人员记录
QB	安全描述文件	提供技术产品就防止如下危险和损害方面的安全信息的文件： • 人员或使用者的生命和健康 • 环境 • 性能和材料	安全研究 风险评价
QC			
QD…QY	为 IEC 未来标准化备用	提供完成特定测试的信息	测试认证 材料认证 测试报告 错误报告
QZ	使用者自由选用		
T…	几何形状描述文件	提供制造对象几何形状及其相互关系信息的文件 信息要素有： • 采用不同视图和剖面的图示法 • 形状、处理、制造用图形符号 • 尺寸	

表 A.2（续）

& D C C A1 A2 A3	文件种类级 （主类/子类）	信 息 内 容	文件种类举例[a]
TA	规划图	提供规划阶段或初步设计阶段对象信息的文件	概念图 设计图
TB	结构图	提供对象预期竣工阶段信息的文件	尺寸图 界面图 分解图 三维图
TC	制造和装配图	提供设备制造和/或装配所需信息的文件	制造图 钻孔平面图 焊接平面图
TD…TK	为 IEC 未来标准化备用		
TL	布置文件	提供结构件布置信息的文件	布置图
TM…TY	为 IEC 未来标准化备用		
TZ	使用者自由选用		
W…	工作备忘录和记录	主要提供成套设备或系统工作期间连续或循环记录的设定点、事件和数值及其评价信息的文件信息要素有： • 设定值 • 测量值 • 状态（数量、压力、温度、液位） • 时间关系 • 文本（报告） • 评价 • 告警标准 • 消耗值 • 产生值	
WA	设定点文件	提供与某一过程工作有关的设定值信息的文件	配料处分
WB…WS	为 IEC 未来标准化备用		
WT	记录本	提供特定阶段或特定工作期间事件的定期记录信息的文件	工作记录[a] 维修记录[a] 测试记录[a]
WU…WY	为 IEC 未来标准化备用		
WZ	使用者自由选用		

附　录　B
（资料性附录）
文件种类用于交流的补充信息

B.1　表达方式

对一些文件种类，可用不同的表达方式来表示信息内容。对于文件的编制者来说，准确地知道需要何种表达方式是必需的。

在 GB/T 6988.1 和 ISO 10209-1 中，规定不同的表达方式。据此，表 B.1 提出了字母代码，为的是便于此题目的交流。例如，该字母代码可以在文件交换表中使用。使用该字母代码的一个例子在本附录中示出。

要注意的是，该字母代码不是 DCC 的组成部分，也可以不成为文件代号的组成部分。

对于采用一种以上表达方式的文件，例如图中的表格，则可选取主要表达方式的字母。

表 B.1　基本文件种类的表达方式和字母代码

字母代码	基本文件种类或表达方式
C	表图 主要表达两个或多个变量、操作或状态之间关系的图示形式。[GB/T 6988.1，定义 3.3.3]
D	简图 主要是用过以图形符号表示项目及它们之间关系的图示形式来表达信息。[GB/T 6988.1，定义 3.3.2]
G	示意图 使用不考虑实际投影关系的图像或完全几何描述的方式表达信息。[GB/T 6988.1，定义 3.2.2]
L	图 主要是通过按比例额表示项目及它们之间相互位置来表达信息。[GB/T 6988.1，定义 3.2.1 和 3.3.1]
M	地图 图、平面图或项目相对于周围地形的图示形式。
P	平面图 表示水平视图、断面或剖面的图。[ISO 10209-1，定义 2.8]
S	草图 通常是不按比例，按一定画法要求徒手绘制的图。[ISO 10209-1，定义 2.10]
T	表格 以行和列的形式表达信息。[GB/T 6988.1，定义 3.3.4]
X	文字形式 用文字和数字表达信息。[GB/T 6988.1，定义 3.2.3]

可以存在其他的表达方式，例如照相图、录音、视频图像；或者更专用的方式，如等角方式、透视方式或其他方式。如果这样，则应补充或调整字母代码，并且应加注必要的说明。

B.2 文件状态

某些情况需要提出文件几次，以表示不同的发展阶段。从阶段到阶段可以增加信息量。在任何阶段，为了不同的目的，信息的需要可以变化。

分阶段的例子如下所示：

——准备；

——查询；

——批准；

——交付后。

对阶段的说明，有关各方应签订专门的协议，例如关于较为详细的定义和表示此种信息的方法。

一个文件整个生命周期内的更多活动的联合元数据信息见 IEC 82045-1 和 IEC 82045-2。

附　录　C
（资料性附录）
文件信息交换

本附录的主要目的，是在一个工程项目内对所编制的或交付的文件和文件集提供较好的交流工具。

需要的文件种类，取决于提供信息的目的和用途。首先推荐把所研究的成套设备、系统或设备的结构和检索代号一致起来，而后把必需的文件种类与该结构相关联（见第7章）。

工程项目中或产品寿命期内的不同阶段（如工程设计、制造、安装、试运转、运行和维修）需要不同的信息，并可用需要不同的文件种类。对于特定的用途，常常只需要特定文件种类中信息的子集。为此，详细说明如下情况是重要的：

——考虑文件是哪个阶段；

——特定用途需要的文件种类；

——特定阶段可能需要的信息说明。

需要的文件种类应该用DCC来标明。

还应提供其他管理信息，例如：

——谁负责文件编制；

——谁该接收文件；

——贮存媒体的规范（如纸、CD-ROM上的pdf文件）；

——要交付的复印件数量。

图C.1，图C.2和图C.3给出了文件交换清单的例子。建议用这些清单作为交流的基础。

图C.1表示综合信息格式的例子，此种格式对所有被交付的文件是通用的。

图C.2表示与对象相关的文件交换清单格式的例子。此种格式可能只分别适用于每一特定的对象（机柜、功能系统、软件等），如果存在并知道对象的检索代号，可一同标出。

图C.3表示已填好的图，图C.2所示文件交换清单的例子。

工作	投送地址	复合件数量	资料载体	备注
工程设计				
制造				
安装				
试运转				
运行				
维修				
工程：		项目：		…&BD

图C.1　文件交换清单，综合部分

DCC	文件种类名称	表达方式	编制者	为下列工作提供的文件											备注
					工程设计	批准	制造	安装	试运转	运行	维修				
工程：						项目：							…&BD		

图 C.2 文件交换清单，对象相关部分

DCC	文件种类名称	表达方式	编制者	为下列工作提供的文件											备注
					工程设计	批准	制造	安装	试运转	运行	维修				
AB	文件表		AAA				×	×	×	×	×				
EC	电动机和负载表	T	CCC		×										
ED	选择性计算		AAA		×	×				×					
FA	概略图		CCC		×						×				
FA	概略图		AAA			×				×	×				
FS	电路图		AAA				×		×	×	×				
FF	功能表图		AAA			×			×	×					
LU	布置图，机柜		AAA				×	×		×					
LU	布置图，机架		BBB		×			×		×					
MA	接线文件		AAA				×	×	×		×				
PB	元件表，机柜		AAA				×		×		×				
PB	元件表，机架		BBB		×						×				
QC	测试证书		AAA			×									
QC	测试报告		AAA			×									
工程项目：XYZ 成套设备　项目：控制系统：AB1															=AB1&BD

图 C.3 文件交换清单，已填好的例子

参 考 文 献

[1] GB/T 5094.1—2002 工业系统、装置与设备以及工业产品 结构原则与参照代号 第1部分:基本规则(idt IEC 61346-1:1996)
[2] GB/T 5271.1—2000 信息技术 词汇 第1部分:基本术语(eqv ISO/IEC 2382-1:1993)
[3] IEC 61355 DB 标准化和建立文件种类
[4] IEC 82045-1:2001 文件管理 第1部分:总则和方法
[5] IEC 82045-2:2004 文件管理 第2部分:元数据类型
[6] ISO/IEC 8613-1:1994 信息技术 开放文件体系结构(ODA)和交换格式:绪论和基本原理
[7] ISO 10209-1:1992 技术产品文件 词汇 第一部分:技术制图术语:总则和制图类型

ICS 29.020
K 04

中华人民共和国国家标准化指导性技术文件

GB/Z 26854—2011/IEC/TR 62510:2008

电特性的标准化

Standardising the characteristics of electricity

(IEC/TR 62510:2008,IDT)

2011-07-29 发布 2011-12-01 实施

中华人民共和国国家质量监督检验检疫总局
中国国家标准化管理委员会 发布

前　言

本指导性技术文件等同采用IEC/TR 62510《Standardising the characteristics of electricity》技术报告，该报告由IEC/TC 8委员会发布。

本指导性技术文件按照GB/T 1.1—2009给出的规则起草。

本指导性技术文件由全国电压电流等级和频率标准化技术委员会(SAC/TC 1)提出并归口。

本指导性技术文件主要起草单位：中国南方电网超高压输电公司检修试验中心、西安博宇电气有限公司、河北省电力研究院、中机生产力促进中心、中国电力科学研究院。

本指导性技术文件参加起草单位：武汉国测科技股份有限公司、中铁第四勘察设计集团有限公司、国电南京自动化股份有限公司、山西省电力公司电力科学研究院、上海追日电气有限公司。

本指导性技术文件主要起草人：肖遥、刘军成、段晓波、张苹、林海雪。

本指导性技术文件参加起草人：高骏、卜正良、黄足平、王友龙、贺春光、王金浩、陈建国。

引　言

目前,不同国家都有公用电网供电的一些特性标准，IEC 61000-2-1:1990，EN 50160 和IEEE 1159等标准力图涵盖所有的特性。根据欧洲关于不良产品的法令(85/374/EEC),EN 50160 已正式将电能作为产品对待。

电网运营商有责任依据国家法律、国家或国际标准来设计和运营电网,使电能质量满足要求。

以下内容描述了电的性能,以及供电质量和电磁兼容性(EMC)之间的关系。其内容大部分来自欧洲电能质量报告 (EURELECTRIC PQ Report,第 2 版)。

供电质量

电力供应是现代社会赖以支持的所有基础服务中最基本的服务之一。为此,其重要的质量特性主要表现在下述几个方面:

a) 供电的连续性,包括:

- 为保证日连续供电,需要运营机制来防止过长或过于频繁的供电中断。
- 为保证中长期供电的安全性,要求就用户需求与发电、输电、配电等设备以及各种电源的可用性之间有稳定的平衡。

b) 供电电压和频率的标准化是发电、输电、配电和用电设备利用电能所必需的。将供电电压和频率控制在所采用的标称值合理范围内非常重要。

c) 尽管电压和频率一般维持在可接受的水平,实际运行中还是有些相当短时的、低幅值的或偶发的不规则量叠加在电压上,干扰用户的电气设备或电网中的电气设备正常发挥其功能。

注:对供电的质量进行分类有许多不同的方法,从功能上按现行的发电、供电和电网运营等几方面的分类更为复杂。例如,最近由欧洲电力管理委员会(The Council of European Electricity Regulator)提交的报告使用了以下术语:

——商务质量:供应商和用户之间的各种服务质量(这里指的服务,不仅限于电网运营);

——供电连续性:用户感知到的、因种种原因中断电力供应的程度(见上述 a)项);

——电压质量:给用户供电的电压技术特性指标,例如:幅值和频率(见上述 b)项)以及潜在的扰动问题(见上述 c)项)。

电特性的标准化

1 范围

本指导性技术文件概述了电能作为一种商品的质量描述方法；阐述了电能质量与电磁兼容的关系；明确了涉及电能质量问题的相关利益方的责任和义务。

本指导性技术文件用于指导电能质量标准化工作。

本指导性技术文件适用于交流 50 Hz 供电系统。

2 电能质量现象

通过标准化网络阻抗特性来分析电能质量问题是一种基本方法，例如 IEC 60725 中对 16 A 和 75 A 用电设备供电的规定。以便电能供应商、配电商和系统用户能够分担电能质量职责。

注：许多国家并不总是采用标准化的网络阻抗，因为特殊的电网结构方式通过使用其他方法，使电能质量管理更加方便且更加合理。

经济发展程度对电能质量各指标的重要性有着极大的影响。早期主要关心的问题是电能实际上的可用性；随后则关心电压和频率在大多数供电时间内是否在其标称值的合理范围之内，此阶段还不明显关注电压暂降、瞬态等的影响；但是随着经济的高度发展，除了供电连续性、电压和频率之外，一系列现象开始得到关注，用现代术语"电能质量"来加以概括。

电能质量现象简要描述如下：

- 谐波、间谐波、2 kHz～9 kHz 范围的频率分量。

这些分量主要是由系统内用电设备引起的，这类设备的用电特性为：电流相对于电压是非线性关系，除了吸收基波电流之外，还向供电网注入非基波频率的电流。

注：谐波：其频率是基波频率的整数倍。

间谐波：其频率在工频电压和电流的谐波频率之间，即实际频率不是基波频率的整数倍。间谐波可以以离散频率或者以一个宽带频谱的方式出现。由变频换流器、整流器或类似控制设备的非线性负荷运行而产生。

- 闪变，即电压波动的主要效应。

某些用电设备吸收的电流幅值具有波动的特征，相应地引发电网电压波动。

- 短时间有效值变化（瞬时，暂时和短时）。

由突发事件、系统短路与切除、电动机启动、供电系统或所连接的装置电流突然增大等原因引起。

- 瞬态过电压（冲击和振荡过电压）。

若干电磁现象，包括开关操作、熔丝熔断、电网受到雷击事件等，均会在配电网及其连接的设备上产生瞬态过电压。

- 短时工频过电压和低电压（长时间的 rms 变化）。

根据实践，带电导体（相线）与大地之间的短时工频过电压经常由于中性（线）导体开断引起。短时工频过电压也可能在公用配电网或用户设施接地故障期间出现，在接地故障清除后消失。

- 不平衡。

三相系统的不平衡电压是由于系统故障或系统用电设备吸收相间不平衡电流引起的。

3 电的特性管理必要性

电压的上述特性是有害的，它构成了电能这一产品的质量缺陷。但在公用电网中，这些电能质量特性却总是存在于供电和用电过程中，不可能完全消除，因此需要依据不同的特征，采用不同的方式进行管理。这需要电力生产、电网运营和制造商的共同参与。

上述这些电能质量现象可能妨碍或者限制公用电网中电气设备的正常运行，并且更多地妨碍用户内部系统电气设备的运行。因此，将这些现象称之为扰动，而将引起这些扰动的终端用电设备称为扰动负荷。

4 用电负荷和分布式发电的连接

回顾百年来公用供电的发展史，电网运营商总是试图控制各类接入电网的负荷，以维持电网中电压和频率的稳定性，以及低水平的扰动。供电通用导则要求所有用户避免对电网或其他用户的运行造成扰动。

大负荷报装时，要求用户在送电前向电网运营商提供详细的相关资料，以便电网运营商设计合理的供电方式，制定出电力用户、设备供应商、其他专家顾问均赞同的运行规程。用这种方法，才能够将扰动维持在可接受的水平。

以谐波为例，几乎在所有的电网中，谐波畸变率总是保持在一个相当低的水平——低于 IEC 电磁兼容水平和 EN 50160 的规定值。

近数十年来，用户在零售市场购买的小容量设备一般不报告电网运营商而直接接入电网，由此产生的扰动逐渐增加。这些设备包括 IT 产品和其他电子类产品，如电视机、个人电脑等，作为单台设备的容量较小，所产生扰动的绝对值水平也相对较低，但由于其安装数量庞大，同时运行的几率高，因此其共同作用下累积的扰动水平也非常高。由于这些电器在安装时没有报告电网运营商，因此避开了公用电网监管控制系统(自电网形成之日起就已经存在)。当然，面对如此庞大数量的扰动设备，不可能考虑控制每一单台设备。因此，基于控制难度大，考虑到电视机和其他电子设备(包括个人电脑)引起的非工频电压水平已在提升，已经规范了相对较高的电磁兼容水平，这也反映在 EN 50160 的相关内容中。

(新兴的)分布式发电将对电压稳定、工频频率和扰动等产生巨大的影响。作为小容量的分布式发电设备可以在零售市场上得到，不需要经过电网运营商便可安装，因此，这些众多的小容量分布式发电系统也将避开电能质量监管控制系统。实际上，这些类型的设备数量巨大，根本无法单台考虑。

除了家用电器用户外，电网用户也有义务避免产生过度的扰动。在产品设计和制造环节将设备的扰动限制在适当范围内是实现这一目标的唯一途径。

5 电磁兼容(EMC)的作用

国际电工委员会(IEC)和欧洲电工标准化委员会(CENELEC)的目标是：设备的设计和制造必须满足电磁兼容性要求，电磁兼容性的定义为：设备在其电磁环境中，能够正常工作且不对该环境中的任何事物产生不可接受的电磁扰动的能力。因此，电磁兼容也在于探究用电设备在使用电能中的适应性，即设备产生的扰动水平必须受到限制，同时又能在合理扰动水平下正常工作。当然，电磁兼容性还涉及未连接到电网的那些设备，以及与电网无关的诸多电磁现象。

在 IEC 61000 系列文件中电磁兼容(EMC)的内容包括：设备的发射限值标准及抗扰度限值标准；还包括了许多支持性标准、技术报告等。这些标准及报告描述了电磁环境及现象，也描述了测量、试验、控制等方法，其中还包括一系列的兼容性水平标准。兼容性水平即是建立的一种参考值，使得在该参考值下发射水平、抗扰度水平能够彼此和谐共存，或者说兼容性水平是一个各种环境中均可接受的实际扰动水平限值。

对于低频传导现象而言，兼容性水平与实际扰动水平的关系决定了 EN 50160 中所规定的限值水平与兼容性水平几乎是一致的。同样的原因，如果测量得到扰动水平超出或很接近该限值水平（兼容性水平），应该考虑发射限值是否定得太低了，或者兼容限制是否太严格了。此外，如果实际运行的用电设备受到了某种现象的干扰，则引出另外一个问题，即设备的抗扰度限值是否合适，或抗扰度限值应用是否适当。

因此，供电质量的好坏受 EMC 规定的影响很大，需要制定合理的限值水平并正确应用。如果电磁兼容规定是有效的，则上网设备的扰动发射水平就可控，不至于过度影响供电质量；尽管有通过电网传导来的扰动，但设备可以连续正常运行并发挥其功能。EMC 没有直接考虑设备的安全性，因此需要安全自动装置保证设备正常运行，以免设备损坏。

6 相关各方的协调

供电质量涉及到下列三个不同的关系：

- 电网运营商——电能用户；
- 电能用户——设备供应商；
- 电网运营商——设备供应商。

6.1 电网运营商——电能用户

供电质量直接涉及两个主体：电网运营商和电能用户。

a) 对于在供电端输送的电能，电网运营商要采取切实措施保证电的性能在规定的限值范围之内，必要时，还要将正常运行条件下的限值水平告知用户（用户也需要知道偶发的非正常运行条件）。为了履行上述责任，电网运营商也应对全部用户采取合理的控制，并告知每个用户：也许有必要采取措施使其在用电时不要对其他用户造成扰动。

b) 用户的责任是：其用电方式要避免对电网运行或其他用户供电造成扰动。在产生这样的扰动时，要采取一切必要的措施将扰动降低到可接受的水平。用户有责任向电网运营商提供其全部（已安装或即将安装）设备的相关资料，以及设备的运行方式。此外，用户还必须按照电网运营商规定的条件运行，避免产生超标的扰动。

注：实际上，只有相当大的负荷和设施以这种方式履行责任。至于其他设备，供电质量，避免产生扰动，电网和用户设备的正常功能发挥等，则依赖于电磁兼容性规定的正确执行。

6.2 电能用户——设备供应商

正常情况下，电能用户通过电力设备用电，设备供应商间接地涉及用户和电网运行商之间的关系。

a) 设备供应商确保设备满足预定的功能，包括避免产生扰动，能适应运行时的电磁环境，包括公共供电网可能出现的环境条件。

b) 此外，设备供应商有责任向用户提供设备特性方面的资料，这些资料也许是电网运营商为了输电所需要的，也许是用户需要的说明书。

注：本技术报告不涉及电网正常和异常条件下的安全考虑。

6.3 电网运营商——设备供应商

最终，在典型的水平方面，电网运营商和设备制造商共同牵涉到电磁兼容性（EMC）方面的规定，以确保：

a) 限制干扰的发射水平，防止电网中的扰动水平上升，使用电设备发挥正常的功能，保证电网正常运行。

b） 用电设备要具备足够的抗扰动能力，实际中发现某种水平的干扰可以通过供电端传递过来。

注：EMC侧重于确保设备的正常运行。很明显，用户也希望其设备不受损害。如果能保证正常运行，一般可以推断，也就防止了设备的损坏。

7 标准化组织中工作的分工

在此之前，IEC/SC 77A（对应SAC/TC 246/SC 2）负责众多设备（电网中主要的干扰源）的电磁兼容（EMC）限值标准。目前这个任务仍然由IEC/SC 77A承担，原因在于该工作虽然影响电网电能质量，但是电磁兼容（EMC）相关问题是该委员会的基本内容。此外，IEC/SC 77A曾经出版了两个技术报告，IEC 61000-3-6（GB/Z 17625.4—2000）和IEC 61000-3-7（GB/Z 17625.5—2000），该技术报告提供了如何评估设备产生扰动的方法。这两份报告相对较早，但依据使用过程中的反馈意见准备修订。如同过去的做法，IEC对这两份文件的维护由多个机构协作进行，由国际大电网会议-国际供电会议（CIGRE-CIRED）工作组发起，有美国电气和电子工程师协会（IEEE），国际电工委员会（IEC），国际电热联盟（UIE）和欧洲电力工业联盟（EURELECTRIC）共同参与。

IEC/SC 77A（SAC/TC 246/SC 2）的出版物对IEC/TC 8（国际IEC标号）提供下列支持：

谐波发射的评估方法；

电压波动（闪变）评估方法；

负荷不平衡度评估方法。

这些文件可用来规定每一台设备的限值。

此外，由IEC/SC 77A制定的IEC 61000-4-30:2008，描述不同的电能质量指标的测量方法。

参 考 文 献

［1］ IEC 61000-2-1/TR:1990(GB/Z 18039.5—2003) 电磁兼容 环境 公用供电系统低频传导骚扰及信号传输的电磁环境(Electromagnetic compatibility—Environment—Electromagnetic environment for low-frequency conducted disturbances and signalling in public power supply systems)

［2］ IEC 60275/TR:2005 用于确定每相额定电流≤75 A 的电气设备骚扰特性的参考阻抗及公共供电网络阻抗

［3］ IEC 61000(所有部分) 电磁兼容(EMC)

［4］ EN 50160 公共配电系统供电电压特性

［5］ IEEE 1159 电能质量监测的推荐规程

ICS 35.020
L 80

中华人民共和国国家标准

GB/T 26855—2011

信息安全技术　公钥基础设施
证书策略与认证业务声明框架

Information security technology—Public key infrastructure—Certificate policy and certification practice statement framework

2011-07-29 发布　　2011-11-01 实施

中华人民共和国国家质量监督检验检疫总局
中国国家标准化管理委员会　发布

前　言

本标准由全国信息安全标准化技术委员会(SAC/TC 260)提出并归口。

本标准起草单位:国家信息中心、吉大正元信息技术股份有限公司。

本标准主要起草人:刘海龙、李伟平、何长龙、于海波、李丹、罗红斌、龙毅宏、姜玉琳。

引　言

本标准凡涉及密码算法相关内容,按国家有关法规实施。

本标准中引用的RSA和SHA-1密码算法为举例性说明,具体使用时均须采用国家密码管理局批准的相应算法。

证书策略(CP)和认证业务声明(CPS)是公钥基础设施(PKI)建设中两份重要的文档。CP是"一套指定的规则集,用以指明证书对具有相同安全需求的一个特定团体和(或者)应用类型的适用性"。依赖方可使用CP来帮助其决定一个证书(连同其中的绑定)是否足够可信、是否适用于特定的应用。CPS是证书认证机构在颁发证书中所遵循的业务实践的声明。通常,CPS也描述全部证书服务生命周期中的业务实践(如签发、管理、吊销、更新证书或密钥),并且CPS提供其他业务、法律和技术方面的细节。

RFC3647是由因特网工程任务组(IETF)制定的关于CP和CPS的框架标准,在国际上得到了广泛的认可。本标准是根据RFC3647制定的,主体框架与RFC3647一致,主要做了两方面修改:其一将与国内密码政策不符的部分进行了修改或删除;其二是将不必要的解释性文字删除,使标准更加简洁。此外,还将原标准中部分前后不一致的地方进行了改正。

信息安全技术　公钥基础设施
证书策略与认证业务声明框架

1　范围

本标准规定了证书策略(CP)和认证业务声明(CPS)的概念,解释二者之间的区别,并规定了CP和CPS应共同遵守的文档标题框架,包括在标题中所应包含的信息类型。本标准提出的框架一般假设使用GB/T 16264.8—2005证书格式,但并不意味着此框架仅限于使用这种证书格式。此框架也可用于其他格式的证书。

本标准适用于CP和CPS的撰写和比较。本标准所给出的框架应作为一个灵活的工具来使用,用以指明在特定的CP或CPS中所应考虑的主题,而不是作为生成CP或CPS的固定公式。

本标准不适用于通用安全策略的定义,如组织安全策略、系统安全策略或数据标记策略。

2　规范性引用文件

下列文件对于本文件的应用是必不可少的。凡是注日期的引用文件,仅注日期的版本适用于本文件。凡是不注日期的引用文件,其最新版本(包括所有的修改单)适用于本文件。

GB 13000.1—1993　信息技术　通用多八位编码字符集(UCS)　第1部分:体系结构与基本多文种平面(idt ISO/IEC 10646-1:1993)

GB/T 16264.2—2008　信息技术　开放系统互连　目录　第2部分:模型(ISO/IEC 9594-2:2005,IDT)

GB/T 16264.8—2005　信息技术　开放系统互连　目录　第8部分:公钥和属性证书框架(ISO/IEC 9594-8:2001,IDT)

GB/T 16284.1—2008　信息技术　信报处理系统(MHS)　第1部分:系统和服务概述(ISO/IEC 10021-1:2003,IDT)

GB/T 19713—2005　信息技术　安全技术　公钥基础设施　在线证书状态协议

GB/T 20518—2006　信息安全技术　公钥基础设施　数字证书格式

RFC 822:1982　ARPA因特网文本消息格式标准(Standard For The Format of ARPA Internet Text Messages)

RFC 5280:2008　因特网X.509公钥基础设施证书和证书撤销列表轮廓(Internet X.509 Public Key Infrastructure Certificate and Certificate Revocation List (CRL) Profile)

3　术语和定义

GB/T 16264.8—2005确立的以及下列术语和定义适用于本文件。

3.1

激活数据　activation data

用于操作密码模块所必需的,并且需要被保护的非密钥数据值(例如PIN、口令或人工控制的密钥共享部分)。

3.2

鉴别 authentication

确定个人、组织或事物如其所声称的个人、组织或事物的过程。在 PKI 上下文中，鉴别指的是证实以某个特定名称申请或试图访问某事物的个人或组织确实为真实的个人或组织的过程。

3.3

认证业务声明 certification practice statement

证书认证机构在签发、管理、撤销或更新证书、密钥过程中所采纳的业务实践的通告。

注：在国内，认证业务声明也称为电子认证业务规则，CA 机构在开展电子认证业务前，需要将本机构的电子认证业务规则提交至国家工业及信息化部的相关部门进行备案。

3.4

CPS 摘要 CPS abstract

由一个 CA 公布的、关于其完整 CPS 的一个子集。

3.5

标识 identification

建立个人或组织的身份的过程，也就是指明某个人或组织是特定的个人或组织。在 PKI 上下文中，标识包含两个过程：

a) 确定某个人或组织的给定名称与真实世界中该个人或组织的身份相联系。

b) 确定在该名称之下申请或试图访问某事物的个人或组织确实为指定的个人或组织。寻求标识的人可能是证书申请者，或者是 PKI 系统中可信职位的申请者，或者是试图访问网络或应用软件的人（如 CA 管理员试图访问 CA 系统）。

3.6

签发证书认证机构 issuing certification authority

在特定的 CA 证书上下文中，签发 CA 是签发证书的 CA（见主体 CA）。

3.7

参与者 participant

在一个给定 PKI 中扮演某一角色的个人或组织，如订户、依赖方、CA、RA、证书制作机构、信息库服务提供者，或类似实体。

3.8

PKI 信息披露声明 PKI disclosure statement

关于 CP 或 CPS 的补充手段，用于公开证书策略和 CA/PKI 业务中的关键信息。PDS 是公开和强调信息的载体工具，这些信息通常在相关 CP 或 CPS 中作更详细描述。因此，PDS 并不能替代 CP 或 CPS。

3.9

策略限定符 policy qualifier

依赖于策略的信息，可能与 CP 标识符共同出现在 GB/T 16264.8—2005 证书中。该信息中可能包含指向适用 CPS 或依赖方协议的 URL 指针，也可能包含证书使用条款的文字（或引起文字出现的数字）。

3.10

注册机构 registration authority

具有下列一项或多项功能的实体：标识和鉴别证书申请者，同意或拒绝证书申请，在某些环境下主动吊销或挂起证书，处理订户吊销或挂起其证书的请求，同意或拒绝订户更新其证书或密钥的请求。但是，RA 并不签发证书（即 RA 代表 CA 承担某些任务）。

注：在其他文档中可能使用本地注册机构（LRA），是相同的概念。

3.11

依赖方 relying party

证书的接收者,他依赖于该证书和(或)可通过该证书所验证的数字签名。在本标准中,术语“证书使用者”与“依赖方”可互换使用。

3.12

依赖方协议 relying party agreement

证书认证机构与依赖方所签署的协议,通常规定了在验证数字签名或其他使用证书的过程中有关方所拥有的权利和义务。

3.13

条款集 set of provisions

关于业务实施和(或)策略声明的集合,覆盖了一定范围的标准主题,用于使用本框架中所描述的方法来表达 CP 或 CPS。

3.14

主体证书认证机构 subject certification authority

在特定的 CA 证书上下文中,主体 CA 指的是在证书中其公钥被认证的 CA(见签发 CA)。

3.15

订户 subscriber

被颁发给一张证书的证书主体。

3.16

订户协议 subscriber agreement

CA 与订户之间签署的协议,规定了双方在颁发和管理证书的过程中所拥有的权利和义务。

4 缩略语

ASN.1	抽象语法记法
B-to-B	企业到企业
CA	证书认证机构
CP	证书策略
CPS	认证业务声明
CRL	证书撤销列表
LRA	本地注册机构
OCSP	在线证书状态协议
OID	对象标识符
PDS	PKI 信息披露声明
PIN	个人识别数字
PKI	公钥基础设施
RA	注册机构
RPA	依赖方协议
RSA	由 R. Rirest、A. Sllalnlr 和 L. Adleman 共同发明的公钥算法
SSL	安全套接字
TLS	传输层安全
URI	统一资源标识符

5 概念

5.1 证书策略

当证书认证机构签发一张证书时，它就对证书使用者(依赖方)提供了一项声明：一个特定的公钥与一个特定实体(证书主体，通常也称作订户)的身份相绑定。但是，依赖方应该在何种程度上信任CA的声明，则需要由依赖方或者由控制、协调依赖方使用证书方式的实体来判断。不同的证书在颁发时遵循了不同的业务实践和程序，并且可能适用于不同的应用和(或)目的。

GB/T 16264.8—2005标准将证书策略定义为“一套指定的规则集，用以指明证书对一个特定团体和(或者)具有相同安全需求的应用类型的适用性。”一个GB/T 16264.8证书可以指定一个特定的可用CP，依赖方可以根据该CP来判断对于某个特定目的，是否信任该证书，以及公钥或该公钥所验证的数字签名。

CP可分为两类。第一类CP“指明证书对一个特定团体的适用性”。这些CP设置了证书使用要求和对团体成员的要求。举例见B.1。

第二类CP“指明了证书对于具有相同安全需求的某类应用的适用性”。这些CP指明了应用或证书使用方式的集合，并且说明这些应用或使用方式需要一定的安全级别，然后设置了适用于这些应用或使用方式的PKI要求。相对于依照相关的CP颁发的证书，此类CP常常设置适用于证书所提供的特定保证级别的特定要求。这些保证等级可对应于多种类型的证书，举例见B.2。

在证书中，CP由唯一“对象标识符”(OID)表示。此OID，或者至少是一个“树叉”，能够被注册。“树叉”就是OID数字序列的开始部分，并且分配给一个特定的组织。注册的过程要遵循ISO/IEC和ITU标准所指定的流程。注册OID或“树叉”的组织也要发布CP的文本定义，供依赖方审查。任何一个证书在颁发时都要声明与某一个CP(或几个CP，如果可能)相一致，这个声明显示在GB/T 16264.8证书的证书策略扩展项中。当CA在一个证书的证书策略扩展项中设置了多个CP时，则CA就确保该证书能够在任意所列CP下正当使用。

CP也形成了一个审计、认可或以其他方式评估CA的基础。对每个CA，都可根据认为其要实现的一个或多个CP或CPS，对其进行评估。当一个CA为另一个CA签发一张CA证书时，签发CA必须对其所信任的主体CA的所有CP进行评估(这种评估也可以依据所涉及的证书策略进行)。然后，所有被评估的CP由签发CA在CA证书中指明。GB/T 16264.8证书认证路径处理逻辑在定义好的信任模型中使用这些CP标识。

5.2 GB/T 16264.8证书域

5.2.1 证书策略扩展项

证书策略扩展项中列举了证书认证机构声明该证书适用的CP。附录B中给出了中国民用航空局(CAAC)所定义的普通CP和商业级CP的例子，在对常规员工所颁发的证书中可包含普通CP的对象标识符，通过专门分配机构发给员工的证书可同时包含普通CP和商业级CP的对象标识符。在证书中同时包含这两个对象标识符意味着该证书既可用于普通CP，也可用于商业级CP。在证书策略扩展项中还可以包括对每个CP的限定值，关于限定符的使用将在5.2.5中讨论。

在处理证书认证路径时，一个CP必须在路径中每个证书中都出现，包括CA证书和实体证书，才能被依赖方的应用所接受。

当证书策略扩展项被标记为“关键”时，除了与上述相同的目的，还有一项附加功能：即指明对该证书的使用被限定在所标识的策略之内，也就是说证书认证机构声明该证书必须仅仅用于所列CP的范围内。此扩展域意在保护证书认证机构，以免依赖方在适用CP条款所规定的目的和方式之外使用证书，在造成损失时要求证书认证机构赔偿。

5.2.2 策略映射扩展项

策略映射扩展项仅用于 CA 证书。此项允许证书认证机构指明自己域内的某些策略能够被看作与主体 CA 域中某些其他的策略等同。

例如，假设为了促进互操作之目的，ACE 公司与 ABC 公司建立了一个协定，将彼此证书认证机构的公钥进行了交叉认证，以保护它们之间的业务往来。此外，假设两个公司都已经事先存在金融交易保护策略，分别称为 ace-e-commerce 和 abc-e-commerce。可以预见，简单地在两个域间产生交叉证书不能提供必要的互操作性，因为两家公司的应用程序被设置了各自的证书策略，雇员证书中也包含各自的证书策略。一个可能的解决方案是重新设置所有的金融应用程序承认任何一个策略，并重新签发所有的证书，使之在证书策略扩展项中带有两个策略。另一个解决方案是使用策略映射扩展项，这也许易于管理。如果这个域被包含在由 ACE 公司 CA 签发给 ABC 公司的 CA 的交叉证书中，则提供一项声明：ABC 公司的金融交易保护策略(abc-e-commerce)可看作等同于 ACE 公司的金融交易保护策略(ace-e-commerce)。通过包含在颁发给 ABC 公司的交叉证书中的此项声明，ACE 域内的依赖方应用(需要 ace-e-commerce 的对象标识符)，也能够接受、处理和依赖于 ABC 域内所颁发的证书(包含 abc-e-commerce 的对象标识符)。

5.2.3 策略限制扩展项

策略限制扩展项支持两个可选的功能。第一个是证书认证机构有能力要求在证书认证路径的所有后续证书中都需要包含显式 CP 指示。依赖方可以将证书认证路径的起始部分证书当作受信任域的一部分，也就是说，对于所有目的，证书认证机构被信任，因此在认证策略扩展项中不需要任何特定的证书策略。此类证书不需要 CP 的显式指示。但是，当在信任域中的证书认证机构，对信任域外进行认证时，就可以激活此要求，要求在证书认证路径的后续证书中必须出现特定 CP 的对象标识符。

策略限制扩展项的另一个可选功能是证书认证机构禁止证书认证路径中后续证书认证机构进行策略映射的能力。当对域外进行认证时，禁止策略映射功能的设置将有助于控制信任传递所造成的风险，例如，域 A 信任域 B，域 B 信任域 C，但是域 A 不希望被强迫信任域 C。

5.2.4 禁止任意策略扩展项

禁止任意策略扩展项指出了一项限制：自指定 CA 起，在所有后续证书中，任意策略(any-policy)不能视为其他证书策略的显式匹配。该扩展项只能用于 CA 证书，其主要目的在于控制风险，避免因在证书中包含任意策略而使得风险失控。

5.2.5 策略限定符

证书策略扩展项中，对每个 CP 标识符，都可有一个限定符域，用于表达依赖于此策略的额外信息。GB/T 16264.8—2005 标准中既没有规定使用此域的目的，也没有指定这个域的语法。策略限定符类型可以被任何组织注册。

在 RFC 5280 中定义了如下策略限定符类型：

——CPS 指针限定符，包含一个指向由 CA 发布的 CPS、CPS 摘要、RPA 或 PDS 的指针，这个指针为统一资源标识符(URI)格式。

——用户须知限定符，包含一个文本串，该串要在使用证书前显示给订户和依赖方。此文本串可以是一个 IA5 串或者是 BMP 串——GB 13000.1 八位元编码字符集的子集。CA 可以借助于一个过程，要求依赖者知道已公开或接受的适用术语和条件。

策略限定符能够被用来支持通用或者参数化 CP 的定义。除了基本 CP 所提供的，以每张证书为基础,策略限定符类型能够被定义用来表达附加的特殊策略细节,以补充通用定义。

5.3 认证业务声明

CPS 包含证书生命周期的全部过程,如证书管理(包括发布和存档)、吊销、更新证书或密钥。认证业务声明可以由证书认证机构以公开声明的方式发布,内容包含各种细节,如其可信系统,其在运营操作和支持证书颁发中所采纳业务实践等,其详细程度可有所不同。

一些 PKI 可能不需要创建一个关于其业务实践的彻底而细致的声明。例如,CA 本身就是依赖方,已经知道其服务的本质和可信度。另一些情况下,PKI 只需提供很低保证级别的证书,如果发生泄密,被保护的应用程序只面临很小的风险。在这些情况下,建立 PKI 的组织可能只希望编写订户协议、依赖方协议或将二者结合在一起的协议,依不同 PKI 参与者的角色而定。在这种 PKI 中,该协议可能是 PKI 中唯一充当"业务声明"的文件。因此,该协议也可被视为 CPS,并以 CPS 命名。

同样,由于详细的 CPS 可能包含其系统的敏感信息,CA 可能选择不公布全部 CPS,它可能只公布一个 CPS 摘要。CPS 摘要中可能只包含 CPS 中的部分规定,即 CA 认为与 PKI 参与者相关的部分(如各参与方的责任或证书生命周期的各阶段)。但 CPS 摘要中不会包含全部 CPS 中的敏感信息,这些信息可能会给一个攻击者带来一些关于 CA 操作的有用信息。在本文档中,当使用术语 CPS 时,包括详细的 CPS 和 CPS 摘要(除非另有声明)。

CPS 并不自动构成合同,也没有自动将 PKI 各参与方做自动的合同绑定。当一个文档具有订户或依赖方协议和 CPS 的双重目的时,该文档将可视为合同,并且与常规的订户或依赖方协议具有同等的效力。但是,大多数的 CPS 并不具有这样的双重目的。因此在多数情况下,只有当一个独立的文档在参与方之间创立了合同关系,并且该文档部分或全部地引用了 CPS 时,CPS 才具有合同效力。更进一步,如果某个 PKI 采用的是 CPS 摘要,该 CPS 摘要可以包含在任何适用的订户或依赖方协议当中。

5.4 证书策略与认证业务声明之间的关系

CP 和 CPS 所说明的是依赖方感兴趣的相同主题集合,如在何种程度上、为何种目的信任公钥证书。它们的主要不同在于其条款的针对对象不同。CP 列出了针对这些不同的主题 PKI 所采纳的要求和标准。换句话来讲,CP 的目的在于阐明各参与方必须要达到的要求。与之相应,CPS 则说明 CA 和其他参与者在给定的范围内所采取的过程和控制手段,如何满足 CP 中所提的要求。也就是说,CPS 的目的在于公开各参与方如何实现各自的功能和控制。

CP 和 CPS 的另一点不同在于两类文档所覆盖的范围。因为 CP 是关于要求的声明,所以可作为互操作 PKI 必须要满足的最小操作指南。这样,一个 CP 通常适用于多个 CA、多个组织或多个域。相反,CPS 只适用于单个 CA 或单个组织,通常不作为互操作的工具。只拥有一个 CPS 的 CA 可以支持多个 CP(应用于不同的目的或不同的依赖方团体)。同样,具有不同 CPS 的多个 CA,可以支持相同的 CP。例如,政府可以定义在政府范围内使用的 CP,用以处理保密的人力资源信息。该 CP 将是一个针对政府 PKI 系统范围内各参与方的共同要求的公开声明,并指明适用的应用类别。每个想在此 PKI 内运营 CA 的部门或机构,都将被要求撰写自己的 CPS 来支持此 CP,解释如何满足该 CP 中所提的要求。同时,部门或机构的 CPS 可以支持其他的证书策略。

CP 和 CPS 的第三点不同在于各自条款的详细程度。虽然不同 CPS 的详细程度可能不同,但 CPS 通常会比 CP 更详细。CPS 提供了满足 CP 要求的过程和控制的详细描述,而 CP 则更通用。

CP 和 CPS 的主要不同可总结如下:

——PKI 利用 CP 来提出各参与方必须满足的要求,单个 CA 或组织可用 CPS 来公开它是如何满足 CP 的要求,或如何实现其业务和控制的。

——通过交叉认证、单向认证或其他手段,CP 帮助实现互操作。因此,CP 要覆盖多个 CA。相反,CPS 是关于单个 CA 或组织的声明,其目的不在于实现互操作。

——CPS 通常比 CP 更详细,并且说明了 CA 如何满足一个或多个 CP 中的要求,CA 在这些 CP 下颁发证书。

除了在证书策略扩展项中标明适用 CP 的对象标识符,CA 可以在其颁发的证书中包含关于其 CPS 的引用。实现此目的的标准方式是采用 CP 策略限定符,如 5.2.5 所述。

5.5 CP、CPS 与协议以及其他文档之间的关系

在 PKI 的要求与业务实践的文档中,CP 和 CPS 扮演着核心角色,然而它们并不是 PKI 相关的全部文档。例如订户协议和依赖方协议,在订户和依赖方关于使用证书和密钥对的责任分配中,充当着重要的角色,其中规定了证书颁发、管理和使用的条款和条件。

订户协议、依赖方协议或者包括订户和依赖方两方面内容的协议,也可以作为一个 CPS。在其他的 PKI 中,订户或依赖方协议可通过引用而包括 CP 或 CPS 的部分或全部条款。当然在某些 PKI 中,可能从 CP 和/或 CPS 中提取适用于订户的条款,形成独立的订户协议,而不是通过引用来包括 CP 或 CPS。通过同样的方法,也可形成独立的依赖方协议。形成独立文档的好处在于便于消费者阅读。在某些法律环境下,订户或依赖方被认为是消费者,并受到相关条款的保护。在民法国家的法律体系下,通过引用实现的对 CP 或 CPS 的包含,被引用的 CP 或 CPS 条款可能不被当作对消费者的有效绑定。

CP 和 CPS 可通过引用包含到其他文档中,包括:

——互操作协议(包括 CA 间的交叉认证、单向认证或其他形式的互操作);

——厂商协议(在该协议下 PKI 厂商同意满足 CP 或 CPS 中设置的标准);

——PKI 信息披露声明(PDS)。

PDS 与 CPS 摘要具有类似的功能。它是相对较短的文档,只包含了 PKI 或 CA 的部分关键内容。但 PDS 与 CPS 摘要的不同点在于其旨在作为 PKI 全部信息的总结,而不仅仅是 CPS 的浓缩版。进一步而言,PDS 的目的在于提取 PKI 的信息,而不是保护包含在未发布 CPS 中的安全敏感信息,尽管 PDS 也可实现这方面的功能。

正如撰写者可以在一份协议或 PDS 中引用 CP 或 CPS,在 CP 或 CPS 中也可引用其他文档以确定要求。例如,在一个 CP 中可以通过引用一个外部文档来要求证书内容必须满足数字证书格式标准 GB/T 20518—2006。通过引用外部文档,可以在 CP 或 CPS 中加入详细的要求或说明而不必重新设置相关条款。另外,在 CP 或 CPS 中引用文档,也是区分公开信息和安全敏感信息的有效方法。例如,一个 PKI 系统要发布其 CP 或 CPS,但想对 CA 高安全区的构建参数保密,在这种情况下,就可在其 CP 或 CPS 中引用一个外部手册或文档,其中包含了详细的站点构建参数。

在 PKI 文档中,可在 CP 或 CPS 中引用的包括:

——安全策略;

——培训、操作、安装和用户手册;

——适用于 PKI 特定方面的标准文档(如描述 PKI 中所用硬件令牌的保护级别的标准或适用于站点构建的标准);

——密钥管理方案;

——人力资源指南和雇佣手册(可能会涉及人员安全的某些方面);

——电子邮件策略(可能会讨论订户和依赖方的责任)。

5.6 条款集说明

条款集是关于业务实践和(或)策略声明的集合,覆盖了一定范围的标准主题,用于使用本框架中所描述的方法来表达 CP 或 CPS,该描述要覆盖出现在第 7 章中的全部主题。这些条款集在第 6 章中有详细的解释。

一个 CP 能够被表达成单独的条款集。

一个CPS能够被表达成单独的条款集，每项说明如何满足一个或者多个证书策略的要求，或者作为条款集的一个有组织的集合。例如，CPS能够被表达成如下内容的组合：

a) CPS支持的证书策略的列表；

b) 对在a)中的每个CP，都有一个条款集，包含关于此CP中所未规定的，或留给CA做决定的细节声明，该声明用以说明此CPS如何满足特定CP的要求；

c) 一个条款集，包含关于CA认证业务实践的声明，不对应专门CP。

在b)和c)中提供的声明可以增加或者细化适用CP的规定，但是不能与该CP中的规定冲突。而策略机构可以允许出现不满足CP要求的例外，因为CA在其CPS公布了某种补偿措施，使CA可以提供与该CP完全一致的保证。

本标准定义了条款集的内容框架，包括如下9个部分：

	内容标题
1	引言
2	发布和信息库责任
3	标识与鉴别
4	证书生命周期操作要求
5	设施、管理和操作控制
6	技术安全控制
7	证书、CRL和OCSP
8	一致性审计和其他评估
9	业务和法律事务

PKI可以使用此简易框架来撰写简单的CP或CPS，此外，CA还可以利用此框架来撰写订户协议、依赖方协议或包括订户和依赖方的其他协议。如果CA利用此简易框架来构建一个协议，可以将第1部分作为引言，在第2～8部分设置各参与方的职责，第9部分来详述业务和法律问题。本框架及6.9业务和法律问题所列主题顺序，与典型的软件或其他技术协定的主题顺序是相同(或者相近)的。因此，PKI可以创建一套具有相同结构和主题顺序的核心文档(CP、CPS、订户协议和依赖方协议)，从而简化在这些文档和其他PKI相关文档之间的比较和映射。

除了订户协议和依赖方协议，对于其他协议，本简易框架也是有用的。例如，当CA想将部分服务外包给RA或证书制造机构时，可以利用此框架作为一个检验清单，来撰写RA协议或外包协议。同样，两个CA也可利用此框架来起草交叉认证、单向交叉认证或其他互操作协议。

本框架的主要部分(如上所述)能够满足简单CP、CPS、订户协议和依赖方协议的起草者的要求。不仅如此，本框架是可以扩展的，也能够满足复杂CP和CPS撰写者的要求。特别地，上述每一项都可以进一步分解为子项，每个子项又由多个元素组成。第6章提供了对上述每一项及其子项的详细描述，CP和CPS的起草者能够在子项之下再增加新的子项，以满足其特殊PKI的要求。

6 条款集内容

6.0 说明

本章对5.6条所介绍的简易框架的内容进行扩展，本章所列主题是详细CP或CPS的候选主题。

尽管此处给出很多主题，但CP和CPS没有必要对每一个主题包含一个具体的声明。确切而言，对于特定的CP或CPS不需要或不能公开的项、子项或元素，可以声明“无规定”。在这个意义上，主题列表可以被看成是 CP 或 CPS 撰写者要考虑的主题一览表。

CP 和 CPS 中应包含每一个项和子项，尽管只是“无规定”。这种撰写方式可避免无意的主题遗漏，在进行策略映射时，有助于比较不同的 CP 或者 CPS。

在一个 CP 当中，可以留下某些项、子项和/或元素而不做声明，规定所需的信息将在策略限定符中或策略限定符所指定的文档中说明。这种 CP 可看作是参数化定义方式，条款集应该引用或者定义所需的策略限定符类型，并且应该指定任何可用的缺省值。

CP 或 CPS 的标题列表见附录 A。

6.1 引言

6.1.0 本项说明

此项标识和介绍条款集，并指明该文档(CP 或 CPS)的目标实体和应用的类别。

6.1.1 概述

该子项对当前撰写文档提供一个概要性介绍，对当前 CP 或 CPS 所适用的 PKI 提供一个大纲。例如，可以设定 PKI 中证书所提供的不同保证等级。根据特定 PKI 的复杂性和范围，可以使用图表的表达方式。

6.1.2 文档名称与标识

该子项提供关于文档的任何适用名称或标识符，包括 ASN.1 对象标识符。文档的名称可能是政府用于安全电子邮件的策略。

6.1.3 PKI 参与者

该子项描述扮演 PKI 中参与者角色的不同实体的身份或类型，它们是：

——证书认证机构，也就是颁发证书的实体。就其所签发的证书而言，一个 CA 是签发 CA；就签发给其的 CA 证书而言，一个 CA 是主体 CA。CA 可以组织成层状结构，一个组织的 CA 为其下属组织运营的 CA 颁发证书，如分支、分公司或大组织下的部门。

——注册机构，也就是为最终用户证书申请者建立注册过程的实体，对证书申请者进行标识和鉴别，发起或传递证书吊销请求，代表 CA 批准更新证书或更新密钥的申请。大组织的下属组织能够扮演 RA 的角色，服务于整个组织，但 RA 也可以独立于 CA 之外。

——订户，即从 CA 接收证书的实体，包括自己拥有 CA 的组织的雇员、银行或证券经纪的客户、拥有电子商务网站的组织、参与 B-to-B 交换的组织、从 CA(为公开用户颁发证书)处接收证书的公众成员。

——依赖方，依赖方的实例包括自己拥有 CA 的组织的雇员(他们接收到其他雇员发来的签名电子邮件)、由电子商务网站购买商品和服务的人、参与 B-to-B 交换的组织(接收到其他组织发来的订单)、与订户(接收了公共 CA 颁发的证书)发生业务往来的个人或组织。依赖方可以是，也可以不是一个给定 PKI 的订户。

——其他参与者，如证书制造机构、信息库服务提供者，以及其他提供 PKI 相关服务的实体。

6.1.4 证书应用

该子项包括：

——所颁发证书适用的证书应用列表或类型，如电子邮件、零售交易、合同、旅游订单；

——所颁发证书限制的证书应用列表或类型。

在 CP 或 CPS 描述不同保证等级的情况下，该子项能够描述对不同保证等级适用或不适用的应用或应用类别。

6.1.5 策略管理

该子项包括负责起草、注册、维护和更新当前 CP 或 CPS 的组织的名称和邮件地址，还包括联系人的姓名、电子邮件地址、电话号码和传真号码。作为一种替代方案，可不指定真实人，在文档中可以定义一个称谓或角色、一个电子邮件别名或其他通用的联系信息。在某些情况下，组织可以声明其联系人，单独或与其他人一起，能够回答关于文档的问题。

进一步，当一个正式或非正式策略机构来负责决定是否允许某一 CA 在一个 PKI 内运营或与之互操作时，则可能会期望它来批准 CA 的 CPS 与策略机构的 CP 相适应。如果是这样，该子项要包括作此决定的实体的名称、电子邮件地址、电话号码、传真号码，以及其他常用信息。在这种情况下，该子项还包括作此决定的过程。

6.1.6 定义和缩写

该子项包括文档中所使用术语的定义一览表，还包括首字母缩略语及其含义一览表。

6.2 发布和信息库责任

此项包括任何针对下列内容的规定：

——运营 PKI 信息库的实体或实体群的标识，如证书认证机构、证书制造机构，或独立信息库服务提供者；

——PKI 参与者发布其业务实践、证书和证书的当前状态的职责，这些责任可能包括应用不同机制使 CP 或 CPS 对公众可用的，标识出存在的但对公众不可用的项、子项和元素，例如：安全控制、清除程序和因为敏感而需要保密的商业信息；

——信息发布的时间和频率；

——对发布信息的访问控制，包括 CP、CPS、证书、证书状态和 CRL。

6.3 标识与鉴别

6.3.0 本项说明

此项描述在颁发证书之前对最终用户证书申请者的身份和(或)其他属性进行审核的过程。对于期望成为 CA、RA 或其他 PKI 运营机构的实体，此项设置鉴别其身份的过程和接受准则。此项还描述如何鉴别密钥更新请求者和吊销请求者。另外，此项还说明命名规则，包括在某些名称中对商标权的承认问题。

6.3.1 命名

该子项包括下列关于订户命名和身份标识的问题：

——分配给主体的名称类型，如 X.500 甄别名、RFC-822 名称、X.400 名称；

——名称是否一定要有意义；

——订户是否能够使用匿名或假名，如果可以，订户可以使用或将被分配给什么样的名称；

——理解不同名称形式的规则，如 X.500 标准和 RFC-822；

——名称是否需要唯一；

——对商标的识别、鉴别及其角色。

6.3.2 初始身份确认

对于每种主体类型(CA、RA、订户或其他参与者)初始注册中的标识和鉴别过程,该子项包含下列元素:

——主体是否以及怎样证明持有与注册公钥相对应的私钥,如在证书请求消息中包含数字签名。

——对订户或参与者[CA、RA、订户(当给组织或由一个组织控制的设备颁发证书时)]的组织身份进行标识和鉴别的要求,如咨询提供组织身份识别服务的数据库,或检查组织的成立文件。

——对于个人订户或代表组织订户的个人进行标识和鉴别的要求,包括:

- 所需文档的类型和(或)身份证号码;
- CA 或 RA 如何基于其所提供的身份文档来鉴别组织或个人的身份;
- 个人是否需要抵达 CA 或 RA 的现场;
- 如何鉴别一个人确实是组织的代表人,如通过察看经过签署的授权文件或公司标识徽章。

——在初始注册中没有验证的订户信息列表。

——对机构的验证涉及确定一个人是否具有特定的权力或许可,包括代表组织获取证书的许可。

——当一个 CA 申请要在一个 PKI 下操作或与之互操作时,该子项包含一个 PKI、CA 或策略机构决定该 CA 是否适合此操作或互操作的准则。这些互操作可能是交叉认证、单向交叉认证或其他形式的互操作。

6.3.3 密钥更新请求的标识与鉴别

针对于密钥更新中对每个实体(CA、RA、订户或其他参与者)标识和鉴别过程,该子项说明下列元素:

——正常密钥更新中对标识和鉴别的要求,如使用当前有效密钥对包含新密钥的密钥更新请求进行签名;

——证书被吊销后密钥更新中对标识和鉴别的要求,如使用原始身份验证相同的流程。

6.3.4 吊销请求的标识与鉴别

该子项描述对每个主体类型(CA、RA、订户或其他参与者)吊销请求的标识和鉴别过程。例如,吊销请求由与被吊销公钥对应的私钥签名,以及请求经 RA 数字签署。

6.4 证书生命周期操作要求

6.4.0 本项说明

此项说明在证书生命周期方面对签发 CA、主体 CA、RA、订户或其他参与者的要求。在每个子项之内,对签发 CA、主体 CA、RA、订户或其他参与者可能需要给予分别考虑。

6.4.1 证书申请

该子项用于说明关于主体申请证书时的要求:

——谁能够提交证书申请,如证书主体或 RA。

——主体在提交证书申请时所使用的注册过程,以及在此过程中各方的责任。例如,主体在哪里产生密钥对,并发送一个证书请求到 RA。RA 验证该请求,并对其签名,然后将其发送给 CA。为了接收证书申请,CA 或 RA 负有建立注册过程的责任。同样,证书申请者负有在其证书申请中提供准确信息的责任。

6.4.2 证书申请处理

该子项用于描述处理证书申请的过程。例如，为了验证证书申请，签发 CA 或 RA 可能要执行标识和鉴别流程，根据这些步骤，CA 或 RA 将可能依照某些准则或者批准或者拒绝该证书申请。最后，该子项要设置 CA 或 RA 必须受理并处理证书申请的时间期限。

6.4.3 证书签发

该子项用于描述下列与证书签发相关的元素：

——在证书签发过程中 CA 的行为，如 CA 验证 RA 签名和确认 RA 的权限，并生成证书的过程；

——CA 签发证书时对订户的通告机制，如 CA 用电子邮件将证书发送给订户或 RA，或者用电子邮件将允许订户到某网站下载证书的信息告知用户。

6.4.4 证书接受

该子项说明下列内容：

——申请者正式接受证书的行为。这种行为可以包括表示接受的确认性步骤、暗示接受的操作、否定证书或其内容失败。例如，如果 CA 在一定时间内没有收到订户的任何通知，即可认为订户接受了证书；订户可能发送一个经过签名的消息，明示已接受证书；订户可能发送一个经过签名的消息拒绝该证书，在消息中有拒绝的理由并指向证书中的某些字段，而对有关字段的指认是不正确或不完整的。

——CA 对证书的发布，例如 CA 可以将证书发布到 X.500 或 LDAP 信息库。

——CA 在颁发证书时对其他实体的通告，例如，CA 可能发送证书到 RA。

6.4.5 密钥对和证书的使用

该子项用于描述与密钥对和证书使用相关的责任，包括：

——与订户使用其私钥和证书相关的订户责任。例如，订户可能被要求只能在恰当的应用范围内使用私钥和证书，这些应用在 CP 中设置，并且与有关的证书内容相一致（如密钥用途字段）。私钥和证书的使用要遵从于订户协议的规定，订户只有在接受了相关证书之后才能使用其私钥，并且在证书到期或被吊销之后，订户必须停止使用私钥。

——与使用订户公钥和证书相关的依赖方责任。例如，依赖方只能在恰当的应用范围内依赖于证书，这些应用在 CP 中设置，并且与有关的证书内容相一致（如密钥用途扩展）。成功地完成公钥操作依赖于证书的条件，有责任使用 CP/CPS 中所要求或允许的一种机制来检查证书状态，和同意依赖方协议中的有关规定依赖于证书的条件。

6.4.6 证书更新

该子项用于描述下列与证书更新相关的元素。证书更新的意思是在不改变证书中订户或其他参与方的公钥或其他任何信息的情况下，为订户签发一张新证书：

——进行证书更新的条件，如证书已到期，但策略允许继续使用相同的密钥对；

——谁可以请求更新，如订户、RA 或 CA 可以自动更新订户证书；

——为签发新证书，CA 或 RA 处理更新请求的过程，如使用令牌，比如口令，来重新鉴别订户，或使用与原始签发证书相同的过程；

——颁发新证书给订户时的通告；

——接受更新证书的行为；

——CA 对更新证书的发布；

——CA 在颁发证书时对其他实体的通告。

6.4.7 证书密钥更新

针对订户或其他参与者生成一对新密钥并申请为新公钥签发一个新证书，该子项描述下列元素：

——证书密钥更新的条件，如因私钥泄漏而吊销证书之后，或者证书到期并且密钥对的使用期也到期之后；

——谁可以请求证书密钥更新，如订户；

——为签发新证书，CA 或 RA 处理密钥更新请求的过程；

——颁发新证书给订户时的通告；

——接受密钥更新证书的行为；

——CA 对密钥更新证书的发布；

——CA 在颁发证书时对其他实体的通告。

6.4.8 证书变更

该子项描述的下列元素，针对于因为改变证书中除订户公钥之外的信息而签发新证书的情形：

——证书变更的条件，如名称改变、角色改变、因重组而造成的 DN 改变；

——谁可以请求证书变更，如订户、人力资源部门或 RA；

——为签发新证书，CA 或 RA 处理证书变更请求的过程，如采用与原始证书签发相同的过程；

——颁发新证书给订户时的通告；

——接受变更证书的行为；

——CA 对变更证书的发布；

——CA 在颁发证书时对其他实体的通告。

6.4.9 证书吊销和挂起

该子项说明下列内容：

——证书挂起的条件和证书必须吊销的条件，例如订户雇佣期满、密码令牌丢失或怀疑私钥泄漏；

——谁可以请求吊销证书，例如对最终用户证书而言，订户、RA 或 CA；

——证书吊销请求的流程，如由 RA 签署的消息、由订户签署的消息或由 RA 电话通知；

——订户可用的宽限期，订户必须在此时间内提出吊销请求；

——CA 必须处理吊销请求的时间；

——为检查其所依赖证书的状态，依赖方可以或必须使用的检查机制；

——如果使用 CRL，其发布频率是多少；

——如果使用 CRL，产生 CRL 并将其发布到信息库的最大延迟是多少（也就是在生成 CRL 之后，再将其发布到信息库中所用的处理和通信相关最长延迟）；

——在线证书状态查询的可用性，例如 OCSP 和可提交状态查询的 Web 网站；

——依赖方执行在线吊销状态查询的要求；

——吊销信息的其他可用传播途径；

——当因为私钥泄漏而造成证书吊销或挂起时，上述规定的不同之处（与其他原因造成吊销或挂起相对）；

——证书挂起的条件；

——谁可以请求证书挂起，例如对于最终用户证书而言，订户、人力资源部门、订户的上级，或者 RA；

——请求证书挂起的过程，如由订户或 RA 签署的消息，或由 RA 电话请求；

——证书挂起的最长时间。

6.4.10 证书状态服务

该子项说明依赖方可用的证书状态查询服务，包括：

——证书状态查询服务的操作特点；

——这些服务的可用性，以及服务不可用时的适用策略；

——这些服务的其他可选特征。

6.4.11 订购结束

该子项说明订户结束订购CA的服务时所使用的过程，包括：

——结束订购时的证书吊销(依赖于结束订购是因为证书到期，还是因为服务终止，可能会有所不同)。

6.4.12 密钥托管与恢复

该子项包含下列元素，说明与私钥托管和恢复相关的策略和业务实践(通过CA或其他可信第三方)：

——包含密钥托管和恢复的策略及实践的文档标识，或此类策略和实践一览表；

——包含会话密钥封装和恢复的策略及实践的文档标识，或此类策略和实践一览表。

6.5 设施、管理和操作控制

6.5.0 本项说明

此项描述非技术安全控制(即物理、过程和人员控制)，签发CA使用这些控制手段来安全地实现密钥生成、主体鉴别、证书签发、证书吊销、审计和归档等功能。

此项也用于定义信息库、主体CA、RA、订户和其他参与者的非技术安全控制，主体CA、RA、订户和其他参与者的这些非技术控制手段可能会相同、相近或非常不同。

对证书的可信而言，这些非技术安全控制很重要，因为缺乏安全控制可能会使CA在创建证书或CRL时混入错误信息，或者CA的私钥泄漏。

在每个子项当中，通常对每个实体类型都要给予分别考虑，即签发CA、信息库、主体CA、RA、订户和其他参与者。

6.5.1 物理控制

该子项当中，描述了针对放置实体系统的机房设施的物理控制，可以包括下列主题：

——场所区域和建筑，如对高安全区的建筑要求，使用带锁的房间、屏蔽室、保险柜、橱柜；

——物理访问，也就是从场所的一个区域到另一个区域或进入安全区的访问控制机制，如将CA的运营安置在有门卫把守或安全警报的安全计算机机房内，从一个区域到另一个区域的移动需要使用令牌、生物识别设备和(或)访问控制列表；

——电力和空调；

——水患防治；

——火灾预防和保护；

——介质存储，例如需要在不同的场所利用备份介质进行存储，该场所在物理上是安全的，能够防止水灾和火灾的破坏；

——废物处理；

——异地备份。

6.5.2 过程控制

该子项中，描述定义可信角色的要求，以及各个角色的责任。可信角色包括系统管理员、安全官员和系统审计员等。

对于规划出每项任务，要声明完成该项任务所需的每个角色人员数，还可以定义对每个角色的标识和鉴别要求。

此项还可能包括按照角色而定义的责任分离，这些角色不能由相同的人承担。

6.5.3 人员控制

该子项说明下列内容：

——对于充当可信角色或其他重要角色的人员，其需要具备的资格、经历和无过失证明要求，例如对这些职位的候选者所需具备的信任证明、工作经历和官方凭证。

——在雇佣充当可信角色或其他重要角色的人员时所需背景审查程序，这些角色可能要求调查其犯罪记录、档案，以及参加者需要持有为雇佣特定人员而制作的附加凭证。

——雇佣人员后对每个角色的培训要求和过程。

——在完成原始培训后对每个角色的再培训周期和过程。

——在不同角色间的工作轮换周期和顺序。

——对下列行为的处罚：未授权行为、未授予的权力使用和对系统的未授权使用，从而破坏全体人员过程的可追踪性。

——对独立合约人而非实体内部雇员的控制，包括：

- 对缔约人员的责任要求；
- 合同要求，包括对由缔约人员行为造成的损失的赔偿；
- 对缔约人员的审计和监控；
- 对缔约人员的其他控制。

——对全体人员在初始培训、再培训和其他过程中使用的文档。

6.5.4 审计日志程序

该子项用于描述事件日志和审计系统，实现该系统的目的在于维护一个安全的环境。包括下列元素：

——记录事件的类型，如证书生命周期操作、对系统的访问企图和对系统的请求。

——处理或归档日志的周期，如每星期、在报警或异常事件之后，或审计日志已满时。

——审计日志的保存期。

——审计日志保护：

- 谁可以浏览审计日志，如只能是审计管理员；
- 对审计日志更改的保护，如要求没有人能够更改或删除审计记录或者只有审计管理员才能够删除审计文件；
- 对审计日志删除的保护。

——审计日志备份程序。

——审计日志收集系统是在实体的内部还是外部。

——是否对触发事件的主体进行通告。

——脆弱性评估，如审计数据的运行工具破坏系统安全性的潜在可能。

6.5.5 记录归档

该子项用于描述通用的记录归档(或记录保留)策略,包括:

——归档记录的类型,例如所有审计数据、证书申请信息、支持证书申请的文档。

——档案的保存期。

——档案的保护:

- 谁可以浏览档案,如要求只有审计管理员才能浏览;
- 对档案更改的保护,如将数据保存在只能一次写入的介质中;
- 对档案删除的保护;
- 对档案保存介质老化的保护,如要求周期性地将数据保存到新的介质;
- 对硬件、操作系统和其他软件废止的保护,如将硬件、操作系统和(或)其他软件作为归档的一部分,以能够在后期访问和使用归档数据。

——档案备份程序。

——对记录加盖时间戳的要求。

——档案收集系统是内部还是外部。

——获得和验证档案信息的程序,如由两个人分别来保留归档数据的两个拷贝,并且为了确保档案信息的准确,需要对这两个拷贝进行比较。

6.5.6 CA 密钥更替

该子项描述 CA 产生新密钥,并将新的公钥提供给 CA 用户的过程。此过程可以与产生当前密钥的过程相同,而且可以用旧密钥为新密钥签发证书。

6.5.7 损害和灾难恢复

该子项描述与密钥损害或灾难事件相关的通告和恢复过程要求,对下列内容需要分别考虑:

——适用事件和损害的列表,以及对事件的报告和处理过程。

——对计算资源、软件和(或)数据被破坏或怀疑被破坏的恢复过程,此过程包括如何重建一个安全环境,哪些证书要吊销,实体的密钥是否被吊销,如何将新的实体公钥提供给用户,以及如何为主体重新发证。

——对实体私钥损害的恢复过程,此过程包括如何重建一个安全环境,如何将新的实体公钥提供给用户,以及如何为主体重新发证。

——自然或其他灾难后实体的业务连续性能力,此能力包括远程热备站点对运营的恢复,也可以包括在灾难发生后到重建安全环境前,或者在原始站点,或者在远程站点保护其设施的程序。例如,防止从遭地震破坏的站点偷窃敏感信息的程序。

6.5.8 CA 或 RA 终止

该子项描述与 CA 或 RA 终止和终止通告相关的过程的要求,包括 CA 或 RA 档案记录管理者的身份问题。

6.6 技术安全控制

6.6.0 本项说明

该项用于定义签发 CA 为保护其密钥和激活数据(如 PIN 码、口令字或手持密钥共享)而采取的安全措施。该项也用于对信息库、主体 CA、订户和其他参与者进行限制,以保护他们的私钥、私钥激活数据和关键安全参数。安全密钥管理十分重要,以确保所有的秘密密钥、私钥和激活数据都在保护之中,并且只被授权的人员使用。

该项也描述签发CA使用的其他技术安全控制,用以安全地实现密钥生成、用户鉴别、证书注册、证书吊销、审计和归档等功能。安全控制包含生命周期安全控制(包括软件开发环境安全,可信的软件开发方法论)和操作安全控制。

该项还可用来定义其他的用于信息库、主体CA、RA、订户和其他参与者的技术安全控制。

6.6.1 密钥对的生成和安装

对于签发CA、信息库、主体CA、RA和订户,都需要考虑密钥对的生成和安装。对其中的每类实体,都需要回答下列问题:

a) 由谁来生成实体的公、私钥对?是订户、RA还是CA。进一步,密钥对的生成是如何实现的?由硬件还是软件生成?

b) 私钥是如何安全地提供给实体的?可能的方法包括实体自生成从而自动拥有、用物理的方式将私钥传递给实体、邮寄保存私钥的令牌,或是通过SSL会话传递。

c) 如何将实体公钥安全地提供给证书认证机构?可通过在线SSL会话或经RA签署的消息。

d) 对于签发CA,如何将CA公钥安全地提供给潜在的依赖方?可能的方式包括用人工将公钥发送给依赖方、用物理方式邮寄一份拷贝给依赖方,或通过SSL会话传递。

e) 密钥长度是多少?如RSA的模长是1 024比特、DSA的大素数是1 024比特。

f) 由谁来生成公钥参数?在生成密钥时是否对参数的质量进行检查?

g) 密钥的使用目的是什么?或者密钥的使用目的限制在什么范围内?对于GB/T 16264.8—2005证书,这些目的需要映射到第三版证书的密钥用途标志位。

6.6.2 私钥保护和密码模块工程控制

对于签发CA、信息库、主体CA、RA和订户,都要考虑私钥保护和密码模块的要求。对其中的每个实体类型,都可能要回答下列问题:

a) 如果有,对用来产生密钥的模块需要哪些标准?密码模块可以由硬件、软件、固件或其组合构成。例如,被基础设施认证的密钥是否需要由符合国家有关密码标准的模块产生?如果是,模块需要达到的级别是多少?是否存在与密码模块相关的其他工程或控制,如密码模块边界的标定、输入/输出、角色和服务、有限状态机、物理安全、软件安全、操作系统安全、算法一致性、电磁兼容性和自检测等。

b) 私钥是否由 M 选 N 多人控制?如果是,N 和 M 是多少(两人控制是一个特殊的例子,其中 $N=M=2$)?

c) 私钥是否被托管?如果是,谁是托管机构,密钥以什么形式托管(如明文、密文、分割密钥),并且托管系统的安全控制如何?

d) 私钥是否备份?如果是,谁是备份机构,私钥以什么形式备份(如明文、密文、分割密钥),并且备份系统的安全控制如何?

e) 密钥是否归档?如果是,谁是归档机构,私钥以什么形式归档(如明文、密文、分割密钥),并且归档系统的安全控制如何?

f) 在什么条件下私钥可以从密码模块导入或导出?谁能够执行此类操作?在导入/导出时私钥的形式怎样(如明文、密文、分割密钥)?

g) 私钥如何被保存在模块中(如明文、密文、分割密钥)?

h) 谁能激活(使用)私钥?为激活私钥必须执行哪些操作(例如登录、上电、提供PIN、插入令牌/钥匙、自动等)?一旦密钥被激活,密钥是活动无限长的时间、只活动一次,还是活动于一个定义的时间段？

i) 谁能够冻结私钥以及如何做？冻结私钥的方式包括退出、切断电源、移开令牌/钥匙、自动冻结或者有效期届满。

j) 谁能够销毁私钥以及如何做？销毁密钥的方式包括交出令牌、销毁令牌或者重写密钥。

k) 给出密码模块在下列方面的指标：密码模块边界的标定、输入/输出、角色和服务、有限状态机、物理安全、软件安全、操作系统安全、算法一致性、电磁兼容性和自检测。指标可以以与某标准兼容的方式给出，如符合国家有关标准。

6.6.3 密钥对管理的其他方面

对于签发CA、信息库、主体CA、RA、订户和其他参与者，还要考虑密钥管理的其他方面。对其中的每个实体类型，都需要回答下列问题：

a) 公钥是否归档？如果归档，谁是归档机构以及归档系统的安全控制如何？进一步，还需将什么软件和硬件作为档案的一部分一同保存，以能够在日后使用公钥？

注：该子项并不限于要求或描述对归档数据使用数字签名，还包括当档案需要防止篡改时其数字签名的完整性控制。数字签名并不提供对篡改的保护，或保护数据的完整性，它们仅仅验证数据的完整性。并且，归档期可能会长于密码分析期，在该时期内利用公钥能够验证应用于归档数据的任何数字签名。

b) 颁发给订户的证书的操作期是多少？订户密钥对的使用期或生命期又是多少？

6.6.4 激活数据

激活数据指的是用以操作私钥或包含私钥的密码模块所需的数据值，如PIN、口令字或私钥的一部分(使用某种密钥分割方案)，而不是整个私钥。对激活数据的保护是为了防止对私钥的非授权使用，签发CA、主体CA、RA和订户都需要考虑保护激活数据。这些考虑可能需要说明激活数据的整个生命周期，从产生到归档和销毁。对每个实体类型(签发CA、信息库、主体CA、RA、订户和其他参与者)，所有问题(6.6.1～6.6.3)都要回答，只是关于激活数据而不是关于密钥。

6.6.5 计算机安全控制

该子项用来描述计算机安全控制，例如使用可信计算基的概念、自主访问控制、标签、强制访问控制、对象重用、审计、标识与鉴别、可信路径、安全测试和渗透测试，也可以说明产品的安全保证。

可以要求计算机系统需要达到一定的安全级别，分级标准可以基于国家颁布的计算机信息系统安全等级保护要求中对PKI公钥基础设施的技术要求、可信系统评估标准、加拿大可信产品评估准则、欧洲信息技术安全评估准则或信息技术安全评估通用准则。该子项也能说明对下列事宜的要求：产品评估分析、测试、描述、产品认证，和/或与产品认可相关的活动。

6.6.6 生命周期技术控制

该子项描述系统开发控制和安全管理控制。

系统开发控制包括：开发环境安全、开发人员安全、产品维护期的配置管理安全、软件工程实施、软件开发方法论、模块化、层次化、使用容错设计和实现技术(如防御性编程)，以及开发工具安全。

安全管理控制包括执行工具和程序来保证操作系统和网络符合设置的安全，这些工具和程序包含检查安全软件、固件和硬件的完整性来确保它们正确运行。

该子项还可以说明生命周期安全等级，例如基于可信软件开发方法学级别Ⅳ和Ⅴ、独立的生命周期安全控制审计和能力成熟度模型。

6.6.7 网络安全控制

该子项说明与网络安全相关的控制，如防火墙等。

6.6.8 时间戳

该子项说明与不同数据使用时间戳相关的要求或业务实践，还可声明时间戳应用是否需要使用可信时间源。

6.7 证书、CRL 和 OCSP

6.7.0 本项说明

该项用于说明证书格式、CRL 和(或)OCSP 格式，包括描述、版本号和扩展项的使用。

6.7.1 证书

该子项说明下列主题(也可能通过引用一个独立的规范定义，如 RFC5280)：
——支持的版本号；
——所使用的证书扩展项及其关键性；
——密码算法对象标识符；
——CA、RA 和订户所使用的名称形式；
——所使用的名称限制及其形式；
——证书策略对象标识符；
——策略约束扩展项的使用；
——策略限定符的语法和语义；
——对关键证书策略扩展项的处理规则。

6.7.2 CRL

该子项说明下列主题(也可能通过引用一个独立的规范定义，如 RFC5280)：
——CRL 支持的版本号；
——CRL 和 CRL 入口扩展项及其关键性。

6.7.3 OCSP

该子项说明下列主题：
——OCSP 版本号；
——所使用的 OCSP 扩展项及其关键性。
该子项也可通过引用一个独立的规范(如 GB/T 19713—2005)来说明。

6.8 一致性审计和其他评估

该项说明下列问题：
——评估所涵盖的主题和(或)评估的方法列表。
——依照某一 CP 或 CPS，对每个实体进行一致性审计或其他评估的频率，或者是引发评估事件的条件。可能的情况如每年一次的年审，作为允许实体运行的一个运营前条件的评估，或一个疑似或真实安全泄密后的调查。
——关于执行审计或其他评估的人员的身份和资质。
——评估者与被评估实体之间的关系，包括评估者的独立程度。
——对评估中出现的不足所采取的措施，例如暂停运营直到错误得到改正，吊销被评估实体的证书，变换人员，触发特殊调查或增加后续一致性评估频率，宣布被评估实体的损失等。

——谁有权察看审计结果(如被评估实体、其他参与者、公众),由谁提供(评估者或被评估实体),它们之间如何通信。

6.9 业务和法律事务

6.9.0 本项说明

该项涵盖了一般性的商务和法律问题。本框架的9.1和9.2讨论不同服务的费用问题,和各参与方为了保证资源维持运营,针对参与方的诉讼、争议的审判和解决提供支付所需要承担的财务责任。该项的其余内容通常与法律问题相关。

自本框架的9.3开始,其标题顺序与典型的软件许可协议或其他技术协议的标题顺序相同或相近。因此,本框架不仅适用于CP和CPS,还可用于其他PKI相关的协议,尤其是订户协议和依赖方协议。如此安排顺序旨在帮助律师审阅CP、CPS和依据本框架而编写的文档。

关于此项中的许多法律子项,CP或CPS的撰写者可以将其包含在文档的限定条件中,使其直接作用于订户或依赖方。例如,在一个CP或CPS中可以设定订户和依赖方的责任范围。当CP或CPS本身作为一个合同或作为合同的一部分时,限定条件中所包含的内容就变得很有意义。

但在其他情况下,CP或CPS并不作为合同或合同的一部分。相反地,可设定通过另外的文档使CP或CPS的条款或条件作用于有关方,这些文档可能包括相关的协议,如订户协议或依赖方协议。在这种情况下,CP的撰写者可能会编写一个CP,要求其某些法律规定和条件要出现(或不出现)在这些相关协议当中。例如,一个CP可能包含一个子项,声明某些责任限制条款必须出现在CA订户协议和依赖方协议中。再比如,一个CP可包括一个子项,禁止使用包含与该CP规定不符的CA责任限制的订户或依赖方协议。CPS的撰写者可以利用法律子项来公布某些限定条件出现在CA所使用的相关订户、依赖方或其他协议中。例如,在一个CPS中可以说明CA使用相关的订户或依赖方协议以适用于某特定条款来限定责任。

6.9.1 费用

该子项包括CA、信息库拥有者或RA收取费用的条款,如:

——证书颁发或更新费用;

——证书访问费用;

——吊销或状态信息访问费用;

——其他服务的费用,如对相关CP或CPS提供访问服务;

——退款规定。

6.9.2 财务责任

该子项包括与CA、RA和其他提供认证服务的参与者的可用资源相关的要求或公开声明,这些资源是其运营PKI的责任的必要支撑,并且在其运营发生错误并造成损失时提供赔付和解决办法。这些规定包括:

——该参与者对其他参与者所负有的责任保险范围声明;

——该参与者利用其他资源来支持其运营和对潜在责任进行赔付的声明,可以以PKI正常运营和处理可能意外事件所需的最少财产级别的方式表达,如组织收支平衡表上的财产、保证书、信用证明、在某种条件下要求赔偿的权力契约;

——该参与者拥有对使用其PKI的其他参与者提供首方责任险或担保保护的程序的声明。

6.9.3 业务信息保密

该子项包括与各参与方在进行相互通信时对保密商业信息问题进行处理的相关规定,如商业计划、销售信息、贸易秘密和在非公开协议下从第三方得到的信息。特别地，此子项说明：

——被认为是保密信息的范围；

——被认为在保密信息范围之外的信息类型；

——接收到保密信息的参与者防止其泄漏、避免使用和发布给第三方的责任。

6.9.4 个人隐私保密

该子项与参与者，尤其是CA、RA和信息库需要采取的保护措施相关，这些措施用来保护证书申请者、订户和其他参与者的个人身份私有信息。特别地，在适用法律范围之内，该子项包括：

——根据有关法律或政策的需要，指定并公开适用于参与者活动的隐私方案；

——PKI中认为或者不认为是隐私的信息；

——收到参与者的隐私信息保证其安全、避免使用和泄漏给第三方的责任；

——在使用或者公开其隐私信息时，通知个人或获得个人同意的相应要求；

——在个人或政府事务或其他任何法律事务中，参与者依据司法或管理程序授权或必须公开隐私信息的条件。

6.9.5 知识产权

该子项说明知识版权问题，如版权、专利、商标、商业秘密等。这些内容可能出现在某些参与者的CP、CPS、证书、名称和密钥中(或在其中声明)，也可能是发给或来自参与者的许可证中的主体。

6.9.6 陈述与担保

该子项包括CP或CPS对各种实体所作的陈述和担保。例如，一个作为合同的CPS可能包含CA的担保：保证其所颁发证书中的信息是准确的。或者CPS包含一个较有限的担保：在认真执行了某种身份鉴别过程后，就CA所掌握的信息而言，证书中的信息是真实的。该子项还可以要求在某些协议中要包含陈述和担保条款，如订户或依赖方协议。例如，某个CP可以包含一项要求：所有的CA要使用订户协议，在该协议中包含CA的一项担保，确保证书中的信息是正确的。CA、RA、订户、依赖方和其他参与者都可制定自己的陈述和担保。

6.9.7 担保免责

该子项包含对有可能存在其他协议中的明示担保责任的否定描述，也包含对由于适用法律引起的隐含担保责任的描述，如商品的可买卖性或适用于特殊目的担保。在CP或CPS中可以直接使用这些担保免责规定，或者包含一项要求，规定担保免责条款要出现在相关协议当中，如订户或依赖方协议。

6.9.8 有限责任

该子项包含CP或CPS中的陪付责任限制，或者出现在与CP或CPS相关的协议中的赔付责任限制，如订户或依赖方协议。这些限制可分为两类：遭受的损失中哪些是可补偿的，和遭受损失可补偿的总量，也就是上限。通常，合同中包含拒绝对某些损失的赔偿，如意外损失、后续性损失和惩罚性损失。经常地，合同中也包含限制一方或另一方赔偿到一确切的数量，或者到一个基准数量，如供应商在合同下所得到的支付。

6.9.9 赔偿

该子项包含一方对另一方遭受损失的赔偿条款，通常这种损失是由第一方的行为所导致的。赔偿条款可以出现在CP、CPS或其他协议当中。例如，在CP中可以要求在订户协议中包含一条规定，如果由于订户在申请证书过程中欺骗性的陈述其身份而使CA为其签发了不正确的证书，给CA造成损失，订户有赔偿CA损失的责任。同样,在CPS中可以指出某一CA使用依赖方协议,在该协议下,如果依赖方在使用证书过程中没有正确检查吊销信息,或在CA允许的目的范围之外使用证书,从而使CA遭受损失,依赖方有赔偿CA损失的责任。

6.9.10 有效期限与终止

该子项包括CP或CPS有限的时间期限,以及文档、文档的某一部分或对某一特定参与者的适用性终止的条件。另外,在CP或CPS中可以要求某些期限和终止条款要出现在订户或依赖方协议中。特别地,这些条款包括:

——文档或协议的有效期限,也就是如果文档不提前终止,文档生效和失效的时间。

——终止规定,声明文档、文档的某一部分或对某一特定参与者的适用性停止有效的条件。

——文档终止的任何可能结果,例如协议的某些条款在协议终止后继续有效,如知识产权承认和保密条款。另外,终止可能涉及到各参与方返还保密信息到其拥有者的责任。

6.9.11 各参与者的个别通告与沟通

该子项讨论某一参与方与另一参与方进行通信时可以或必须遵循的方法,以使其通信过程在法律上有效。例如,一个RA想要告知CA它想终止与CA的协议。此子项的内容与公布和发布证书的功能不同,因为公布和发布证书是以与大范围的接受者之间的通信为目的,如所有的依赖方。此子项可建立通信机制并指明联系信息以便传递信息,比如发送经过数字签名的电子邮件到指定地址,随后是经过签名的电子邮件接收确认。

6.9.12 修订

有时需要修订某个CP或CPS,有些变动并没有实质性地减少CP或其实施所提供的保证,这种改变将被策略管理员判定为对证书的可接受性没有重大影响,这样的变动不需要改变CP的OID或CPS的地址指针(URL)。另一方面,有些变动会从根本上改变对证书的接受(针对特殊目的),这些变动需要改变相应CP的OID或CPS的地址指针。

该子项还可包含下列信息:

——CP、CPS或其他文档必须或可以遵循的修正程序。当对CP或CPS修正时,变动过程可能包括通告机制(将建议的变更通知所有受影响的对象,如订户和依赖方),评论期限,评论接收、审阅,并反映到文档的机制,和修正最终形成并生效的机制。

——当对CP或CPS进行修正时,需要变更CP的OID或CPS的URL的条件。

6.9.13 争议处理

该子项说明解决出自CP、CPS或其他协议的争端的程序,例如要求争端需要通过某个论坛解决,或者其他的争端解决机制。

6.9.14 管辖法律

该子项设置一项声明,说明在某个司法管辖域内的法律对CP、CPS或其他协议的解释和生效起作用。

6.9.15 与适用法律的符合性

该子项说明参与者所需遵守的适用法律,如与密码硬件和软件相关的法律,该法律可能还受控于给定司法管辖域下的出口控制法。CP或CPS需要声明满足这些法律,或者声明这些规定在其他协议中给出。

6.9.16 一般条款

该子项包括综合规定，这里所总结的条款可以出现在CP、CPS或其他协议中：

——整体协议条款，通常标识出构成整个协议的全部文档，并声明该协议替代所有先前或同时期的、与相同主题相关的书面或口头解释。

——转让条款，通过某种方式限制一方的能力，如在该协议下将一方的权利转让给另一方的规定（如在将来接受费用的权利），或授权其某种义务。

——分割性条款，表达参与方在出现如下事件时的意图，即当法庭或其他仲裁机构判定协议中的某一条款由于某种原因无效或不具执行力时，不会出现因为某一条款的无效导致整个协议无效。

——强制执行条款，可以声明在协议纠纷中有利的一方有权将代理费作为偿还要求的一部分，或者声明免除一方对合同某一项的违反应该承担的责任，不意味着继续免除或未来免除这一方对合同其他项的违反应该承担的责任。

——不可抗力条款，通常用于出现超出受影响方控制事件的发生时，免除一方或多方对合同的执行责任。通常，免除执行的时间与事件所造成的延迟时间相当。此条款也可包括协议终止的环境和条件。构成不可抗力的事件包括战争、恐怖袭击、罢工、自然灾害、供应商或卖方执行失败、因特网或其他基础设施的瘫痪。不可抗力条款的起草应与框架的其他部分相一致，并达到适用的服务级别协议。例如，业务连续性和灾难恢复的责任和能力可以将某些事件置于组织的可控范围之内，如在停电时启用备份电源的义务。

6.9.17 其他条款

针对PKI参与者，又不属于本框架的项或子项的任何附加责任和规定，都在此描述。

附　录　A
（规范性附录）
条款集框架

本附录包含条款集的标题列表，可作为全部标题的一览表或 CP、CPS 编写者的标准模板。此标题列表有助于：

a）在进行交叉认证或其他形式的互操作时，比较两个证书策略（为实现策略映射）。

b）将 CPS 与 CP 进行比较，来确认 CPS 忠实地实现了策略。

c）比较两个 CPS。

条款集标题列表如下：

1　引言

1.1　概述

1.2　文档名称与标识

1.3　PKI 参与者

1.3.1　证书认证机构

1.3.2　注册机构

1.3.3　订户

1.3.4　依赖方

1.3.5　其他参与者

1.4　证书应用

1.4.1　适合的证书应用

1.4.2　限制的证书应用

1.5　策略管理

1.5.1　策略文档管理机构

1.5.2　联系人

1.5.3　决定 CPS 符合策略的人员

1.5.4　CPS 批准流程

1.6　定义和缩写

2　发布与信息库责任

2.1　信息库

2.2　认证信息的发布

2.3　发布的时间或频率

2.4　信息库访问控制

3　标识与鉴别

3.1　命名

3.1.1　名称类型

3.1.2　对名称意义化的要求

3.1.3　订户的匿名或伪名

3.1.4　解释不同名称形式的规则

3.1.5　名称的唯一性

3.1.6　商标的识别、鉴别和角色

3.2　初始身份确认

5.1.8 异地备份

5.2 过程控制

5.2.1 可信角色

5.2.2 每项任务需要的人数

5.2.3 每个角色的标识与鉴别

5.2.4 需要职责分割的角色

5.3 人员控制

5.3.1 资格、经历和无过失要求

5.3.2 背景审查程序

5.3.3 培训要求

5.3.4 再培训周期和要求

5.3.5 工作岗位轮换周期和顺序

5.3.6 未授权行为的处罚

5.3.7 独立合约人的要求

5.3.8 提供给员工的文档

5.4 审计日志程序

5.4.1 记录事件的类型

5.4.2 处理日志的周期

5.4.3 审计日志的保存期限

5.4.4 审计日志的保护

5.4.5 审计日志备份程序

5.4.6 审计收集系统

5.4.7 对导致事件主体的通告

5.4.8 脆弱性评估

5.5 记录归档

5.5.1 归档记录的类型

5.5.2 归档记录的保存期限

5.5.3 归档文件的保护

5.5.4 归档文件的备份程序

5.5.5 记录时间戳要求

5.5.6 归档收集系统

5.5.7 获得和检验归档信息的程序

5.6 CA 密钥更替

5.7 损害和灾难恢复

5.7.1 事故和损害处理程序

5.7.2 计算资源、软件和/或数据的损坏

5.7.3 实体私钥损害处理程序

5.7.4 灾难后的业务连续性能力

5.8 CA 或 RA 的终止

6 技术安全控制

6.1 密钥对的生成和安装

6.1.1 密钥对的生成

6.1.2 私钥传送给订户

附　录　B
（资料性附录）
证　书　策　略

B.1　适用于特定团体的证书策略

假定中国民用航空局(CAAC)联合各航空公司共同运营一个PKI,定义在航空领域内使用的CP,可以定义两个CP:CAAC普通CP和CAAC商业级CP。

CAAC普通CP能够被业内人员用来保护日常的信息(如电子邮件),和在通常的信息检索中鉴别浏览器到服务器间的连接。密钥对可以通过低成本的、基于软件的系统(如商业浏览器)来产生、存储和管理。在这种策略下,证书可以被自动签发给任何在CAAC公共目录中列出的员工或者任何成员航空公司,只要该公司提交了一个签名的证书申请表给组织内的网络管理员。

CAAC商业级CP可用于保护金融交易或者绑定航空公司间的合同交换。在这个策略下,CAAC可能要求被认证的密钥对需要在经过认可的密码硬件令牌中生成和存储,证书和令牌可能通过专门的分配机构发放给航空公司的雇员。作为颁发令牌和证书的条件,这些被授权的个体可能被要求向公共的安全部门登记,出示有效的身份证件,并且签署一份订户协议书,该协议书要求其保护令牌并仅用于指定的目的。

B.2　适用于共同安全需求的证书策略

对于在电子政务中使用的PKI,可由其策略管理机构(PMA)定义证书策略。针对签名证书和加密证书,可以定义8个证书策略:4个策略用于数字签名证书,另4个策略用于加密证书。对每种类型的应用,都可定义4个保证等级:初级、基本级、中级和高级。在定义证书策略时,应根据应用对签名和加密的不同安全要求进行分类,分别提供初级、基本级、中级和高级的保证级别。从初级到高级,安全要求逐渐增加,从而保证级别也不断增加。

参考文献

[1] Chokhani,S. and W. Ford. Internet X. 509 Public Key Infrastructure,Certificate Policy and Certification Practices Statement Framework. RFC 3647,November 2003.

[2] European Telecommunications Standards Institute. Policy Requirements for Certification Authorities Issuing Qualified Certificates. ETSI TS 101 456,Version 1. 1. 1,December 2000.

[3] Government of Canada PKI Policy Management Authority. Digital Signature and Confidentiality Certificate Policies for the Government of Canada Public Key Infrastructure,v. 3. 02,April 1999.

[4] Identrus,LLC,Identrus Identity Certificate Policy IP-IPC Version 1. 7,March 2001.

[5] American Bar Association,Digital Signature Guidelines: Legal Infrastructure for Certification Authorities and Secure Electronic Commerce,1996.

[6] American Bar Association. PKI Assessment Guidelines,v0. 30,Public Draft For Comment, June 2001.

ICS 35.240.20
L 76

中华人民共和国国家标准

GB/T 26856—2011

中文办公软件基本要求及符合性测试规范

Specification for the basic requirements and conformity test of Chinese office software

2011-07-29 发布　　2011-11-01 实施

中华人民共和国国家质量监督检验检疫总局
中国国家标准化管理委员会　发布

前　言

本标准按照 GB/T 1.1—2009 给出的规则起草。

请注意本文件的某些内容可能涉及专利。本文件的发布机构不承担识别这些专利的责任。

本标准由全国信息技术标准化技术委员会(SAC/TC 28)提出并归口。

本标准主要起草单位:国家应用软件产品质量监督检验中心、北京市产品质量监督检验所、工业和信息化部电子工业标准化研究所、北京红旗贰仟软件技术有限公司、珠海金山软件股份有限公司、上海中标软件有限公司、无锡永中科技有限公司。

本标准主要起草人:左家平、王威、宋红波、周悦、孙陶、方春燕、王宝静、姚林花、卢震炎、江歆皓、毕晓存、刘熠坤、李笑澜。

引 言

本标准规定了中文办公软件的基本要求及符合性测试规范等内容，是中文办公软件产品进行设计、开发及测试的依据。中文办公软件的产品测试由独立于软件开发的第三方实施，一般委托通过国家认可的、具有省级以上检验资质的第三方独立测试机构进行。

本标准规定的中文特指汉字，即目前仅适用于汉字版本的办公软件。

本标准规定了中文办公软件应具备的基本功能，并不限制新的功能，也不限制应用界面的外观布局，以及功能的名称和实现方式。

涉及中文办公软件安全性和接口标准的内容，按国家最新标准执行。

中文办公软件基本要求及符合性测试规范

1 范围

本标准规定了中文办公软件的功能性、可靠性、易用性、效率、适应性、中文特性、文档格式、产品描述和用户文档9个方面的基本要求以及符合性测试细则。本标准规定的内容仅限于中文办公软件的汉字版本。

本标准适用于：

a) 需方依此确定中文办公软件质量需求和产品确认准则。

b) 供方依此及需方提出的要求确定质量保证准则。按标准要求提供中文办公软件产品描述和用户文档。

c) 评价方依此及相关国家标准和用户要求，搭建测试环境、设计测试用例，完成对中文办公软件产品的测试。

2 规范性引用文件

下列文件对于本文件的应用是必不可少的。凡是注日期的引用文件，仅注日期的版本适用于本文件。凡是不注日期的引用文件，其最新版本(包括所有的修改单)适用于本文件。

GB 2312—1980 信息交换用汉字编码字符集 基本集

GB/T 9386—2008 计算机软件测试文档编制规范

GB 13000—2010 信息技术 通用多八位编码字符集(UCS)

GB 18030—2005 信息技术 中文编码字符集

GB/T 18905(所有部分) 软件工程 产品评价[ISO/IEC 14598(所有部分),IDT]

GB/T 20916 中文办公软件文档格式规范

GB/T 25000.51—2010 软件工程 软件产品质量要求和评价(SQuaRE) 商业现货(COTS)软件产品的质量要求和测试细则(ISO/IEC 25051:2006,IDT)

3 术语和定义

下列术语和定义适用于本文件。

3.1

中文办公软件 Chinese office software

用于中文办公处理的一套完整的计算机应用程序和相关文档，主要包括文字处理、电子表格和演示文稿3个应用软件。

3.2

用户 user

使用中文办公软件产品执行特定功能的个人或组织。

3.3

供方 supplier

提供中文办公软件产品或软件服务的个人或组织。

3.4

需方　acquirer

从供方获得或采购中文办公软件产品或软件服务的个人或组织。

3.5

评价方　evaluator

对中文办公软件实施评价的第三方组织。

3.6

软件质量　software quality

与中文办公软件产品满足明确或隐含需求的能力有关的特征和特性的总和。

3.7

软件质量特性　software quality characteristics

用以描述和评价软件产品质量的一组属性。软件质量特性可以被细化成多级子特性。

3.8

产品描述　product description

陈述应用软件性质的文档，其主要目的是帮助潜在的购买者在购买前对中文办公软件产品进行适用性评价。

3.9

用户文档　user document

为最终用户提供中文办公软件操作和使用信息的一套文档，如用户手册。

3.10

主界面　main interface

用户打开中文办公软件后可见的窗口，一般包括文档窗口、工具栏、滚动条等元素。

3.11

文档窗口　document windows

进行文档编辑的窗口。

3.12

工具栏　tool bar

由以按钮图标方式表示的工具构成。

3.13

状态栏　status bar

一般位于文档窗口底端，显示命令、正在进行的操作以及插入点的位置等信息。

3.14

任务窗格　task pane

一个可执行特定任务的区域。

注：通常位于窗口的左侧或右侧。

3.15

快捷键　keyboard shortcuts

通过键盘上的一个或者多个按键，可快速完成需要频繁执行的任务。

3.16

文件　file

提供对文档的操作，例如打开、关闭、保存、页面设置、打印等操作。

3.17

编辑　edit

提供对文档中内容的编辑操作，例如复制、粘贴、全选、查找、替换及撤销等操作。

3.18

视图　view

提供对文档显示方式的设置。

3.19

插入　insert

提供对文档的编辑功能，可以插入分隔符、符号、图片、对象及页码等内容。

3.20

格式　format

提供对文档中内容的格式设置操作，可以设置字体、段落、项目符号及式样等内容。

3.21

工具　tools

提供对工具的操作入口。

3.22

表格　table

提供对表格的操作入口。

3.23

窗口　window

提供不同的查看窗口的方式设置。

3.24

帮助　help

提供帮助及产品信息等内容的查看功能。

4　基本要求

4.1　功能性要求

4.1.1　文字处理

4.1.1.1　安装与卸载

中文办公软件应提供安装和卸载产品的功能，表1列出了安装和卸载应包含的功能项。

表1　安装与卸载

序号	功能项	功能描述
1	安装程序	应提供默认安装、定制安装、修复安装等功能，且有安装状态提示。安装程序包含完整的已授权组件，无需用户自行寻找和安装某些扩展库
2	卸载程序	应能自动卸载程序，并完全删除应用程序及其所有组件

4.1.1.2　主界面

文字处理办公软件主界面应包含表2列出的功能项。

表 2 主界面中的功能项

序号	功能项	功能描述
1	标题栏	显示文档标题名称，具备最大化、最小化显示文档的功能
2	功能区域	提供用户选择的命令和功能，一般通过选项和工具栏实现
3	编辑区域	用户应能执行编辑操作
4	滚动条	用鼠标、键盘等控制，上下、左右调整编辑区域，方便用户浏览，宜位于主窗口右侧和底部
5	状态栏	显示正在进行的操作以及插入点位置等信息，包括页码、总页数、节数、当前行列数和插入/改写等功能
6	标尺	用各种度量单位(例如厘米、毫米、英寸、磅等)为刻度，度量文档页码尺寸的大小，应包括水平标尺和垂直标尺，宜位于文档窗口的顶部和左侧

4.1.1.3 文件

文件提供对文档操作的基本功能，表 3 列出了文件应包含的功能项。

表 3 文件中的功能项

序号	功能项	功能描述
1	新建	提供新建空白文档，及根据模板新建文档的功能
2	打开	设置查找范围，能够选择并打开所支持格式的文件
3	关闭	提示是否保存已修改的文件后，关闭当前文件
4	保存	保存当前文件
5	另存为	设置保存位置，保存为支持的文件格式
6	打印预览	提供打印预览、翻页和缩放等功能
7	打印	提供打印机、页面范围、份数和缩放的设置功能，执行打印后效果所见即所得
8	属性	提供常规、摘要、统计和自定义等属性信息
9	版本	提供版本的保存、打开和删除等功能
10	最近打开的文件	显示最近打开的文件列表，能够打开最近使用的文件
11	退出	提示是否保存已修改的文件后，关闭所有文件，并退出程序

4.1.1.4 页面设置

页面设置提供对文档页面布局的设置功能，表 4 列出了页面设置应包含的功能项。

表 4 页面设置中的功能项

序号	功能项	功能描述
1	页面边距	调整页面边距和方向，设置页码范围及应用范围
2	纸张	设置纸型、纸张来源及应用范围等功能
3	版式	设置节的位置、页面对齐方式及应用范围等功能
4	文档网格	设置文字排列、网格、行属性及应用范围等功能
5	页面背景	设置页面颜色、效果、水印及页面边框等功能
6	页眉和页脚	在页面顶部或底部，插入文字和页码等内容

4.1.1.5 视图

视图提供对文档显示方式的设置功能，表5列出了视图应包含的功能项。

表5 视图中的功能项

序号	功能项	功能描述
1	显示方式	提供页面、大纲和全屏等显示方式
2	工具栏	提供显示或者隐藏工具栏选项的功能
3	标尺	提供显示或隐藏标尺(包括水平标尺和垂直标尺)的功能
4	段落标记	提供显示或隐藏段落标记的功能
5	文档结构图	提供显示或隐藏文档结构图的功能
6	显示比例	设置当前文件的显示比例
7	窗口	提供新建、重排和选择等窗口设置

4.1.1.6 编辑

编辑提供对文档内容基本的编辑操作，表6列出了编辑应包含的功能项。

表6 编辑中的功能项

序号	功能项	功能描述
1	输入	在编辑区域输入文字
2	撤销	取消执行的上一条命令或操作。如果不能取消上一步操作，其名称变为“无法撤销”。如果需要取消多步操作，可以单击“撤销”右侧的箭头按钮，然后单击要撤销的操作
3	重复	重复上一命令或操作，如果不能重复上一步操作，其名称变为“无法重复”。用“撤销”命令后，“重复”命令变为“恢复”，即执行与“撤销”相反的操作。如果需要恢复多步操作，可以单击“恢复”右侧的箭头按钮，然后单击要恢复的操作
4	剪切	删除选定的内容，并将其放置到“剪贴板”
5	复制	将所选内容复制到“剪贴板”
6	粘贴	在执行了剪切或复制操作后，在插入点所在的位置插入“剪贴板”的内容，同时替换所选的任意内容
7	选择性粘贴	将“剪贴板”的内容按照指定格式插入到当前插入点，同时替换所选的任意内容
8	全选	选定当前活动窗口中所有的文字和图形等内容，或者选定所选对象中的所有文字
9	清除	清除所选内容的文字或格式
10	查找	搜索指定的文字或格式
11	替换	搜索并替换指定的文字或格式
12	定位或导航	定位到上一个或者下一个指定项目
13	格式刷	复制选定对象或文本的格式，并可应用到单击的对象或文本中，双击格式刷按钮，可进行连续复制操作

4.1.1.7 插入

插入提供对文档的编辑功能，表7列出了插入应包含的功能项。

表7 插入中的功能项

序号	功能项	功能描述
1	分隔符	在插入点插入分页符、分栏符和分节符等
2	页码	设置位置，按照规定的格式插入页码
3	日期和时间	根据所设置的格式，在插入点插入日期和时间
4	域	在插入点插入域。使用域可以自动插入各种信息
5	符号	在插入点插入符号和特殊符号
6	批注	在插入点或所选区域插入批注
7	引用	提供插入脚注、尾注、题注、交叉引用、索引与目录的功能
8	文件	在插入点插入另一个文件的内容
9	书签	提供创建书签功能，用于定位所选文字、图形和表格等内容
10	超级链接	插入新的超级链接，或者编辑选定的超级链接

4.1.1.8 格式

格式提供对文档中文字内容的格式设置操作，表8列出了格式应包含的功能项。

表8 格式中的功能项

序号	功能项	功能描述
1	字体	提供设置字体格式、字符间距的功能
2	段落	提供设置段落缩进、间距、换行和分页等格式的功能
3	项目符号和编号	提供设置项目符号、编号和多级符号的功能
4	边框和底纹	提供设置边框、页面边框和底纹等功能
5	分栏	提供设置分栏数、宽度、间距及应用范围等功能
6	制表位	提供设置制表位位置、对齐方式及前导符类型等功能
7	首字下沉	提供设置首字下沉位置和选项的功能
8	文字方向	提供设置文字方向和应用范围的功能
9	更改大小写	提供更改大写、小写、半角和全角等功能
10	中文版式	提供设置拼音指南、带圈字符、合并字符及双行合一等功能
11	样式和格式	提供创建、修改及应用样式的功能

4.1.1.9 工具

工具提供对工具的操作入口，表9列出了工具应包含的功能项。

表9 工具中的功能项

序号	功能项	功能描述
1	拼写检查	提供拼写检查的功能
2	中文简繁转换	提供中文简繁体相互转换的功能
3	字数统计	统计当前文档的字数、页数、段落数、行数和字符数等信息
4	自动更正	设置文档自动更正的选项
5	修订	记录用户对文档所作的修订,可以接受或拒绝修订信息
6	保护文档	设置密码保护文档,防止未授权用户对文档的更改
7	宏	提供宏的记录、运行和管理等功能
8	自定义	自定义工具栏、命令和其他项目
9	选项	设置视图、常规、编辑、打印、保存、拼写和修订等选项

4.1.1.10 表格

表格提供对表格的操作入口,表10列出了表格应包含的功能项。

表10 表格中的功能项

序号	功能项	功能描述
1	插入	提供插入表格、行、列和单元格的功能
2	删除	提供删除表格、行、列和单元格的功能
3	选择	提供选择表格、行、列和单元格的功能
4	编辑	提供拆分单元格、拆分表格和合并单元格的功能
5	自动调整	提供均匀分布各行、列,根据窗口等调整表格,以及固定列宽等功能
6	标题行重复	提供设置和取消标题行重复的功能
7	绘制斜线表头	设置表头样式,绘制斜线表头
8	转换	提供文本转换成表格和表格转换成文本的功能
9	排序	提供按关键字、拼音、笔画和数字等进行升降序排序
10	公式	支持 Average、Count、Max、Min、Sum 等公式
11	隐藏/显示虚框	提供隐藏和显示虚框的功能
12	表格属性	提供设置表格、行、列和单元格属性的功能
13	绘制表格	提供绘制行、列和边框的功能
14	擦除	取消单元格划分
15	对齐	设置单元格对齐方式

4.1.1.11 对象

对象提供对图片、文本框、图形和 OLE 等对象的操作入口,表11列出了对象应包含的功能项。

表 11　对象中的功能项

序号	功能项	功能描述
1	图片	提供插入图片，设置图片的颜色、对比度、亮度、裁剪、旋转、线型、压缩、环绕及格式等功能
2	文本框	提供插入文本框，设置文本框格式的功能
3	艺术字	提供插入艺术字，设置艺术字格式的功能
4	自选图形	提供自选图形绘制，图形对象的组合、叠放次序、对齐、分布、旋转和格式等功能
5	对象	在插入点插入系统自带对象，支持由文件创建对象
6	选择对象	提供选择若干对象的功能

4.1.1.12　帮助

帮助应提供帮助及产品信息等内容的查看功能，具体包括帮助信息浏览、帮助索引、查找和当前页打印功能，查看版本信息。

4.1.1.13　快捷键

在文字处理办公软件中应通过键盘上的一个或一组按键，快速完成一项任务。表 12 列出了应支持的常见快捷键。

表 12　快捷键常见的功能项

序号	功能项	快捷键	功能描述
1	新建	Ctrl+N	功能说明见 4.1.1.3～4.1.1.12 中对应的描述
2	打开	Ctrl+O	
3	保存	Ctrl+S	
4	打印	Ctrl+P	
5	关闭	Ctrl+W	
6	撤销	Ctrl+Z	
7	重复	Ctrl+Y	
8	剪切	Ctrl+X	
9	复制	Ctrl+C	
10	粘贴	Ctrl+V	
11	全选	Ctrl+A	
12	查找	Ctrl+F	
13	替换	Ctrl+H	
14	定位	Ctrl+G	
15	超级链接	Ctrl+K	
16	修订	Ctrl+Shift+E	
17	拼写	F7	
18	帮助	F1	

4.1.1.14 右键选项

在文字处理办公软件中点击鼠标右键，或选中对象后点击鼠标右键，应显示快捷选项。表 13 列出了右键选项应包含的常用功能。

表 13 右键选项常见的功能项

序号	功能项	功能描述
1	剪切	功能说明见 4.1.1.3～4.1.1.10 中对应的描述
2	复制	
3	粘贴	
4	超级链接	
5	字体	
6	段落	
7	项目符号和编号	
8	边框和底纹	
9	表格属性	

4.1.1.15 安全保密性功能

从安全保密性方面考虑，文字处理的配置项应具备防止非授权的异常操作，防止数据被破坏的能力，提供加密和解密功能。

应提供对文档保存和打开的安全保密功能。文档保存中应能设置自动保存文档，设置保存时间间隔；程序异常退出后再启动，自动打开异常退出时打开的文档并提示保存；设置自动保存备份文件；程序关闭时，应提示保存修改过但未保存的文档；可以分别设置只读打开密码和修改密码。文档打开时，多次打开同一文件，应切换到该文件。

4.1.2 电子表格

4.1.2.1 安装与卸载

电子表格安装与卸载的功能要求见 4.1.1.1。

4.1.2.2 主界面

电子表格办公软件主界面应包含标题栏、功能区域、编辑栏、工作表、工作表标签、滚动条和状态栏等功能。表 14 列出主界面中状态栏、编辑栏和表格的说明。

表 14 主界面中的功能项

序号	功能项	功能描述
1	标题栏	功能说明见 4.1.1.2 中对应的描述
2	功能区域	
3	编辑栏	宜位于表格和工具栏之间，应显示当前单元格编辑的内容，当插入公式时，选择调用常用公式
4	工作表	工作表是进行编辑的界面，由行标题、列标题和单元格组成，行标题和列标题应根据用户需要设置 R1C1 引用格式

表 14（续）

序号	功能项	功能描述
5	工作表标签	标识工作表的名称，用于工作表之间的切换
6	滚动条	功能说明见 4.1.1.2 中对应的描述
7	状态栏	显示当前状态信息

4.1.2.3 文件

文件提供对文档操作的基本功能，表 15 列出了文件应包含的功能项。

表 15 文件中的功能项

序号	功能项	功能描述
1	新建	功能说明见 4.1.1.3 中对应的描述
2	打开	
3	关闭	
4	保存	
5	另存为	
6	打印区域	将所选单元格区域设置为打印区域，也可以取消打印区域的设置
7	打印预览	功能说明见 4.1.1.3 中对应的描述
8	打印	
9	属性	
10	最近打开的文件	
11	退出	

4.1.2.4 页面设置

页面设置提供对文档页面布局的设置功能，表 16 列出了页面设置应包含的功能项。

表 16 页面设置中的功能项

序号	功能项	功能描述
1	页面	设置页面方向、缩放、纸张大小等功能
2	页边距	设置页面边距
3	工作表	设置打印标题、属性及顺序等功能
4	页眉和页脚	功能说明见 4.1.1.4 中对应的描述

4.1.2.5 视图

视图提供对文档显示方式的设置功能，表 17 列出了视图应包含的功能项。

表 17　视图中的功能项

序号	功能项		功能描述
1	显示方式		提供普通、分页和全屏显示方式
2	工具栏		提供显示或者隐藏工具栏选项的功能
3	编辑栏		提供显示或隐藏编辑栏的功能
4	批注		如果工作表中插入批注，应支持显示或隐藏批注
5	显示比例		功能说明见 4.1.1.5 中对应的描述
6	窗口	新建窗口	打开一个新窗口，内容与活动窗口相同
7		重排窗口	根据设置的排列方式，显示所有打开的窗口
8		拆分/取消拆分	拆分活动窗口；已拆分的窗口则取消拆分
9		冻结窗格/取消窗口冻结	冻结活动工作表的上窗格和左窗格，已冻结的窗口则取消冻结

4.1.2.6　编辑

编辑提供对文档内容基本的编辑操作，表 18 列出了编辑应包含的功能项。

表 18　编辑中的功能项

序号	功能项		功能描述
1	输入		功能说明见 4.1.1.6 中对应的描述
2	撤销		
3	重复		
4	剪切		
5	复制		
6	粘贴		
7	选择性粘贴		
8	格式刷		
9	填充	向下填充	将选中区域的最上方单元格中的内容复制至下方的单元格
10		向右填充	将选中区域的最左侧单元格中的内容复制至右侧的单元格
11		向上填充	将选中区域的最下方单元格中的内容复制至上方的单元格
12		向左填充	将选中区域的最右侧单元格中的内容复制至左侧的单元格
13		至同组工作表或跨工作表	将源工作表中选中单元格数据填充至目的工作表，可以全部填充，也可以按照内容或格式填充
14		序列	按指定的序列类型填充数据
15	清除		分别删除选中单元格的文字、格式或批注，也可全部删除
16	删除		删除所选区域的单元格，根据选项自动移动单元格填补删除区域
17	删除工作表		提示是否保存已修改的工作表后，关闭当前工作表
18	移动或复制工作表		设置工作表位置，移动或者复制工作表
19	查找		功能说明见 4.1.1.6 中对应的描述
20	替换		
21	定位		

4.1.2.7 插入

插入提供对文档的编辑功能，表 19 列出了插入应包含的功能项。

表 19 插入中的功能项

序号	功能项		功能描述
1	单元格		插入空白单元格，根据选项下移或右移活动单元格，或者移动整行、整列
2	行		在当前行处插入一行；若选择若干行，则插入相应的行数
3	列		在当前列处插入一列；若选择若干列，则插入相应的列数
4	工作表		在活动工作表前插入一个空白的工作表
5	图表		插入各种类型的图表
6	符号		功能说明见 4.1.1.7 中对应的描述
7	分页符		手动插入水平和垂直分页符
8	函数		查询和插入函数
9	名称	定义	创建或删除名称，用以代表单元格、单元格区域、公式或常量值
10		粘贴	在单元格中粘贴已定义的名称
11		指定	设置行列标志为单元格或单元格区域指定名称
12	批注		在活动单元格插入批注
13	超级链接		功能说明见 4.1.1.7 中对应的描述

4.1.2.8 格式

格式提供对文档中文字内容的格式设置操作，表 20 列出了格式应包含的功能项。

表 20 格式中的功能项

序号	功能项		功能描述
1	单元格		设置单元格数字、对齐、字体、边框和图案等的格式
2	行	行高	对活动单元格或选中的单元格区域设置行高
3		最适合的行高	自动调整活动单元格或选中的单元格区域的行高，使行高正好适合文字内容
4		隐藏	隐藏选定的行
5		取消隐藏	显示被隐藏的行
6	列	列宽	为活动单元格或选中的单元格区域设置列宽
7		最适合的列宽	自动调整活动单元格或选中的单元格区域的列宽，使列宽正好适合文字内容
8		隐藏	隐藏选定的列
9		取消隐藏	显示被隐藏的列
10		标准列宽	设置当前工作表的所有列的宽度
11	工作表	重命名	重新命名工作表名称
12		隐藏	隐藏当前工作表
13		取消隐藏	选择已隐藏的工作表，取消隐藏
14		背景	设置或取消工作表背景
15		工作表标签颜色	设置工作表标签颜色
16	自动套用格式		为所选单元格区域设置格式

表 20（续）

序号	功能项	功能描述
17	条件格式	根据设定的数值或公式等条件，对单元格区域内的数据进行格式化
18	样式	提供添加、修改、删除及合并样式的功能

4.1.2.9 工具

工具提供对工具的操作入口，表 21 列出了工具应包含的功能项。

表 21 工具中的功能项

序号	功能项		功能描述
1	拼写检查		提供拼写检查的功能
2	修订		功能说明见 4.1.1.9 中对应的描述
3	保护	保护工作表	设置密码和需保护的工作表元素，防止未授权用户对工作表的更改
4		保护工作簿	设置密码和需保护的工作簿元素，防止未授权用户对工作簿的更改
5	宏		提供宏的记录、运行和管理等功能
6	自定义		自定义工具栏、命令和其他项目
7	选项		设置视图、重新计算、编辑、常规、保存、图表、安全性、自定义序列和颜色等选项

4.1.2.10 数据

数据提供对数据的操作入口，表 22 列出了数据应包含的功能项。

表 22 数据中的功能项

序号	功能项		功能描述
1	排序		提供按关键字、笔画和字母等进行升降序排序
2	筛选	自动筛选	设置简单的条件筛选，隐藏不满足条件的数据，仅显示符合条件的数据
3		全部显示	显示已隐藏的不符合筛选条件的所有数据
4		高级筛选	设置多个条件间是“与”、“或”关系，并可将筛选结果显示在新的位置的较复杂筛选
5	分类汇总		自动计算数据清单中的分类汇总值和总计值，并可以显示和隐藏明细数据行
6	有效性		设置有效性条件、输入信息和出错警告等，验证数据有效性，避免用户输入无效数据，或提示用户警告信息
7	模拟运算表		在所选单元格区域显示公式中某些值的更改对公式结果的影响
8	分列		将活动单元格内的文本，按照向导的设定，拆分到右侧列中
9	单变量求解		已知单个公式的预期结果，用于确定此公式结果未知的输入值
10	合并计算		汇总一个或多个源区域中的数据，并将其显示在指定的单元格区域
11	组及分级显示	隐藏明细数据	隐藏所选汇总行或列的明细数据
12		显示明细数据	显示已隐藏的汇总行或列的明细数据
13		组合	手动将选定的行或列组合分级显示
14		取消组合	取消分级显示的选定行或列的组合
15		清除分级显示	取消选定行或列的分级显示。如果选定内容不在分级显示的组内，那么将取消所有的分级显示

4.1.2.11 图表

图表提供对图表的操作入口，在选中图表对象后，表23列出了图表应包含的功能项。

表23 图表中的功能项

序号	功能项	功能描述
1	图表类型	重新选择图表类型
2	源数据	提供图表的数据区域和系列的设置功能
3	图表选项	提供标题、图例和数据标志的设置功能
4	位置	调整图表插入位置
5	添加数据	选择数据区域，为图表添加数据
6	添加趋势线	设置趋势线类型和选项，添加趋势线
7	图表对象格式	设置相应图表对象的格式
8	设置三维视图格式	设置三维视图的格式
9	图例	显示或隐藏图例
10	数据表	显示或隐藏数据表
11	按行显示	设置按行产生系列
12	按列显示	设置按列产生系列
13	顺时针斜排	设置或取消分类轴顺时针斜排
14	逆时针斜排	设置或取消分类轴逆时针斜排

4.1.2.12 对象

对象提供对图片、文本框、图形和OLE等对象的操作入口，表24列出了对象应包含的功能项。

表24 对象中的功能项

序号	功能项	功能描述
1	图片	提供插入图片，设置图片的颜色、对比度、亮度、裁剪、旋转、线型、压缩及格式等功能
2	文本框	提供插入文本框，设置文本框格式的功能
3	艺术字	提供插入艺术字，设置艺术字格式的功能
4	自选图形	提供自选图形绘制，图形对象的组合、叠放次序、对齐、分布、位置、大小和旋转等功能
5	对象	在插入点插入系统自带对象，支持由文件创建对象
6	选择对象	提供选择若干对象的功能

4.1.2.13 帮助

电子表格帮助的功能要求见4.1.1.12。

4.1.2.14 快捷键

表25列出电子表格中应支持的常见快捷键。

表 25　快捷键常见的功能项

序号	功能项	快捷键	功能描述
1	新建	Ctrl+N	功能说明见 4.1.2.3～4.1.2.13 中对应的描述
2	打开	Ctrl+O	
3	保存	Ctrl+S	
4	打印	Ctrl+P	
5	关闭	Ctrl+W	
6	撤销	Ctrl+Z	
7	重复	Ctrl+Y	
8	剪切	Ctrl+X	
9	复制	Ctrl+C	
10	粘贴	Ctrl+V	
11	全选	Ctrl+A	
12	查找	Ctrl+F	
13	替换	Ctrl+H	
14	定位	Ctrl+G	
15	超级链接	Ctrl+K	
16	单元格格式	Ctrl+1	设置单元格格式
17	单元格中换行	Alt+Enter	在单元格内换行
18	拼写	F7	功能说明见 4.1.2.3～4.1.2.13 中对应的描述
19	帮助	F1	

4.1.2.15　右键选项

表 26 列出电子表格中右键选项应包含的常用功能。

表 26　右键选项常见的功能项

序号	功能项	功能描述
1	剪切	功能说明见 4.1.2.3～4.1.2.13 中对应的描述
2	复制	
3	粘贴	
4	选择性粘贴	
5	插入	
6	删除	
7	清除内容	
8	插入批注	
9	设置单元格格式	
10	超级链接	
11	行高	
12	列宽	
13	隐藏行列	

表 26（续）

序号	功能项	功能描述
14	取消隐藏行列	功能说明见 4.1.2.3～4.1.2.13 中对应的描述
15	插入工作表	
16	删除工作表	
17	重命名工作表	
18	移动或复制工作表	
19	选定全部工作表	

4.1.2.16 安全保密功能

电子表格的安全保密功能要求见 4.1.1.15。

4.1.3 演示文稿

4.1.3.1 安装与卸载

演示文稿安装与卸载的功能要求见 4.1.1.1。

4.1.3.2 主界面

演示文稿办公软件主界面应包含标题栏、功能区域、编辑区域、滚动条、状态栏和标尺等功能。具体说明见 4.1.1.2。

4.1.3.3 文件

文件提供对文档操作的基本功能，表 27 列出了文件应包含的功能项。

表 27 文件中的功能项

序号	功能项	功能描述
1	新建	功能说明见 4.1.1.3 中对应的描述
2	打开	
3	关闭	
4	保存	
5	另存为	
6	打印预览	
7	打印	
8	属性	
9	最近打开的文件	
10	退出	

4.1.3.4 页面设置

页面设置提供对文档页面布局的设置功能，表 28 列出了页面设置应包含的功能项。

表 28 页面设置中的功能项

序号	功能项	功能描述
1	页面设置	设置幻灯片大小、编号起始值和方向等功能
2	页眉和页脚	功能说明见 4.1.1.4 中对应的描述

4.1.3.5 视图

视图提供对文档显示方式的设置功能，表 29 列出了视图应包含的功能项。

表 29 视图中的功能项

序号	功能项		功能描述
1	显示方式		提供普通、幻灯片浏览、幻灯片放映和备注页等方式
2	母版	幻灯片母版	编辑幻灯片母版样式
3		讲义母版	编辑讲义母版样式
4		备注母版	编辑备注母版样式
5	颜色/灰度	颜色	设置为颜色方式显示幻灯片
6		灰度	设置为灰度方式显示幻灯片
7		纯黑白	设置为纯黑白方式显示幻灯片
8	工具栏		提供显示或者隐藏工具栏选项的功能
9	标尺		功能说明见 4.1.1.5 中对应的描述
10	显示比例		
11	窗口		提供新建、重排和选择等窗口设置功能

4.1.3.6 编辑

编辑提供对文档内容基本的编辑操作，表 30 列出了编辑应包含的功能项。

表 30 编辑中的功能项

序号	功能项	功能描述
1	输入	功能说明见 4.1.1.6 中对应的描述
2	撤销	
3	重复	
4	剪切	
5	复制	
6	粘贴	
7	选择性粘贴	
8	格式刷	
9	清除	删除文字或幻灯片
10	全选	选中活动对象的全部内容，或选中所有幻灯片
11	复制幻灯片	复制当前的或所选的幻灯片
12	删除幻灯片	删除当前的或所选的幻灯片

表 30（续）

序号	功能项	功能描述
13	查找	功能说明见 4.1.1.6 中对应的描述
14	替换	

4.1.3.7 插入

插入提供对文档的编辑功能，表 31 列出了插入应包含的功能项。

表 31 插入中的功能项

序号	功能项	功能描述
1	新幻灯片	在当前幻灯片下方，插入一个新幻灯片
2	幻灯片编号	设置是否显示幻灯片编号
3	日期与时间	功能说明见 4.1.1.7 中对应的描述
4	符号	
5	幻灯片(从文件)	选择幻灯片文件，插入选定的幻灯片
6	超级链接	功能说明见 4.1.1.7 中对应的描述

4.1.3.8 格式

格式提供对文档中文字内容的格式设置操作，表 32 列出了格式应包含的功能项。

表 32 格式中的功能项

序号	功能项	功能描述
1	字体	提供设置字体格式的功能
2	项目符号和编号	提供设置项目符号和编号的功能
3	对齐方式	设置左对齐、居中、右对齐、两端对齐和分散对齐等对齐方式
4	字体对齐方式	设置顶端对齐、居中、基线对齐和底端对齐等对齐方式
5	行距	提供设置行距的功能
6	更改大小写	功能说明见 4.1.1.8 中对应的描述
7	幻灯片设计	提供设计模板、配色方案和动画方案的设置和编辑功能
8	幻灯片版式	选择并应用幻灯片版式
9	背景	提供设置背景填充颜色和效果的功能

4.1.3.9 工具

工具提供对工具的操作入口，表 33 列出了工具应包含的功能项。

表 33　工具中的功能项

序号	功能项	功能描述
1	拼写检查	提供拼写检查的功能
2	版式	提供设置版式的功能
3	自动更正	功能说明见 4.1.1.9 中对应的描述
4	自定义	
5	宏	
6	选项	设置视图、常规、编辑、打印、保存和安全性等选项

4.1.3.10　幻灯片放映

幻灯片放映提供对幻灯片放映相关的各项操作，表 34 列出了幻灯片放映应包含的功能项。

表 34　幻灯片放映中的功能项

序号	功能项	功能描述
1	观看放映	放映幻灯片，并提供翻页、定位、指针（画笔）和结束放映等功能
2	设置放映方式	设置放映的类型、幻灯片和选项，换片方式以及监视器等功能
3	排练计时	放映幻灯片，并显示和保存幻灯片演示的时间
4	动作按钮	选择动作按钮，并设置动作
5	动作设置	设置单击鼠标或鼠标移过时的动作
6	动画方案	为所选幻灯片设置动画方案
7	自定义动画	为选定对象设置动画和声音的效果
8	幻灯片切换	提供设置幻灯片切换效果、速度、声音及方式等功能
9	隐藏幻灯片	隐藏幻灯片，或对已隐藏的幻灯片取消隐藏
10	自定义放映	自定义幻灯片放映，并提供新建、编辑、删除和复制的管理功能

4.1.3.11　对象

对象提供对图片、文本框、图形、影片、声音、图表和 OLE 等对象的操作入口，表 35 列出了对象应包含的功能项。

表 35　对象中的功能项

序号	功能项	功能描述
1	图片	提供插入图片，设置图片的颜色、对比度、亮度、裁剪、旋转、线型、压缩及格式等功能
2	文本框	提供插入文本框，设置文本框格式的功能
3	艺术字	提供插入艺术字，设置艺术字格式的功能
4	自选图形	提供自选图形绘制，图形对象的组合、叠放次序、对齐、分布、位置、大小和旋转等功能
5	对象	在插入点插入系统自带对象，支持由文件创建对象
6	影片和声音	将文件中的影片和声音插入到幻灯片
7	表格	插入表格，设置表格格式
8	图表	插入一个图表，可以编辑源数据，设置图表格式
9	选择对象	提供选择若干对象的功能

4.1.3.12 帮助

电子表格帮助的功能要求见 4.1.1.12。

4.1.3.13 快捷键

表 36 列出演示文稿中应支持的常见快捷键。

表 36 快捷键常见的功能项

序号	功能项	快捷键	功能描述
1	新建	Ctrl+N	功能说明见 4.1.3.3～4.1.3.12 中对应的描述
2	打开	Ctrl+O	
3	保存	Ctrl+S	
4	打印	Ctrl+P	
5	关闭	Ctrl+W	
6	撤销	Ctrl+Z	
7	重复	Ctrl+Y	
8	剪切	Ctrl+X	
9	复制	Ctrl+C	
10	粘贴	Ctrl+V	
11	全选	Ctrl+A	
12	查找	Ctrl+F	
13	替换	Ctrl+H	
14	超级链接	Ctrl+K	
15	新幻灯片	Ctrl+M	
16	观看放映	F5	
17	拼写	F7	
18	帮助	F1	

4.1.3.14 右键选项

表 37 列出演示文稿中右键选项应包含的常用功能。

表 37 右键选项常见的功能项

序号	功能项	功能描述
1	剪切	功能说明见 4.1.3.3～4.1.3.12 中对应的描述
2	复制	
3	粘贴	
4	字体	
5	项目符号	
6	组合	
7	叠放次序	
8	自定义动画	

表 37（续）

序号	功能项	功能描述
9	动作设置	功能说明见 4.1.3.3～4.1.3.12 中对应的描述
10	设置对象格式	
11	超级链接	
12	新幻灯片	
13	删除幻灯片	
14	幻灯片设计	
15	幻灯片版式	
16	背景	
17	幻灯片切换	
18	隐藏幻灯片	

4.1.3.15 安全保密功能

演示文稿的安全保密功能要求见 4.1.1.15。

4.2 可靠性要求

4.2.1 成熟性

中文办公软件不应陷入用户无法控制的状态，既不应崩溃也不应丢失数据。尤其是在异常的情况下保持稳定性，成熟性应包括以下内容：

a） 用户执行各项正常操作或误操作时的稳定性；

b） 所打开的文件数量在 10 个以上，用户执行操作时，不崩溃也不丢失数据。

注：文件包含文字、表格、图片和图表等内容。

4.2.2 容错性

中文办公软件应对用户的各种误操作具有容错性，容错性应包括以下内容：

a） 对各功能模块中的各种输入，进行无效输入，可进行有效性检查；

b） 对各功能模块中的各种输入，进行错误输入，不崩溃也不丢失数据；

c） 对故意实施各种误操作，能够屏蔽，不崩溃、不异常退出或丢失数据，有正确的提示。

4.2.3 易恢复性

中文办公软件发生错误后应容易恢复系统，易恢复性应包括以下内容：

a） 编辑文件未存盘时，文件能自动备份；

b） 非正常关闭后，文件能自动恢复。

4.3 易用性要求

4.3.1 易理解性

中文办公软件应能帮助用户理解，指导用户使用，易理解性应包括以下内容：

a） 通过选择适当的术语、图形表示、背景信息和帮助，帮助用户理解、使用；

b） 出错消息中提供差错产生的原因和纠正的详细信息。

4.3.2 易浏览性

易浏览性应包括以下内容：

a） 数据媒体具有产品标识，可辨别编号或文本；

b） 具有必要的信息，指导用户使用程序；

c） 输入、输出设计规矩，输出结果应简洁、直观、美观、方便阅读、易懂和使用；

d） 人机界面简洁、美观、实用，风格相对一致，符合办公习惯；

e） 在界面、人机交互、输出中的用语应与业务用语一致。

4.3.3 易操作性

易操作性应包括以下内容：

a） 具有严重后果的功能执行可逆，或者给出明显警告，执行前要求确认；

b） 支持常用快捷键，至少支持 Ctrl＋N、Ctrl＋C、Ctrl＋V、Ctrl＋S 和 Ctrl＋P；

c） 支持鼠标左右键操作；

d） 安装参数应当给出默认值或提示，需要用户干预的地方应尽量少，操作方便。

4.4 效率要求

4.4.1 时间特性

中文办公软件从时间特性方面考虑，应至少测试中文办公软件第一次启动的时间、非第一次启动的时间、小文件的打开时间、大文件的打开时间、小文件的保存时间和大文件的保存时间。

a） 第一次启动时间不超过 5 s；

b） 非第一次启动时间不超过 2 s；

c） 小文件的打开时间不超过 2 s；

d） 大文件的打开时间不超过 5 s；

e） 小文件的保存时间不超过 2 s；

f） 大文件的保存时间不超过 5 s。

本标准推荐的小文件为 500 kB，以纯文本为主；大文件为 5 MB，包含表格、图片、图表等对象。

测试环境无其他应用负载。

4.4.2 资源特性

中文办公软件从资源特性方面考虑，监控中文办公软件占用磁盘空间和内存情况，本标准推荐资源特性的监控内容如下：

a） 安装中文办公软件后磁盘空间的占用情况；

b） 启动中文办公软件内存的占用情况；

c） 打开小文件内存的占用情况；

d） 打开大文件内存的占用情况；

e） 保存小文件内存的占用情况；

f） 保存大文件内存的占用情况。

本标准推荐的小文件为 500 kB，以纯文本为主；大文件为 5 MB，包含表格、图片、图表等对象。

4.5 适应性要求

4.5.1 平台兼容

中文办公软件应支持产品描述或用户手册中明示的操作系统平台。

4.5.2 打印机兼容

中文办公软件应支持打印机的兼容，在不同网络环境（本地打印、本网段打印和跨网段打印）下，分别支持针式、喷墨和激光等类型打印机。

4.6 中文特性要求

4.6.1 中文编码字符集

应支持下列中文编码字符集及相应的国标字库：

a) 支持 GB 2312—1980 编码；

b) 支持 GB 13000—2010 编码；

c) 支持 GB 18030—2005 编码。

4.6.2 中文输入法

中文办公软件应支持产品描述或用户手册中明示的中文输入法，如果产品描述或用户手册未明示，则应支持常用的中文输入法。

注：常用的中文输入法包括拼音和五笔等。

4.6.3 本地化

中文办公软件的各种信息（例如，提示信息、界面信息、对话框、图标和帮助等）的本地化应符合以下要求：

a) 各种信息全部中文显示；

b) 各种信息符合中文使用习惯。

4.7 文档格式要求

中文办公软件应支持 GB/T 20916 及相关配套的国家标准，文档能够实现互操作。

4.8 产品描述要求

4.8.1 综述

中文办公软件产品描述的编制应符合 GB/T 25000.51 的规定。每个中文办公软件都应当有产品描述，它是产品软件包文档的一部分。产品描述定义产品，提供关于用户文档、程序和数据的信息，帮助用户或潜在的购买者判断本产品是否适用，并作为测试的基础。中文办公软件产品描述的内容要求清晰、直观、完整、准确，应包括产品标识和质量特性说明信息。

4.8.2 一般要求

产品描述应符合以下内容：

a) 内容说明应清晰、直观、完整、准确；

b) 内容说明应是充分可理解的、完整的并且易于浏览的；

c) 应避免不一致，每个术语的前后概念应相同；

d) 产品描述的说明应是可测试的并且是正确的。

4.8.3 标识指示要求

标识指示一般应包括以下内容：

a) 应具有唯一的文档标识；

b) 应至少有中文办公软件产品名称和版本号或日期；

c) 应标识期望中文办公软件产品能完成的工作任务；

d) 应标识中文办公软件产品投入使用所要求的系统配置和操作系统平台等信息；
e) 应标识所引用其他产品接口或产品；
f) 应标识中文办公软件产品要交付的项目，包括文档和媒体；
g) 应说明是否提供维护及其具体内容。

4.8.4 质量特性描述要求

质量特性描述要求如下：

a) 功能说明：概述中文办公软件产品中用户可调用的功能；边界值宜提供会致使产品的使用受限的特定边界值数据；安全宜包含有关防止对程序和数据非授权访问的手段。
b) 可靠性说明：宜描述保证中文办公软件产品的功能能力的附加性质：检验输入的合理性、防止由于用户的错误而产生的严重后果和出错恢复。
c) 易用性说明：中文办公软件产品描述宜包含易用性说明。
d) 效率说明：中文办公软件产品描述宜包含产品的时间行为的数据，诸如在指定条件下(例如系统配置和负载分布)关于给定功能的响应时间。
e) 适应性说明：中文办公软件产品描述宜包含适应性说明。

4.9 用户文档要求

4.9.1 综述

中文办公软件用户文档的编制应符合 GB/T 25000.51 的规定。用户文档是中文办公软件安装、维护、使用以及二次开发的重要依据，因此需要对中文办公软件用户文档的完整性、正确性、一致性、易理解程度和易浏览程度进行测试。

4.9.2 完整性

完整性应包括以下内容：

a) 软件使用所需信息的描述；
b) 产品描述中说明的所有功能；
c) 用户可调用的所有功能的描述；
d) 软件安装所需要的信息；
e) 软件维护所需要的信息。

4.9.3 正确性

文档中所有信息正确，没有歧义和错误的描述。

4.9.4 一致性

文档自身、文档之间或者文档与产品描述之间，相互不矛盾，且术语一致。

4.9.5 易理解程度

文档对正常使用其产品的一般用户是容易理解的。

4.9.6 易浏览程度

易浏览程度应包括以下内容：

a) 用户文档易于浏览，相互关系明确；
b) 用户文档有目录表和索引表。

5 符合性测试

5.1 测试目标

符合性测试目的是验证中文办公软件产品是否符合第4章的规定，通过测试发现缺陷，为产品的质量评价提供依据。

5.2 测试环境

按照产品描述或用户文档中明示的硬件设备推荐配置准备测试环境。

5.3 测试实施

5.3.1 功能性测试

测试中文办公软件是否符合4.1的要求，宜采用建立测试用例库，黑盒测试的方法。根据充分性要求，制订测试用例，通过用例的执行，验证软件所有功能的完整性、正确性和一致性。采用的测试技术包括：等价类划分法、边界值分析法、因/果图法、错误推测法、业务逻辑覆盖等方法。

功能项的符合率应在95%以上，功能性的整体判定结果可参照功能项的符合率及其相应的权重（见表A.1）进行判定，见附录A。

5.3.2 效率测试

在效率测试方面，宜采用自动化测试工具，对各种性能测试工具进行评估后，选择符合现有软件架构的性能测试工具，验证是否符合4.4的要求，时间特性的符合率应在80%以上，资源特性的测试数据仅供参考。可根据需方的要求制定效率指标。

5.3.3 文档格式测试

文档格式的测试应遵循GB/T 20916及相关标准测试规范的要求。

注：测试规范正在制定中。

5.3.4 其他测试

中文办公软件的可靠性、易用性、适应性、中文特性、产品描述和用户文档，宜采用在功能测试中同时进行测试的方式，验证是否符合4.2、4.3、4.5、4.6、4.8和4.9的要求。

5.3.5 测试评价

针对中文办公软件产品进行评价时，宜对第4章的9个方面规定权重（见附录A），也可根据用户使用需求进行调整。软件评价方法可按照GB/T 18905执行。

附　录　A
（资料性附录）
中文办公软件评价指标

对中文办公软件产品评价时，可依据表 A.1 对中文办公软件进行综合评价，具体的权重值可根据实际需求进行调整。

表 A.1　中文办公软件评价指标

序号	一级指标	权重/%	二级指标	权重/%	评价内容	得分(＝百分制×权重)
1	功能性	60	文字处理	30	符合 4.1.1 要求	
			电子表格	18	符合 4.1.2 要求	
			演示文稿	12	符合 4.1.3 要求	
2	可靠性	5	成熟性	3	符合 4.2.1 要求	
			容错性	0.5	符合 4.2.2 要求	
			易恢复性	1.5	符合 4.2.3 要求	
3	易用性	5	易理解性	2	符合 4.3.1 要求	
			易浏览性	1	符合 4.3.2 要求	
			易操作性	2	符合 4.3.3 要求	
4	效率	5	时间特性	3.5	符合 4.4.1 要求	
			资源特性	1.5	符合 4.4.2 要求	
5	适应性	5	平台兼容	4	符合 4.5.1 要求	
			打印机兼容	1	符合 4.5.2 要求	
6	中文特性	3	中文编码字符集	1.8	符合 4.6.1 要求	
			中文输入法	0.3	符合 4.6.2 要求	
			本地化	0.9	符合 4.6.3 要求	
7	文档格式	10	文档格式	10	符合 4.7 要求	
8	产品描述	2	一般要求	0.4	符合 4.8.2 要求	
			标识指示要求	0.8	符合 4.8.3 要求	
			质量特性要求	0.8	符合 4.8.4 要求	
9	用户文档	5	完整性	2	符合 4.9.2 要求	
			正确性	1.5	符合 4.9.3 要求	
			一致性	0.5	符合 4.9.4 要求	
			易理解程度	0.5	符合 4.9.5 要求	
			易浏览程度	0.5	符合 4.9.6 要求	
综合得分						

注 1：“评价指标”分为“一级指标”、“二级指标”和“评价内容”。

注 2：“一级指标”和“二级指标”的各单项权重可根据用户的需求进行调整。

注 3：对“评价内容”按满分 100 分进行评分，评分标准可根据用户需求制定，例如：“功能性”中的“文字处理”项得分可依据该项的符合率，若“文字处理”符合率大于或等于 60%，则该项得分等于其符合率的值；若文字处理符合率小于 60%，则该项得分为零。

注 4：各单项分值＝各单项百分制得分×权重，计算过程修约到小数点后 2 位。

注 5：综合得分为所有单项得分的总和，满分为 100 分，修约到小数点后 2 位。

参考文献

[1] GB/T 17555—1998 信息技术 计算机图形与图像处理 图形标准实现的一致性测试
[2] GB/T 19333.5—2003 地理信息 一致性与测试
[3] SJ/T 11372 中文办公软件用户界面要求